"十三五"普通高等教育本科系列教材

中国电力教育协会
高校能源动力类专业精品教材

普通高等教育"十一五"国家级规划教材

U0643084

电厂热工过程自动控制
（第二版）

王建国　孙灵芳　张利辉　编
韩　璞　张雨飞　主审

中国电力出版社
CHINA ELECTRIC POWER PRESS

内 容 提 要

全书分为基础篇和应用篇两篇，分别为热工过程自动控制的理论基础和单元机组的自动控制系统，共十一章。内容涵盖自动控制的基本概念、热工对象的数学模型、控制器的动态特性、单回路控制系统、复杂控制系统、汽包锅炉自动控制系统、直流锅炉自动控制系统、汽轮机自动控制系统、机炉辅助设备的自动控制、单元机组协调控制系统和火电厂自动化技术的新进展。

本书可作为普通高等院校能源动力类、仪器仪表类、电气信息类和其他与过程控制相关的专业本科或电力技术类高职高专相关专业的教学用书，也可作为从事热工过程自动控制工作的工程技术人员的自学参考书。

图书在版编目（CIP）数据

电厂热工过程自动控制/王建国，孙灵芳，张利辉编. —2版. —北京：中国电力出版社，2015.9（2024.6重印）
"十三五"普通高等教育本科规划教材
ISBN 978 - 7 - 5123 - 8053 - 0

Ⅰ.①电…　Ⅱ.①王…②孙…③张…　Ⅲ.①火电厂—热力工程—自动控制系统—高等学校—教材　Ⅳ.①TM621.4

中国版本图书馆 CIP 数据核字（2015）第 160885 号

中国电力出版社出版、发行
（北京市东城区北京站西街 19 号　100005　http://www.cepp.sgcc.com.cn）
三河市百盛印装有限公司印刷
各地新华书店经售

*

2009 年 8 月第一版
2015 年 9 月第二版　2024 年 6 月北京第十五次印刷
787 毫米×1092 毫米　16 开本　18 印张　439 千字
定价 48.00 元

前　言

　　本书根据能源与动力工程、测控技术与仪器、自动化等专业的教学需要，在广泛汲取相关资料技术精华的基础上，结合多年教学和科研经验编写而成。可作为高等院校能源动力类、仪器仪表类、电气信息类和其他与过程控制相关的各专业本科或专科教学用书，也可作为从事热工过程自动控制工作的工程技术人员的自学参考书。

　　本书第一版为"十一五"国家级规划教材，此次修订为"十三五"普通高等教育本科规划教材，是在上一版的基础上，结合近几年电厂热工自动控制技术的发展、电厂运行需求，总结教学成果修订而成的。

　　本版主要修订内容如下：

　　(1) 第四章增加了"调节阀主要阀型及结构特点"；

　　(2) 第七章增加了"采用焓增信号的给水控制"；

　　(3) 第九章增加了"第四节　脱硫控制系统、第五节　脱硝控制系统"；

　　(4) 其他章节进行了部分增删工作，以期更加适应教学、工程需求。

　　本书注重逻辑性、知识性和实用性，紧密结合火力发电厂热工过程的自动控制实际，力求全面、具体、新颖，阐述方式深入浅出、循序渐进。

编者

2015 年 8 月

第一版前言

本书根据热能与动力工程、测控技术与仪器、自动化等专业的教学需要，在广泛汲取相关资料技术精华的基础上，结合多年教学和科研经验编写而成。本书可作为高等院校热能动力类、仪器仪表类、电气信息类和其他与过程控制相关的各专业本科或专科教学用书，也可作为从事热工过程自动控制工作的工程技术人员的自学参考书。

全书分为两篇：基础篇——热工过程自动控制的理论基础，应用篇——单元机组的自动控制系统，共计十一章。内容涵盖自动控制的基本概念、热工对象的数学模型、控制器的动态特性、单回路控制系统、复杂控制系统、汽包锅炉自动控制系统、直流锅炉自动控制系统、汽轮机自动控制系统、机炉辅助设备的自动控制、单元机组协调控制系统和火电厂自动化技术的新进展。

本书注重逻辑性、知识性和实用性，紧密结合火力发电厂热工过程的自动控制实际，力求全面、具体、新颖，阐述方式深入浅出、循序渐进。

本书由东北电力大学王建国、孙灵芳和张利辉编写，其中，张利辉副教授编写第一～五章，孙灵芳副教授编写第六～十章及附录，王建国教授编写第十一章。王建国任主编并负责全书统稿工作。本书由华北电力大学博士生导师韩璞教授和东南大学张雨飞主审。两位老师认真审阅了书稿并提出了许多颇有价值的意见和建议，韩璞教授还提供了一些参考素材，在此向他们表示诚挚的感谢。

限于编者水平，书中疏漏和不当之处，请读者不吝指教。

编者
2009 年 7 月

目　录

第二篇　单元机组的自动控制系统

第一篇　热工过程自动控制的理论基础

第一章　自动控制的基本概念

第一节　自动控制系统的组成及分类

在工业生产过程中，为了保证生产的安全性和经济性，保持设备的稳定运行，必须对表示生产过程运行状况的一些物理参数进行控制，使它们保持在所要求的额定值附近，或按照一定的要求变化。生产过程中总是伴随着某些物质或能量流入或流出生产设备，设备稳定运行的必要条件是流入和流出的物质或能量保持平衡，如果失去平衡，表示生产过程运行状况的物理参数将发生变化。例如，锅炉运行过程中，汽包中的水位是锅炉给水量和蒸发量是否平衡的标志。当给水流量和蒸汽流量相等时，汽包水位不变（假定锅炉的其他工作条件不变）。如果给水流量和蒸汽流量不相等，水位就要发生变化，所以汽包水位就是表征锅炉给水过程运行情况的物理参数。

显然，表示生产过程运行情况的物理参数，如火电厂中汽轮机的转速，锅炉蒸汽的压力、温度，汽包水位，炉膛压力等，在设备运行中总要经常受到各种因素的影响而偏离规定值（额定值），此时，运行人员就要及时进行操作，对它们加以控制，使这些参数保持为所希望的数值，这一操作过程就是控制，也称为调节。这个任务如果由人直接操作来完成，称为人工控制。如果用一整套自动化装置来代替人工操作，就是自动控制。

一、自动控制系统的组成

图 1-1 为电厂锅炉运行中炉膛压力的人工控制示意图。在燃煤锅炉运行过程中，为防止炉膛向外喷灰，通常要保持炉膛压力为微负压。锅炉炉膛压力表示燃烧过程中进入炉膛的送风量与流出炉膛的烟气量之间的工质平衡关系。在运行中，操作人员必须经常注视炉膛负压表的指示值是否符合规定值，假若偏正或偏负，他就要开大或关小引风机的调风挡板，直到炉膛负压表的指示值符合规定值并保持平稳为止。

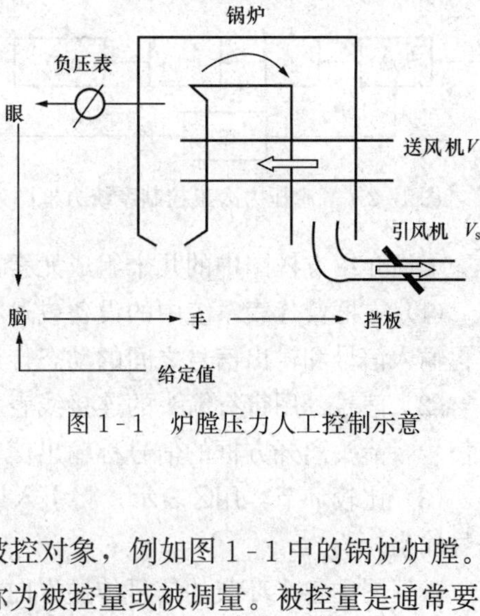

图 1-1　炉膛压力人工控制示意

为了便于说明，下面介绍控制系统中几个常用的术语。

（1）被控对象：被控制的生产过程或设备称为被控对象，例如图 1-1 中的锅炉炉膛。

（2）被控量：表征生产过程进行状况的物理量称为被控量或被调量。被控量是通常要保持为规定数值的物理参数，例如本例中的炉膛压力。

（3）给定值：希望被控量应该具有的数值称为给定值、规定值或希望值，例如炉膛压力希望保持在 -30Pa 左右。

（4）扰动：生产过程中引起被控量偏离其给定值的各种因素称为扰动，包括内扰和外扰，例如炉膛负荷、送风量等扰动量的变化都会引起炉膛压力的变化。

（5）控制量：当被控量受到扰动偏离给定值后，使被控量恢复为给定值所需改变的物理量称为控制量，例如适当的改变系统中引风量，会使被控量逐渐恢复为给定值，这里引风量即为控制量。

（6）控制机构：改变控制量的装置或设备称为控制机构，例如引风机的调风挡板。

由于自动控制是在人工控制的基础上发展起来的，因此我们先来分析人工控制过程。为了进行控制，操作人员首先要了解情况，即用眼睛观察仪表的指示，了解生产过程的运行情况；其次分析决策，将观察到的炉膛压力值与头脑中记忆的规定值进行比较，根据有无偏差及偏差的方向和大小，确定是否需要控制以及控制机构应向哪个方向动作（开大或关小），再根据自己的实践经验确定应以怎样的规律去开大或关小控制机构；最后执行操作，根据分析决策的结果，手动操作控制机构引风机的调风挡板，改变引风量。重复上述步骤，直到被控量恢复到给定值为止，控制过程才告结束。

生产过程中存在着两种流程：一种是物质和能量的流程，例如蒸汽锅炉中燃料燃烧产生的热量被蒸发受热面中的水所吸收，水变成蒸汽，蒸汽经过过热器加热后送到汽轮机做功；另一种是信息流程，例如在锅炉炉膛压力自动控制中，为了维持压力为给定值，操作人员观察压力表，与给定值比较，然后根据偏差控制引风量，使引风量与送风量相平衡。自动控制系统这门课程主要是研究信息流程，即研究控制系统信号间的相互连接、传递和转换问题。信息流程通常用方框图来表示，即采用图解形式表示系统中各元件或环节的功能和信号传递关系。图1-2所示为炉膛压力人工控制系统方框图，图1-3所示为炉膛压力自动控制系统方框图。

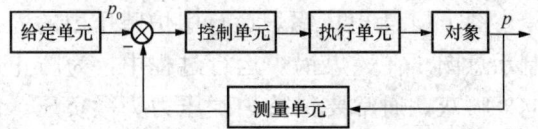

图1-2　炉膛压力人工控制系统方框图　　　　　图1-3　炉膛压力自动控制系统方框图

下面介绍方框图中的几个组成元素：

（1）方框：代表系统中的设备或过程，通常方框中是该环节的数学模型，描述该设备或过程输入信号和输出信号之间的动态传递关系，而不代表设备的具体结构。

（2）信号：用带有箭头的连接线表示信号的传递途径和方向。箭头进入方框的信号称输入信号，箭头离开方框的信号称输出信号。

（3）比较环节：用$\otimes$表示，将引入该环节的各输入信号进行代数加法运算，并将得到的信号输出。

方框图中各个环节的信号传递方向是不可逆的。

由炉膛压力人工控制系统的分析可以看出，人工控制效果的好坏主要取决于操作人员的实践经验，这些经验包括对被控对象特性的了解以及根据控制对象特性确定的控制规律。倘若操作人员不了解被控对象特性，要想正确进行控制是不可能的。

如果用一整套自动控制装置来代替人工控制中操作人员的作用，使生产过程不需要操作人员的直接操作便能自动地执行控制任务，这就实现了自动控制。实现自动控制作用所需要的自动控制装置主要有：

（1）测量单元（变送器）：用来测量被控量的大小，并能把被控量（水位、温度、压力等物理信号）转换成与之成比例（或其他固定的函数关系）并便于远距离传送和综合的测量信号，其功能相当于人工控制系统中人的眼睛。

（2）控制单元（控制器）：接受测量单元送来的被控量信号，并把它与给定值进行比较。当被控量偏离给定值时，控制单元将偏差信号按它的大小和方向以预定的规律进行运算（例如比例、积分、微分等运算），根据运算结果向执行单元发出一定规律的控制信号，给定值可以由专门的给定单元取得，也可以由控制单元内部取得，运行人员可根据生产上的要求预先设定给定值。

（3）执行单元（执行器）：按照控制单元发出的控制信号去移动控制机构，改变控制量。

当被控对象（锅炉炉膛）受到扰动（送风量和引风量的变化或炉膛漏风等），被控量（炉膛压力）偏离给定值后，测量单元（压力变送器）检测出被控量的变化，被控量与其给定值比较后的偏差值通过控制单元进行运算和综合，控制单元输出的信号传给执行器，执行器改变控制量（引风量），直到被控量恢复到给定值。

二、自动控制系统的分类

实际生产过程中应用到的自动控制系统是多种多样的，要看从什么角度去分类，一般有以下几种常见的分类方法。

（一）根据生产过程中被控量所希望保持的数值情况分类

（1）恒值控制系统（也称定值控制系统）：给定值在系统工作过程中保持不变，从而使被控量保持恒定。如锅炉的汽温、汽压、水位等。

（2）程序控制系统：给定值是时间的确定函数，被控量按预先确定好的随时间变化的数值改变。如锅炉启动时的升温和升压曲线。在这类系统中，需要有一套可控的程序发生装置。

（3）随动控制系统：给定值按事先不确定的随机因素改变，在这类系统中，给定值需要随时由运行人员或其他外来信号决定。

（二）根据控制系统内部结构分类

（1）闭环控制系统（或称反馈控制系统）：输出或被控量的变化信号经过一定的规律反馈到输入端，使之与给定值不断比较，继而在控制规律作用下引起控制机构动作，达到预期效果。闭环控制系统是最常见最基本的控制系统。由于闭环控制系统是按被控量与给定值的偏差进行控制的，因而当控制系统受到扰动时，只要被控量出现偏差就开始进行控制。

（2）开环控制系统：控制系统中不存在反馈回路，控制器只根据直接或间接的扰动进行控制。一旦扰动发生，控制器就按照预先确定好的控制规律对被控对象产生控制作用，以减弱扰动对被控量的影响。这类控制系统也称前馈控制系统。前馈控制系统的缺点是当被控量和给定值之间出现偏差时，系统没有"纠偏"能力，一般用于对被控量要求不高的系统。

（3）复合控制系统：当开环控制和闭环控制互相配合使用时，就组成了复合控制系统，也称前馈—反馈控制系统。当扰动产生时，前馈部分先进行"粗调"，抑制被控量的较大变化，闭环部分则进行"细调"校正，减少或消除偏差，因此，这种控制系统能获得较好的控制效果。

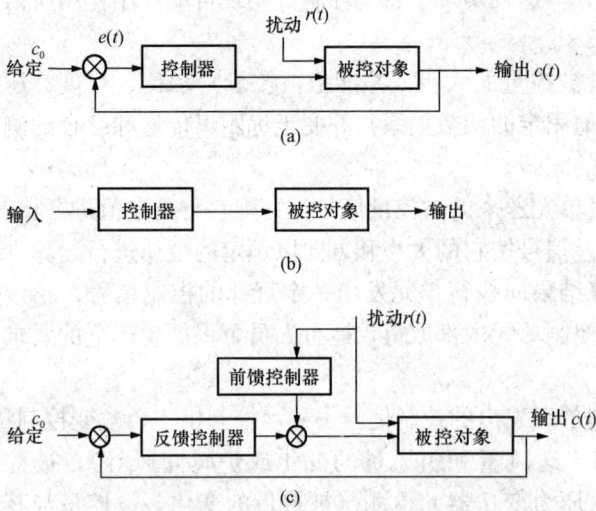

图 1-4　三种控制系统的结构

(a) 闭环控制系统；(b) 开环控制系统；(c) 复合控制系统

上述三种控制系统的方框图见图 1-4。

（三）按照控制器形式分类

（1）常规控制系统（或称模拟控制系统）：控制系统中的控制器采用的是连续信号（也称模拟信号），它的控制规律通常是比例—积分—微分（PID）作用，目前在过程控制中仍广泛使用。

（2）计算机控制系统：计算机控制系统组成与常规控制系统基本相同，所不同的是计算机控制系统的控制器用数字控制器实现，如图 1-5 所示。被控量的信号经测量环节变换成模拟信号，再由模/数转换器（A/D）变换成数字量，与给定值比较后送到数字控制器，按照一定的控制规律进行运算输出控制量，该控制量经数/模转换器（D/A）变换成模拟量后，送给执行器，最后去控制生产过程（或对象）。

图 1-5　计算机控制系统方框图

（四）按照系统的输入与输出信号的数量分类

1. 单变量系统（SISO）

所谓单变量是从系统外部变量的描述来分类的，不考虑系统内部的变量和结构。单变量系统只有一个输入量和一个输出量，但系统内部的结构可以是多回路的，内部变量（或中间变量）也可以是多种形式的，如图 1-6 所示。

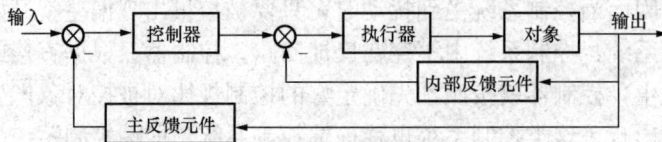

图 1-6　单变量系统

2. 多变量系统（MIMO）

多变量系统有多个输入量和多个输出量。一般来说，当系统输入与输出信号高于一个时，就称为多变量系统，如图 1-7 所示。多变量系统的特点是变量多，回路多，相互之间呈现多回路耦合，研究起来比单变量系统复杂得多。

另外，还有几种分类方法，如按控制系统闭环回路的数目分，有单回路和多回路控制系统；按系统变化特性来分，有线性和非线性控制系统。

在各类控制系统中，热工生产过程中应用最广泛，也是最基本的是线性、闭环、恒值控制系统。

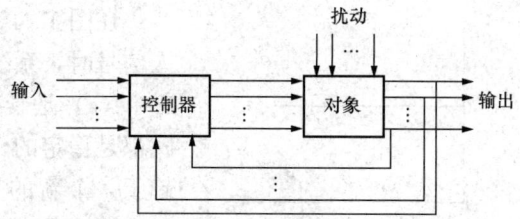

图 1-7 多变量系统

第二节 自动控制系统的过渡过程及品质指标

一、静态特性与动态特性

自动控制系统的输入有两种类型，一种是给定值的变化，另一种是扰动量的变化。当输入恒定不变时，整个系统若能建立平衡，系统中各个环节将暂不动作，它们的输出都处于相对静止状态，这种状态称为静态（也称为稳态）。例如前述锅炉炉膛压力系统中，当送风量与引风量平衡时，炉膛压力保持不变，此时称系统达到了平衡，即处于静态。这里所说的静态，并非指系统内没有物料与能量的流动，而是指各个参数的变化率为零，即参数保持不变。此时输出与输入之间的关系称为系统的静态特性。

假设一个系统原来处于静态，由于出现了扰动，即输入起了变化，系统的平衡受到破坏，被控量（即输出）发生变化，自动控制装置就会动作，进行控制，以克服扰动的影响，试图使系统恢复平衡。从输入开始变化，经过控制，直到再建立平衡，在这段时间中整个系统的各个环节和变量都处于变化的过程之中，这种状态称为动态。另一方面，在给定值变化时，也会引起动态过程，控制装置试图使被控量在新的给定值或其附近建立平衡。总之，由于输入的变化，输出随时间而变化，它们之间的关系称为系统的动态特性。

在恒值控制系统中，扰动不断产生，控制作用也就不断克服其影响，系统经常处于动态过程中。同样，在随动控制系统中，给定值不断变化，系统也经常处于动态过程中。因此，控制系统的分析重点要放在系统和环节的动态特性上，这样才能设计出良好的控制系统，以满足生产提出的各种要求。

二、自动控制系统的过渡过程

当自动控制系统的输入发生变化后，被控量（即输出）为了跟随输入量随时间不断变化进而达到一种新的平衡，把这段变化过程称为系统的过渡过程。也就是系统从一个平衡状态过渡到另一个平衡状态的过程。

为了分析一个系统的动态特性，常以阶跃作用作为系统的输入对系统进行分析，因为阶跃作用很典型，实际上也经常遇到，且这类输入变化对系统来讲是比较严重的情况。如果一个系统对这种输入有较好的响应，那么对其他形式的输入变化就更能适应。阶跃输入信号的数学表达式为

$$r(t) = \begin{cases} 0, & t < 0 \text{ 时} \\ R, & t \geqslant 0 \text{ 时} \end{cases} \tag{1-1}$$

当式（1-1）中的 $R=1$ 时，称为单位阶跃信号，记为 $1(t)$。阶跃信号的函数曲线如图 1-8 所示。

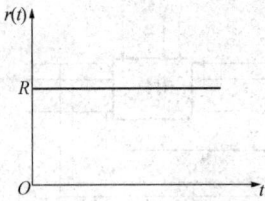

图 1-8　阶跃信号的函数曲线

在图 1-4（a）所示的恒值控制系统中，扰动为阶跃输入信号时，系统的过渡过程的几种形式如图 1-9 所示。图 1-9（a）是衰减振荡，图 1-9（b）是单调衰减，这两种形式都是稳定的，即受到扰动作用后，经过一段时间，最终能趋于一个新的平衡状态，故这两种形式是可以采用的。图 1-9（c）是等幅振荡，处于稳定与不稳定的边界，称为临界稳定，这种系统在一般情况下不采用。图 1-9（d）是发散振荡，被控量一直处于振荡状态，且振幅逐渐增加。图 1-9（e）是单调发散，被控量虽不振荡，但偏离原来的静态点越来越远，以上两种形式都属于不稳定。在过程控制系统中，要求系统是稳定的。

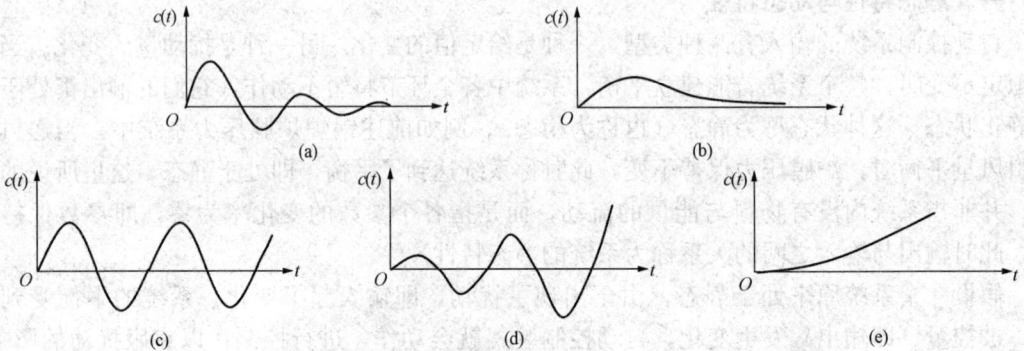

图 1-9　恒值控制系统的过渡过程几种形式
（a）衰减振荡；（b）单调衰减；（c）等幅振荡；（d）发散振荡；（e）单调发散

三、自动控制系统的性能指标

工业过程对控制的要求，可以概括为稳定性、准确性和快速性。恒值控制系统和随动控制系统对控制的要求既有共同点，也有不同点。恒值控制系统的目标在于恒定，即要求克服干扰，使系统的被控参数能稳、准、快地保持接近或等于给定值。而随动控制系统的主要目标是跟踪，即稳、准、快地跟踪给定值。图 1-10 是恒值控制系统和随动控制系统在阶跃作用下的过渡过程响应曲线。一个控制系统在受到外作用时，要求被控变量要平稳、迅速和准

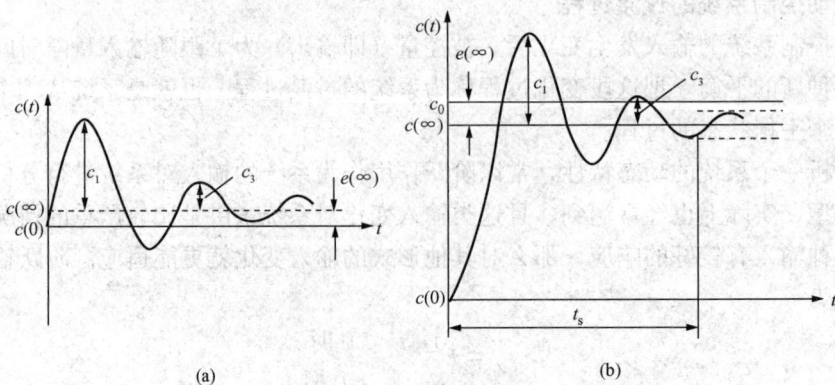

图 1-10　过渡过程控制指标示意
（a）内部扰动作用；（b）给定值扰动作用

确地趋近或恢复到给定值。因此，在稳定性、快速性和准确性三个方面提出各种单项控制指标和综合性控制指标。这些控制指标仅适用于衰减振荡过程。

（一）单项控制指标

1. 静态偏差 $e(\infty)$

静态偏差是指过渡过程结束后，给定值 c_0 与被控量稳态值 $c(\infty)$ 的差值，即 $e(\infty) = c_0 - c(\infty)$，如图 1-10 所示。在恒值控制系统中，由于给定值不变，即 $c_0 = c(0)$，故静态偏差也可表示为 $e(\infty) = c(0) - c(\infty)$。它是控制系统静态准确性的衡量指标。无论是给定值扰动还是内扰，都要求系统的静态偏差为零，或不超过预定的范围，静态偏差是反映控制准确性的一个重要稳态指标。

2. 衰减比 n 和衰减率 ψ

衰减比是衡量振荡过程衰减程度的指标，等于两个相邻同向波峰值之比，即 $n = c_1/c_3$，衰减比习惯上用 $n:1$ 表示。衰减率是指每经过一个周期以后，波动幅度衰减的百分数，即 $\psi = \dfrac{c_1 - c_3}{c_1}$。若 $\psi < 0$，过渡过程为发散振荡；若 $\psi = 0$，过渡过程为等幅振荡；若 $\psi = 1$，过渡过程为非周期过程。显然，对衰减振荡而言，$0 < \psi < 1$，n 恒大于 1。ψ 越小，意味着控制系统的振荡过程越剧烈，稳定度也越低，ψ 接近于 0 时，控制系统的过渡过程接近于等幅振荡过程；反之，ψ 越大，则控制系统的稳定度也越高，当 ψ 接近于 1 时，控制系统的过渡过程接近于非振荡过程，衰减率究竟以多大为合适，没有确切的定论，可以根据实际经验操作。在实际生产中，为保持足够的稳定裕度，工程上一般希望控制系统的衰减比为 4:1 到 10:1，它相当于衰减率 ψ 为 0.75～0.9。若衰减率 ψ 为 0.75，则大约振荡两个周期就认为系统进入稳态。

3. 最大动态偏差 e_{max} 和超调量 M_p

最大动态偏差或超调量是描述被控量偏离给定值最大限度的物理量，也是衡量过渡过程准确性的一个动态指标。恒值控制系统在内部扰动作用时，通常采用最大动态偏差指标，其定义是被控量第一个波的峰值与给定值之差，如图 1-10 (a) 中的 $e_{max} = c_1 + e(\infty)$。随动控制系统在给定值扰动作用时，通常采用超调量这个指标来表示被控量偏离给定值的程度，它的定义是第一个波的峰值与最终稳态值之差占被控量稳态值的百分比，即 $M_p = \dfrac{c_1}{c(\infty)} \times 100\%$。最大动态偏差或超调量越大，生产过程瞬时偏离给定值就越远。最大动态偏差能直接反映到生产记录曲线上，特别是在越来越先进的计算机过程控制系统中，能够更为方便、直观地在监视器屏幕上观察到被控参数的实时响应波形。

4. 过渡过程时间 t_s 和振荡频率 ω

过渡过程时间 t_s 表示控制系统过渡过程的长短，也就是控制系统在受到阶跃信号外作用后，被控量从原有稳态值达到新的稳态值所需要的时间。严格地讲，控制系统在受到外作用后，被控量完全达到最终稳态值需要无限长时间。但实际上当被控量的变化幅度衰减到足够小，并保持在一个极小的范围内所需的时间还是有限的。

对于给定值变化的控制系统（即随动控制系统），一般在稳态值附近设定误差带 $\pm\Delta$（2% 或 5% 稳态值），当被控量进入其稳态值的 $\pm\Delta$ 范围内，就认为过渡过程已经结束，这时所需时间就是过渡过程时间 t_s。过渡过程时间 t_s 短，表示控制系统的过渡过程快，即使扰动频繁出现，系统也能适应；反之，过渡过程时间 t_s 长，表示控制系统的过渡过程慢。显然，过渡过程时间 t_s 越短越好，它是反映控制快速性的一个指标。

在衰减比相同的条件下，被控量响应曲线的振荡频率与过渡过程时间 t_s 成反比，振荡频率越高，过渡过程时间 t_s 越短。因此振荡频率也可作为衡量控制快速性的指标，恒值控制系统常用振荡频率来衡量控制系统的快慢。

必须说明，这些控制指标在不同的控制系统中各有其重要性，而且相互之间又有着内在的联系。同时要求严格满足这几个控制指标是很困难的，因此，应根据工艺生产的具体要求分清主次，区别轻重，对于主要的控制指标应优先保证。

（二）综合控制指标

所谓综合控制指标，是指对上面的几个目标特征数值进行某种数学上的处理，设法把它们统一地包含在一个数学表达式中。一般用期望的系统响应和实际系统响应之差的某个函数作为目标函数。

由于过渡过程中动态偏差越大，或是过渡过程时间越长，则控制品质越差。因此综合控制指标常采用动态偏差的积分形式。常用的有三种积分性能指标：

1. 平方积分指标 ISE

$$J = \int_0^\infty e^2(t)\mathrm{d}t \tag{1-2}$$

2. 绝对值积分指标 IAE

$$J = \int_0^\infty |e(t)|\mathrm{d}t \tag{1-3}$$

若用动态偏差 $e(t)$ 作积分，正、负偏差将相互抵消。即使 $e(t)$ 值很大或剧烈波动，积分指标 J 值仍然可以很小，所以一般用动态偏差 $e(t)$ 的平方或绝对值来评定恒值控制系统质量指标。

3. 时间乘以动态偏差绝对值的积分指标 $ITAE$

$$J = \int_0^\infty |e(t)|t\mathrm{d}t$$

上式是为了突出快速性的要求，一般用于随动控制系统的质量指标评定。

对于有静态偏差的系统，存在 $e(\infty)$，三种形式的积分指标值都将趋于无穷大，无法衡量系统的控制质量，为此常采用 $e(t)-e(\infty)$ 作为动态偏差项代入积分指标运算中。

自动控制系统控制质量的好坏，取决于组成控制系统的各个环节，特别是被控对象的特性。自动控制装置应按对象的特性加以适当的选择和调整，才能达到预期的控制质量。

第三节　过程控制系统的发展概况

生产过程自动化的发展，大体上可以分为三个阶段。

1. 仪表自动化阶段

20 世纪 40 年代前后，生产过程自动化主要是凭生产实际经验，局限于一般的控制元件及机电式控制仪器，采用比较笨重的基地式仪表，实现生产设备就地分散的局部自动控制。在不同设备之间或同一设备中的不同控制系统之间没有或很少有联系。过程控制的对象主要是温度、压力、流量、成分等几个热工参数的恒值控制，以保证生产过程的稳定进行。

20 世纪 50～60 年代，先后出现了电动与气动单元组合仪表和巡回检测装置，采用了集中监控与集中操作的控制系统，实现了工厂仪表化和局部自动化。这对当时迫切希望提高设备效率和强化生产过程的要求起了有力的促进作用，适应了工业生产设备日益大型化与连续化的客观需要。随着仪器仪表工业的迅速发展，对于过程辨识的理论和方法，对于仪表及控制系统的设计计算方法都有较快的进展。但过程控制的理论仍采用以频率法和根轨迹法为主体的经典控制理论，主要解决单输入、单输出的定值控制系统的分析和综合问题，各控制系统间互不关联或关联甚少，只是控制的品质有较大的提高。

2. 计算机控制阶段

20 世纪七八十年代，由于集成电路与计算机技术的飞速进展，为过程控制的发展创造了条件，开始采用计算机直接数字控制（direct digital control，DDC）与计算机监控（supervisory computer control，SCC）系统。由于计算机硬件的可靠性高、成本较低，有丰富的软件支持，有直观的 CRT 显示，便于人机联系；它既没有模拟常规仪表那样数量多、仪表柜庞大的缺点，也不会像 20 世纪 60 年代初采用的大型计算机集中控制那样，一旦出现故障，就会影响全局，因此得到了广泛的应用。特别是随着现代工业生产的规模不断扩大，控制要求不断提高，过程参数日益增多，致使控制回路更加复杂。为了满足工业生产的监控集中、危险分散的要求，20 世纪 70 年代中期，分散控制系统（distributed control system，DCS，也称分布式控制系统）开发问世了。分散控制系统是集计算机技术、控制技术、通信技术和图形显示技术为一体的装置。这种系统在结构上是分散的，就是将计算机分布到车间或装置。这不仅使系统的危险分散，消除了全局性的故障点，而且提高了系统的可靠性，同时能方便灵活地实现各种新型的控制规律与算法。这种系统由于是分级的，能实现优化的最佳管理。它的出现是新形势下的一种必然趋势。它一经出现就受到了工业控制界的青睐，实现了过程控制最优化和生产调度与经营管理自动化相结合的分散控制系统，使生产过程自动化的发展达到了一个新的水平。由原来分散的机组或车间控制，向全车间、全厂和整个企业的综合自动化方向发展。

在过程控制系统结构方面，为了提高控制质量与实现一些特殊的控制要求，相继出现了各种复杂控制系统。例如，串级、比值、前馈—反馈复合控制和解耦控制的应用。

在过程控制理论方面，除了仍然采用经典控制理论以解决实际生产过程中遇到的问题外，现代控制理论开始得到应用，最优控制、推理控制、预测控制、自适应控制等控制方法得到了比较迅速的发展，控制系统由单变量系统转向多变量系统，以解决实际生产过程中遇到的更为复杂的问题。

3. 综合自动化阶段

从 20 世纪 90 年代开始，过程控制进入了综合自动化阶段。这一阶段具有以下突出特征：

在自动化工具上推出了现场总线（fieldbus）控制技术。根据国际电工委员会（IEC）和现场总线基金会（FF）的定义，现场总线是智能现场设备和自动化系统的数字式、双向传输、多分支结构的通信网络。它有如下特点：

（1）用一对 N 结构代替一对一结构，一条通信线能连接 N 台仪表，减少了连接线，因而减少了安装维护费用，工期短，可靠性高，抗干扰性强。

（2）互换性、互操作性好，不同制造厂生产的仪表可以互连、互操作，开放性好。

（3）控制分散，现场仪表不仅有检测功能，而且可以有运算功能和控制功能，因而通过现场仪表就可构成控制回路，使控制回路彻底分散。现场总线采用公开的、标准的网络协议，很容易与其他网络集成，方便共享信息，为综合自动化奠定了基础。它的出现标志着控制工具的又一次重大变革，过程控制进入了真正的计算机时代。

在控制理论上采用了第三代控制理论，即智能控制理论。智能控制将人工智能、控制理论和运筹学三大学科相结合，采用模糊、神经网络和专家系统等技术，比较好地解决了对象建模的困难和干扰众多与控制要求提高的矛盾，在许多难以控制的场合下，发挥了卓越的作用。与此同时，现代控制理论中的诸如非线性系统、分布参数系统、随机控制以及容错控制等也在理论上和实践中得到了发展。

以计算机集成技术为基础的综合自动化体系正在形成。综合自动化系统就是包括生产计划和调度、操作优化、基层控制和先进控制等内容的递阶控制系统，也称管理控制一体化的系统。这类系统是靠计算机及其网络来实现的，因此也称为计算机集成过程系统（computer integrated process system，CIPS）。这里，计算机集成指出了它的组成特征，过程系统指明了它的工作对象，正好与离散型工业中的计算机集成制造系统（computer integrated manufacturing systerms，CIMS）相对应，因此，也将 CIPS 称为过程工业的 CIMS。

CIPS 是一种全新的哲理与概念，它以企业整体优化为目标，以计算机及网络为主要技术工具，以生产过程的管理和控制自动化为主要内容，将过去局部自动化的"孤岛"模式集成为一个整体的系统，它代表了当代自动化的潮流。

应当看到，生产过程自动化是适应生产发展的需要而发展起来的，它们之间相互依存，相互促进，密切相关。生产工艺的变革、设备的更新、生产规模的扩大、新产品的涌现都会促进自动化的发展进程。同样，自动控制理论、技术、设备等方面的新成就，又保证了现代工业生产在安全而稳定的情况下高速、高产、高质地运行，可以充分地发挥和利用设备的潜力，大大地提高生产率，获得最大的社会与经济效益。

最后应当指出，虽有这样丰富而先进的现代控制理论，但实际行之有效的控制方法太少，不能适应生产过程不断提出的更高级、更严格的需求。随着神经网络的研究应用，人工智能专家系统日益推广运用，模糊控制的逐渐兴起，在不远的将来可能形成简单、实用、控制品质高的各种控制网络与控制方法，将现代控制理论工程化和实用化，使过程控制达到完善的地步。

习　题

1-1　一个简单控制系统由哪几部分组成？各有什么作用？

1-2　自动控制系统通常可分为哪几种类型？

1-3　常用的评价控制系统性能的单项指标有哪些？它们与动态偏差积分指标各有何特点？

1-4　简述过程控制的发展概况及各阶段的特点。

第二章 热工对象的数学模型

第一节 数学模型的概念及建立方法

设计一个优良的过程自动控制系统时，首先需要知道被控对象的数学模型，然后依据被控对象的数学模型，按照控制要求来设计控制器。虽然现在已经发展出一些不依赖于精确的被控对象数学模型的控制算法，但也需要对被控对象的动态特性有一个定性的了解。许多情况表明，对一些复杂对象不能设计出良好的自动控制系统，往往是由于被控对象的数学模型建立不准确而引起的，因此建立准确、合适的被控对象数学模型并了解其特点是自动控制系统设计的基础。

一、数学模型的建立

要想建立一个较完善的数学模型，需要掌握以下三方面的内容。

（1）要确定明确的输入量与输出量。由于同一个系统可以有很多个研究对象，这些研究对象将决定建模过程的方向。只有确定了输出量，目标才得以明确。而影响研究对象的输出量发生变化的输入信号也可能有多个，通常选一个可控性良好、对输出量影响最大的输入信号作为输入量，而其余的输入信号则为干扰量。

（2）要有先验知识。在建模中，所研究的对象是工业生产中的各种设备或过程，例如换热器、工业窑炉、电厂蒸汽锅炉等。而被控对象内部所进行的物理、化学过程可以是各种各样的，但它们必定符合已经发现了的许多定理、原理及模型。因此在建模中必须掌握建模对象所要用到的先验知识。

（3）试验数据。在进行建模时，通过对被控对象的试验与测量可以获得有关的信息和试验数据。合适的定量观测和试验是验证模型或建模的重要依据。

对被控对象数学模型的要求，首先是要准确可靠，但这并不意味着愈准确愈好。应根据实际应用情况提出适当的要求。超过实际需要的准确性要求必然造成不必要的浪费。在线运用的数学模型还有实时性的要求，它与准确性要求往往是矛盾的。实际生产过程的动态特性是非常复杂的。在建立其数学模型时，往往要抓住主要因素，忽略次要因素，否则就得不到可用的模型。为此需要做很多近似处理，例如线性化、分布参数系统集总化和模型降阶处理等。

由于模型的误差可视为干扰，而闭环控制本身具有一定的鲁棒性，在某种程度上具有自动消除干扰影响的能力，因此，一般来说，用于控制的数学模型并不要求非常准确。

二、建立数学模型的方法

建立被控对象的数学模型，一般可采用多种方法，大致可分为机理法和试验法两类。

（一）机理法建模

用机理法建模就是根据生产过程中实际发生的变化机理，写出各种有关的平衡方程，例如：物质平衡方程，能量平衡方程，动量平衡方程以及反映流体流动、传热、化学反应等基本规律的运动方程，特性参数方程和某些设备的特性方程等，从中获得所需的数学模型。

用机理法建模的首要条件是生产过程的机理必须已经为人们充分掌握，并且可以比较确切地加以数学描述。其次，由于工业生产过程的复杂性，很难得到阶次较低、适用的以数学形式表达的模型。因此，在计算机尚未得到普及应用以前，几乎无法用机理法建立实际工业过程的数学模型。

随着计算机的发展，用机理法建模的研究有了迅速的发展，可以说，只要机理清楚，就可以利用计算机建立几乎任何复杂系统的数学模型。但考虑到模型的适用性和实时性的要求，合理的近似假定总是必不可少的。模型应该尽量简单，同时保证达到合理的精度。

用机理法建模时，有时也会出现模型中某些参数难以确定的情况或用机理法建模太烦琐，这时可以用测试的方法来建模。机理建模法也称"白盒"法。

（二）试验测定法建模

这种方法一般只用于建立输入、输出模型。它是根据工业过程的输入和输出的实测数据进行某种数学处理后得到的模型。它的主要特点是把被研究的工业过程视为一个黑匣子，完全从外特性上测试和描述它的动态性质，因此不需要深入掌握其内部机理。然而，这并不意味着可以对内部机理毫无所知。

过程的动态特性只有当它处于变动状态下才会表现出来，在稳态下是表现不出来的。因此为了获得动态特性，必须使被研究的过程处于被激励的状态，例如施加一个阶跃扰动或脉冲扰动等。为了有效地进行这种动态特性测试，仍然有必要对过程内部的机理有明确的定性了解，例如究竟有哪些主要因素在起作用，它们之间的因果关系如何等。丰富的先验知识无疑会有助于成功地用试验测定法建立数学模型。那些内部机理尚未被人们充分了解的过程，例如复杂的生化过程，也是难以用测试法建立其动态数学模型的。

用试验测定法建模一般比用机理法建模要简单和省力，尤其是对于那些复杂的工业过程更为明显。如果机理法和测试法两者都能达到同样的目的，一般采用试验测定法建模。

试验建模法也称"黑盒"法，有时为了验证模型的正确性，把"黑盒"法和"白盒"法相结合，两者互为验证，互为补充，提高模型的精度。把这种方法称为"灰盒"法。

第二节　机理建模方法

根据被控对象在阶跃变化作用下，被控量的响应曲线形状，被控对象可分为有自平衡能力对象和无自平衡能力对象两大类。

一、有自平衡能力对象

被控对象受到扰动后平衡被破坏，不需外来的控制作用，而依靠被控量自身变化使对象重新恢复平衡的特性，称为对象的自平衡特性，具有这种特性的被控对象就是有自平衡能力对象。

根据被控对象微分方程阶次的高低，即被控对象中储能部件的多少，被控对象又可分为单容对象和多容对象两大类。最简单的一种形式，是仅有一个储能元件的单容对象。

（一）单容对象的传递函数及动态特性

1. 单容对象的传递函数

如图 2-1 所示，有一单容储水箱，不断有水流入箱内，同时也有水不断由箱中流出。被控量为水位 h，它反映水的流入与流出之间的平衡关系。水流入量 Q_1 由进水阀开度 μ 加以控制，进水阀开度变化属于内扰；流出量 Q_2 则由用户根据需要通过出水阀门来改变，出水阀门开度的变化属于外扰。水箱对象的动态特性是指在内扰作用下水箱水位随时间的变化特性。现分析入口调节阀开度扰动下水位变化的动态特性。各变量定义如下：

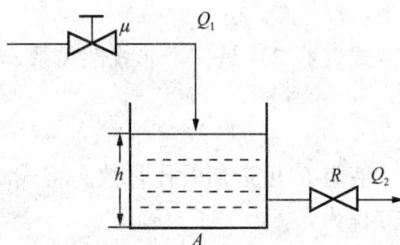

图 2-1 单容水箱示意

Q_{10}——流入水箱流量的初始稳态值；

Q_1——流入水箱流量；

Q_{20}——流出水箱流量的初始稳态值；

Q_2——流出水箱流量；

h ——水箱水位的高度；

h_0——水箱水位的初始稳态值；

μ ——调节阀的开度；

A ——水箱横截面积；

R ——出口阀门的阻力即液阻。

假设在 t_0 时刻前，被控对象水箱处于平衡状态，根据物料平衡关系，流入量与流出量平衡，即 $Q_{10}=Q_{20}$，被控量水位 $h=h_0$，进水阀开度 $\mu=\mu_0$。

在 t_0 时刻突然将进水阀开大 $\Delta\mu$，即相当于加入了 $\Delta\mu$ 的阶跃扰动，此时流入量 Q_1 阶跃增大 ΔQ，水位 h 将随着流入量 Q_1 的增大而上升，假定出水阀开度不变，水位 h 的升高将使流出量 Q_2 改变，变化曲线如图 2-2 所示。

在开始时，水位 h 快速上升。随着水位上升，产生的压差增大，Q_2 也随之增大，而 (Q_1-Q_2) 随之减小，水位上升速度减慢，最后达到平衡（$Q_1=Q_2$），稳定在新的水位高度上。

我们讨论的重点是被控对象的动态特性，即扰动作用下各变量的变化规律，为了讨论方便，我们认为初始的平衡状态是零初始条件，即各变量初始值均为零。在单容水箱系统中，零初始条件表示 Q_{10}、Q_{20}、μ_0 及 h_0 均为零，而 Q_1、Q_2、μ 和 h 则代表各自偏离初始平衡状态的变化值，即 $\Delta Q_1=Q_1-Q_{10}=Q_1$，$\Delta Q_2=Q_2-Q_{20}=Q_2$，$\Delta\mu=\mu-\mu_0=\mu$，$\Delta h=h-h_0=h$。

根据物质平衡原理，流入量与流出量之差等于水箱储水量的变化率，即

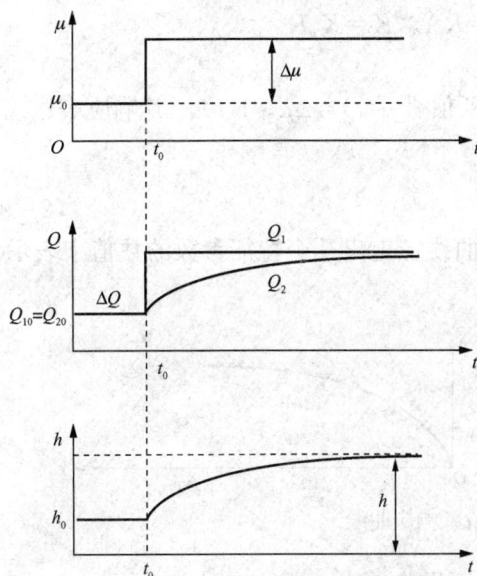

图 2-2 单容水箱的阶跃响应

$$Q_1-Q_2=\frac{dV}{dt}=A\frac{dh}{dt} \qquad (2-1)$$

式（2-1）中，Q_1 是由控制阀开度变化 $\Delta\mu$ 引起的，当阀前后压差不变时，有

$$Q_1=K_\mu\mu \qquad (2-2)$$

式中：K_μ 为阀门流量系数。

流出量与水位的关系为

$$Q_2=A\sqrt{2gh}=D\sqrt{h} \qquad (2-3)$$

式中：$D = A\sqrt{2g}$。

式（2-3）是一个非线性关系，可以在平衡点（Q_{20}，h_0）附近进行线性化，得

$$R = \frac{h}{Q_2} \qquad (2-4)$$

液阻 R 可近似看作常数。将式（2-2）、式（2-4）代入式（2-1），可得被控对象的微分方程为

$$RA\frac{\mathrm{d}h}{\mathrm{d}t} + h = K_\mu R\mu \qquad (2-5)$$

分别对式（2-1）、式（2-2）和式（2-4）进行拉普拉斯变换得

$$\left[Q_1(s) - Q_2(s)\right]\frac{1}{As} = H(s) \qquad (2-6)$$

$$U(s)K_\mu = Q_1(s) \qquad (2-7)$$

$$Q_2(s) = H(s)\frac{1}{R} \qquad (2-8)$$

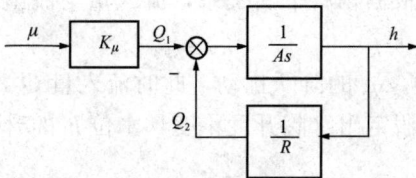

图 2-3　单容对象的方框图

根据以上三个式子可以画出被控对象的方框图，如图 2-3 所示，利用方框图化简方法可求得进水阀开度改变时水位变化的传递函数为

$$G(s) = \frac{H(s)}{U(s)} = \frac{K}{Ts+1} \qquad (2-9)$$

式中：$T = RA$，$K = K_\mu R$。

2. 单容对象的动态特性

为了分析方便，单容水箱在 $t=0$ 时刻加入阶跃信号 $\mu(t) = \Delta\mu \cdot 1(t)$，其响应表达式可以求得

$$h(t) = K\Delta\mu\left(1 - \mathrm{e}^{-\frac{t}{T}}\right) \qquad (2-10)$$

其响应曲线如图 2-4 所示。工程上常在阶跃曲线上定出几个特征参数的数值来表示对象的动态特性。

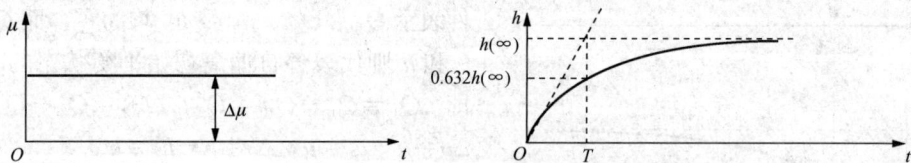

图 2-4　单容对象的阶跃响应曲线

（1）自平衡率 ρ。当 $t \to \infty$ 时，由式（2-10）可得稳态值

$$h(\infty) = K\Delta\mu \qquad (2-11)$$

说明水位 h 达到新的平衡值为 $K\Delta\mu$，也就是说，当输入量改变 $\Delta\mu$ 时，输出量最终改变 $K\Delta\mu$。因此，K 的实际含义是输入经过储水箱环节被放大了 K 倍，因此我们称 K 为放大倍数。

我们定义自平衡率 $\rho = 1/K$，是指当对象受到扰动，其平衡状态被破坏后不需要外加调节，只要依靠被控量本身的变化使自己又重新恢复平衡的能力大小。$\rho = 0$ 时表示没有自平

衡能力，ρ 越大表示自平衡能力越强。

（2）时间常数 T。T 是表示受扰动后被控量完成其变化过程所需时间长短的重要参数，当 $t=T$ 时，$h(T)=0.632h(\infty)$。一般对象在 $t>(3\sim4)T$ 后，已接近于稳态值。T 越大，惯性越大，对象响应速度越慢。

（3）响应速度（飞升速度）ε。响应速度是指在单位阶跃扰动作用下，被控量的最大变化速度，从图中 h 的变化曲线看，被控量的最大变化速度为 $t=0$ 时的变化速度，即

$$\varepsilon=\left(\frac{\mathrm{d}h}{\mathrm{d}t}\right)_{\max}\Big/\Delta\mu=\left(\frac{\mathrm{d}h}{\mathrm{d}t}\right)_{t=0}\Big/\Delta\mu=\left(\frac{K\Delta\mu}{T}\right)\Big/\Delta\mu=\frac{K}{T} \tag{2-12}$$

响应速度 ε 越大，说明在单位阶跃扰动下，被调量的最大变化速度越大，即响应曲线越陡，惯性越小。

3. 具有纯迟延的单容对象特性

有一储水箱如图 2-5 所示，它与图 2-1 不同的是进水阀离水箱有一段较长的距离。因此，进水阀开度变化所引起的流入量变化 ΔQ_1，需要经过一段传输时间 τ（纯迟延时间），即

$$Q_1(t)=K_\mu\mu(t-\tau) \tag{2-13}$$

对其进行拉普拉斯变换得

$$Q_1(s)=K_\mu\mathrm{e}^{-\tau s}U(s) \tag{2-14}$$

其他信号之间关系与式（2-6）、式（2-8）相同，根据上述表达式可画出方框图，见图 2-6，利用方框图化简方法可求得控制阀开度改变时水位变化的传递函数为

$$G(s)=\frac{H(s)}{U(s)}=\frac{K}{Ts+1}\mathrm{e}^{-\tau s} \tag{2-15}$$

可见，纯迟延现象产生的原因是由于扰动发生的地点与测定被控参数位置有一定距离。

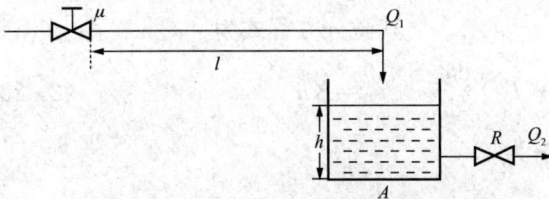

图 2-5　有纯迟延的单容水箱示意　　　　图 2-6　有纯迟延的单容对象方框图

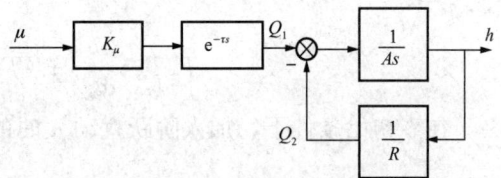

（二）双容对象的传递函数与动态特性

1. 双容对象的传递函数

前面讨论的是只有一个储水容器的对象，实际调节对象往往要复杂一些，图 2-7 所示的对象具有两个水箱，也就是说它有两个可以储水的容器，称为双容对象。

图 2-7 是由两个单容水箱串联构成，设初始平衡状态为零，即 $Q_{10}=0$、$Q_{20}=0$、$Q_{30}=0$、$h_{10}=0$、$h_{20}=0$，使阀门开度产生微小扰动 μ，各参数之间的关系可用下述动态方程表

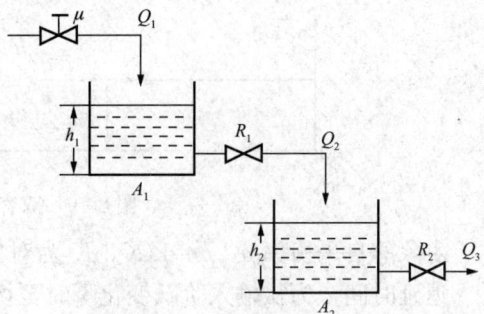

图 2-7　双容水箱示意

示,即

$$Q_1 = K_\mu \mu \tag{2-16}$$

$$Q_1 - Q_2 = A_1 \frac{\mathrm{d}h_1}{\mathrm{d}t} \tag{2-17}$$

$$Q_2 = \frac{h_1}{R_1} \tag{2-18}$$

$$Q_2 - Q_3 = A_2 \frac{\mathrm{d}h_2}{\mathrm{d}t} \tag{2-19}$$

$$Q_3 = \frac{h_2}{R_2} \tag{2-20}$$

根据上述关系式,能画出双容有自平衡对象的方框图(见图 2-8),化简求得其传递函数为

$$\frac{H_2(s)}{U(s)} = \frac{K_\mu R_2}{A_1 R_1 A_2 R_2 s^2 + (A_1 R_1 + A_2 R_2)s + 1} \tag{2-21}$$

令 $T_1 = A_1 R_1$, $T_2 = A_2 R_2$, $K = K_\mu R_2$, 得

$$\frac{H_2(s)}{U(s)} = \frac{K}{T_1 T_2 s^2 + (T_1 + T_2)s + 1} = \frac{K}{(T_1 s + 1)(T_2 s + 1)} \tag{2-22}$$

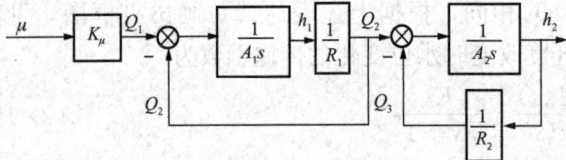

图 2-8　双容有自平衡对象方框图

式中:A_1、A_2 为两水箱的截面积; R_1、R_2 为两水箱的出水阀的阻力;T_1 为第一个水箱的时间常数;T_2 为第二个水箱的时间常数;K 为双容对象的放大系数。

2. 双容对象的动态特性

其微分方程式为

$$T_1 T_2 \frac{\mathrm{d}^2 h_2}{\mathrm{d}t^2} + (T_1 + T_2) \frac{\mathrm{d}h_2}{\mathrm{d}t} + h_2 = K\mu \tag{2-23}$$

在零初始条件下,加入阶跃扰动 μ 时的解为

$$h_2(t) = K\mu \left(1 - \frac{T_1}{T_1 - T_2} e^{-\frac{t}{T_1}} + \frac{T_2}{T_1 - T_2} e^{-\frac{t}{T_2}}\right) \tag{2-24}$$

阶跃响应曲线如图 2-9 所示,在此曲线的拐点($\mathrm{d}h_2/\mathrm{d}t$ 最大的点)A 处作出切线,与被控量 h_2 的起始平衡值和最终平衡值的横轴相交,得到迟延时间 τ 和时间常数 T_c。

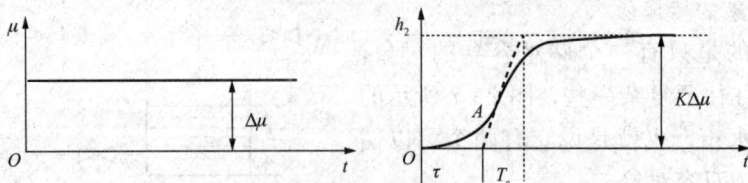

图 2-9　双容对象的阶跃响应曲线

对象的自平衡率 ρ,$\rho = 1/K$,K 为对象的放大倍数。

迟延时间 τ 为从输入阶跃变化瞬时至切线与被控量起始平衡值横轴交点间的距离。

时间常数 T_c,如果被控量以曲线上最大变化速度(即 A 点处的速度)变化,从起始平

衡值到最终平衡值所需的时间就是时间常数 T_c。响应速度的计算式为

$$\varepsilon = \frac{\dfrac{dh_2}{dt}\big|_A}{\Delta\mu} = \frac{\dfrac{K\Delta\mu}{T_c}}{\Delta\mu} = \frac{K}{T_c}$$

一般,有自平衡能力的对象可以用迟延时间 τ、自平衡率 ρ 和响应速度 ε 来表示其动态特性。

（三）具有自平衡能力的多容对象

设有 n 个相互独立的多容对象的时间常数为 T_1,T_2,…,T_n,总放大倍数为 K,则传递函数为

$$G(s) = \frac{K}{(T_1 s + 1)(T_2 s + 1)\cdots(T_n s + 1)} \tag{2-25}$$

若 $T_1 = T_2 = \cdots = T_n = T$,则

$$G(s) = \frac{K}{(Ts + 1)^n} \tag{2-26}$$

若还有纯迟延,则对象可表示为

$$G(s) = \frac{K}{(Ts + 1)^n} e^{-\tau s} \tag{2-27}$$

二、无自平衡能力对象

还有一类被控对象,如图 2-10 所示,其流出端是用计量泵排出恒定的流量,其值与液位的高低无关。当流入端的流量发生阶跃扰动时,原来平衡关系被破坏,液位发生变化。由于流出端流量保持不变,则液位或者上升,直至水溢出液槽;或者下降,直到液槽里的水被抽完为止。

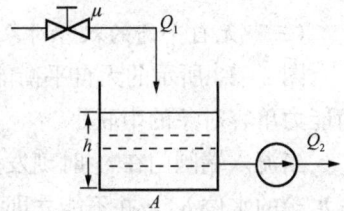

图 2-10 无自平衡单容水箱示意

当这种被控量的平衡关系破坏后,被控量以固定的速度一直变化下去而不会自动地在新的水平上恢复平衡,具有这种现象的对象称为无自平衡能力对象。

（一）无自平衡能力的单容水箱

根据物料平衡关系,在扰动发生前,对象处于平衡状态,流入量与流出量平衡,即 $Q_{10} = Q_{20}$,被控量水位 $h = h_0$,设在 t_0 时刻突然将进水阀开大,即相当于加入了 $\Delta\mu$ 的阶跃扰动,此时流入量 Q_1 阶跃增大 ΔQ,而流出量 Q_2 不变,水位 h 将按着一定速度上升,直到水溢出水箱,变化曲线如图 2-11 所示。

设对象的起始平衡状态为零初始条件,即 Q_{10}、Q_{20} 及 h_0 均为零,而 Q_1、Q_2 和 h 则代表各自偏离初始平衡状态的变化值,由于流出量恒定不变,即 $Q_2 = 0$,根据物质平衡原理,流入量与流出量之差等于水箱储水量的变化率,即

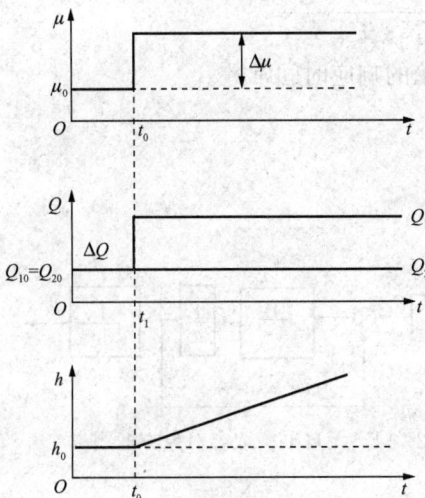

图 2-11 无自平衡单容水箱的阶跃响应

$$Q_1 - Q_2 = Q_1 = A\frac{dh}{dt} \tag{2-28}$$

$$Q_1 = K_\mu \mu \tag{2-29}$$

根据上述信号间关系可以画出被控对象的方框图，如图 2-12 所示，利用方框图化简方法可求得控制阀开度改变时水位变化的传递函数为

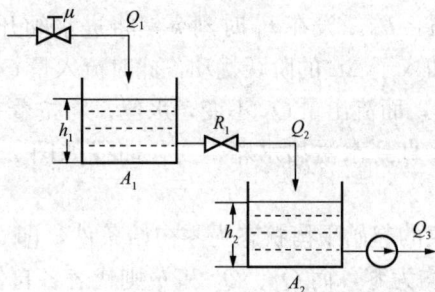

图 2-12　无自平衡单容水箱方框图

$$G(s) = \frac{H(s)}{U(s)} = \frac{K_\mu}{As} = \frac{1}{T_a s} \tag{2-30}$$

式中：响应时间 $T_a = A/K_\mu$。

（二）无自平衡单容对象的动态特性

无自平衡单容对象的动态方程为

$$T_a \frac{\mathrm{d}h(t)}{\mathrm{d}t} = \mu(t) \tag{2-31}$$

在 $t=0$ 时刻加入阶跃输入信号 $\mu(t) = \Delta\mu$，其响应表达式可以求得

$$h(t) = \frac{\Delta\mu}{T_a} t = \Delta\mu \varepsilon t \tag{2-32}$$

式中：定义响应速度 $\varepsilon = \dfrac{K_\mu}{A} = \dfrac{1}{T_a}$。

（三）无自平衡的双容对象

图 2-13 所示的无自平衡能力的双容对象是一个有自平衡能力的单容对象和一个无自平衡能力单容对象的串联。

当流入端阀门在 t_0 时刻发生 $\Delta\mu$ 阶跃扰动时，由于多了一个上位水箱，作为被控参数下位水箱的水位 h_2，并不能立即以最大速度变化，h_2 对扰动的响应有一定的惯性，根据信号之间的关系可画出无自平衡的双容对象方框图，如图 2-14 所示。利用方框图化简的方法可得其对象的传递函数为

$$\frac{H_2(s)}{U(s)} = \frac{1}{A_1 R_1 s + 1} \frac{K_\mu}{A_2 s} = \frac{1}{T_1 s + 1} \frac{1}{T_a s} \tag{2-33}$$

式中：T_1 为第一个水箱的时间常数；T_a 为第二个水箱的响应时间常数。

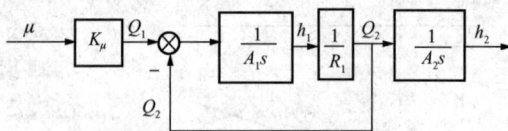

图 2-13　无自平衡双容水箱示意

图 2-14　无自平衡双容对象方框图

对象的动态方程为

$$T_1 \frac{\mathrm{d}^2 h_2}{\mathrm{d}t^2} + \frac{\mathrm{d}h_2}{\mathrm{d}t} = \frac{1}{T_a} \mu \tag{2-34}$$

设在零初始条件下，当 $t=0$ 时加入阶跃扰动信号 $\mu = \Delta\mu$，其响应为

$$h_2(t) = \frac{\Delta\mu}{T_a}(t - T_1 + T_1 e^{-\frac{t}{T_1}}) \qquad (2-35)$$

阶跃响应曲线如图 2-15 所示，作此响应曲线的渐近线（它的斜率就是被控量最终的变化速度），与被控量 h_2 的起始平衡值的横轴相交，得到迟延时间 τ。响应速度 ε $=\frac{\frac{dh_2}{dt}\big|_\infty}{\Delta\mu}$，表示输入阶跃变化一个单位时，阶跃响应曲线上被控量的最大变化速度。响应时间 T_a 是 ε 的倒数，表示当对象的输入是幅值 $\Delta\mu$ 的阶跃函数时，被控量以其

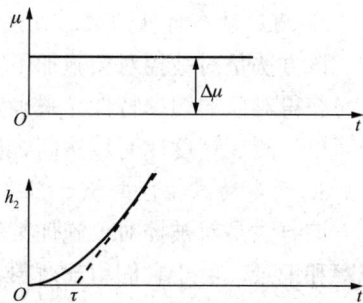

图 2-15 无自平衡双容对象的
阶跃响应曲线

响应曲线上的最快速度 $\frac{dh_2}{dt}\big|_\infty$ 变化，从 0 变化到 $\Delta\mu$ 所需的时间就是 T_a。

一般，无自平衡能力的对象可以用迟延时间 τ，响应速度 ε 两个特征参数的数值来表示其动态特性，其传递函数为

$$G(s) = \frac{\varepsilon}{s} e^{-\tau s} \qquad (2-36)$$

第三节 试验测定建模方法

对于某些生产过程的机理，人们往往还未充分掌握，有时也会出现模型中有些参数难以确定的情况。这时就需要用试验测定方法将数学模型估计出来。

一、对象特性的试验测定方法

前一节采用机理法对一些简单的典型被控对象建立其数学模型，它们是通过分析过程的机理、物料或能量关系，求取对象的微分方程式和传递函数。许多工业对象内部的工艺过程复杂，使得按对象内部的物理、化学过程寻求对象的微分方程和传递函数很困难。热工对象通常是由高阶非线性微分方程描述的复杂对象，因此对这些方程式也较难求解。

另外，采用机理法在推导和估算时，常用一些假设和近似。在复杂对象中，错综复杂的相互作用可能会对结果产生估计不到的影响。因此，即使能在得到数学模型的情况下，也仍希望通过试验测定来验证。当然在无法采用机理法得到数学模型的情况下，那就只有依靠试验测试方法来取得。因此对于运行中的对象，用试验法测定其动态特性，尽管有些方法所得结果颇有粗略，而且对生产也有些影响，但仍不失为了解对象的简单途径，在工程实践中应用较广。

由于过程的动态特性，只有当它处于变动状态下才会表现出来，在稳定状态下是表现不出来的，因此为了获得动态特性，必须使被研究的过程处于被激励的状态。根据加入的激励信号和结果的分析方法不同，测试对象动态特性的试验方法也不同，主要有以下几种。

1. 测定动态特性的时域方法

该方法是对被控对象施加阶跃信号或脉冲信号作为输入信号，测绘出对象输出量随时间变化的响应曲线，由响应曲线的结果分析，确定出被控对象的传递函数。这种方法测试设备简单，测试工作量小，因此应用广泛，缺点是测试准确度不高。

2. 测定动态特性的频域方法

该方法是对被控对象施加不同频率的正弦波，测出输入量与输出量的幅值比和相位差，从而获得对象的频率特性，来确定被控对象的传递函数。这种方法在原理和数据处理上都比较简单，测试精度比时域法高，但此法需要用专门的超低频测试设备，测试工作量较大。

3. 测定动态特性的统计相关法

该方法是对被控对象施加某种随机信号或直接利用对象输入端本身存在的随机噪声进行观察和记录，由于它们引起对象各参数变化，可采用统计相关法研究对象的动态特性。这种方法可以在生产过程正常状态下进行，可以在线辨识，精度也较高。但统计相关法要求积累大量数据，并要用相关仪表和计算机对这些数据进行计算和处理。

由于热工对象的特点，在实际中常采用时域方法，下面重点讨论测定动态特性的时域法。

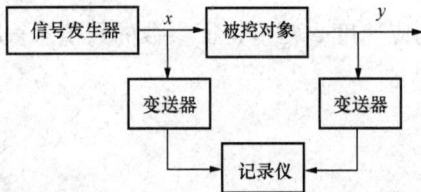

图 2-16　时域测定方法框图

二、时域法测定对象的动态特性

测定动态特性的时域法是在被控对象上人为地加非周期信号后，测定被控对象的响应曲线，然后再根据响应曲线，求出被控对象的传递函数，测试原理如图 2-16 所示。

实验开始前，生产过程必须处于平衡状态，即对某一测试参数要求有一段较长的稳定不变状态。这时对过程施加一个非周期输入（试验）信号。过程受到激励后开始一个过渡过程（瞬态过程），过渡过程结束后，过程达到一个新的平衡状态。将过程的输出量从原平衡状态到新平衡状态的整个过渡过程的变化情况，以曲线或数据的形式记录下来，就获得过程的瞬态响应，然后对瞬态响应曲线或数据进行数学上的处理就得到了过程的数学模型。

线性定常系统的一个重要性质是系统（或被控对象）输出响应的导数（或积分）就等于把相应的实验输入信号对时间的导数（或积分）作为系统输入信号时所得到的响应，即

$$y(t) = f[x(t)]$$

则

$$\frac{\mathrm{d}}{\mathrm{d}t}y(t) = f\left[\frac{\mathrm{d}}{\mathrm{d}t}x(t)\right], \qquad \int y(t)\mathrm{d}t = f\left[\int x(t)\mathrm{d}t\right]$$

由以上性质，可以根据过程在一些常用非周期实验信号作用下的响应曲线求得阶跃响应曲线，使实验结果的处理得到简化。

（一）阶跃扰动法和矩形脉冲扰动法

对象的阶跃响应曲线比较直观地反映对象的动态特性，由于它是直接来自原始的记录曲线，无需转换，实验也比较简单，且从响应曲线中也易于直接求出其对应的传递函数，因此阶跃输入信号是时域法首选的输入信号。将阶跃信号作为测定对象数学模型的输入信号，这种方法称为阶跃扰动法。

但有时生产现场运行条件受到限制，不允许被控对象受到一个恒定的扰动，使过程长时间偏离正常工作值，特别是无自平衡能力的过程，或无法测出一条完整的阶跃响应曲线，则可改用矩形脉冲作为输入信号，得到脉冲响应后，再将其换成一条阶跃响应曲线，这种方法称为矩形脉冲扰动法。使用矩形脉冲信号的另一优点是允许有较大的幅值来获得较高的信噪比。

其测试办法及曲线转换方法如下：在对象上加一阶跃扰动，待被控参数继续上升（或下降）到将要超过允许变化范围时，立即去掉扰动，即将调节阀恢复到原来的位置上，这就变成了矩形脉冲扰动形式，如图 2-17 所示。

从图中可看出，矩形脉冲信号可看作由一个阶跃信号和一个延迟 T 时间的负阶跃信号叠加而成。因此，矩形波信号的响应就是相应两个阶跃响应的叠加。输入矩形脉冲信号可表示为

$$x(t) = x_0(t) + x_T(t) = x_0(t) - x_0(t-T) \qquad (2-37)$$

设 $y(t)$ 是 $x(t)$ 作用下的矩形脉冲响应，$y_0(t)$ 是 $x_0(t)$ 作用下的阶跃响应，$y_T(t)$ 是 $x_0(t-T)$ 作用下的阶跃响应，又 $y_T(t) = -y_0(t-T)$。

根据叠加原理可知

$$y(t) = y_0(t) + y_T(t) = y_0(t) - y_0(t-T) \qquad (2-38)$$

则阶跃响应可以求得

$$y_0(t) = y(t) + y_0(t-T) \qquad (2-39)$$

具体做法如下：

当 $0 < t < T$ 时，$y_0(t)$ 与 $y(t)$ 重叠，即

$$y_0(t) = y(t)$$

当 $t \geq T$ 时，有如下递推关系：

$$y_0(T) = y(T) + y_0(0) = y(T)$$
$$y_0(2T) = y(2T) + y_0(T) = y(2T) + y(T)$$
$$\vdots$$
$$y_0(nT) = \sum_{i=1}^{n} y(iT) \qquad (2-40)$$

矩形脉冲响应曲线可以测得，把利用递推关系求得的这些值连成曲线就可得到被测对象的阶跃响应曲线。

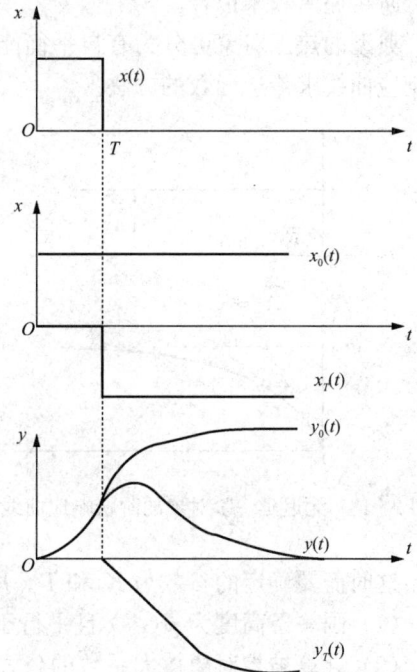

图 2-17 由矩形脉冲响应求阶跃响应

（二）实验过程中要注意的问题

（1）采取一切措施防止其他干扰的发生，否则将影响实验结果。为防止其他干扰影响，同一阶跃响应曲线应重复测试两三次，以便进行比较，从中剔除某些明显的偶然误差，并求出其中合理部分的平均值。

（2）在对象的同一平衡工况下，加上一个反向的阶跃信号，测出对象的响应特性，与正方向的响应特性进行比较，以检验对象的非线性特性。实验时，扰动作用的取值范围为其额定值的 5%～20%，一般取 8%～10%。

（3）测试应进行到被控参数接近它的稳态值或至少也要测试到被控参数的变化速度达到最大值之后。

（4）一般应在被控对象最小、最大及平均负荷下重复测试几条响应曲线进行对比。

（5）要注意被测量起始状态测量的准确度和加阶跃信号的计时起点，这与计算对象迟延的大小和传递函数的准确性有关。

三、由阶跃响应曲线确定传递函数

在工程上，为了减少计算工作量，常用近似的方法来确定被控对象的传递函数，其基本方法是：先根据阶跃响应曲线的几何形状，选定被控对象传递函数的形式，然后通过作图或计算，确定传递函数中的未知参数。

对同一条响应曲线，用低阶传递函数拟合，数据处理简单，计算量小，但准确程度较低。用高阶传递函数拟合，则数据处理麻烦，计算量大，但拟合精度较高。由于闭环控制系统常采用 PID 控制并不要求非常准确的被控对象，因此在满足精度要求的情况下，尽量使用低阶传递函数来拟合。

典型的热工对象可分为有自平衡能力和无自平衡能力两类，下面分别讨论两类对象由阶跃响应曲线求传递函数的方法。

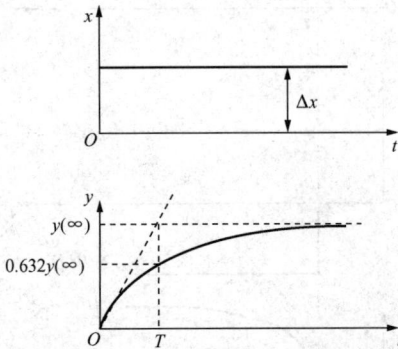

图 2-18　无迟延一阶对象的阶跃响应曲线

（一）有自平衡能力的对象

1. 无迟延的一阶对象

这种被控对象的阶跃响应曲线如图 2-18 所示。在阶跃输入信号 Δx 作用下，其响应曲线初始阶段斜率不是零，而是最大值，然后斜率逐渐减小，当响应曲线上升到稳态值 $y(\infty)$ 时，斜率下降到零。这种被控对象为一阶惯性环节，其传递函数为

$$G(s) = \frac{Y(s)}{X(s)} = \frac{K}{Ts+1} \qquad (2-41)$$

式中：K 为被控对象放大系数；T 为被控对象时间常数。

这时需要确定的参数为 K 和 T。用作图法求 K、T 的步骤如下：

（1）画一条高度为 $y(\infty)$ 且平行于横轴的直线；

（2）计算被控对象放大系数的公式为

$$K = \frac{y(\infty)}{\Delta x} \qquad (2-42)$$

（3）作阶跃响应曲线起始点的切线，切线与 $y(\infty)$ 线相交，这段切线在时间轴上的投影即为时间常数 T。

由于切线不容易画准确，也可利用一阶惯性环节的阶跃响应曲线方程直接计算时间常数 T，即在阶跃响应曲线上找出对应 $0.632y(\infty)$ 时的时间 $t_{0.632}$，则 $T = t_{0.632}$。

2. 有迟延的一阶对象

若试验测得的阶跃响应曲线为 S 形状的非周期曲线（见图 2-19），则曲线可用有迟延的一阶对象的传递函数近似表示，即

$$G(s) = \frac{K}{(Ts+1)} e^{-\tau s} \qquad (2-43)$$

式中放大系数 K 仍用式（2-42）计算，参数 τ、T 的计算方法有切线法和两点法两种。

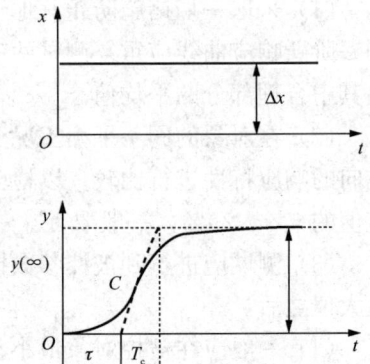

图 2-19　切线法确定参数

（1）切线法。过曲线的拐点 C（$\mathrm{d}y/\mathrm{d}t$ 最大的点）作出切线，与起始平衡值和最终平衡值的横轴相交，得到迟延时间 τ 和时间常数 $T=T_c$，根据这些特征参数可以写出传递函数。由于切线的画法有较大的随意性，这种方法拟合程度较差，但十分简单，而且实践表明它可以成功地应用于 PID 调节器的参数整定，故应用较为广泛。

（2）两点法。参数 T 及 τ 可利用阶跃响应曲线中两个时刻的 $y(t)$ 值计算得出。这时，先把实验所得的阶跃响应曲线转换为标幺形式，即

$$y^*(t)=\frac{y(t)}{y(\infty)} \tag{2-44}$$

式中 $y^*(t)$ 为标幺形式的阶跃响应曲线，其相应的阶跃响应表达式为

$$y^*(t)=\begin{cases} 0 & (t<\tau) \\ 1-\mathrm{e}^{-\frac{t-\tau}{T}} & (t\geqslant\tau) \end{cases} \tag{2-45}$$

为了确定参数 T 和 τ，可任选两个不同的时间 t_1、t_2，且令 $t_2>t_1\geqslant\tau$，从测得的阶跃响应曲线上读出 $y^*(t_1)$ 和 $y^*(t_2)$，然后解下述方程组

$$\begin{cases} y^*(t_1)=1-\mathrm{e}^{-\frac{t_1-\tau}{T}} \\ y^*(t_2)=1-\mathrm{e}^{-\frac{t_2-\tau}{T}} \end{cases} \tag{2-46}$$

对上式取对数，并求出参数 T 和 τ 值为

$$\begin{cases} T=\dfrac{t_2-t_1}{\ln[1-y^*(t_1)]-\ln[1-y^*(t_2)]} \\ \tau=\dfrac{t_2\ln[1-y^*(t_1)]-t_1\ln[1-y^*(t_2)]}{\ln[1-y^*(t_1)]-\ln[1-y^*(t_2)]} \end{cases} \tag{2-47}$$

一般取 $y^*(t_1)=0.39$ 和 $y^*(t_2)=0.63$，则计算公式如下：

$$\begin{cases} T=2(t_2-t_1) \\ \tau=2t_1-t_2 \end{cases} \tag{2-48}$$

为了检验计算结果的准确性，可利用另外两个时刻的 $y^*(t)$ 值进行检验，一般取

$$t_3=0.8T+\tau, \quad t_4=2T+\tau \tag{2-49}$$

由已求得的 T 和 τ 值按上式计算出 t_3、t_4，再根据式（2-45）计算出 $y^*(t_3)$ 和 $y^*(t_4)$。若参数 T 和 τ 值确为所求被控对象的参数，则计算值应与 $y^*(t_3)=0.55$ 和 $y^*(t_4)=0.87$ 吻合。

3. 高阶对象

若试验测得的阶跃响应曲线为 S 形状的非周期曲线（见图 2-19），则曲线也可用高阶对象的传递函数近似表示为

$$G(s)=\frac{K}{(Ts+1)^n} \tag{2-50}$$

式中放大系数 K 仍用式（2-42）计算。

阶次 n 和时间常数 T 的求法有两种：切线法和两点法，下面分别介绍。

（1）切线法。根据阶跃响应曲线求得 τ、T_c 值，算出 τ/T_c 值，根据 τ/T_c 值查表 2-1 得到 n 值和 τ/T（或 T_c/T）值，最后算出 T 值。

表 2 - 1 　　　　　　　　　　　**n、T 与 τ、T_c 的关系**

n	1	2	3	4	5	6	7	8	9	10	14	25
τ/T_c	0	0.104	0.218	0.319	0.410	0.493	0.570	0.642	0.710	0.773	1.000	1.50
τ/T	0	0.282	0.805	1.43	2.10	2.81	3.56	4.31	5.08	5.86	9.12	18.50
T_c/T	1	2.712	3.693	4.48	5.12	5.70	6.25	6.71	7.16	7.58	9.10	12.33

如所得阶次 n 值非整数，则取相近的整数值 n_1，再求出时间常数 $T_1 = nT/n_1$。特殊的，当 n 为小于 3 的非整数时，设 $n = n_0 + a$，式中，n_0 为 1 或 2，$0 < a < 1$ 时，可采用下述传递函数：

$$G(s) = \frac{K}{(1+Ts)^{n_0}(1+aTs)} \tag{2-51}$$

（2）两点法。在阶跃响应曲线上求取对应 $y^*(t_1) = 0.4$ 和 $y^*(t_2) = 0.8$ 的时间坐标 t_1、t_2，计算 t_1/t_2 值。根据 t_1/t_2 值从表 2 - 2 中查出对应的 n 值，如所得 n 值为非整数，则要取相近的整数值，时间常数为

$$T \approx \frac{t_1 + t_2}{2.16n}$$

当 $1 < n < 2$ 时，可采用下述传递函数：

$$G(s) = \frac{K}{(1+T_1 s)(1+T_2 s)} \tag{2-52}$$

上式中的 T_1、T_2 有以下关系：

$$T_1 + T_2 \approx \frac{t_1 + t_2}{2.16} \tag{2-53}$$

$$\frac{T_1 T_2}{(T_1 + T_2)^2} \approx 1.74 \frac{t_1}{t_2} - 0.55 \tag{2-54}$$

表 2 - 2 　　　　　　　　　　　　**n 与 t_1/t_2 的关系**

n	1	2	3	4	5	6	7	8	9	10	12	14
t_1/t_2	0.317	0.460	0.534	0.584	0.618	0.640	0.666	0.684	0.699	0.712	0.734	0.751

（二）无自平衡能力的对象

两种典型的无自平衡能力的对象的阶跃响应曲线见图 2 - 20。

图 2 - 20（a）所示阶跃响应曲线的近似传递函数可表示为

$$G(s) = \frac{1}{T_a s (1+Ts)^n} \tag{2-55}$$

作此响应曲线的渐近线，设与横轴交于 D，与纵轴交于 H，响应曲线的起点为 O，过 D 点作垂线与响应曲线交于 A，则

$$T_a = \frac{OD}{OH} \Delta x, \qquad nT = OD \tag{2-56}$$

而 n 值可根据 DA/OH 比值，由表 2 - 3 查出。如所得 n 值为非整数，则取相近的整数值。当 $n \geqslant 6$ 时，该传递函数可简化为

$$G(s) = \frac{1}{T_a s} e^{-\tau s} \tag{2-57}$$

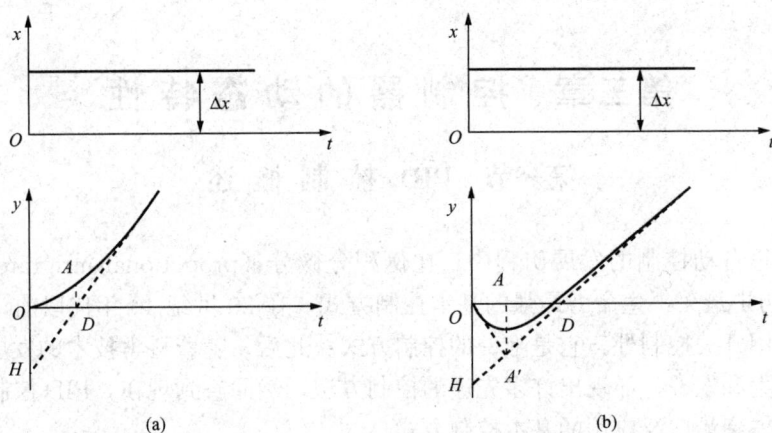

图 2 - 20　无自平衡能力对象的阶跃响应曲线

式中：$\tau = OD$。

表 2 - 3　　　　　　　　　　　　**n 与 DA/OH 值的关系**

n	1	2	3	4	5	6
DA/OH	0.368	0.271	0.224	0.195	0.175	0.161

图 2 - 20（b）所示阶跃响应曲线的近似传递函数可表示为

$$G(s) = \frac{1}{T_a s} - \frac{K}{1 + Ts} \tag{2 - 58}$$

作此响应曲线的渐近线，设与横轴交于 D，与纵轴交于 H，响应曲线的起点为 O，过 O 点作响应曲线的切线交 DH 于 A'。过 A' 作垂线交横轴于 A，则

$$T_a = \frac{OD}{OH} \Delta x, \quad T = OA, \quad K = \frac{OH}{\Delta x} \tag{2 - 59}$$

习　　题

2 - 1　建立被控对象的数学模型常用的方法有哪两种？各有何特点？

2 - 2　根据被控量的响应曲线形状，被控对象可分为哪两大类？有何特点？画出其阶跃响应曲线的大致形状。

第三章　控制器的动态特性

第一节　PID 控制概述

在生产过程自动控制的发展历程中，比例积分微分（propotional intigrate differential，PID）控制是历史最久、生命力最强的基本控制方式。在 20 世纪 40 年代以前，除在最简单的情况下可采用开关控制外，它是唯一的控制方式。此后，随着科学技术的发展，特别是电子计算机的诞生和发展，涌现出许多先进的控制方法，然而直到现在，PID 控制由于它自身的优点仍然是得到最广泛应用的基本控制方式。

PID 控制的优点如下所述。

（1）原理简单，使用方便。PID 控制是由 P、I、D 三个环节的不同组合而成。其基本组成原理比较简单，学过控制理论的读者很容易理解它，参数的物理意义也比较明确。

（2）适应性强。可以广泛应用于化工、热工、冶金、炼油以及造纸、建材等各种生产部门，按 PID 控制进行工作的自动控制器早已商品化。在具体实现上它们经历了机械式、液动式、气动式、电子式等发展阶段，但始终没有脱离 PID 控制的范畴。即使目前最新式的过程控制计算机，其基本控制功能也仍然是 PID 控制。

（3）鲁棒性强，即其控制品质对被控对象特性的变化不大敏感。由于具有这些优点，在过程控制中，人们首先想到的总是 PID 控制。一个大型的现代化生产装置的控制回路可能多达一二百甚至更多，其中绝大部分都采用 PID 控制。例外的情况有两种：一种是被控对象易于控制而控制要求又不高的，可以采用更简单的开关控制方式；另一种是被控对象特别难以控制而控制要求又特别高的情况，这时如果 PID 控制难以达到生产要求就要考虑采用更先进的控制方法。

由此可见，在过程控制中，PID 控制的重要性是明显的，在工业生产过程控制中得以广泛应用。本章将比较详细地讨论 PID 控制，目的在于帮助读者从实质上掌握它的基本内容，而不是仅仅停留在抽象的数学关系的理解上。这有助于提高控制工程师的洞察力，从而可以在实际工作中保持清醒的头脑。从这一点来讲，学习过程控制的方法不同于以前学习控制理论课程，其着眼点不同。

PID 控制是一种负反馈控制，在介绍它以前，有必要先明确什么是负反馈，以及如何才能正确体现负反馈的效果。

在反馈控制系统中，控制器和被控对象构成一个闭合回路。在连接成闭合回路时可能出现两种情况：正反馈和负反馈。正反馈作用加剧被控对象流入量和流出量的不平衡，从而导致控制系统不稳定；负反馈作用则是缓解对象中的不平衡，这样才能正确地达到自动控制的目的。

图 3-1 是一个生产过程的典型控制系统方框图，该系统包括控制器和广义被控对象两部分，其中 $G_p(s)$ 是包括调节阀、被控对象和测量变送元件在内的广义被控对象的传递函数；$G_c(s)$ 是控制器的传递函数。

为了适应不同被控对象实现负反馈控制的需要，工业控制器都设置有正、反作用开关，

以便根据需要将控制器置于正作用
或者反作用方式。正作用方式是指
随着被控量测量值与给定值差（$c-$
r）的增大，控制器的输出信号 μ 增
大的作用；反作用方式是指随着被
控量测量值与给定值差（$c-r$）的

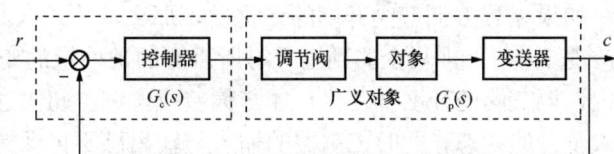

图 3-1　典型控制系统方框图

增大，控制器的输出信号 μ 减小的作用。这样，负反馈控制就可以通过正确选定控制器作
用方式来实现。

　　负反馈和控制器的作用方式是两个不同的概念。控制系统必须是负反馈，而在实际控制
系统组态时，由于控制器的连接方式（信号输入连接通道）不同，为了实现负反馈控制，往
往需要调整控制器的作用方式。

　　对于一个实际的生产过程，其广义被控对象的增益可以是负数也可以是正数，适当选取
控制器的作用方式，就可以保证系统工作在负反馈控制方式下。

　　假定一个控制系统中调节阀和变送器均为正作用，即增益均为正数。如果被控对象是一
个加热过程，利用蒸汽加热某种介质，使被测介质温度保持在某一设定温度上，即 $c=r$。
蒸汽调节阀的开度加大，蒸汽量增加，介质温度 c 将会升高。可见其广义被控对象输入信号
μ 加大则输出信号 c 加大，对象总增益为正数。当扰动使介质温度 c 降低时，控制器应加大
其输出信号 μ，开大蒸汽调节阀，使介质温度 c 上升，最终使介质温度 c 等于给定值。因此
控制器应置于反作用方式下，即控制器输入信号（$c-r$）减小时，其输出信号 μ 增大。

　　反之，如果被控对象是一个冷却过程，利用冷却剂控制某种介质温度，使被测介质温度
保持在某一设定温度上，即 $c=r$。假定冷却剂调节阀的开度加大，冷却剂增加，介质温度 c
将会降低。可见其广义被控对象输入信号 μ 加大则输出信号 c 降低，对象总增益为负数。当
扰动使介质温度 c 降低时，控制器应减小其输出信号 μ，关小冷却剂调节阀，使介质温度 c
上升，最终使介质温度 c 等于给定值。因此控制器应置于正作用方式下，即控制器输入信号
（$c-r$）减小时，其输出信号 μ 减小。

第二节　比　例　控　制

一、比例控制的动作规律

　　比例控制是指控制器输出的控制信号 $\mu(t)$ 与其偏差输入信号 $e(t)$ 成比例，即

$$\mu(t)=K_P e(t) \tag{3-1}$$

式中：K_P 为比例增益（视情况可设置为正或负）。

　　比例控制器的传递函数为

$$G(s)=\frac{U(s)}{E(s)}=K_P \tag{3-2}$$

　　在工程中习惯用增益的倒数表示控制器输入与输出之间的比例关系为

$$\mu(t)=\frac{1}{\delta}e(t) \tag{3-3}$$

式中：δ 称为比例带，δ 具有重要的物理意义。

如果 μ 代表调节阀开度的变化量,那么,从式(3-3)可以看出,δ 就代表使调节阀开度改变 100%,即从全关到全开时所需要的被控量的变化范围。只有当被控量处在这个范围以内,调节阀的开度(变化)才与偏差成比例。超出这个"比例带"以外,调节阀已处于全关或全开的状态,此时控制器的输入与输出已不再保持比例关系,而控制器也暂时失去其控制作用了。

实际上,控制器的比例带 δ 习惯用它相对于被控量测量仪表的量程的百分数表示。例如,若测量仪表的量程为 100℃,则 $\delta=50$% 就表示当被控量改变 50℃ 时能使调节阀从全关到全开。根据 P 控制器的输入输出测试数据,很容易确定它的比例带 δ 的大小,即

$$\delta = \frac{\Delta e}{\Delta \mu}$$

比例控制器的阶跃响应为

$$\mu(t) = \frac{1}{\delta} \Delta e(t) \tag{3-4}$$

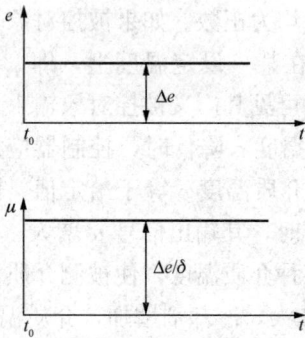

响应曲线如图 3-2 所示,在 t_0 时刻前,系统处于稳定状态。对于定值控制系统来说,由于在 t_0 时刻被控量产生了阶跃变化,导致偏差信号 $e(t)$ 发生阶跃变化,控制器输出的控制作用 $\mu(t)$ 几乎立即成比例地变化。

二、比例控制的特点

比例控制的显著特点就是有差控制。工业过程在运行中经常会发生负荷变化,处于自动控制下的被控过程在进入稳态后,流入量与流出量之间总是要达到平衡的。如果采用比例控制,则在负荷扰动下的控制过程结束后,被控量不可能与给定值绝对相等,它们之间一定有残差。

图 3-2 比例控制器的阶跃响应曲线

这就是所谓的有差控制。

图 3-3 是一个单容水箱加比例控制器的自动控制系统示意图。在这个系统中,被控量为单容水箱的水位 h,影响水位的因素有流入量 Q_1 和流出量 Q_2 的变化。设 t_0 时刻前系统处于平衡状态,即 $h=h_0$,$Q_1=Q_{10}$,$Q_2=Q_{20}$,$Q_{10}=Q_{20}$,调节阀开度 $\mu=\mu_0$,流出侧阀

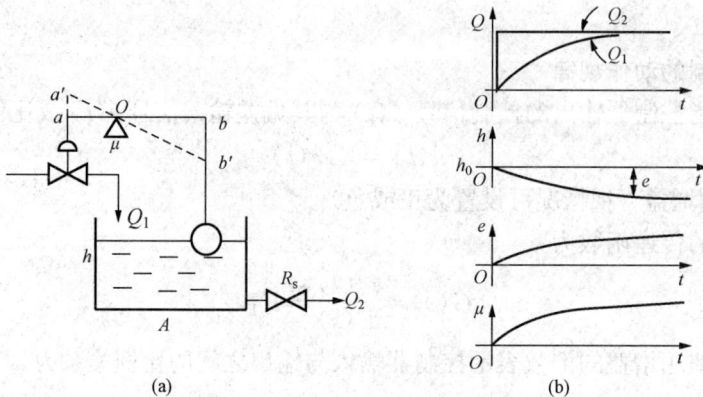

图 3-3 单容水箱的比例控制

(a) 系统示意图;(b) 控制过程曲线

门阻力为 R_s。在 t_0 时刻，瞬间将流出侧阀门开大，流出量 Q_2 阶跃增大，水位 h 由 h_0 开始下降，浮子下降并带动杠杆运动，杠杆绕支点运动由 a 点到 a' 动作，开大调节阀，流入量 Q_1 从 Q_{10} 开始增大，水位下降速率变小。在流入量 Q_1 再次等于 Q_2 时，水位 h 保持不变，杠杆运动到 $a'ob'$ 位置，系统再次进入稳定状态。

由图 3-3 知，控制器的输入信号为水箱水位的变化量 Δh，它在数值上等于杠杆 b 端位移量 bb'；其控制作用为杠杆 a 端位移量 aa'，实际为调节阀开度 μ 的变化量 $\Delta\mu$。因此，控制器的传递函数为

$$G_c(s) = \frac{\Delta\mu}{\Delta h} = -\frac{aa'}{bb'} = -\frac{oa}{ob} = -\frac{1}{\delta} \tag{3-5}$$

式中：ob、oa 分别为杠杆两臂长；负号表示水位下降时调节阀开度增加。

分析图 3-3（b）的控制过程曲线。在 t_0 时刻，开大出水阀门，流出量 Q_2 阶跃增大，由于流出量 Q_2 大于流入量 Q_1，水位 h 下降，偏差 $e = h_0 - h > 0$，比例控制器（杠杆系统）的输出 $\mu(t) = \frac{1}{\delta}e(t)$ 增大，进水调节阀开大，流入量 Q_1 增大。由于 Q_1 和 Q_2 之间的不平衡减小，水位 h 下降速度变慢。只要

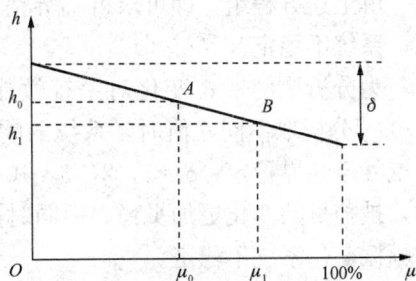

图 3-4　比例控制的静态特性

$Q_1 < Q_2$，水位 h 就还会下降，偏差 e 继续增大，调节阀也继续开大，直到 $Q_1 = Q_2$，系统重新进入稳态为止。

图 3-4 表示比例控制器的静态特性，即调节阀开度随水位变化的情况。设 t_0 时刻前系统处于平衡状态 A，即调节阀开度 $\mu = \mu_0$，水位 $h = h_0$，流出量 Q_2 阶跃增大作用下，水位 h 下降，比例控制器作用下开大调节阀，经过一段时间流入量 Q_1 和流出量 Q_2 重新达到平衡状态 B，此时对应调节阀开度 $\mu = \mu_1$，水位 $h = h_1$，可见在新的平衡状态 B 时，被控量水位 h 与平衡状态 A 时相比出现了偏差，该系统是有差的。

在图 3-4 中比例带 δ 表示静态特性直线的斜率，δ 越大，静态特性直线越陡，静态偏差越大。

三、比例带对控制过程的影响

由于比例控制的静态偏差随着比例带的加大而加大。从这一方面考虑，人们希望尽量减小比例带。然而，减小比例带就等于加大控制系统的开环增益，其后果是导致系统激烈振荡甚至不稳定。稳定性是任何闭环控制系统的首要要求，比例带的设置必须保证系统具有一定的稳定裕度。此时，如果静态偏差过大，则需通过其他的途径解决。

δ 很大意味着调节阀的动作幅度很小，因此被控量的变化比较平稳，甚至可以没有超调，但静态偏差很大，控制时间也很长。减小 δ 就加大了调节阀的动作幅度，引起被控量来回波动，但系统仍可能是稳定的，静态偏差相应减小。δ 具有一个临界值，此时系统处于稳定边界的情况，进一步减小 δ，系统就不稳定了。δ 的临界值可以通过试验测定出来，如果被控对象的数学模型已知，则不难根据控制理论计算出来。

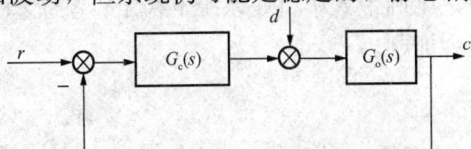

图 3-5　负反馈控制系统方框图

【例 3 - 1】 已知单位负反馈控制系统如图 3 - 5 所示，被控对象传递函数为 $G_o(s) = \dfrac{5}{(3s+1)^3}$，采用比例控制器 $G_c(s) = \dfrac{1}{\delta}$，试计算系统临界稳定时的 δ 值，并分析 δ 变化对系统性能的影响。

解：利用控制理论中频域分析方法，系统处于临界稳定时，开环频率特性满足 $G_c(j\omega)G_o(j\omega) = -1$，即

幅频特性 $\qquad\qquad\left|G_c(j\omega)G_o(j\omega)\right| = \dfrac{5}{\delta(1+9\omega^2)^{3/2}} = 1$

相频特性 $\qquad\qquad \angle G_c(j\omega)G_o(j\omega) = -3\arctan 3\omega = -\pi$

解上述方程组，即可求得临界值 $\delta = 0.625$。当 $\delta > 0.625$ 时，系统稳定；当 $\delta < 0.625$ 时，系统不稳定。

为分析比例带 δ 变化对系统性能的影响，给系统加入单位阶跃扰动信号，即 $d(t) = 1(t)$，分析取不同 δ 值时，系统的响应曲线见图 3 - 6，$\delta = 0.625$ 时响应曲线呈等幅振荡，系统处于临界稳定；$\delta = 1$，2，5，10 时响应曲线呈衰减曲线，系统稳定，而且随着 δ 的增加，被控量的变化更加平稳，但同时静态偏差增加，控制时间增加；$\delta = 0.5$ 时响应曲线呈扩幅振荡，系统不稳定。

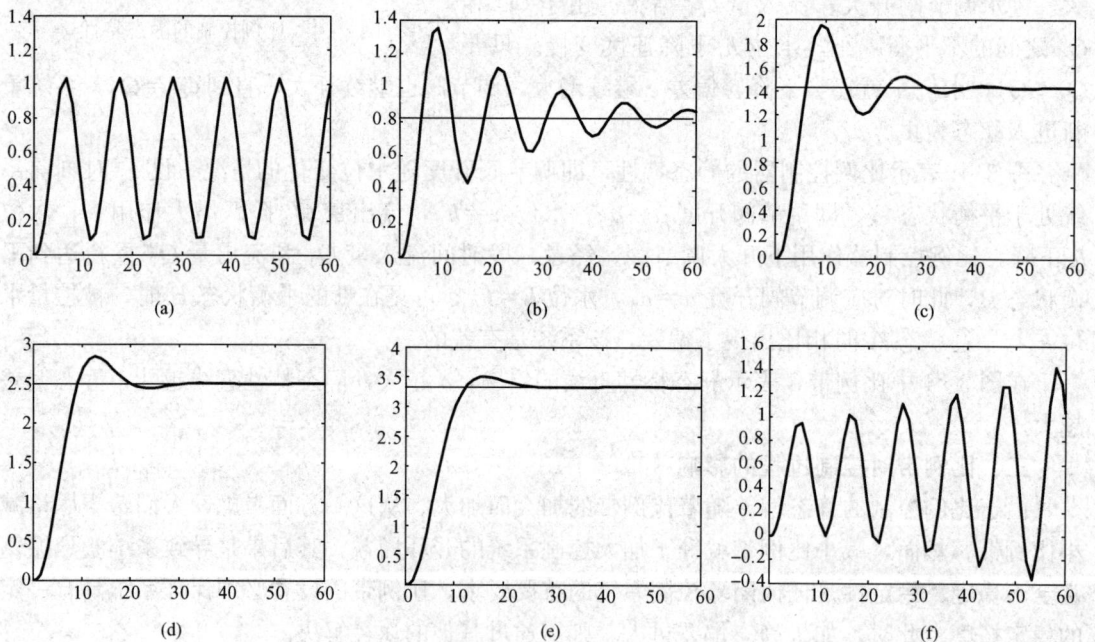

图 3 - 6 δ 变化对控制系统性能的影响

(a) $\delta = 0.625$；(b) $\delta = 1$；(c) $\delta = 2$；(d) $\delta = 5$；(e) $\delta = 10$；(f) $\delta = 0.5$

由图可见，比例带减小，控制系统稳定性变差，比例带太小将使系统不稳定；系统稳定时，比例带越小，静态误差就越小，但被控量振荡会加剧。

第三节 积 分 控 制

一、积分控制作用

积分控制是指控制器输出的控制信号 $\mu(t)$ 与其偏差输入信号 $e(t)$ 随时间的积累值成比例，即

$$\mu(t) = K_{\mathrm{I}} \int_0^t e(t)\,\mathrm{d}t = \frac{1}{T_{\mathrm{I}}} \int_0^t e(t)\,\mathrm{d}t \tag{3-6}$$

式中：K_{I} 为积分增益；T_{I} 为积分时间。

积分控制的传递函数为

$$G(s) = \frac{U(s)}{E(s)} = \frac{K_{\mathrm{I}}}{s} = \frac{1}{T_{\mathrm{I}}s} \tag{3-7}$$

积分控制的阶跃响应为

$$\mu(t) = \frac{\Delta e}{T_{\mathrm{I}}} t \tag{3-8}$$

其阶跃响应曲线如图 3-7 所示，由图可见，积分时间 T_{I} 表示输出量 μ 从开始变化到与输入量相等时所需要的时间。

二、积分控制的特点

积分控制的特点是无差控制，与比例控制的有差控制形成鲜明对比。式（3-6）表明，只有当被控量偏差 e 为零时，积分控制器的输出才会保持不变，与此同时，控制器的输出可以停在任何数值上。这意味着被控对象在负荷扰动下的控制过程结束后，被控量没有静态偏差，而调节阀则可以停在新的负荷所要求的开度上。

采用积分控制的控制系统，其调节阀开度与当时被控量的数值本身没有直接关系，因此，积分控制也称为浮动控制。

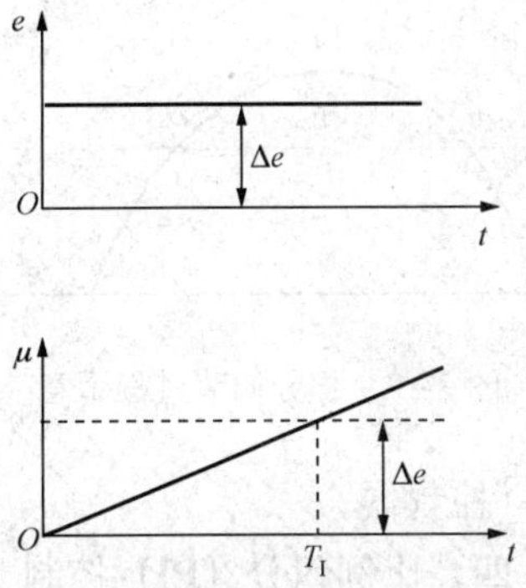

图 3-7 积分作用的阶跃响应曲线

三、积分时间 T_{I} 对控制过程的影响

采用积分控制时，控制系统的开环增益与积分时间 T_{I} 成反比。因此，减小积分时间将增大系统的开环增益，会降低控制系统的稳定程度，直到最后出现发散的振荡过程。这从直观上也是不难理解的，因为积分时间 T_{I} 越小，积分作用越强，则调节阀的动作越快，就越容易引起和加剧振荡。但与此同时，振荡频率将越来越高，而最大动态偏差则越来越小。被控量最后都没有静态偏差，这是积分控制的特点。

【例 3-2】 已知单位负反馈控制系统如图 3-5 所示，被控对象传递函数为 $G_{\mathrm{o}}(s) = \dfrac{5}{(3s+1)^3}$，采用积分控制器 $G_{\mathrm{c}}(s) = \dfrac{1}{T_{\mathrm{I}}s}$，试分析积分时间 T_{I} 变化对系统性能的影响。

解：在系统处于稳态的情况下，加入单位阶跃扰动，即 $\mathrm{d}(t) = 1(t)$，积分时间 T_{I} 取不同值时的单位阶跃响应曲线如图 3-8 所示，由图可见，积分控制下被控量最后都没有静态偏差。

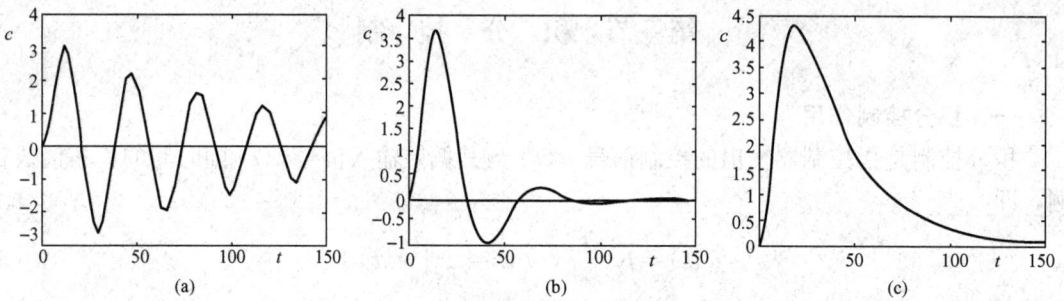

图 3-8　T_I 变化对控制系统性能的影响

(a) T_I=20；(b) T_I=50；(c) T_I=200

当积分时间 T_I 太小时，积分作用过强，容易引起和加剧振荡，甚至不稳定，但同时，振荡频率将增高，而最大动态偏差则减小，见图 3-8（a）。当积分时间 T_I 太大时，积分作用过弱，最大动态偏差将很大，但同时振荡频率将很小，见图 3-8（c）。可见，积分时间 T_I 不宜过大也不宜过小，要兼顾最大动态偏差和振荡频率，积分时间 T_I 要取合适的值，见图 3-8（b）。

图 3-9　积分调节过程示意

积分作用虽然能实现无差调节，但它往往导致系统发生振荡。分析图 3-9 中的 a、c 两点，由于偏差的大小方向相同，积分作用将使输出的控制作用加强，且大小相同。但 a、c 两点代表的过程状态并不完全相同。在 a 点时，偏差在上升，此时加强控制作用是正确的。在 c 点时，偏差虽然也为正，但偏差在下降，此时继续加强控制作用将会导致过调，控制过程产生振荡。因此，一般不单独采用积分控制器，而将它与比例作用结合构成比例积分（PI）控制器。

四、比例积分（PI）控制

PI 控制就是综合 P、I 两种控制的优点，利用 P 控制快速抑制干扰的影响，同时利用 I 控制消除静态偏差。描述 PI 控制规律的动态方程为

$$\mu(t) = K_P e(t) + \frac{K_P}{T_I} \int e(t) dt \tag{3-9}$$

PI 控制规律的传递函数为

$$G(s) = \frac{U(s)}{E(s)} = K_P \left(1 + \frac{1}{T_I s}\right) = \frac{1}{\delta} \left(1 + \frac{1}{T_I s}\right) \tag{3-10}$$

式中：K_P 为比例增益；δ 为比例带（视情况可取正值或负值）；T_I 为积分时间。

PI 控制器的阶跃响应曲线如图 3-10 所示。它是由比例动作和积分动作两部分组成的。在施加阶跃输入的瞬间，控制器立即输出一个幅值为 $\Delta e/\delta$ 的阶跃，然后以固定速度 $\Delta e/(\delta T_I)$ 变化。当 $t = T_I$ 时，控制器的总输出为 $2\Delta e/\delta$。这样，就可以根据图 3-10 确定 δ 和 T_I 的数值。

【例 3-3】　已知单位负反馈控制系统如图 3-11 所示，被控对象传递函数为 $G_o(s)=$

$\dfrac{5}{(3s+1)^3}$，采用比例积分控制器 $G_c(s)=\dfrac{1}{\delta}\left(1+\dfrac{1}{T_1s}\right)$，其中，$\delta=1.7$，$T_I=12$。试绘制给定值扰动下，被控量 $c(t)$、动态偏差 $e(t)$ 及积分作用 μ_I 的变化曲线，并进行分析。

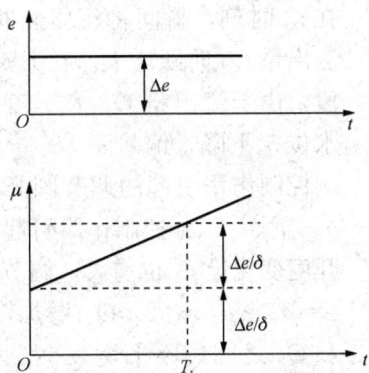

图 3-10　PI 控制器的阶跃响应曲线

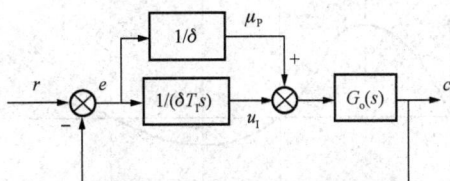

图 3-11　控制系统方框图

解： 在系统处于稳态的情况下，给定值加入单位阶跃信号，即 $r(t)=1(t)$，被控量 $c(t)$、动态偏差 $e(t)$ 及积分作用 μ_I 的变化曲线如图 3-12 所示。由图可见，积分控制下被控量最后没有静态偏差。

系统的动态偏差 $e(t)=r(t)-c(t)$，在加入给定值扰动初期，$e(t)$ 变化幅度较大，逐渐减小最后为 0，静态偏差的消除是 PI 控制器积分动作的结果，而比例控制作用与偏差成比例，即 $\mu_P(t)=\dfrac{1}{\delta}e(t)$，$\mu_P$ 变化曲线与 $e(t)$ 曲线一样，只是在数值上等于 $e(t)$ 的 $1/\delta$。比例作用 μ_P 在控制过程的初始阶段起较大作用，但控制过程结束后又返回到扰动发生前的数值。正是积分部分的作用 $\mu_I(t)$ 使被控量能跟踪给定值的变化。

应当指出，PI 控制引入积分动作带来消除系统静态偏差之好处的同时，却降低了原有系统的稳定性。为保持控制系统原来的衰减率，PI 控制器比例带必须适当加大。所以 PI 控制是在稍微牺牲控制系统的动态品质以换取较好的稳态性能。

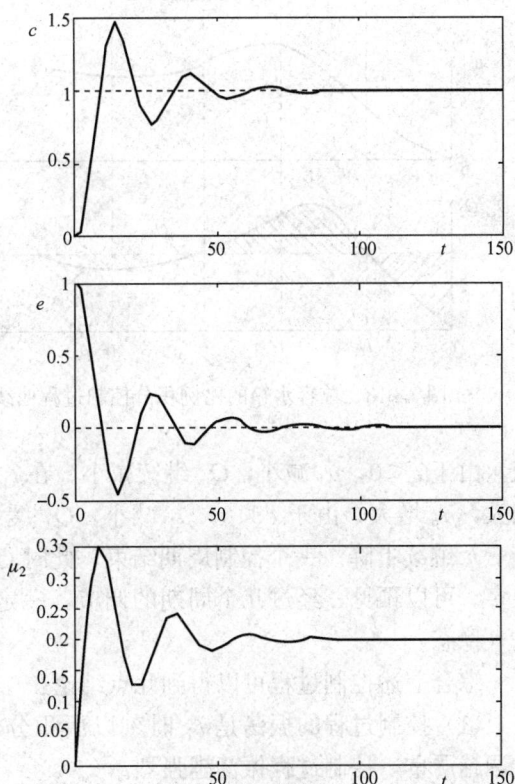

图 3-12　PI 控制系统给定值阶跃扰动控制过程

为了便于分析比较，下面对单容水箱加比例积分控制器的控制系统进行分析讨论。以如图 3-3（a）所示的单容水箱为被控对象，将比例控制器改成比例积分控制器，单容水箱的比例积分控制过程曲线如图 3-13 所示。

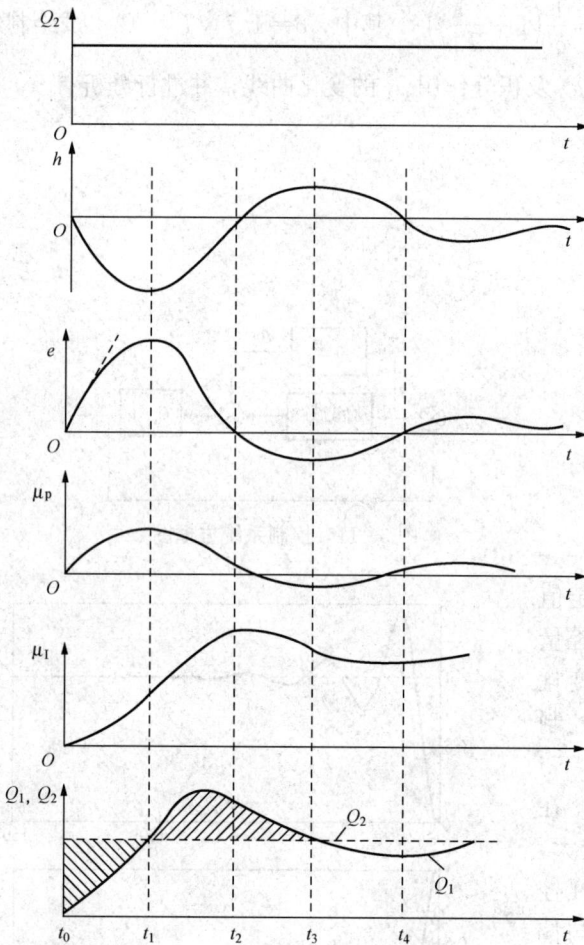

图 3-13　单容水箱的比例积分控制过程曲线

假设在 t_0 时刻之前，系统处于平衡状态，即 $h=h_0$，$Q_1=Q_{10}$，$Q_2=Q_{20}$，$Q_{10}=Q_{20}$，调节阀开度 $\mu=\mu_0$。在 t_0 时刻，瞬间将流出侧阀门开大，流出量 Q_2 阶跃增大。在 $t_0<t<t_1$ 阶段，由于流出量 Q_2 大于流入量 Q_1，水位 h 下降，偏差 $e=h_0-h>0$，比例控制作用引起的调节阀开度变化量 μ_p 增大，积分控制作用引起的调节阀开度变化量 μ_I 也增大，调节阀总开度 $\mu=\mu_\mathrm{p}+\mu_\mathrm{I}$ 增大，Q_1 增加，由于 Q_1 和 Q_2 之间的不平衡减小，水位 h 下降速度变慢。在 t_1 时刻，流入量和流出量达到平衡，$Q_1=Q_2$，偏差达到最大值，由于 $e>0$，μ_I 增大，Q_1 继续增加。在 $t_1<t<t_2$ 阶段，由于 $Q_1>Q_2$，水位 h 回升，偏差 e 减小，μ_p 减小，由于 $e>0$，μ_I 继续增大，Q_1 先增加后逐渐减小（取决于比例作用和积分作用的强弱）。在 t_2 时刻，$h=h_0$，$e=0$，但 $Q_1>Q_2$，h 继续上升。在 $t_2<t<t_3$ 阶段，$h>h_0$，$e<0$，随着 h 上升，偏差 e 减小，μ_p 减小，μ_I 减小，调节阀关小，Q_1 减小。在 t_3 时刻，$Q_1=Q_2$，偏差达到反向最大

值，由于 $e<0$，μ_I 减小，Q_1 继续减小。在 $t_3<t<t_4$ 阶段，$Q_1<Q_2$，水位 h 下降，偏差 e 增大，μ_p 增大，由于 $e<0$，μ_I 减小，Q_1 缓慢变化。在 t_4 时刻，$h=h_0$，$e=0$，但 $Q_1<Q_2$，h 继续下降。一个控制周期结束，此时 Q_1 与 Q_2 之间的不平衡程度与 t_0 时刻相比小了很多。可以预见，经过几个周期的调节，一定会逐渐消除 Q_1 与 Q_2 之间的不平衡，使系统进入稳态。

综合上述控制过程可以得到几点结论：

(1) 控制过程的振荡是 t_1 时刻以后积分作用产生的过调现象造成的，积分作用越强，过调越严重，控制过程振荡越强烈。

(2) 比例控制在系统中是一个稳定的因素。t_1 时刻以后是比例控制作用及时地关小了阀门（或者说是抑制了调节阀在积分作用下的进一步开大），才有效地减少了对象内部的不平衡。如果适当加强比例作用，减小积分作用，把两者配合得当，就可以把 t_1 时刻以后的过调减小到适当的程度，使控制过程稳定地进行。

(3) 在控制过程后期，是积分作用实现了无差控制。在经过几个周期控制之后，偏差已经很小，变化越来越缓慢。积分作用根据偏差的方向进行细调，水位高了（$h>h_0$ 偏差为负

$e<0$）就关小调节阀，水位低了（$h<h_0$ 偏差为正 $e>0$）就开大调节阀，直到 h 等于 h_0 为止。从积分控制在调节过程后期的作用看，如果积分时间 T_I 过大，积分作用太弱，积分作用对偏差的反应不灵敏，则及时消除偏差是困难的。

第四节　微　分　控　制

一、微分控制作用

前面讨论的比例控制和积分控制都是根据当时偏差的方向和大小进行控制的，而没有考虑到被控量将如何变化的趋势。由于被控量的变化速度（包括其大小和方向）可以反映当时或稍前一些时间流入、流出量间的不平衡情况，因此，如果控制器能够根据被控量的变化速度来移动调节阀，而不是等到被控量已经出现较大偏差后才开始动作，那么控制的效果将会更好，等于赋予控制器以某种程度的预见性，这种控制动作称为微分控制。此时控制器的输出与被控量或其偏差对时间的导数成正比，即

$$\mu(t) = T_D \frac{\mathrm{d}e(t)}{\mathrm{d}t} = T_D \frac{\mathrm{d}c(t)}{\mathrm{d}t} \tag{3-11}$$

式中：T_D 为微分时间。

其传递函数为

$$G(s) = \frac{U(s)}{E(s)} = T_D s \tag{3-12}$$

其阶跃响应为

$$\mu(t) = T_D \Delta e \delta(t) \tag{3-13}$$

从阶跃响应表达式看出，在偏差阶跃变化的瞬间，控制作用将为无穷大，这是任何物理元件都不可能实现的，因此我们称其为理想微分作用。实际的微分控制作用具有惯性，传递函数为

$$G(s) = \frac{U(s)}{E(s)} = \frac{K_D}{1 + T_D s} T_D s \tag{3-14}$$

式中：T_D 为微分时间；K_D 为微分增益。

实际微分作用的阶跃响应为

$$\mu(t) = \Delta e K_D \mathrm{e}^{-\frac{1}{T_D} t} \tag{3-15}$$

阶跃响应曲线如图 3-14 所示。但是，单纯按上述规律动作的控制器是不能工作的。这是因为过渡过程结束后，控制作用 $\mu(t)$ 为 0，这显然不能满足控制要求。因此微分控制只能起辅助的控制作用，它可以与其他控制动作结合成 PD 和 PID 控制动作。

二、比例微分控制

描述 PD 控制规律的动态方程为

$$\mu(t) = \frac{1}{\delta} e(t) + \frac{1}{\delta} T_D \frac{\mathrm{d}e(t)}{\mathrm{d}t} = \frac{1}{\delta} \left[e(t) + T_D \frac{\mathrm{d}e(t)}{\mathrm{d}t} \right] \tag{3-16}$$

PD 控制规律的传递函数为

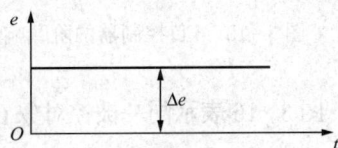

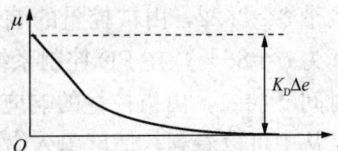

图 3-14　微分作用的阶跃响应曲线

$$G(s) = \frac{U(s)}{E(s)} = \frac{1}{\delta}(1 + T_D s) \tag{3-17}$$

式中：δ 为比例带；T_D 为微分时间。

由于理想微分作用在物理上是不能实现的。工业上实际采用的 PD 控制器的传递函数是

$$G(s) = \frac{U(s)}{E(s)} = \frac{1}{\delta}(1 + T_D s)\frac{1}{1 + \dfrac{T_D}{K_D}s} \tag{3-18}$$

式中：K_D 为微分增益，工业控制器的微分增益一般在 5～10 范围内。

PD 控制器的阶跃响应为

$$\mu(t) = \frac{\Delta e}{\delta} + \frac{\Delta e}{\delta}(K_D - 1)e^{-\frac{t}{T_D}K_D} \tag{3-19}$$

其响应曲线如图 3-15 所示。由于在稳态时，$de/dt = 0$，PD 控制器的微分部分输出为零，因此 PD 控制也是有差控制，与 P 控制相同。

虽然工业 PD 控制器的传递函数严格说应该是式（3-18），但由于微分增益 K_D 数值较大，该式分母中的时间常数实际上很小。因此为简单起见，在分析控制系统的性能时，通常都忽略较小的时间常数，直接取式（3-17）为 PD 控制器的传递函数。

微分控制动作总是力图抑制被控量的变化，它有提高控制系统稳定性的作用。适度引入微分动作可以允许稍微减小比例带，同时保持衰减率不变。

图 3-15　PD 控制器的阶跃响应曲线　　　　图 3-16　P 控制和 PD 控制的比较

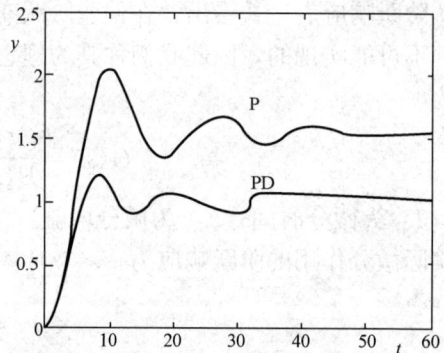

图 3-16 表示同一被控对象 $G_o(s) = \dfrac{5}{(3s+1)^3}$，分别采用 P 控制器和 PD 控制器，在单位阶跃扰动作用下，整定到相同的衰减率时，两者单位阶跃响应的比较。在 P 控制系统中，比例带 $\delta = 2.22$，由被控量的响应曲线可以看出稳态时静态偏差为 $e(\infty) = 1.5$，并求出衰减率为 $\psi = 86\%$；在 PD 控制系统中，为保证与 P 控制相同的衰减率，比例带 $\delta = 1.25$，微分时间 $T_D = 1$，由被控量的响应曲线可以看出稳态时静态偏差为 $e(\infty) = 1$。

从中可以看到，适度引入微分动作后，由于可以采用较小的比例带，结果不但减小了静态偏差，而且也减小了短期最大偏差和提高了振荡频率。

但微分控制动作也有一些不利之处。首先，微分动作太强容易导致调节阀开度向两端饱

和，因此在 PD 控制中总是以比例动作为主，微分动作只能起辅助控制作用；其次，PD 控制器的抗干扰能力很差，这只能应用于被控量的变化非常平稳的过程，一般不用于流量和液位控制系统；最后，微分控制动作对于纯迟延过程显然是无效的。

应当特别指出，引入微分动作要适度。这是因为大多数 PD 控制系统随着微分时间 T_D 增大，其稳定性提高，但某些特殊系统也有例外，当 T_D 超出某一上限值后，系统反而变得不稳定了。

三、比例积分微分控制

描述 PID 控制规律的动态方程为

$$\mu(t) = \frac{1}{\delta}\left[e(t) + \frac{1}{T_I}\int e(t)\mathrm{d}t + T_D \frac{\mathrm{d}e(t)}{\mathrm{d}t}\right] \tag{3-20}$$

PID 控制规律的传递函数为

$$G(s) = \frac{U(s)}{E(s)} = \frac{1}{\delta}\left(1 + \frac{1}{T_I s} + T_D s\right) \tag{3-21}$$

式中，δ、T_I 和 T_D 参数意义与 PI、PD 控制器相同。PID 控制器的阶跃响应曲线如图 3-17 所示。

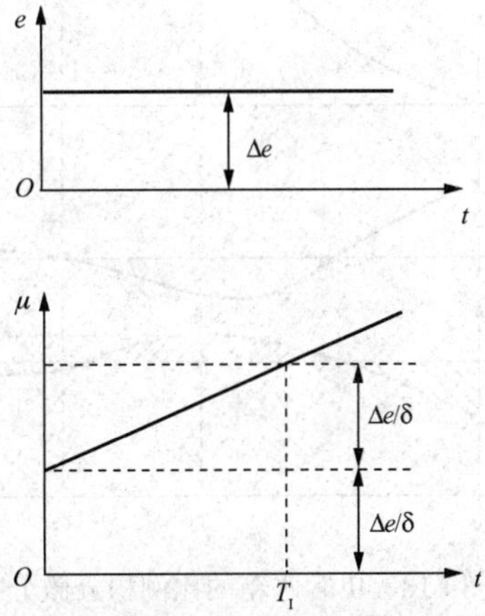

为了便于分析比较，下面对单容水箱加比例积分微分控制器的控制系统进行分析讨论。以如图 3-3 (a) 所示的单容水箱为被控对象，将比例控制器改成比例积分微分控制器，单容水箱的比例积分微分控制过程曲线如图 3-18 所示。

假设在 t_0 时刻之前，系统处于平衡状态，即 $h = h_0$，$Q_1 = Q_{10}$，$Q_2 = Q_{20}$，$Q_{10} = Q_{20}$，调节阀开度 $\mu = \mu_0$。在 t_0 时刻，瞬间将流出侧阀门开大，流出量 Q_2 阶跃增大。在扰动刚加入的瞬间，虽然偏差信号值为零，但 $\mathrm{d}e/\mathrm{d}t$ 很大，因此微分控制作用引起的调节阀开度变化量 μ_D 很大，及时使 Q_1 随着 Q_2 阶跃增大，及时

图 3-17　PID 控制器的阶跃响应曲线

减小了对象内部的不平衡。这是比例、积分作用所不及的，因为此时偏差尚未形成，比例积分调节均未动作。

在 $t_0 < t < t_1$ 阶段，比例作用 μ_p 增大，积分作用 μ_I 增大，微分作用 μ_D 减弱，调节阀开度 $\mu = \mu_p + \mu_I + \mu_D$ 增大，Q_1 增加，由于 Q_1 和 Q_2 之间的不平衡迅速减小，水位 h 下降速度变慢。在 t_1 时刻，$Q_1 = Q_2$，偏差达到最大值，由于 $e > 0$，μ_I 增大，Q_1 继续增加。在 $t_1 < t < t_2$ 阶段，流入量反过来大于流出量，正确的调节作用应抑制 Q_1 的增加，以防止 Q_1 增加过多产生新的偏差。由于 $Q_1 > Q_2$，水位 h 回升，偏差 e 减小，μ_p 减小，微分作用根据偏差的变化趋势（$\mathrm{d}e/\mathrm{d}t < 0$）关小阀门，即 μ_D 减小，由于 $e > 0$，μ_I 继续增大，Q_1 继续增加，产生了过调现象。在 t_2 时刻，$h = h_0$，$e = 0$，但 $Q_1 > Q_2$，h 继续上升。可以预见，经过几个周期的控制，一定会逐渐消除 Q_1 与 Q_2 之间的不平衡，使系统进入稳态，而且控制过程时间比采用 PI 控制时要短。

综合上述控制过程可以得到几点结论：

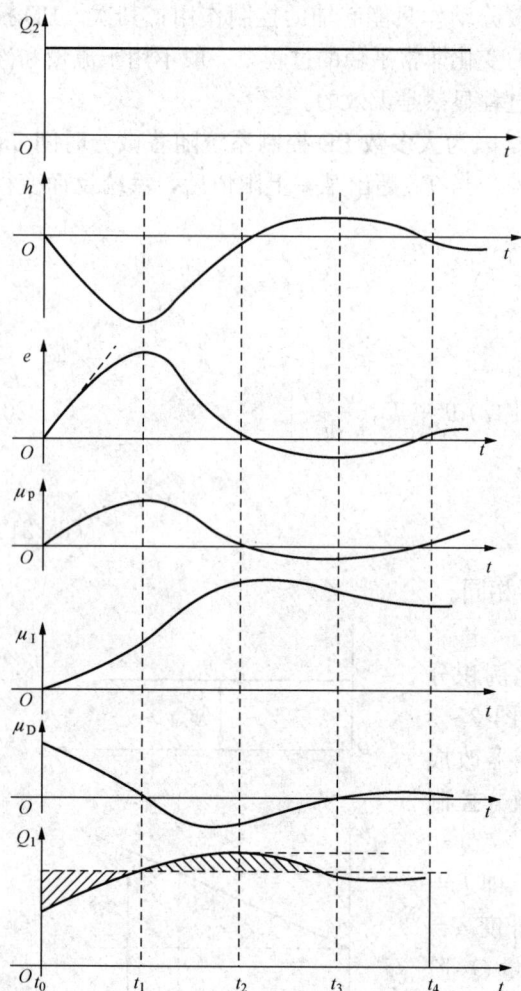

图 3-18　单容水箱的比例积分微分控制过程曲线

（1）微分控制能减小动态偏差，加速调节过程。在扰动初期，被调量的偏差很小，甚至尚未形成时，微分作用就能使执行机构有一个正比于偏差变化速度的位移。这一加强起始的调节作用，及时减小了对象内部的不平衡，限制了偏差的变化速度，有效地减少了动态偏差。

（2）微分作用在一定程度上提高了系统的稳定性。当偏差正在扩大时（$t_0 < t < t_1$ 阶段）微分作用是加强调节，使 Q_1 增大；当调节作用超过扰动作用，偏差在减小时（$t_1 < t < t_2$ 阶段），微分作用能够减小积分作用造成的过调，使 Q_1 与 Q_2 的不平衡减小。可见，微分作用在系统中起了稳定作用。

（3）微分作用过强对调节过程是不利的。微分作用的变化方向与积分作用是相反的，它总是力图抵消积分作用。微分作用过强，就出现过补偿，还会使系统产生高频振荡。同时，由于微分作用与偏差的变化速度成比例，有些被调量如水位、流量等，信号中往往含有高频成分，其值常在给定值上下波动。波动幅值虽小，却有较大的变化率，容易造成执行机构的频繁动作。对这类对象，一般不宜采用微分控制。

一般来说，PID 同时作用时的控制效果最佳，但这并不意味着，在任何情况下同时采用三作用控制都是合理的。何况三作用控制器有三个需要整定的参数，如果这些参数整定不合适，则不仅不能发挥各种控制动作应有的作用，反而适得其反。

事实上，选择什么样动作规律的控制器与具体对象相匹配，这是一个比较复杂的问题，需要综合考虑多种因素方能获得合理解决。

通常，选择控制器动作规律时应根据对象特性、负荷变化、主要扰动和系统控制要求等具体情况，并考虑系统的经济性以及方便系统投入等因素，一般规则如下：

（1）对象控制通道时间常数较大或容积迟延较大时，应引入微分动作。如工艺容许有静态偏差，可选用比例微分动作；如工艺要求无静态偏差时，则选用比例积分微分动作，如温度、成分控制等。

（2）当对象控制通道时间常数较小，负荷变化也不大，而工艺要求无静态偏差时，可选择比例积分动作，如管道压力和流量的控制。

（3）对象控制通道时间常数较小，负荷变化较小，工艺要求不高时，可选择比例动作，如液位的控制。

（4）当对象控制通道时间常数或容积迟延很大，负荷变化亦很大时，简单控制系统已不能满足要求，应设计复杂控制系统。

第五节 控制器控制规律的实现方法

各种工业控制器的具体结构有很大差异，本节只介绍实现自动控制器各种动作规律的基本方法。目前，工业控制器可分为模拟式控制器和数字式控制器两大类。

一、模拟式控制器控制规律的实现方法

运算放大器是一种输入阻抗很高，开环增益很大的电气元件，它有同相（＋）和反相（－）两个输入端。由于阻抗高，增益高，偏置电流近似为 0，所以同相输入电压与反相输入电压十分接近，可把运算放大器看成理想放大器，图 3-19 是采用运算放大器反相输入的运算电路，其中 V_i 为运算电路的输入信号，V_o 为运算电路的输出信号，Z_i 为输入阻抗，Z_f 为反馈阻抗。运算电路的输出为

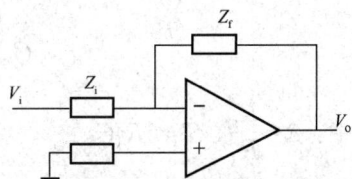

图 3-19 反相输入运算电路

$$V_o = -\frac{Z_f}{Z_i} V_i \qquad (3-22)$$

通过改变输入网络阻抗 Z_i 和反馈网络的阻抗 Z_f，运算放大器可实现各种运算功能。

下面举例说明利用运算放大器运算电路来实现控制器的动作规律。

1. 比例运算电路

比例运算电路见图 3-20，输出为

$$V_o = -\frac{R_f}{R_i} V_i \qquad (3-23)$$

式中：$\delta = \dfrac{R_i}{R_f}$，负号表示输出信号与输入信号反向。

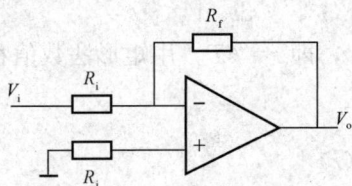

图 3-20 比例运算电路

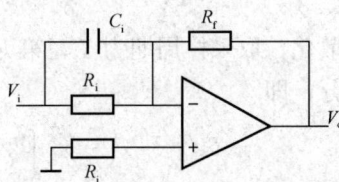

图 3-21 比例微分运算电路

2. 比例微分运算电路

比例微分运算电路见图 3-21，其输入阻抗、反馈阻抗分别为

$$Z_i = \frac{R_i \dfrac{1}{C_i s}}{R_i + \dfrac{1}{C_i s}} = \frac{R_i}{R_i C_i s + 1}, \qquad Z_f = R_f$$

则输出为

$$V_o = -\frac{Z_f}{Z_i} V_i = -\frac{R_f}{R_i}(R_i C_i s + 1) V_i$$

$$G_c(s) = \frac{V_o(s)}{V_i(s)} = -\frac{1}{\delta}(T_D s + 1) \qquad (3-24)$$

式中：$\delta = \dfrac{R_i}{R_f}$，$T_D = R_i C_i$。

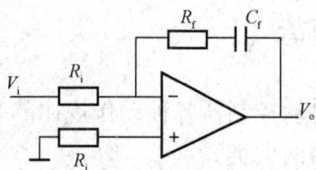

图 3-22　比例积分运算电路

3. 比例积分运算电路

比例积分运算电路见图 3-22，其输入阻抗、反馈阻抗分别为

$$Z_i = R_i, \qquad Z_f = R_f + \frac{1}{C_f s}$$

则输出为

$$V_o = -\frac{Z_f}{Z_i} V_i = -\frac{R_f}{R_i}\left(1 + \frac{1}{R_f C_f s}\right) V_i$$

$$G_c(s) = \frac{V_o(s)}{V_i(s)} = -\frac{1}{\delta}\left(1 + \frac{1}{T_I s}\right) \qquad (3-25)$$

式中：$\delta = \dfrac{R_i}{R_f}$，$T_I = R_f C_f$。

二、数字式控制器控制规律的实现方法

近 20 年来，数字计算机不仅广泛地应用于科学计算和管理，而且已广泛应用于工业系统的运行管理和控制。数字式控制器的控制规律的设计方法有两种：一种是根据控制对象的特性和控制过程的品质要求，按照所期望的闭环传递函数或最优化性能指标，推导出控制算法；另一种是和模拟式自动控制器相类似，采用已定的算法形式（比例、积分、微分等），通过改变其参数，使控制过程的品质指标符合生产过程的要求。这里只介绍离散化的比例、积分、微分控制规律，因为 PID 控制方法是一种经过长期的工程实践、相当成熟、效果较佳、得到最广泛应用的最基本的控制算法。

（一）位置式控制算法

模拟式 PID 控制器的控制规律为

$$\mu(t) = \frac{1}{\delta}\left[e(t) + \frac{1}{T_I}\int_0^t e(t)\mathrm{d}t + T_D \frac{\mathrm{d}e(t)}{\mathrm{d}t}\right] \qquad (3-26)$$

将上式离散化，取采样周期为 T，第 k 次采样时刻为 t，即 $t = kT$，用矩形法数值积分来代替连续积分，即

$$\int_0^t e(t)\mathrm{d}t \approx T\sum_{i=0}^k e(i) \qquad (3-27)$$

式中：$e(i) = e(iT)$，表示 $t = iT$ 时的偏差值。

用增量代替微分，即

$$\frac{e(k) - e(k-1)}{T} \approx \frac{\mathrm{d}}{\mathrm{d}t}e(t) \qquad (3-28)$$

则式（3-26）可改写成下列差分方程

$$\mu(k) = \frac{1}{\delta}\left\{e(k) + \frac{T}{T_I}\sum_{i=0}^k e(i) + \frac{T_D}{T}[e(k) - e(k-1)]\right\} \qquad (3-29)$$

式中：$\mu(k)$ 是第 k 次采样时的控制器输出，它直接决定了执行机构的位置，故称为位置式算法。

这种算法的缺点是：第 k 次采用的输出与过去的所有输入状态 $[e(0)，e(1)，\cdots，e(k)]$ 有关，这不仅需要计算机对 $e(k)$ 进行累加，而且计算机任何故障的出现，引起的 $\mu(k)$ 变化将使执行机构的位置大幅度改变，这将严重危及安全生产。

（二）增量式控制算法

由式（3-29）可以得到第 $(k-1)$ 时刻的输出，即

$$\mu(k-1)=\frac{1}{\delta}\left\{e(k-1)+\frac{T}{T_I}\sum_{i=0}^{k-1}e(i)+\frac{T_D}{T}[e(k-1)-e(k-2)]\right\} \qquad (3-30)$$

则第 k 时刻和第 $(k-1)$ 时刻输出的差值为

$$\Delta\mu(k)=\mu(k)-\mu(k-1)=\frac{1}{\delta}\left[\left(1+\frac{T}{T_I}+\frac{T_D}{T}\right)e(k)-(1+\frac{2T_D}{T})e(k-1)+\frac{T_D}{T}e(k-2)\right]$$

$$(3-31)$$

将 $\Delta\mu(k)$ 作为控制器的输出，由于 $\Delta\mu(k)$ 只决定执行机构位置 $\mu(k)$ 在 $\mu(k-1)$ 基础上的改变量，故称为增量式算法。它的主要优点是：①可靠性高，一旦计算机出现故障而使输出 $\Delta\mu(k)$ 等于零时，执行机构的开度仍停留在前一步的位置上 [即 $\mu(k-1)$ 的位置上]；②控制器在手动—自动切换时的冲击小；③算法中不进行累加运算，增量只与最近的三次测量结果 $e(k)，e(k-1)，e(k-2)$ 有关。

实际上，位置式与增量式控制对闭环系统并无本质的区别，只是将原来全部由计算机承担的积分算法分出一部分由其他部件去完成，这个部件通常是采用步进电动机。步进电动机相当于一个积分元件，对计算机输出的增量 $\Delta\mu(k)$ 进行累加。由于步进电动机在不接受驱动脉冲时保持原位，这就大大提高了计算机控制的可靠性。

（三）改进的 PID 控制算法

利用计算机的信息处理和逻辑判断能力，可以对上述 PID 的基本算法进行某些改进，以达到更有效的控制。

1. 积分分离算法

在负荷大幅度变动期间或在启动、停机时，短时间内系统输出有很大的偏差，会造成 PID 运算的积分积累，致使控制量超过执行机构可能允许的最大动作范围对应的极限控制量，引起系统较大的超调，甚至引起系统较大的振荡，这在生产中是绝对不允许的。为此可采用积分分离算法。积分分离控制算法基本思路是：当被控量与给定值偏差较大时，取消积分作用，以免由于积分作用使系统稳定性降低，超调量增大；当被控量接近给定值时，引入积分作用，以便消除静态偏差，提高控制精度。

积分分离控制算法可表示为

$$\mu(k)=\frac{1}{\delta}\left\{e(k)+\beta\frac{T}{T_I}\sum_{i=0}^{k}e(i)+\frac{T_D}{T}[e(k)-e(k-1)]\right\} \qquad (3-32)$$

$$\beta=\begin{cases}1，&|e(k)|\leqslant\varepsilon\\0，&|e(k)|>\varepsilon\end{cases}$$

式中：β 为积分项的开关系数；ε 为人为设定的阈值。

2. 抗积分饱和 PID 算法

所谓积分饱和现象是指若系统存在一个方向的偏差，PID 控制器的输出由于积分作用的不断累加而加大，从而导致执行机构达到极限位置（例如阀门开度达到最大），若控制器输

出 $\mu(k)$ 继续增大，阀门开度不可能再增大，此时就称计算机输出控制量超出了正常运行范围而进入了饱和区。一旦系统出现反向偏差，$\mu(k)$ 逐渐从饱和区退出。进入饱和区越深则退出饱和区所需时间越长。在这段时间内，执行机构仍停留在极限位置而不能随偏差反向立即做出相应的改变，这时系统就像失去控制一样，造成控制性能恶化，这种现象称为积分饱和现象或积分失控现象。

抗积分饱和算法的思路是在计算 $\mu(k)$ 时，首先判断上一时刻的控制量 $\mu(k-1)$ 是否已超出限制范围，若 $\mu(k-1)>\mu_{max}$，则只累加负偏差；若 $\mu(k-1)<\mu_{max}$，则可以累加正偏差。这种算法可以避免控制量长时间停留在饱和区。

3. 微分先行 PID 控制算法

微分先行 PID 控制的特点是只对输出量 $c(k)$ 进行微分，而对给定值 $r(k)$ 不作微分。这样，在改变给定值时，输出不会改变，而被控量的变化通常是比较缓和的。这种输出量先行微分控制适用于给定值 $r(k)$ 频繁升降的场合，可以避免给定值升降时所引起的系统振荡，从而明显地改善了系统的动态特性。

4. 带死区的 PID 控制算法

在计算机控制系统中，某些系统为了避免控制作用过于频繁，消除由于频繁动作所引起的振荡，可采用带死区的 PID 控制算法，控制算式为

$$e_1(k)=\begin{cases}0, & |e(k)|\leqslant|e_0|\\e(k), & |e(k)|>|e_0|\end{cases} \tag{3-33}$$

式中：$e_1(k)$ 为位置跟踪偏差；e_0 为一个可调参数，其具体数值可根据实际控制对象由实验确定。若 e_0 值太小，会使控制动作过于频繁，达不到稳定被控对象的目的；若 e_0 太大，则系统将产生较大的滞后。数字控制器的输出 $\mu(k)$ 是对 $e_1(k)$ 进行 PID 运算所得到的结果。

带死区的控制系统实际上是一个非线性系统，当 $|e(k)|\leqslant|e_0|$ 时，数字控制器输出为零；当 $|e(k)|>|e_0|$ 时，数字控制器有 PID 输出。

习　题

3-1　写出 PID 控制器的传递函数，画出单位阶跃响应曲线，分析 δ，T_I，T_D 变化对控制过程的影响。

3-2　增大控制器的积分时间对控制系统的品质有什么影响？增大控制器的微分时间对控制系统的品质有什么影响？

3-3　什么是积分饱和现象？举例说明如何防止积分饱和。

第四章　单回路控制系统

第一节　概　述

一、自动控制系统的设计原则

自动控制系统的设计主要包括以下几方面内容：

（一）原则性控制系统的拟定

首先，自动控制设计人员要熟悉生产设备（被控对象）的运行特点和工艺要求，掌握被控对象的动态特性，了解生产设备对自动控制的要求和控制系统的性能（品质）指标，并把这些要求和指标转换为可以作为设计依据的数学形式。上述工作完成后开始拟定原则性控制系统，一般作法是首先选择被控量和控制变量，然后拟定原则性方案，是采用恒值系统还是采用随动系统？是采用单回路系统还是采用性能更完善的复杂系统？应当指出，在确定原则性系统方案时，应以满足生产要求为准则，不应追求过高的控制系统性能指标。在拟定原则性控制方案时，可以同时拟定几种不同方案，供分析比较。

（二）控制系统的综合

在拟定原则性控制方案之后，下一步是确定控制器的控制规律和类型，确定补偿元件的功能以及它们的参数，建立系统的数学模型，这些工作称为系统的综合。

（三）控制系统的分析

在已知系统结构和参数的条件下，计算出它的性能指标，称为系统的分析。分析的目的是检验控制系统是否符合事先给定的性能指标，以及系统方案的合理性。系统的分析是设计、研究控制系统的基础。

在设计自动控制系统过程中，系统的综合和分析过程并不是截然分开的，也不是一次完成的。实际上，在系统综合阶段、确定原则性系统之前，就要对系统进行定性分析，在发现系统性能不足之后，需进一步修改，只有经过几次反复的修改过程，才能完成系统的设计任务。

从理论上讲，如果有了系统的数学模型，有了扰动形式和各种约束条件，完全可以利用控制理论设计控制系统，确定系统性能指标。但是，由于目前人们对热工被控对象的研究还不够深入，往往得不到精确的数学模型。因此，目前热工控制系统设计主要是参照已有的控制系统，应用控制理论进行定性分析，并在一定程度上依赖于设计人员的经验来设计新的控制系统。在这种情况下，系统性能的分析就显得更加重要了。

另外，在控制系统结构已经确定的情况下，确定系统中的某些参数（如控制器参数，各信号间的配合等），这项工作称为系统整定。系统整定是以系统分析为基础的，对系统分析的各种方法，原则上讲都可以作为系统整定的方法。

按照控制系统的结构，可以分为单回路系统和复杂系统。单回路系统是由被控对象 $G(s)$、测量和变送元件 $G_b(s)$、控制器 $G_c(s)$、执行器 $G_z(s)$ 组成的闭环反馈系统，如图 4-1 所示。电厂热工被控对象（如锅炉）实际上是一个多输入、多输出的被控对象。当以某一个输出作为被控量时，被控对象可以认为是一个多输入单输出的对象。多个输入之中除其中一个作为控制变量外，其余的均可看为是系统的扰动量（干扰）。图 4-1 中 $d_1(s)$、

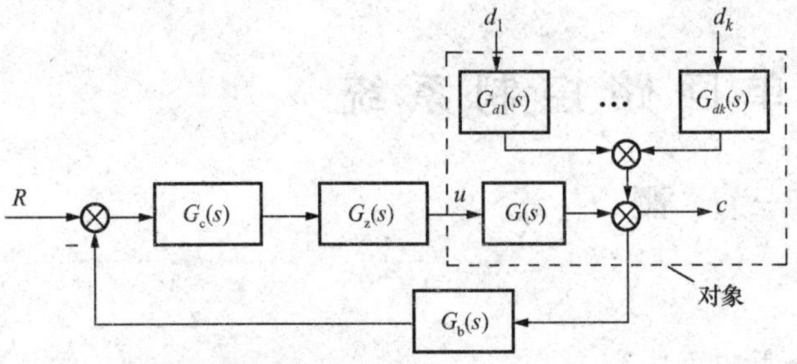

图 4-1 单回路控制系统方框图

$d_2(s)$、…、$d_k(s)$ 表示扰动量，$G_{d1}(s)$、$G_{d2}(s)$、…、$G_{dk}(s)$ 是将各扰动量折算到系统输出处的各扰动通道的传递函数。

二、被控量和控制量的选择

（一）被控量的选择

表征生产过程是否符合工艺要求的物理量或化学量，即控制系统要求维持为给定值的物理量或化学量（如温度、压力、流量、化学成分等），称为被控量。例如，锅炉过热蒸汽温度控制系统的任务是维持过热蒸汽温度，其被控量就是过热器出口过热蒸汽温度，这种既直观又明确的情况自然不需详加讨论。但是，由于以下一些情况的存在，就有必要进一步讨论被控量的选择问题。

一种情况是对生产中某些工艺参数，暂时还没有直接的快速测量手段，这时只能采用间接反映工艺参数的物理量或化学量作为被控量。例如，在原煤进入磨煤机前，要求用干燥剂将煤干燥到一定程度。直接快速测量煤的干燥程度是相当困难的，目前是采用磨煤机出口介质温度来表征原煤干燥程度，即作为控制系统的被控量。选用间接参数作为被控量时，要求被控量与实际所要求维持的工艺参数之间必须是单值线性关系，或者有一定的函数关系，否则应采取适当的补偿措施。

另一种情况是虽然可以进行工艺参数的直接测量，但信号滞后太大或过于微弱，反而不如选用间接参数能获得更好的控制质量。例如，锅炉送风控制系统的任务是维持送入锅炉的送风量与燃料量成一定比例，以保证燃烧的经济性。烟气中的含氧量是反映燃烧经济性的直接参数之一，在过去采用磁性测氧计测量烟气中的含氧量时，由于测量滞后太大，反而不如以保持进入锅炉的燃料量和送风量的比值能获得较好的效果。只有在氧化锆测氧计出现以后，才有可能采用以烟气中的含氧量为被控量的送风控制系统。一种新的测量方法的出现，往往能促进控制系统方案的变革。

在选择被控量时，要求被控量有足够的灵敏度。为此，应采用先进的测量方法，选择合适的取样点，正确合理地安装测量元件，这是提高测量灵敏度，减小滞后的重要手段。

合理地选择被控量是控制系统设计的第一步，如果选择不当，使用再先进的控制设备也不可能得到满意的控制质量。

（二）控制量的选择

在设计控制系统的过程中，当被控量确定之后，就可以开始着手组成控制系统。这时首先需要解决的问题是选择什么样的控制变量去克服各种扰动对被控量的影响。一个被控对象往往存在着不止一个影响被控量的输入量（见图 4-1）。如果选择其中某一个输入量作为控制变量，则其余的输入量就成为扰动信号。这时被控对象分为两部分——控制通道和扰动通道。扰动是影响控制系统稳定运行的破坏性因素，控制变量是克服扰动，维持控制系统平稳运行的积极因素，两者是矛盾的、对立的。控制变量确定之后，被控对象的控制通道和扰动通道就确定了，它们的特性对控制质量有重要影响。控制变量的选择是非常重要的，一定要认真分析被控对象的各个输入量对被控量的影响，深入研究被控对象的特性，才能正确选择控制变量，设计出合理的控制系统。

选择控制变量主要应遵循以下两个原则：首先，要考虑工艺上的合理性，选择工艺上允许作为控制手段的变量作为控制变量，一般不应选择工艺上的主要物理量，或者不可控的变量作控制变量。例如，锅炉负荷控制系统中，被控量是主蒸汽压力，引起主蒸汽压力变化的主要因素是汽轮机进汽量和锅炉燃料量，前者是由电能生产要求所确定的，以它作为控制变量显然是不合理的，而应该选择燃料量作为控制变量，这里汽轮机进汽量作为主要外部扰动。其次，在选择控制变量时，希望控制通道有较大的放大系数，较小的惯性和迟延，当无纯迟延时，希望时间常数适当小一些；在有纯迟延时，希望纯迟延 τ 和时间常数 T 的比值小一些，扰动通道时间常数则越大越好，扰动进入系统的位置距被控量越远越好。

单回路系统是热工自动控制中最基本的单元，是组成复杂系统的基础。许多常规复杂系统的分析、设计、整定中也都利用了单回路的方法。所以，首先应学会分析、设计、整定单回路系统的方法，了解系统中各组成环节对控制系统性能的影响，才有可能解决复杂系统的分析、设计、整定问题。下面分别分析单回路系统中各个组成环节对系统性能的影响。

第二节 被控对象的特性对控制质量的影响

图 4-1 所示的单回路控制系统简化后得到图 4-2 的简化方框图，其中的执行器、变送器和对象共同构成广义对象。对象内部存在两种通道：控制作用和被控量之间的信息通道，称为控制通道；扰动和被控量之间的信息通道，称为扰动通道。描述对象特性的特征参数是放大系数、时间常数和迟延时间，下面我们讨论这些参数对控制质量的影响。

一、放大系数的影响

设控制通道的传递函数为

$$G_\mu(s) = \frac{K_\mu}{(1 + T_\mu s)^n} \tag{4-1}$$

扰动通道的传递函数为

$$G_d(s) = \frac{K_d}{(1 + T_D s)^m} \tag{4-2}$$

控制器采用比例规律，其传递函数为

$$G_c(s) = K_c \tag{4-3}$$

由图 4-2 可求误差传递函数为

$$\frac{E(s)}{D(s)} = \frac{-G_d(s)}{1 + G_c(s)G_\mu(s)} \tag{4-4}$$

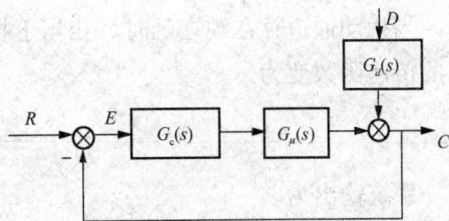

图 4-2 单回路控制系统简化方框图

当给系统加入单位阶跃扰动时，利用终值定理，求控制系统过渡过程结束时，静态偏差为

$$e(\infty) = \lim_{s \to 0} \frac{-G_d(s)}{1 + G_c(s)G_\mu(s)} \frac{1}{s} = \frac{-K_d}{1 + K_c K_\mu} \tag{4-5}$$

可见，干扰通道的放大系数 K_d 越大，系统的静态偏差越大。如果若干个扰动同时存在，它们对静态偏差的影响则取决于各扰动通道的放大系数。因此，扰动通道放大系数越小越好，这样可使静态偏差减小，提高控制精度。

控制通道的放大系数 $K_c K_\mu$ 越大，系统的静态偏差越小，即克服扰动的能力增强。如果控制器放大系数是可调的，则控制通道和控制器的放大系数可以互相补偿，保证二者的乘积满足设计的要求。从这个角度讲，对于线性系统而言，控制通道放大系数对静态偏差没有什么影响。而对于非线性系统，则由于控制通道放大系数随负荷变化，需要使用可变放大系数的控制器，才能补偿控制通道放大系数的变化。

二、时间常数和阶次的影响

(一) 扰动通道

为分析方便，设各环节的放大倍数均为 1，即 $K_d = 1$，$K_c = 1$，$K_\mu = 1$。扰动通道的传递函数为 $G_d(s) = \dfrac{1}{(1 + T_D s)^m}$，则被控量对扰动的传递函数为

$$\frac{C(s)}{D(s)} = \frac{G_d(s)}{1 + G_c(s)G_\mu(s)} = \frac{1}{1 + G_c(s)G_\mu(s)} \frac{1}{(1 + T_D s)^m} \tag{4-6}$$

从物理意义上讲，具有惯性环节的扰动通道相当于低通滤波器，削弱了扰动对系统的作用。根据控制理论的知识，惯性环节的低通频率范围随着 T_D 的增大而缩小，幅值衰减程度随着 T_D 的增大而严重，阶次 m 越高幅值衰减程度越严重，这将有利于控制。

(二) 控制通道

传递函数中惯性环节的时间常数和阶次反映了惯性的大小和对象的容量。时间常数越大，阶次越高，表明响应越迟缓。控制通道传递函数的时间常数 T_μ 太大，阶次 n 太高，系统反应速度将很慢，工作频率下降，过程的持续时间长。当时间常数特别大时，一般单回路已不能满足控制质量的要求。

总而言之，扰动通道传递函数的分母中的时间常数较大和阶次较高，被控量受到扰动后的动态偏差就较小，这将有利于系统的控制。如果控制通道传递函数分母中的时间常数较大和阶次较高，控制作用就较迟缓，控制不灵敏，显然这对控制是不利的。

三、纯迟延的影响

(一) 扰动通道

当扰动通道存在纯迟延时，相当于扰动通道传递函数 G_d 串联了一个迟延环节，这时系统的传递函数变为

$$\frac{C_\tau(s)}{D(s)} = \frac{G_d(s)}{1 + G_c(s)G_\mu(s)} e^{-\tau s} \tag{4-7}$$

系统输出为

$$C_\tau(s) = \frac{G_d(s)}{1 + G_c(s)G_\mu(s)} D(s) e^{-\tau s} = C(s) e^{-\tau s} \tag{4-8}$$

式中：$C(s)$ 为扰动通道中不含迟延环节时被控量的输出的拉普拉斯变换。

由控制理论中的迟延定理可知，有迟延时的被控量为

$$c_\tau(t) = c(t - \tau) \tag{4-9}$$

由上式可见，扰动通道纯迟延的存在，不影响控制质量，仅仅使被控量在时间轴上平移了一个值。

扰动通道中存在着纯迟延，表明对象受到扰动后其被控量要延迟 τ 以后才开始变化，对象的输出响应相当于对象没有纯迟延而扰动推迟了 τ 才施加于对象上。因此，扰动通道的纯迟延 τ 对系统的控制品质没有什么影响。

（二）控制通道

如果在控制通道中存在着纯迟延，则表明控制作用不能立即对被控量施加影响而对它的变化起抑制作用，要推迟 τ 后控制才会起作用。显然，在 τ 这段时间内，被控量将会在扰动的作用下自发地变动，因此，控制通道存在着纯迟延对系统的控制品质是不利的。如果对象控制通道的时间常数 T_μ 的数值较大，则在 τ 时间内被控量变化的数值就较小；反之，如果对象控制通道的时间常数 T_μ 的数值较小，则在 τ 时间内被控量变化的数值就较大，因此，系统的控制品质不但与控制通道的 τ 有关，而且还与 τ/T_μ 的数值有关。τ 值和 τ/T_μ 的数值越大，控制质量越差。

在图 4-3 中，曲线 1 的纯迟延为 τ_1，曲线 2 的纯迟延为 τ_2，曲线 1 和曲线 2 的时间常数 T_μ 相同。若在 $t=0$ 时有阶跃信号输入，则在 $t=\tau_1$ 时输出才开始变化。如果控制器没有不灵敏区，控制器将在 $t=\tau_1$ 时开始动作，产生控制作用，但这个控制作用需要再经过第二个 τ_1 的时间间隔后才在被控量的变化上反映出来，这时，对曲线 1 来说，被调量已到达 A 点，然后在控制作用下沿曲线下降；对曲线 2 来说，被调量已到达 B 点，然

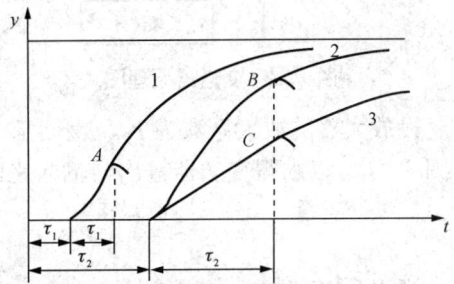

图 4-3　控制通道纯迟延对控制质量的影响

后在控制作用下沿曲线下降。显然，由于 $\tau_2>\tau_1$，曲线 2 的被控量偏差要大于曲线 1 的。在图 4-3 中，曲线 3 和曲线 2 具有相同的纯迟延，而曲线 3 的时间常数 T_μ 要大于曲线 2 的，从图上可以清楚地看出，曲线 3 的最大偏差点 C 要低于曲线 2 的最大偏差点 B，也就是说，τ/T_μ 的数值越大，系统的控制质量越差。

第三节　测量元件和变送器特性

在过程自动化中要通过测量元件获取生产工艺变量，最常见变量是温度、压力、流量、物位。测量元件又称为敏感元件或传感器，它直接响应工艺变量，并转化成一个与之成对应关系的输出信号。这些输出信号包括位移、电压、电流、电阻、频率、气压等。如热电偶测温时，将被测温度转化为热电势信号；热电阻测温时，将被测温度转化为电阻信号；节流装置测流量时，将被测流量的变化转化为压差信号。由于测量元件的输出信号种类繁多，且信号较弱不易察觉，一般都需要将其经过变送器处理，转换成标准统一的电气信号（如 $4\sim20\text{mA}$ 或 $0\sim10\text{mA}$ 直流电流信号，$20\sim100\text{kPa}$ 气压信号）送往显示仪表，指示或记录工艺变量，或同时送往控制器对被控量进行控制。有时将检测元件、变送器及显示装置统称为检测仪表，或者将检测元件称为一次仪表，将变送器和显示装置称为二次仪表。

变送器是火力发电厂中应用最为广泛的一种热工自动化测量装置，其作用是将测量元件的输出信号转换成标准统一信号（如 $4\sim20\text{mA}$ 直流电流）送往显示仪表或控制仪表进行显示、记录或控制。由于生产过程变量种类繁多，因此相应地有许多变送器，如温度变送器、差压变送器、压力变送器、液位变送器、流量变送器等。有的变送器将测量单元和变送单元做在一起（如压力变送器），有的则仅有变送功能（如温度变送器）。工业生产过程中最常见的是温度变送器和差压变送器。变送器按其驱动能源形式（电力或压缩空气）可以分为电动

变送器和气动变送器。

一、变送器原理

变送器是基于负反馈原理工作的，包括测量（输入转换）、放大和反馈三个部分。其构成方框图见图 4-4。

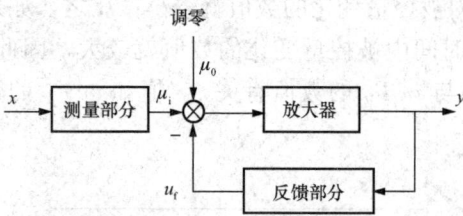

图 4-4　变送器原理图

测量部分作用是检测被测参数 x，并将其转换成电压（或电流、位移、力矩、作用力等）信号 μ_i 送到放大器输入端。反馈部分作用是将变送器的输出信号 y 转换成反馈信号 μ_f 再送回放大器输入端。μ_i 与调零信号 μ_0 的代数和与反馈信号 μ_f 进行比较，其差值送入放大器进行放大，并转换成标准输出信号 y。

设放大器的放大系数为 K，反馈部分的反馈系数为 F，测量部分的转换系数为 B，根据图 4-4 可以求得变送器输出与输入之间的关系为

$$y = \frac{K}{1+KF}(Bx + \mu_0) \tag{4-10}$$

当 $KF \gg 1$ 时，上式可写为

$$y = \frac{1}{F}(Bx + \mu_0) \tag{4-11}$$

式（4-11）表明，在 $KF \gg 1$ 的条件下，变送器输出与输入的关系取决于测量部分和反馈部分的特性，而与放大器特性几乎无关。如果转换系数 B 和反馈系数 F 是常数，则变送器的输出与输入将保持良好的线性关系。

在实际使用中由于测量要求或测量条件发生变化，需要根据输入信号的下限值和上限值调整变送器的零点和量程。要保证被测参数的上、下限值（x_{max} 和 x_{min}），也即变送器测量范围的上、下限值，分别对应输出信号的上、下限值（y_{max} 和 y_{min}），即标准统一信号的上、下限值，变送器的输入输出特性见图 4-5。假设当变送器测量范围的上限值或下限值发生变化时就要进行量程迁移或零点迁移。

量程迁移目的是使变送器输出信号的上限值 y_{max}（即标准统一信号上限值，输出满度值）与测量范围的

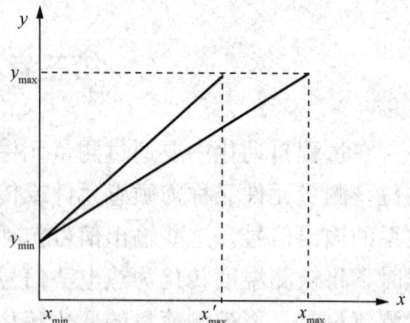

图 4-5　变送器的输入输出特性

上限值 x_{max} 相对应。量程迁移就是改变变送器输入输出特性的斜率，变送器量程调整可通过调整反馈系数 F 或转换系数 B 来实现。通常是改变反馈系数 F 大小实现量程调整。F 大，量程就大；F 小，量程就小。

零点迁移的目的是使变送器输出信号的下限值 y_{min}（即标准统一信号下限值）与测量范围的下限值 x_{min} 相对应。零点调整是使变送器的测量起始点为零，而零点迁移则是将测量起始点由零迁移到某一数值（正值或负值）。当测量起始点由零变为某一正值，称为正迁移；反之，当测量起始点由零变为某一负值时称为负迁移。变送器零点调整和零点迁移可通过改变调零信号 μ_0 的大小来实现。当 μ_0 为负时实现正迁移，当 μ_0 为正时实现负迁移。

随着新型传感技术、计算机技术和通信技术等在测量领域中的广泛应用，从 DDZ-Ⅱ型变送器到 DDZ-Ⅲ型变送器，从常规功能的变送器到智能化变送器，变送器装置的传感、变送原理在不断地变化、发展。

智能变送器是 20 世纪 90 年代出现的一种新型的变送器。其特点是利用远程通信器可对变送器进行远距离设定各种参数，并可对其进行量程校验与量程迁移；实现变送器与计算机、自动控制系统的直接对话；具有自校正，对被测量值自动进行各种补偿和自诊断的功能；测量准确度高，量程可调范围宽。目前已广泛应用在电力、化工等行业。

二、测量元件对控制质量的影响

由于变送器的时间常数很小，对控制质量的影响不大，下面主要讨论测量元件特性对控制质量的影响。

在压力、流量测量中，由于测量元件均为就地安装，与变送器之间有一定距离，往往存在较长的传输迟延时间。在温度或成分分析测量元件中，测量元件本身结构决定它们具有一定惯性，形成一定的时间常数。它们对控制质量的影响与被控对象迟延和时间常数对控制质量的影响是一致的。

任何测量元件都会存在一定的时间常数，都可以看作是一个惯性环节。图 4-6 所示为单回路控制系统，考虑测量元件的惯性，测量变送器可认为是惯性环节，其传递函数为 $G_b(s) = \dfrac{1}{1 + T_b s}$，图中 K_c 为比例控制器的放大系数，被

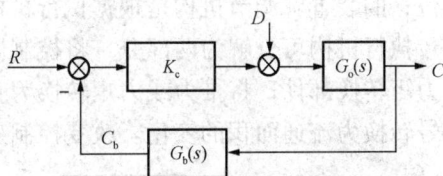

图 4-6 单回路控制系统方框图

控对象的传递函数为 $G_o(s) = \dfrac{K}{1 + Ts}$，$C$ 为被控对象实际的输出（被控量），C_b 为实际测量得到的输出信号，它们对扰动 D 的传递函数分别为

$$\frac{C(s)}{D(s)} = \frac{\dfrac{K}{1+Ts}}{1 + \dfrac{K}{1+Ts} K_c \dfrac{1}{1+T_b s}} = \frac{(1+T_b s)K}{(1+Ts)(1+T_b s) + KK_c} \tag{4-12}$$

$$\frac{C_b(s)}{D(s)} = \frac{\dfrac{K}{1+Ts} \dfrac{1}{1+T_b s}}{1 + \dfrac{K}{1+Ts} K_c \dfrac{1}{1+T_b s}} = \frac{K}{(1+Ts)(1+T_b s) + KK_c} \tag{4-13}$$

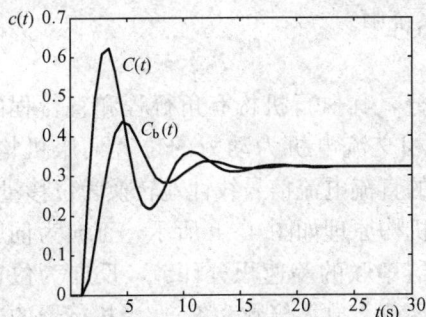

图 4-7 被控对象和变送器
输出的阶跃响应曲线

可见，两者均为二阶系统。当 $T = 20s$、$T_b = 2s$、$K = 10$、$K_c = 3$ 时，它们的单位阶跃响应曲线如图 4-7 所示。由图可以看出，C 的变化幅值比 C_b 大得多，而且两者之间存在相位差。这些差别随着测量变送元件时间常数的增加而增加，从而导致控制质量的恶化。尤其在被控对象的时间常数较小时，测量变送元件的惯性对控制质量的影响更为严重。为了克服测量变送元件的惯性，通常可采取以下措施：

（1）采用快速测量元件。一般认为测量变送元件的时间常数为被控对象时间常数的十分之一以下为宜，即 $T_b \leqslant 0.1T$；

（2）采用微分（超前）单元，可抵消测量变送元件的惯性，但要注意使用适当；

（3）正确选择测量变送元件的安装位置，保证它有较高的测量灵敏度，较小的惯性。

在热工测量信号中有时会出现脉动信号（如炉膛负压），若不进行平滑处理，可能会引起控制机构频繁动作，甚至形成系统振荡。为此，可以在测量管路中安装机械阻尼装置，或者在电气线路上加装电气阻尼装置（阻尼单元）。

第四节　执　行　器

执行器在自动控制系统中的作用就是接收控制器输出的控制信号，改变控制变量，使生产过程按预定要求正常进行。在生产现场，执行器直接控制工艺介质，若选型或使用不当，往往会给生产过程的自动控制带来困难。因此执行器的选择和使用是一个重要的问题。

执行器由执行机构和调节机构两部分组成。执行机构是指根据控制器控制信号产生推力或位移的装置，调节机构是根据执行机构输出信号去改变能量或物料输送量的装置。

执行机构可分解为两部分：将控制器输出信号转换为控制阀的推力或力矩的部件称为力或力矩转换部件；将推力或力矩转换为直线或角位移的部件称为转换部件。调节机构将位移信号转换为流通面积的变化，改变控制变量的数值。图 4-8 所示为执行器的框图。

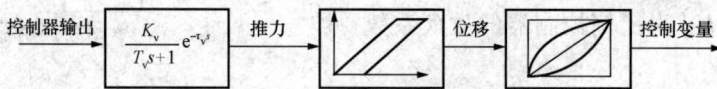

图 4-8　执行器的框图

根据所使用的能源，执行机构分为气动、电动和液动三类：气动类型执行机构具有本质安全性，价格低结构简单；电动类型执行机构可直接与电动仪表或计算机连接，不需要电气转换环节，但价格贵结构复杂，须考虑防爆问题；液动类型执行机构推力（或力矩）大，但体积较大，管路较复杂。

一、执行机构特性分析

执行机构接受来自控制器的控制信号，改变输出的角位移或线位移，带动调节机构，改变控制量，使生产过程满足预定的要求。

在电厂热工过程的自动控制系统中，目前应用最多的是电动执行器，其次是气动执行器。液动执行器因其推力较大，常用于汽轮机的调速系统中。

（一）电动执行机构

电动执行器的执行机构和调节机构是分开的两部分，其执行机构有角行程和直行程两种，都是以两相交流电机为动力的位置伺服机构，作用是将输入的直流电流信号线性地转换为位移量。

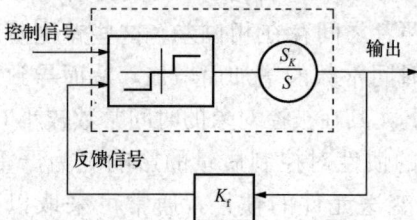

图 4-9　电动执行机构原理

电动执行机构原理如图 4-9 所示，正向为伺服放大器与执行器串联的等速积分环节，反向为位置反馈，是比例环节，放大倍数为 K_f。当执行器的速度足够大时，这个闭环系统可以看成快速随动的极限系统，整个电动执行机构近似为比例环节，其传递函数为位置发送器放大倍数 K_f 的倒数 $1/K_f$。

电动执行器是 DDZ-Ⅱ 型仪表系列中的执行单元，它接受来自调节器的 0~10mA（DC）统一信号，输出角位移或直行程位移信号去推动调节机构动作。

电动执行器的主要部件结构图如图 4-10 所示。

伺服放大器有三个输入信号通道和一个反馈信号通道，可以同时输入三个信号和一个反馈信号，以满足组成复杂调节系统的需要。在简单调节系统中，只用一个输入通道和一个反馈通道。伺服放大器的作用是综合输入信号和反馈信号，并将综合结果的信号加以放大，使之有足够的功率来控制伺服电动机转动。根据综合信号的极性不同，电动机的转向不同。两相伺服电动机是将电功率变为机械功率的动力装置，但由于其本身转速极高，并且在高转速下的输出力矩较小，不能满足低速调节的要求，因此，必须经过减速器将高速、小力矩转动转换成低速、大力矩转动后去带动调节机构。位置发送器作为执行器输出轴的位移转换器，它发出一个与输出轴位移成正比的电流信号，此信号一方面输入位置指示器（毫安表）显示阀位；另一方面作为阀位反馈信号反馈到伺服放大器的输入端，构成一个位置反馈系统，以保证执行器的输出轴位移量与输入信号量成对应关系。阀位反馈信号随着输出轴的位移而改变。当其值达到与输入信号相平衡时，综合信号等于零，伺服电动机随即停止转动，执行器的输出轴便停止在一个稳定的位置上。如果输入信号发生变化，则必将引起综合信号的大小和极性改变，从而使伺服电机作正向或反向旋转，调节机构作相应的开大或关小动作。从电动执行器的动作规律看，它近似为比例环节。

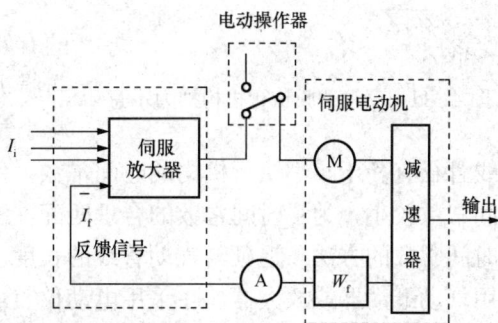

图 4-10 电动执行机构的主要部件方框图
M—电动机；A—位置指示器；W_f—位置发送器

电动执行器一般有三种控制方式：就地手操（电动执行器都配有手轮装置）、手动遥控和自动控制。电动操作器具有手动/自动切换功能和在手动位置时的远方操作功能。

（二）气动执行机构

气动执行器是以压缩空气为动力的推动装置，其执行机构和调节机构是统一的整体。气动执行器输出杆的位移是直线位移。如果通过曲柄等杠杆机构传动，则可将直线位移转换成角位移。气动执行器有薄膜式和活塞式两种。气动薄膜执行机构有正作用和反作用两种。对正作用式薄膜执行器，当输入气压 p 增大时，输出杆向下移动；对反作用式薄膜执行器，当输入气压 p 增大时，输出杆向上移动。正、反作用的执行器结构基本相同。当信号气压 p 增加时，作用在膜片上的推力增加，在此推力的作用下推杆移动，同时弹簧被压缩，直到弹簧上产生的反作用力与薄膜上的推力相平衡时为止。显然，信号气压越大，推力越大，推杆（输出杆）的位移也就越大。这种执行器由于信号气压的限制，其输出推力较小。

在图 4-11 所示的气动薄膜执行机构中，将控制器输出信号转换为推力的部分俗称膜头。推力的计算公式为

$$\pm F = 0.1A_c[p - (p_i + p_r)] \tag{4-14}$$

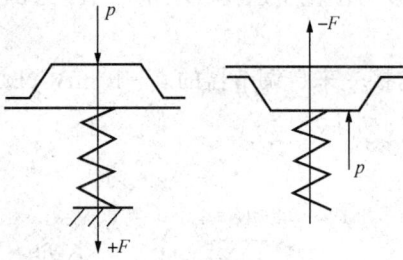

图 4-11　气动薄膜执行机构推力示意

式中：F 为执行机构输出力，向下为正，向上为负；A_c 为膜片有效面积；p 为操作压力；p_i 为弹簧初始压力；p_r 为弹簧范围。

气动薄膜执行机构的膜头和气动管线的组合可近似为一阶迟延环节。用 $\dfrac{K_v}{T_v s + 1}\mathrm{e}^{-\tau_v s}$ 表示。K_v 与膜片的有效面积有关，还与操作压力有关。时间常数 T_v 与膜头气室大小、气动管线管径、长度等参数有关，减小气室容积、缩短连接的气动管线长度和增大连接管线管径有利于减小执行机构的时间常数。例如，在流量控制系统中，由于流量被控对象的时间常数较小，为了时间常数的合理匹配，缩短管线长度、增大管径是常采用的减小执行机构时间常数的方法。迟延与气动管线的长度、管径等参数有关，有时为了减小迟延时间，可采用气动继动器或放大器。在采用电动仪表或计算机控制时，通常电信号经安装在控制阀上的电气阀门定位器转换，或经控制阀附近安装的电气转换器转换，这时，气动管线长度大大缩短，迟延也可相应减小。

从一般的应用来看，使用电动仪表或计算机的控制系统中，执行机构的迟延较小，时间常数不大，执行机构的增益 K_v 随膜头直径而变。使用气动仪表时，为减小时间常数和迟延，应尽量缩短气动管线的长度，一般限制在150m以内。

执行机构的推力除了克服调节阀的不平衡力，还需克服因密封需要而产生的摩擦力，摩擦力有静摩擦力和动摩擦力之分。根据虎克定律，阀杆所受合力与阀杆的位移（行程）成比例，但由于存在摩擦力，因此，当控制器输出信号的阶跃幅值较小时，所产生的推力不足以克服静摩擦力，从而产生死区。死区使阀杆不能及时响应控制器的输出；当控制器输出反向时，摩擦力与原来的合力方向相反，造成回差，使复现性变差，推力与位移之间的关系如图4-8所示。

执行机构的回差是造成执行器性能变差的主要原因，也使控制系统控制性能变差，它造成控制不及时。此外，增益的变化使控制系统不稳定，偏离度增大。因此，应尽量减小摩擦力，缩小死区和回差，以提高控制系统的性能指标。

二、调节机构

调节机构用于将直线位移或角位移的变化转换为流通面积的变化。热工控制中经常使用的调节结构有调节阀门、烟气和空气挡板、各种结构的给粉机和给煤机等。其中使用最广泛的是调节阀门。根据不同的应用要求，可分为直通（单座、双座）阀、角阀、三通阀、球阀、阀体分离阀、隔膜阀、蝶阀、偏心旋转阀、闸阀等。由于调节机构直接与被控介质接触，因此，对调节机构中阀芯和阀座的材质也有不同要求，以适应高温、低温、高压、爆炸、腐蚀等介质控制的要求。

调节机构将执行机构阀杆的位移转换为流通截面积的变化，从而影响流体的流量。不同的调节阀座和阀芯的形状影响流通截面积的变化。该转换部分的传递函数可用增益 K_{v2} 表示。

实际应用时通过合理选择调节阀的流量特性，使其增益能随对象增益的变化而变化，使开环总增益基本不变，满足控制系统稳定运行准则。

根据阀杆移动与流量之间的关系,可将调节阀分为正体阀和反体阀。正体阀在阀杆下移时流量减小,反体阀在阀杆下移时流量增大。将正作用和反作用执行机构与正体阀和反体阀结合在一起,可组成气开和气关两类调节阀。执行机构和调节机构的匹配示意见图 4 - 12。

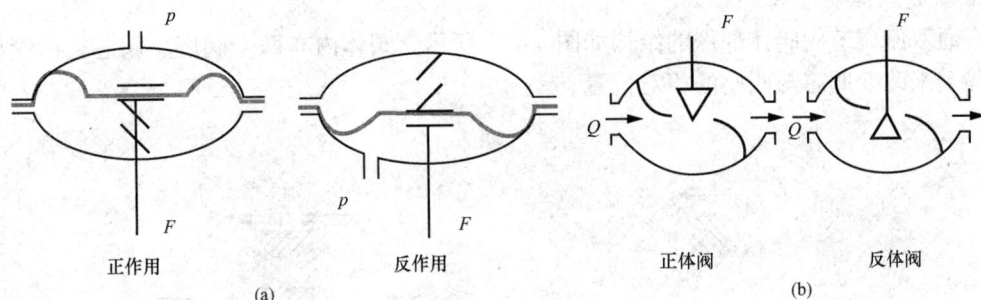

图 4 - 12 执行机构和调节机构的匹配示意
(a) 执行机构;(b) 调节机构

气开调节阀指当输入到执行机构的信号增加时,流过调节阀的流量增加;反之,气关调节阀指当输入到执行机构的信号增加时,流过调节阀的流量减小。因此,故障时,气开调节阀处于全关状态,气关调节阀处于全开状态。

选择调节阀是气开式还是气关式的原则是:当控制信号中断时,调节阀的复位位置能使工艺设备处于安全状态。

通常把调节机构看成广义被控对象的组成部分之一,调节机构的比例系数 K ,即为调节机构的斜率,K 成为被控对象放大倍数的一部分,在控制系统的整定中调节机构的特性不能忽视,即使一个控制系统设计得很合理,但是,如果调节机构特性不好,控制系统往往也不能正常投运。因此,调节机构的选择是非常重要的。

在热工自动控制系统中,用来控制生产过程的调节机构有很多种,根据被调介质或能量的不同可分为:改变流体介质的调节机构(如控制水和蒸汽的调节阀门,控制风和烟气的挡板),改变固体介质的调节机构(如给煤机、给粉机)和改变电流值的调节机构(如变阻器、电磁调速离合器等)。

根据改变流体流量作用原理可分为:节流式调节机构和变压式调节机构。节流式调节机构是通过改变管路系统阻力从而控制流量,如调节阀门和调节挡板。变压式调节机构是通过改变物质流动的推动力从而控制流量,如汽动给水泵汽轮机进汽调门、风机的动叶。

节流式调节机构在控制中虽然要造成一定的节流损耗,但由于结构简单,目前在电厂控制系统中仍被大量采用。在大型机组的热工自动控制系统中,多数以阀门为调节机构。下面主要讨论调节阀的主要阀型及调节阀的流量特性。

(一)调节阀主要阀型及结构特点

在火力发电厂中,根据不同使用要求,常用调节阀有:直通单座调节阀、直通双座调节阀、套筒型调节阀、角型调节阀、三通调节阀、隔膜阀、蝶式调节阀、球阀、偏心旋转调节阀等。在选择调节阀型式时,应根据介质参数(压力、温度)、流量、介质特性(黏度、腐蚀性、毒性)及调节系统的要求(可调比、噪声等)综合考虑。

1. 直通单座调节阀

阀体内只有一个阀芯和阀座,见图 4 - 13。按其阀芯形状可分为调节型和切断型两种。

单座阀具有结构简单、使用方便和泄漏量小等特点。当金属阀座研磨精度高时，泄漏量很小，适用于两位式控制和要求高密封性的场合，如常闭调节阀。单座阀承受不平衡推力大，而且阀门口径越大，上推的不平衡力越大，故适用于压差小、口径小的场合。

2. 直通双座调节阀

直通双座调节阀阀体部件的结构如图4-14所示。阀体内有两个阀座、阀芯，由阀杆作上下移动来改变阀芯与阀座的相对位置。

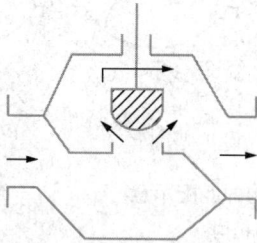

图4-13　直通单座调节阀　　　　　图4-14　直通双座调节阀

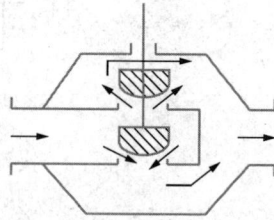

双座阀的不平衡力小，流通能力大，但泄漏量较大，为单座阀的10倍以上。适用于要求流量大、压差大、泄漏量要求不严格、正常运行时经常调节的场合。此外，阀体流路较复杂，不适用于高黏度和含纤维介质的场合。

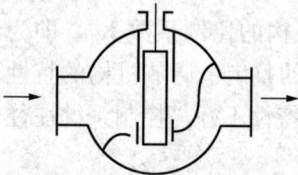

3. 套筒型调节阀

图4-15　套筒型调节阀

套筒阀内有一个圆柱形套筒，套筒壁上有一个或几个不同形状的孔（窗口），利用套筒导向，阀芯在套筒内上下移动，改变阀的节流孔面积，其结构如图4-15所示。

套筒阀通用性强，更换套筒，即可改变流通能力和流量特性，改变阀内组件可成单座阀。热膨胀影响小，流通能力大，泄漏量较大，不平衡力小，工作平稳，阀杆在工作时不易振动，并具有耐汽蚀性和低噪声的特点。由于结构简单，拆装方便，流路畅通，目前套筒阀已取代双座阀。

4. 角型调节阀

将直通的阀体改为角形（相当于一个弯头）阀体，单座阀就变成了角形阀，见图4-16。

这种阀流路简单，阻力小，具有"自洁"性能，适用于高压差、高黏度及含悬浮颗粒物的场合；还适用于汽液混合相，易闪蒸、汽蚀的场合；适用于需要角形连接的场合。例如高压加热器水位调节阀和锅炉排污调节阀等饱和水介质且压差较大的场合可采用角型阀。

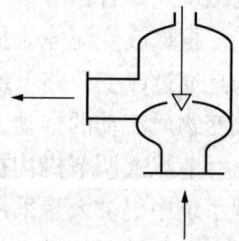

图4-16　角型调节阀

5. 三通调节阀

三通阀有3个出入口与管道相连，相当于两台单座阀合成一体。按作用方式分为合流阀（两种介质混合成一路）和分流阀（一种介质分成两路）两种，见图4-17。

三通调节阀泄漏量小，合流和分流结构均为流开式，可作配比调节或热交换器旁路调节阀。

6. 隔膜阀

采用耐腐蚀材料作隔膜，将阀芯与流体隔开，其结构见图4-18。

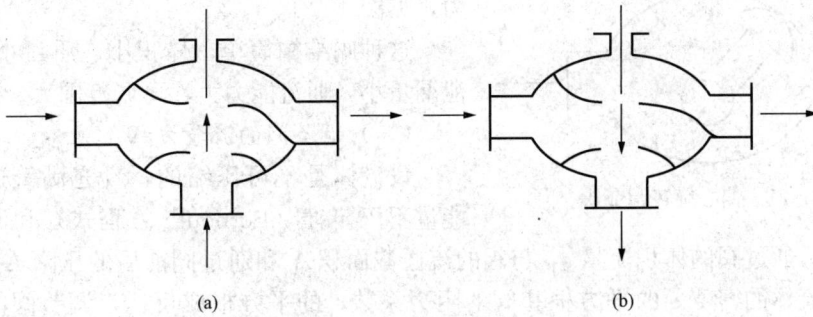

图 4 - 17　三通调节阀

（a）合流型；（b）分流型

隔膜阀流路简单，可用于不干净介质。由于隔膜是一个不可靠的零件，导致阀寿命较短，这是致命缺点。隔膜阀关闭时，介质作用力把膜片往上顶，不平衡力较大，需要较大的执行机构推力，因此，必须选用特别大的又笨又重的执行机构，使阀重量变得非常笨重。

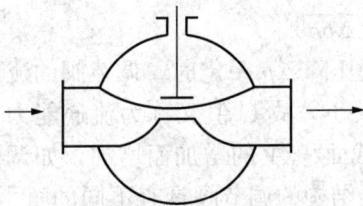

图 4 - 18　隔膜阀

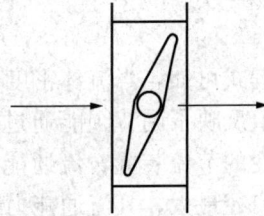

图 4 - 19　蝶式调节阀

7. 蝶式调节阀

当执行机构转动蝶阀主轴时，带动阀板在阀体内旋转，使管道流通面积变化，达到调节介质流量的目的，结构见图 4 - 19。

蝶阀结构简单，体积小，质量小，成本低，流阻极小，流量畅通，流通能力大，但泄漏量大。适用于低压差，大口径，大流量，介质为液体、气体、低压蒸汽及含有颗粒、高黏度介质的场合。

8. 球型调节阀

阀芯与阀体都呈球形体，阀芯内开孔。转动阀芯使之与阀体处于不同的相对位置时，就有不同的流通面积，见图 4 - 20。

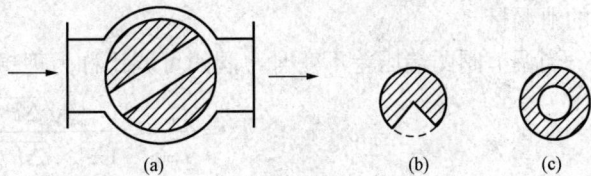

图 4 - 20　球型调节阀

球阀流路最简单、损失最小，"自洁"性能最好。"O"形球阀［见图 4 - 20（c）］无阻调节，流量系数大，通常用于不干净介质的两位切断；"V"形球阀［见图 4 - 20（b）］与阀座相对转动时产生剪切作用，尤其适用于高黏度、悬浮液、纸浆等不干净、含纤维介质的调节、切断。

9. 偏心旋转调节阀

偏心旋转阀也称凸轮挠曲阀，其工作原理就是一个偏心转动的扇形球阀，利用偏心球冠与阀座相切，打开时，球芯脱离阀座；关闭时，球芯逐步接触阀座，使球对阀座产生压紧

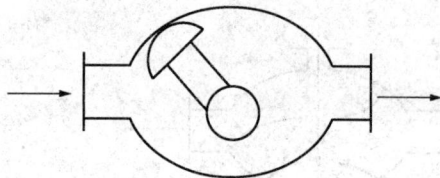

图 4-21　偏心旋转调节阀

力，见图 4-21。

这种阀结构简单，体积小，质量小，价格低，泄漏量小，通流能力大，可调范围大。

（二）调节阀的流量方程

设流体是不可压缩的，且充满管道，则根据能量不灭定律（Bernoulli 方程式）和流体的连续性定律可知：通过阀的体积流量 q_V 与阀的流通截面积 A 和通过阀前后的压降 Δp 的平方根成正比，与流体的密度 ρ 的平方根和阀的阻力系数 ε 的平方根成反比，调节阀的流量方程式为

$$q_V = nA\,\frac{1}{\sqrt{\varepsilon}}\sqrt{\frac{\Delta p}{\rho}} = C\sqrt{\frac{\Delta p}{\rho}} \tag{4-15}$$

式中：$C = nA\,\dfrac{1}{\sqrt{\varepsilon}}$，称为调节阀的流量系数；$n$ 为常数。

由于质量流量 $q_m = q_V\rho$，则可表示为

$$q_m = C\sqrt{\Delta p\rho} \tag{4-16}$$

由流量方程式可知，当流体密度 ρ 和阀上的压降 Δp 一定时，调节阀的流量系数 C 与流量成正比。C 值反映了调节阀能通过的流量的大小，故 C 值又称为流通能力。调节阀是一种流通面积可变的节流装置，流通能力随流通截面积 A 的增加而增加，如调节阀处于全开状态，则阀的口径最大，其流通能力最大。不同结构的调节阀具有不同的阻力系数 ε，如果调节阀的口径一定，调节阀的流通能力随阻力系数 ε 的增大而减小。

（三）调节阀的理想可调比

调节阀的可调比（也称可调范围）是反映调节阀特性的一个重要参数，是调节阀选择是否合适的指标之一。调节阀的可调比是指该阀所能控制的最大流量 q_{max} 和最小流量 q_{min} 的比值，即

$$R = \frac{q_{max}}{q_{min}} \tag{4-17}$$

式中：q_{min} 为调节阀可控流量的下限值，通常为最大流量的 10% 左右，注意 q_{min} 不是阀全关时的泄漏量。

当调节阀两端压差不变时，阀的可调比称为理想可调比，为

$$R = \frac{q_{max}}{q_{min}} = \frac{C_{max}\sqrt{\Delta P\rho}}{C_{min}\sqrt{\Delta P\rho}} = \frac{C_{max}}{C_{min}} \tag{4-18}$$

可见，理想可调比是阀的最大和最小流通能力之比。从使用的角度看，理想可调比越大越好。但是，由于受阀芯结构和加工工艺的限制，最小流通能力不能太小。

（四）调节阀的流量特性

调节阀的流量特性是指流过阀门的控制介质的相对流量与阀杆的相对行程（即阀门的相对开度）之间的关系。其数学表达式为

$$Q = f(L) \tag{4-19}$$

式中：$Q = q/q_{max}$ 表示调节阀某一开度的流量与全开时流量之比，称为相对流量；$L = l/l_{max}$ 表示调节阀某一开度下阀杆行程与全开时阀杆全行程之比，称为相对开度。

流量特性通常用两种形式来表示：

（1）理想特性，即在阀的前后压差固定的条件下，流量与阀杆位移之间的关系，它完全取决于阀的结构参数；

（2）工作特性，是指在工作条件下，阀门两端压差变化时，流量与阀杆位移之间的关系。阀门是整个管路系统中的一部分。在不同流量下，管路系统的阻力不一样，因此分配给阀门的压降也不同。工作特性不仅取决于阀本身的结构参数，也与配管情况有关。

通常情况下，先假定阀的前后压差不变，然后再引申到工作情况进行分析。

1. 理想流量特性

调节阀的前后压差保持不变时得到的流量特性称为理想流量特性，阀门制造厂提供的就是这种特性。理想流量特性主要有线性、对数（等百分比）、抛物线及快开四种。这四种特性完全取决于阀芯的形状，不同的阀芯曲面可得到不同的理想流量特性。

（1）线性流量特性。线性流量特性是指调节阀的相对流量与相对开度成直线关系，即阀杆单位行程变化所引起的流量变化是常数。其数学表达式为

$$\frac{\mathrm{d}Q}{\mathrm{d}L} = K \tag{4-20}$$

式中：K 是常数，称为调节阀的放大系数。

将式（4-20）积分，并利用边界条件 $l=0$ 时，$q=q_{min}$；$l=l_{max}$ 时，$q=q_{max}$，得到线性流量特性表达式为

$$Q = \left(1 - \frac{1}{R}\right)L + \frac{1}{R} \tag{4-21}$$

线性流量特性曲线见图 4-22 中曲线 1。线性调节阀的放大系数 $K = 1 - \frac{1}{R}$，与可调比有关，不论阀杆原来在什么位置，只要阀杆作相同的变化，流量的数值也作相同的变化。可见线性调节阀在开度较小时流量相对变化值大，这时灵敏度过高，控制作用过强，容易产生振荡，对控制不利；在开度较大时流量相对变化值小，这时灵敏度又太小，控制缓慢，削弱了控制作用。因此线性调节阀当工作在小开度或大开度情况下，控制性能都较差，不宜用于负荷变化大的场合。

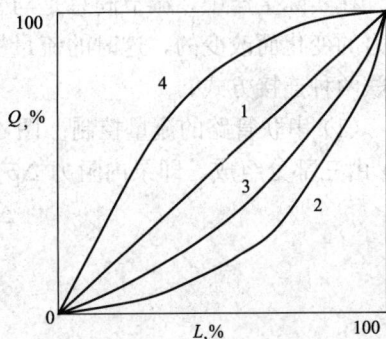

图 4-22 调节阀的理想流量特性曲线

（2）对数流量特性（等百分比流量特性）。对数流量特性是指单位行程变化所引起的相对流量变化，与此点的相对流量成正比关系，其数学表达式为

$$\frac{\mathrm{d}Q}{\mathrm{d}L} = KQ \tag{4-22}$$

将式（4-22）积分，并代入边界条件，得到对数流量特性表达式为

$$Q = R^{L-1} \tag{4-23}$$

上式表明相对行程与相对流量成对数关系，对数流量特性调节阀的放大系数为 $\ln R$，在直角坐标上得到的一条对数曲线如图 4-22 中曲线 2 所示，故称对数流量特性。又因为阀杆位移变化一固定值时，相对流量变化均相等，所以也称为等百分比流量特性。

由于对数调节阀的放大系数 K，随相对开度增加而增加，因此，对数调节阀有利于自

动控制系统。在小开度时调节阀的放大系数小，控制平稳缓和；在大开度时放大系数大，控制灵敏有效。

（3）抛物线流量特性。调节阀的相对流量与相对开度的平方根成正比关系的特性称为抛物线流量特性。其数学表达式为

$$\frac{\mathrm{d}Q}{\mathrm{d}L} = K\sqrt{Q} \qquad (4-24)$$

将式（4-24）积分，并代入边界条件，得到抛物线流量特性表达式为

$$Q = \frac{1}{R}\left[1 + (\sqrt{R}-1)L\right]^2 \qquad (4-25)$$

抛物线流量特性曲线见图4-22中曲线3。从图可见，它介于线性流量特性和对数流量特性之间。

（4）快开流量特性。这种流量特性在开度较小时就有较大流量，随着开度的增大，流量很快就达到最大，随后再增加开度时流量的变化甚小，故称为快开特性，其特性曲线见图4-22中曲线4。快开特性调节阀主要适用于迅速启闭的切断阀或双位控制系统，其数学表达式为

$$\frac{\mathrm{d}Q}{\mathrm{d}L} = K(1-L) \qquad (4-26)$$

将式（4-26）积分，并代入边界条件，得到快开流量特性表达式为

$$Q = 1 - \left(1 - \frac{1}{R}\right)(1-L)^2 \qquad (4-27)$$

2. 工作流量特性

在实际生产中，调节阀总是与管路设备等连在一起使用的，调节阀前后的压降是随管道阻力的变化而改变的，这时的流量特性称为工作流量特性。通常调节阀与管路设备有串联和并联两种连接方式。

（1）串联管路的流量控制。图4-23为调节阀与离心泵串联的管路示意，设全管路压降 Δp 由三部分组成，即泵内阻力 Δp_b、调节阀压降 Δp_μ、管路其他压降 Δp_g。总压降为

$$\Delta p = \Delta p_b + \Delta p_\mu + \Delta p_g \qquad (4-28)$$

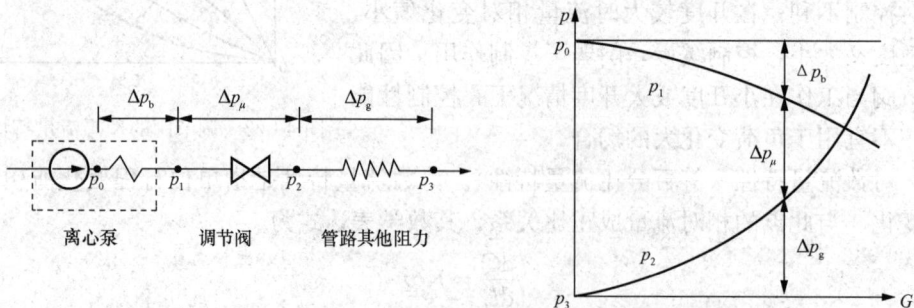

图4-23　调节阀与离心泵串联的管路及阻力分配关系

如果改变调节阀门的流通截面积 A，即调整调节阀门的阻力 Δp_μ，可以改变流量 q。在管路系统的总压降一定时，当调节阀门开大，流量 q 增大，调节阀门压降 Δp_μ 减小，则泵内阻力 Δp_b 及管路其他阻力 Δp_g 相对增加。当流量增大至一定值时（此时阀门全开），调节阀门压降为 $\Delta p_{\mu100}$，接近于零。反之，调节阀关小，则流量 q 减小，当调节阀在最小开度

下，流量最小，阀上的压降接近于管路系统的总压降 Δp。据此，可求出串联管道调节阀的实际可调比 R_s 为

$$R_s = \frac{q_{\max}}{q_{\min}} = \frac{C_{\max}\sqrt{\Delta p_{\mu 100}\rho}}{C_{\min}\sqrt{\Delta p\rho}} = R\sqrt{\frac{\Delta p_{\mu 100}}{\Delta p}} = R\sqrt{S} \qquad (4-29)$$

式中：R 为理想可调比；$\Delta p_{\mu 100}$ 为调节阀全开时阀上的压降；Δp 为管路系统的总压降，调节阀最小开度下阀上压降的近似值；S 为压降比。

由式（4-29）可见，S 值越小，实际可调比也越小。为了确保调节阀具有一定的可调比，必须保证调节阀在全开时的压降 $\Delta p_{\mu 100}$ 与系统总压降 Δp 保持一定的比例。

由于管道等的阻力，管路系统全压降大于调节阀全开时的压降 $\Delta p_{\mu 100}$。所以，实际上 S 总是小于 1。当 $S=1$ 时，调节阀的流量特性与结构特性形状一样。随着 S 值的减小，调节阀的流量特性将发生很大畸变，结构特性为直线特性的将趋近于快开特性，等百分比特性趋近于直线性。因此，随着管道阻力的增大，不但调节阀的调节范围越来越小，而且流量特性与结构特性的偏差也越来越大。所以，对调节性能来说，调节阀全开时的压降占全压降不能太小，在设计阀门时，S 值最好能取 0.3～0.5，甚至更大，以保证良好的调节性能。

（2）并联管道流量控制。并联管道系统中，由于旁路流量的存在，相当于通过调节阀的最小流量增大，因此使调节阀的实际可调比降低，见图 4-24。设实际可调比 R_p 为

$$R_p = \frac{q_{T\max}}{q_{1\min} + q_2} \qquad (4-30)$$

式中：$q_{T\max}$ 为总管的最大流量；$q_{1\min}$ 为流过调节阀的最小流量；q_2 为旁路流量。

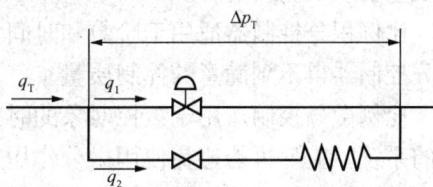

图 4-24 并联管路系统

令旁路程度 $B = \dfrac{q_{1\max}}{q_{T\max}}$，调节阀的理想可调比为 $R = \dfrac{q_{1\max}}{q_{1\min}}$，则

$$q_{1\min} = \frac{q_{1\max}}{R} = \frac{q_{T\max}B}{R} \qquad (4-31)$$

$$q_2 = q_{T\max} - q_{1\max} = (1-B)q_{T\max} \qquad (4-32)$$

将式（4-31）和式（4-32）带入式（4-30），得

$$R_p = \frac{1}{\dfrac{B}{R} + 1 - B} = \frac{1}{1 - B\dfrac{R-1}{R}} \qquad (4-33)$$

由于调节阀的理想可调比 $R \gg 1$，所以 $\dfrac{R-1}{R} \approx 1$，则

$$R_p \approx \frac{1}{1-B} = \frac{q_{T\max}}{q_2} \qquad (4-34)$$

可见，调节阀在并联管道上的实际可调比近似为总管最大流量与旁路流量的比值，并随旁路程度 B 值的减小而降低。实际使用时应使 B 值大于 0.8，以保证良好的调节性能。

综上所述，无论是在串联或是在并联管路中，调节阀的工作流量特性和可调范围都是由具体的工作条件所决定的。所以，要想改变实际工作条件下的调节阀的工作流量特性是比较困难的。为此，一般在控制回路中采取了补偿措施来弥补工作流量特性的畸变，如在采用电

动调节仪表的控制系统中，可把函数发生器串联在执行器的反馈回路中，在采用气动调节仪表的控制系统中，可利用阀门定位器来补偿调节阀工作流量特性的畸变。

第五节　控制规律对控制质量的影响

在控制系统中，对象的特性是固定的，不易改变；测量元件及变送器的特性比较简单，一般也是不可以改变的；执行器加上阀门定位器可有一定程度的调整，但灵活性不大；主要可以改变参数的就是控制器。系统设置控制器的目的在于通过它改变整个控制系统的动态特性，使控制系统满足生产过程要求。

控制器的控制规律对控制质量影响很大，根据不同过程特性和要求，选择相应的控制规律，以获得较高的控制质量，是系统设计的一个重要内容。在控制系统设计中，控制器控制规律的选择是否恰当，应由理论计算或工程实践进行检验。以下原则可以作为设计中选择控制器控制规律时的参考。

比例控制器适用于控制通道迟延和时间常数比值较小，外界扰动不太严重，工艺上对控制质量要求不高的场合。

比例积分控制器适用于阶数和时间常数都不大的被控对象，当纯迟延较大时，采用比例积分控制器得不到满意的控制质量。

比例微分控制适用于被控对象的时间常数较大的场合，对于时间常数较小和扰动作用频繁的系统，应尽可能避免使用微分作用。

关于控制规律特性及参数变化对系统性能的影响已在第三章中详细讨论过，此处不再赘述，仅在表 4 - 1 中给以总结。

表 4 - 1　　　　　　　　参数 δ、T_I 和 T_D 对过渡过程的影响

控制器类型	P	PI		PID		
整定参数 主要性能	$\delta\uparrow$	$\delta\uparrow$	$T_I\uparrow$	$\delta\uparrow$	$T_I\uparrow$	$T_D\uparrow$
衰减率	↑	↑	略有↑	↑	略有↑	略有↑
动态偏差	↑	↑	略有↑	↑	略有↑	↓
振荡频率	↓	↓	略↓	↓	略↓	↑
复原速度	—		↓		↓	
稳态偏差 （负荷扰动时）	↑	无稳态误差，但 T_I 过大时，输出响应缓慢地趋向其稳态值，对于振荡过程输出偏向在稳态值之上（或下）振荡				

注　↑表示增加，↓表示减小；T_D 过大时，将出现较高频率的振荡，而衰减率减小。

第六节　单回路控制系统的工程整定方法

控制系统整定是根据被控对象的特性选择最佳的整定参数（控制器参数、各信号间的静态配合、变送器斜率等），其中主要是整定控制器参数。对于一个已安装好的控制系统，各元件特性已经确定的情况下，能否使系统工作在最佳状态主要取决于系统参数整定得是否合适。

应该特别指出：系统整定只能在一定范围内起作用，如果设计方案不合理，自动控制仪表和调节机构选型不当，安装质量不高，被控对象存在缺陷等，则无论用什么方法进行整定，都不会得到满意的结果。另外，对于动态特性较好的被控对象和控制质量要求不高的系统，整定参数在很大的范围内变动时都可能满足控制质量的要求。但是，决不能因此就可轻视系统整定的作用。实际上，一个设计合理、安装正确的控制系统，只有经过正确的整定，才能达到预期的控制质量。

衡量整定是否达到最佳的依据是控制系统的性能指标（品质指标）。目前工程上使用的有各种不同形式的性能指标。用系统阶跃响应曲线图中几个特征参数（如最大动态偏差、过程持续时间、衰减率等）来评价系统的控制质量是很直观的。但特征参数较多，各参数之间互相影响，定量计算不方便。为了便于计算和分析，工程上提出了不同类型的综合反映系统控制质量的性能指标，并把它们分为积分指标和保证稳定裕量的指标两大类。前者有各种不同的积分准则，后者有衰减率、增益裕量和相位裕量等。在控制系统整定时，根据设计要求，可以某一个或两个性能指标（其中一个是主要的）为依据进行整定。当然，整定的结果有时能满足给定的性能指标要求，但不一定能满足其他性能指标的要求。控制器有几个整定参数，就只能满足几个性能指标。例如，一个 PI 控制器在满足衰减率的前提下，其比例带和积分时间可能有多种组合方式，这时可按积分准则选择其中一组参数作为控制器的最佳整定参数。

对于一些控制质量要求较高的系统，可能对多种性能指标都有要求。这时，先按主要性能指标要求确定整定参数，然后按此参数校验系统是否满足其他性能指标要求。若不能满足性能指标时，通常要修改性能指标或者修改原设计方案，采用更高级的控制方案。

控制器参数整定有两大类方法：理论计算法和工程整定法。理论计算法，需要较多的控制理论知识和较好的计算工具。因此，在过去一直发展的是工程整定法。

本节仅介绍临界比例带、衰减比例带、响应曲线和经验四种工程整定方法。

一、临界比例带法

该方法是先将 PID 控制器设置为纯比例作用（即把积分时间 T_1 放在"∞"的位置，微分时间 T_D 放在"0"位置，就消除了积分和微分作用），且比例带 δ 放在较大位置，将系统投入闭环控制，待系统运行稳定后，逐步减小比例带 δ（即增加放大系数 K_P），直至控制系统出现等幅振荡的过渡过程（一般连续等幅振荡 $4\sim5$ 次即可认为达到等幅振荡）。这时的比例带就叫做临界比例带 δ_k，振荡周期就叫做临界振荡周期 T_k。根据 δ_k 和 T_k 从表 4-2 中查找控制器应该采用的参数值（衰减率为 0.75）。

表 4-2　　　　　　　　　　　　　临界比例带法控制器参数表

控制器	传递函数	δ	T_I	T_D
P	$1/\delta$	$2\delta_k$		
PI	$1/\delta\ (1+1/T_I s)$	$2.2\delta_k$	$0.85 T_k$	
PID	$1/\delta\ (1+1/T_I s + T_D s)$	$1.7\delta_k$	$0.5\ T_k$	$0.125 T_k$

将控制器参数按求得的数值设置好，比例带可比求得的数值大一些，作系统的阶跃扰动试验，观察控制过程，适当修改整定参数。由于被控对象的动态特性各不相同，利用表4-2所求得的参数不一定都能得到满意的控制过程。实践证明：对于无自平衡能力的对象，

其传递函数形式为 $\dfrac{1}{T_a s}e^{-\tau s}$ 时，用临界比例带法整定所得到的控制过程往往是衰减率偏大（$\psi > 0.75$），而对于有自平衡能力的高阶等容对象 $\dfrac{K}{(1+Ts)^n}$，当 $n > 3$ 时用此法整定所得到的控制过程往往是衰减率偏小（$\psi < 0.75$）。另外，整定时其他各种未考虑的因素对控制过程都会产生程度不同的影响。所以，用表 4-2 求得整定参数后，应在系统实际运行过程中适当修改整定参数。

临界比例带法对于许多工业被控对象是适用的，对临界稳定时振幅不大、周期较长（$T_k \geqslant 30s$）的控制系统，作系统的临界稳定试验是允许的。但是，对于那些被控对象时间常数和迟延较小的控制系统（如锅炉给水控制系统），一般不允许进行系统临界稳定试验。对某些时间常数较大的单容被控对象，采用 P 调节器时，系统永远是稳定的，所以这两种情况都不能用临界比例带法求整定参数。

临界比例带和临界周期也可用理论方法求出。当已知被控对象及系统中其他各环节的传递函数时，利用奈奎斯特稳定性判据，求得其开环系统频率特性通过（-1，$j0$）点处的控制器比例带和频率的倒数，即为 δ_k 和 T_k。

二、衰减曲线法

衰减曲线法是在临界比例带法的基础上发展起来的。先将 PID 控制器设置为纯比例作用（即把积分时间 T_I 设置为"∞"，微分时间 T_D 设置为"0"），且比例带 δ 放在较大位置，将系统投入闭环控制，待系统运行稳定后，逐步减小比例带 δ，直至控制系统出现衰减率 $\psi = 0.75$ 的控制过程，记下此时控制器的比例带 δ_s 和衰减振荡周期 T_s；或者 $\psi = 0.9$ 的控制过程，记下此时控制器的比例带 δ_s 和控制过程上升时间 t_r，根据 δ_s 和 T_s 或 t_r 从表 4-3 中查找控制器应该采用的参数值。

表 4-3   衰减曲线法整定参数计算表

衰减率	控制器	δ	T_I	T_D
	P	δ_s		
$\psi = 0.75$	PI	$1.2\delta_s$	$0.5T_s$	
	PID	$0.8\delta_s$	$0.3T_s$	$0.1T_s$
	P	δ_s		
$\psi = 0.9$	PI	$1.2\delta_s$	$2t_r$	
	PID	$0.8\delta_s$	$1.2t_r$	$0.4t_r$

作给定值阶跃扰动试验，观察控制过程，适当修改整定参数，直到控制过程满意为止。

对于扰动频繁的控制系统，往往得不到闭环系统确切的阶跃响应曲线，从而得不到准确的比例带 δ_s 和衰减振荡周期 T_s 或上升时间 t_r，这时采用衰减曲线法不容易得到满意的效果。

三、响应曲线法

响应曲线法是根据被控对象的阶跃响应曲线，求得表征被控对象动态特性的主要参数 ε、τ（无自平衡能力的对象）或 ε、τ、ρ（有自平衡能力的对象），然后按表 4-4 或表 4-5 的公式计算控制器的整定参数。

表 4-4 　　　　　　　　　　　　无自平衡能力对象的整定参数表

被控对象的阶跃响应曲线	被控对象的近似传递函数
$\varepsilon=\tan\theta$	$G_o(s)=\dfrac{\varepsilon}{s\left(1+\dfrac{\tau}{n}\right)^n}\quad(n\geqslant 3)$ 或 $G_o(s)=\dfrac{\varepsilon}{s}e^{-\tau s}$

控制规律	δ	T_I	T_D
P	$\varepsilon\tau$		
PI	$1.1\varepsilon\tau$	3.3τ	
PID	$0.83\varepsilon\tau$	2τ	0.5τ

表 4-5 　　　　　　　　　　　　有自平衡能力对象的整定参数表

被控对象的阶跃响应曲线	被控对象的近似传递函数
$1/\rho$	$G_o(s)=\dfrac{1}{\rho}\dfrac{1}{(1+Ts)^n}\quad(n\geqslant 3)$ 或有明显滞后(包括 $\dfrac{\tau}{T_c}\leqslant 0.2$) $G_o(s)=\dfrac{1}{\rho}\dfrac{1}{1+T_c s}e^{-\tau s}$

控制规律	$\dfrac{\tau}{T_c}\leqslant 0.2$			$0.2<\dfrac{\tau}{T_c}\leqslant 1.5$		
	δ	T_I	T_D	δ	T_I	T_D
P	$\dfrac{1}{\rho}\dfrac{\tau}{T_c}$			$2.6\dfrac{1}{\rho}\dfrac{\dfrac{\tau}{T_c}-0.08}{\dfrac{\tau}{T_c}+0.7}$		
PI	$1.1\dfrac{1}{\rho}\dfrac{\tau}{T_c}$	3.3τ		$2.6\dfrac{1}{\rho}\dfrac{\dfrac{\tau}{T_c}-0.08}{\dfrac{\tau}{T_c}+0.6}$	$0.8T_c$	
PID	$0.85\dfrac{1}{\rho}\dfrac{\tau}{T_c}$	2τ	0.5τ	$2.6\dfrac{1}{\rho}\dfrac{\dfrac{\tau}{T_c}-0.15}{\dfrac{\tau}{T_c}+0.88}$	$0.81T_c+0.19\tau$	0.25τ

在使用表 4-5 时，应注意下列两点：

（1）表中所列出的计算公式只适用于三阶以上的多容对象，对一般的单容或双容对象，选用表中计算出的整定参数时，控制系统将具有过大的稳定裕量。

（2）表中的整定计算公式对应于衰减率 $\psi=0.75$，如果要求 $\psi=0.9$，则要把表中算出的比例带乘以 1.6，积分时间也要适当修正。

四、经验法

实际上，前面所述的临界比例带法和衰减曲线法也是经验法，其表中提供的数据也是根据经验总结出来的。有经验的技术人员不必拘泥于表中的数据。

经验方法是根据实际经验，先将控制器参数 δ、T_I 和 T_D 预先设置为一定的数值，控制系统投入自动运行后，改变给定值施加阶跃扰动，观察记录仪曲线，如过渡过程在满意的范围即可。如不满意，依据 δ、T_I 和 T_D 对过渡过程的作用方向，调整这些参数，直至满意，参数 δ、T_I 和 T_D 对过渡过程的影响见表 4-1。由于各种被控对象、变送器和执行器的特性差异很大，经验值可能相差较大。因此，一次调整到位的可能性很小。成功使用经验法整定控制器参数的关键是"看曲线，调参数"。因此，必须依据曲线正确判断，正确调整。经验法能适用于各种控制系统，但经验不足者会花费很长的时间。

习　　题

4-1　自动控制系统设计的主要内容有哪些？

4-2　单回路控制系统中，如何选择被控量和控制量？

4-3　被控对象控制通道的放大倍数、时间常数、纯迟延时间、系统阶次变化时对系统性能有何影响？扰动通道的参数变化对系统性能有何影响？

4-4　执行器由哪两部分组成？各有什么作用？

4-5　常用的执行机构有几类？

4-6　什么是执行机构的正作用和反作用？什么是调节机构的正体阀和反体阀？将执行机构和调节阀的工作方式结合起来，能组成几种控制方式？

4-7　什么是调节阀的理想流量特性？画出四种常用的理想流量特性曲线？

4-8　某系统的广义被控对象经测试后，可用传递函数 $G_o(s) = \dfrac{1.5}{10s+1}e^{-2s}$ 近似，分别用等幅振荡法、衰减振荡法和响应曲线法确定 P 及 PI 控制器的比例带和积分时间，并进行仿真比较。

第五章 复杂控制系统

虽然简单控制系统是一种最基本的、应用最广泛的控制系统，但随着科学技术的发展，现代过程工业装置规模越来越大，复杂程度越来越高，产品的质量要求也越来越严格，相应的系统安全问题，管理与控制一体化问题等等也越来越突出。要满足这些要求，解决这些问题，仅靠简单控制系统是不行的，需要引入更为复杂、更为先进的控制系统。本章将介绍应用非常广泛的、运用常规仪表即可实现的复杂控制系统，主要有串级控制、比值控制、前馈-反馈控制等。

第一节 串级控制系统

串级控制系统是所有复杂控制系统中应用最多的一种，当要求被控变量的误差范围很小，简单控制系统不能满足要求时，可考虑采用串级控制系统。

一、串级控制系统的组成原理

串级控制系统原理方框图如图 5-1 所示。

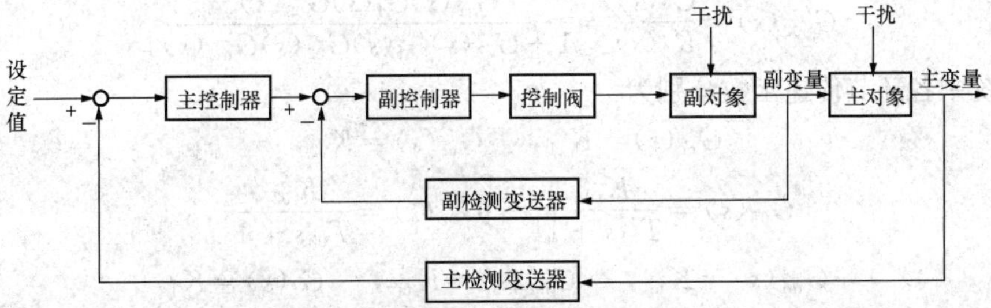

图 5-1 串级控制系统原理方框图

下面介绍串级控制系统的常用术语：

主回路、副回路：在外面的闭合回路称为主回路，也称为主环，在里面的闭合回路称为副回路，也称为副环。

主对象、副对象：主回路所包括的对象称为主对象，也称主被控对象，副回路所包括的对象称为副对象，也称副被控对象，主对象与副对象是由原被控对象分解而得到的。

主被控变量、副被控变量：主被控变量是主被控对象的输出信号，副被控变量是副被控对象的输出信号，是原被控对象的某个中间变量，同时也是主被控对象的输入信号。

主控制器、副控制器：处于主回路中的控制器称为主控制器，主控制器负责整个系统的控制任务，主控制器的输出信号作为副控制器的给定值；处于副回路中的控制器称为副控制器，副控制器负责副回路中被控对象的控制任务，使副被控变量符合副给定值的要求。

二、串级控制系统的分析

串级控制系统与简单控制系统相比，控制质量得到很大改善，下面从理论上对串级控制系统的特点进行分析。

（一）副回路对控制品质的影响

副回路的加入改善了对象的动态特性，提高了系统的控制质量，主要体现在以下几方面：

1. 减小了时间常数

串级控制系统在结构上区别于单回路控制系统的主要标志是用一个闭合的副回路代替原来的一部分对象。图5-2为串级控制系统传递函数方框图，设图中 $G_{c1}(s)$、$G_{c2}(s)$ 分别为主、副控制器的传递函数，$G_{01}(s)$、$G_{02}(s)$ 分别为主、副对象的传递函数，$G_f(s)$ 和 $G_{m1}(s)$、$G_{m2}(s)$ 分别为控制阀和变送器的传递函数。如果把串级控制系统的副回路化简，图5-2可以变换成图5-3所示的单回路控制系统。

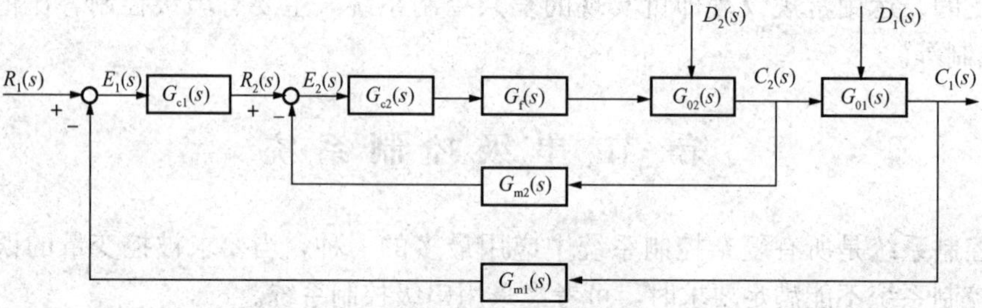

图5-2　串级控制系统传递函数方框图

化简后的副回路即为等效副对象，其传递函数 $G'_{02}(s)$ 为

$$G'_{02}(s) = \frac{C_2(s)}{R_2(s)} = \frac{G_{c2}(s)G_f(s)G_{02}(s)}{1 + G_{c2}(s)G_f(s)G_{02}(s)G_{m2}(s)} \tag{5-1}$$

设系统中各环节传递函数分别为

$$G_{c1}(s) = K_{c1}, \qquad G_{c2}(s) = K_{c2},$$

$$G_{01}(s) = \frac{K_{01}}{T_{01}s+1}, \qquad G_{02}(s) = \frac{K_{02}}{T_{02}s+1},$$

$$G_{m1}(s) = K_{m1}, \qquad G_{m2}(s) = K_{m2}, \qquad G_f(s) = K_f$$

将各环节传递函数代入式（5-1），得

$$G'_{02}(s) = \frac{K_{c2}K_f \dfrac{K_{02}}{T_{02}s+1}}{1 + K_{c2}K_f \dfrac{K_{02}}{T_{02}s+1} K_{m2}} = \frac{K_{c2}K_fK_{02}}{T_{02}s+1+K_{c2}K_fK_{02}K_{m2}}$$

$$= \frac{\dfrac{K_{c2}K_fK_{02}}{1+K_{c2}K_fK_{02}K_{m2}}}{\dfrac{T_{02}}{1+K_{c2}K_fK_{02}K_{m2}}s+1} = \frac{K'_{02}}{T'_{02}s+1} \tag{5-2}$$

式中：T'_{02} 为等效副对象的时间常数；K'_{02} 为等效副对象的放大倍数。

考虑到各环节放大倍数均大于零，因此不等式 $1+K_{c2}K_fK_{02}K_{m2} > 1$ 成立，故 $T'_{02} = \dfrac{T_{02}}{1+K_{c2}K_fK_{02}K_{m2}} < T_{02}$，可见在串级控制系统中，由于副回路的存在，改善了原有一部分对象的特性，使等效副对象的时间常数 T'_{02} 减小到副对象本身时间常数 T_{02} 的 $1/(1+K_{c2}K_fK_{02}K_{m2})$，而且随着副控制器的放大系数 K_{c2} 的增大，时间常数 T'_{02} 减小得更加显著。

对象时间常数的减小，意味着控制作用更迅速，响应速度更快，控制质量必然得到提高。

另外可以看出等效副对象的放大系数减小了，即 $K'_{02}=\dfrac{K_{c2}K_fK_{02}}{1+K_{c2}K_fK_{02}K_{m2}}<K_{02}$，根据控制理论中的奈奎斯特稳定性判据，开环系统放大倍数的减小将改善闭环系统的稳定性，提高系统抗干扰能力。

2. 提高了系统的工作频率

系统的工作频率能表示系统的快速性，下面通过求取串级控制系统的工作频率，并与单回路控制系统的工作频率比较，从而得出结论。

根据图 5-3 可以求出串级控制系统的闭环特征方程为

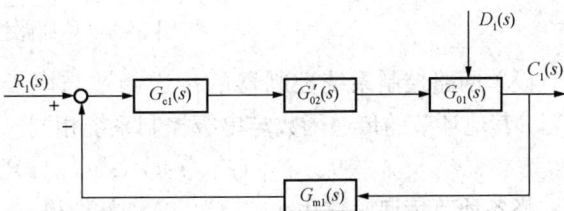

图 5-3 串级控制系统简化图

$$1+G_{c1}(s)G'_{02}(s)G_{01}(s)G_{m1}(s)=0 \tag{5-3}$$

将式（5-2）和各环节传递函数代入式（5-3）得

$$1+K_{c1}\frac{K_{c2}K_fK_{02}}{T_{02}s+1+K_{c2}K_fK_{02}K_{m2}}\frac{K_{01}}{T_{01}s+1}K_{m1}=0 \tag{5-4}$$

整理得

$$s^2+\frac{T_{01}+T_{02}+K_{c2}K_fK_{02}K_{m2}T_{01}}{T_{01}T_{02}}s+\frac{1+K_{c2}K_fK_{02}K_{m2}+K_{c1}K_{c2}K_{m1}K_{01}K_{02}K_f}{T_{01}T_{02}}=0 \tag{5-5}$$

对照二阶系统特征方程的标准形式

$$s^2+2\zeta\omega_n s+\omega_n^2=0 \tag{5-6}$$

可以知道

$$\left.\begin{array}{l}2\zeta\omega_n=\dfrac{T_{01}+T_{02}+K_{c2}K_fK_{02}K_{m2}T_{01}}{T_{01}T_{02}}\\[3mm]\omega_n^2=\dfrac{1+K_{c2}K_fK_{02}K_{m2}+K_{c1}K_{c2}K_{m1}K_{01}K_{02}K_f}{T_{01}T_{02}}\end{array}\right\} \tag{5-7}$$

式中：ζ 为串级控制系统的阻尼比；ω_n 为串级控制系统的无阻尼振荡频率。

实际系统通常工作在衰减振荡情况，即 $0<\zeta<1$，求解特征方程式（5-6）得到特征根为

$$s_{1,2}=-\zeta\omega_n\pm j\omega_n\sqrt{1-\zeta^2}=-\zeta\omega_n\pm j\omega_{dc}$$

式中：ω_{dc} 为串级控制系统的工作频率。

由式（5-7）得

$$\omega_n=\frac{T_{01}+T_{02}+K_{c2}K_fK_{02}K_{m2}T_{01}}{T_{01}T_{02}}\frac{1}{2\zeta} \tag{5-8}$$

利用式（5-8）即可求得串级控制系统的工作频率为

$$\omega_{dc}=\omega_n\sqrt{1-\zeta^2}=\frac{T_{01}+T_{02}+K_{c2}K_fK_{02}K_{m2}T_{01}}{T_{01}T_{02}}\frac{\sqrt{1-\zeta^2}}{2\zeta}$$

为了便于与单回路控制系统进行比较，对图 5-4 所示的单回路控制系统的工作频率在

相同的条件下用相同的方法求取。

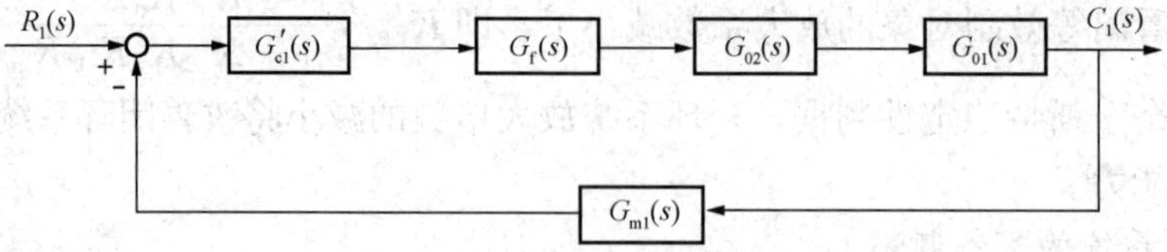

图 5 - 4　单回路控制系统

设单回路控制系统控制器的传递函数与串级控制系统的主控制器相同，即 $G'_{c1}(s) = K_{c1}$，其他环节的传递函数与串级控制系统相同。系统的特征方程为

$$1 + G'_{c1}(s)G_f(s)G_{02}(s)G_{01}(s)G_{m1}(s) = 0 \tag{5-9}$$

将各环节传递函数代入式（5-9），整理得

$$s^2 + \frac{T_{01} + T_{02}}{T_{01}T_{02}}s + \frac{1 + K_{c1}K_{m1}K_{01}K_{02}K_f}{T_{01}T_{02}} = 0 \tag{5-10}$$

对照二阶系统特征方程的标准形式
可以知道

$$\left.\begin{array}{l} 2\zeta'\omega'_n = \dfrac{T_{01} + T_{02}}{T_{01}T_{02}} \\[3mm] \omega'^2_n = \dfrac{1 + K_{c1}K_{m1}K_{01}K_{02}K_f}{T_{01}T_{02}} \end{array}\right\} \tag{5-11}$$

式中：ζ' 为单回路控制系统的阻尼比；ω'_n 为单回路控制系统的无阻尼振荡频率。

用与串级控制系统相同的方法求取特征根，进而得到单回路控制系统的工作频率 ω_{dd} 为

$$\omega_{dd} = \omega'_n\sqrt{1 - \zeta'^2} = \frac{T_{01} + T_{02}}{T_{01}T_{02}}\frac{\sqrt{1 - \zeta'^2}}{2\zeta'} \tag{5-12}$$

假定通过控制器的参数整定，使串级控制系统和单回路控制系统的衰减率相同，即 $\zeta = \zeta'$，则

$$\frac{\omega_{dc}}{\omega_{dd}} = \frac{T_{01} + T_{02} + K_{c2}K_fK_{02}K_{m2}T_{01}}{T_{01} + T_{02}} = \frac{1 + (1 + K_{c2}K_fK_{02}K_{m2})\dfrac{T_{01}}{T_{02}}}{1 + \dfrac{T_{01}}{T_{02}}} \tag{5-13}$$

由于各环节传递函数系数均为正，则 $(1 + K_{c2}K_fK_{02}K_{m2}) > 1$，所以 $\dfrac{\omega_{dc}}{\omega_{dd}} > 1$，即 $\omega_{dc} > \omega_{dd}$。

由分析可知，串级控制系统由于副回路的存在，改善了对象特性，使整个系统的工作频率提高了，过渡过程的振荡周期减小了，衰减率相同的条件下，过渡过程时间缩短了，提高了系统的快速性，改善了系统的控制品质。当主、副对象的特性一定时，副控制器的放大系数 K_{c2} 越大，这种效果越显著。

（二）副回路的抗干扰能力

串级控制系统对进入副回路的干扰有很强的抑制作用，下面从理论上加以说明。图 5-5 所示为扰动 $\lambda(s)$ 从控制阀前进入副回路的串级控制系统方框图，将其等效变换成图 5-6 的形式。

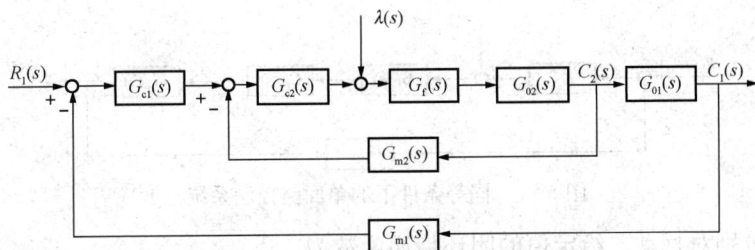

图 5-5 扰动进入副回路的串级控制系统

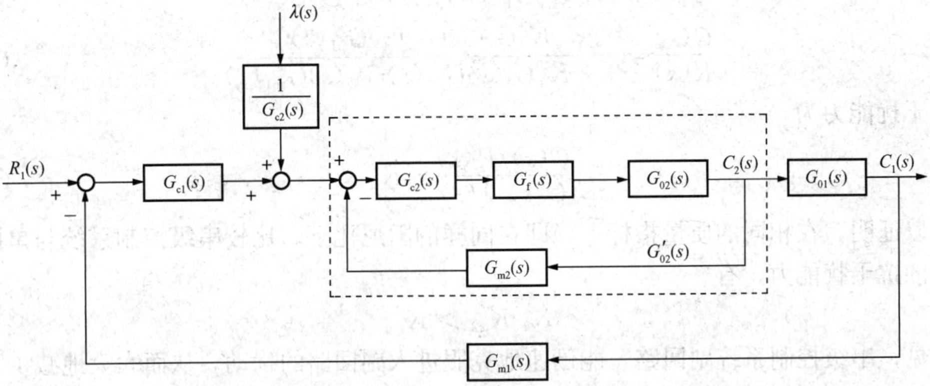

图 5-6 图 5-5 的等效变换

如果将图 5-6 中虚线框内的传递函数用 G'_{02} 代表，则主变量对扰动的闭环传递函数为

$$\frac{C_1(s)}{\lambda(s)} = \frac{\dfrac{1}{G_{c2}(s)}G'_{02}(s)G_{01}(s)}{1 + G_{c1}(s)G'_{02}(s)G_{01}(s)G_{m1}(s)} \qquad (5-14)$$

主变量对给定值的闭环传递函数为

$$\frac{C_1(s)}{R_1(s)} = \frac{G_{c1}(s)G'_{02}(s)G_{01}(s)}{1 + G_{c1}(s)G'_{02}(s)G_{01}(s)G_{m1}(s)} \qquad (5-15)$$

根据自动控制理论可知，一个控制系统对于扰动作用，要求系统能尽快克服它的影响，使被控变量稳定在设定值上。也就是说 $C_1(s)/\lambda(s)$ 越小越好，越接近于 0，说明控制质量越高。而对于给定值，要求被控变量能尽快地跟随给定值的变化而变化。也就是说 $C_1(s)/R_1(s)$ 越接近于 1，说明控制质量越高。若从以上两方面考虑，控制系统的抗干扰能力可以用它们的比值来评价，即

$$\frac{C_1(s)/R_1(s)}{C_1(s)/\lambda(s)} = G_{c1}(s)G_{c2}(s) \qquad (5-16)$$

如果主、副控制器都采用纯比例控制，且比例系数分别为 K_{c1}、K_{c2}，则

$$\frac{C_1(s)/R_1(s)}{C_1(s)/\lambda(s)} = K_{c1}K_{c2} \qquad (5-17)$$

可以看出，对于串级控制系统，主、副控制器的比例系数乘积越大，抗干扰的能力就越强。

为了便于和单回路控制系统相比较，我们用同样的方法写出评价单回路控制系统抗干扰能力的表达式。干扰从相同位置进入单回路控制系统，控制器采用纯比例控制，如图 5-7 所示。

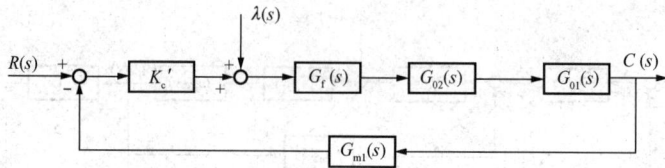

图 5 - 7   同等条件下的单回路控制系统

被控变量分别对扰动、给定值的闭环传递函数为

$$\frac{C(s)}{\lambda(s)} = \frac{G_f(s)G_{02}(s)G_{01}(s)}{1 + K_c'G_f(s)G_{02}(s)G_{01}(s)G_{m1}(s)} \tag{5-18}$$

$$\frac{C(s)}{R(s)} = \frac{K_c'G_f(s)G_{02}(s)G_{01}(s)}{1 + K_c'G_f(s)G_{02}(s)G_{01}(s)G_{m1}(s)} \tag{5-19}$$

抗干扰能力为

$$\frac{C(s)/R(s)}{C(s)/\lambda(s)} = K_c' \tag{5-20}$$

可以证明，在相同的质量指标下，即在同样的阻尼比下，比较串级控制系统与单回路控制系统的抗干扰能力，有

$$K_{c1}K_{c2} > K_c'$$

可见，串级控制系统副回路，能迅速地克服进入副回路的扰动，从而大大地减少了扰动对主参数的影响，提高了控制质量。

（三）副回路对负荷变化的适应性

众所周知，实际生产过程中的许多对象都具有不同程度的非线性。随着操作条件和负荷的变化，对象的静态增益也将发生变化。在单回路控制系统中，控制器的参数是在一定负荷，也就是在一定工作点下，按一定的控制质量指标要求整定的。整定好的控制器参数，只能适应于工作点附近的一个小范围。如果负荷变化超过了一定范围，工作点偏移较远，对象的增益将发生明显改变，引起系统的回路增益发生变化。这就使得原来基于一定负荷或工作点条件下整定的那套控制器参数不再适用了，控制质量将随之下降。而在串级控制系统中可以有效地解决这个问题，这可以从下面两个角度来分析：

一方面，串级控制系统的主回路虽然是一个定值控制系统，但副回路是一个随动控制系统，它的给定值是随主控制器的输出而变化的。这样主控制器就可以按照操作条件和负荷的变化情况，相应地调整副控制器的给定值，从而保证在操作条件和负荷发生变化的情况下，控制系统仍然具有较好的控制质量。

另一方面，由前面的系统分析可知，串级控制系统中等效副对象的放大倍数为

$$K_{02}' = \frac{K_{c2}K_fK_{02}}{1 + K_{c2}K_fK_{02}K_{m2}}$$

虽然当负荷变动时，也会引起对象特性 K_{02} 的变化，但在一般条件下，总有 $K_{c2}K_fK_{02}K_{m2} \gg 1$，则

$$K_{02}' \approx \frac{1}{K_{m2}} \tag{5-21}$$

由式（5-21）可以看出，负反馈回路中的检测变送环节的放大倍数对串级控制系统中等效副对象的放大系数 K_{02}' 影响很大，而副对象的 K_{02} 对 K_{02}' 影响很小。只要对检测变送

环节进行了线性化处理，副对象的非线性特性对整个系统的控制品质影响是很小的。也就是说串级控制系统能自动地克服对象非线性特性的影响，从而显示出它对负荷变化具有很强的自适应能力。

通过以上分析，可以对串级控制系统的特点作以下归纳：

（1）由于副回路的存在，改善了对象的动态特性。减小了对象的时间常数，缩短了控制通道，使控制作用更加及时；提高了系统的工作频率，使振荡周期减小，调节时间缩短，系统的快速性增强了。

（2）对进入副回路的扰动具有很强的克服能力，对进入主回路的扰动也有一定克服能力。

（3）对负荷或操作条件的变化具有一定的自适应能力。

【例 5-1】　设串级控制系统的方框图如图 5-8 所示，其中主、副对象的传递函数分别为 $G_{o1} = \dfrac{1}{(30s+1)^4}$，$G_{o2} = \dfrac{1}{(10s+1)^2}$，主、副控制器的传递函数分别为 $G_{c1} = K_{c1}\left(1+\dfrac{1}{T_I s}\right)$，$G_{c2}=K_{c2}$，控制阀传递函数为 $G_f=5$，变送器传递函数为 $G_{m1}=G_{m2}=1$，仿真结果如图 5-9 所示，串级控制与单回路控制效果的比较如表 5-1 所示，其中单回路控制器的传递函数为 $G_c=K_c\left(1+\dfrac{1}{T_I s}\right)$，主、副对象和控制阀传递函数与串级控制系统相同。

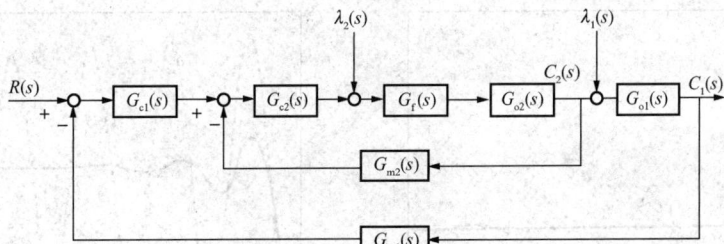

图 5-8　串级控制系统实例

表 5-1　　　　　　　　　串级控制与单回路控制效果的比较

控制品质指标	单回路控制系统	串级控制系统
	$K_c = 0.21$，$T_I = 84$	$K_{c1} = 1.3$，$T_I = 108$，$K_{c2} = 50$
衰减率	75%	75%
静态偏差	0	0
系统工作频率（s^{-1}）	0.002 8	0.003 6
$\lambda_2(t) = 0.1$ 作用时最大偏差	0.312	0.003
$\lambda_1(t) = 0.1$ 作用时最大偏差	0.064	0.053
副对象放大系数增加时	稳定性变差	稳定性基本不变

从图 5-9（a）可以看出，由于采用了串级控制，给定值单位阶跃变化时，在整定系统的衰减率均为 0.75 时，最大动态偏差也由单回路的 0.425 减小到 0.214，系统工作频率由单回路的 0.002 8 提高到 0.003 6，可见串级控制系统能改善对象动态特性，提高控制品质。

从图 5-9（c）和（b）可以看出，在进入到副回路内的扰动 $\lambda_2(t)=0.1$ 作用时，最大动态偏差由单回路的 0.312 减小到 0.003；即使是进入主回路内的扰动 $\lambda_1(t)=0.1$ 作用时，最大动态偏差也由单回路的 0.064 减小到 0.053，可见串级控制系统对扰动有一定的抑制作用，尤其是进入到副回路内的扰动。

从图 5-9（d）可以看出，当系统的副对象由 $G_{o2}=\dfrac{1}{(10s+1)^2}$ 变为 $G_{o2}=\dfrac{1.6}{(10s+1)^2}$ 时，串级控制系统的响应曲线基本不变，而单回路系统几乎达到不稳定，可见串级控制系统有一定的自适应能力。

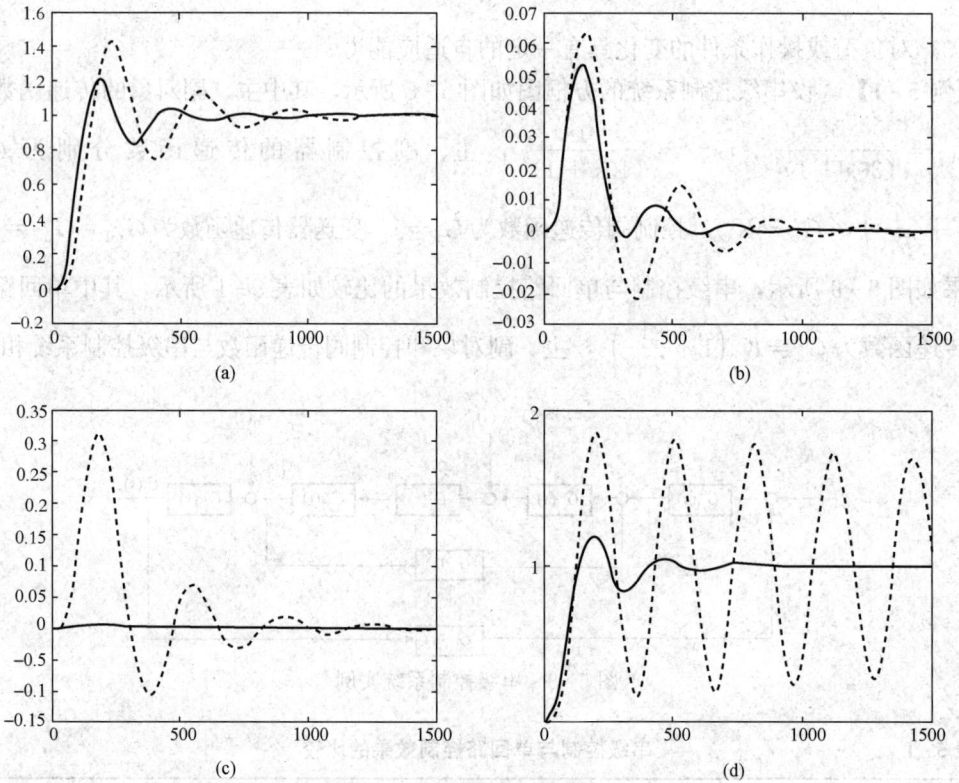

图 5-9　仿真结果曲线

（a）给定值单位阶跃变化时响应曲线；（b）$\lambda_1(t)=0.1$ 作用时响应曲线；

（c）$\lambda_2(t)=0.1$ 作用时响应曲线；（d）副对象放大系数变为 1.6 时响应曲线

——串级系统响应曲线；------单回路系统响应曲线

三、串级控制系统的设计

与单回路控制系统相比较，串级控制系统有许多优点，因此控制质量得以提高。但是，串级控制系统结构复杂，使用的仪表多，费用较高，参数整定也比较麻烦。因此，在系统设计时的指导思想应该是：如果单回路控制系统能满足工艺的控制要求时，就不要用串级控制方案，使用串级控制方案就必须能充分体现它的优点。串级控制系统主要应用于对象时间常数较大、纯迟延较大、扰动幅值较大和负荷变化较大的过程。

串级控制系统必须合理地进行设计，才能使它的优越性得到充分的发挥，因此，必须十分重视串级控制系统的设计工作。这里就方案设计中的有关问题提出一般性设计原则。

1. 主变量的选择

在一般情况下，主变量的选择原则与单回路控制系统被控量的选择原则是一致的。在条件许可的情况下，尽量选择直接反映控制目的的参数为主变量，不行时可选择与控制目的有某种单值对应关系的间接参数作为主变量；所选的主变量必须有足够的变化灵敏度；还应考虑工艺上的合理性和实现的可能性。

2. 副变量的选择

由于串级控制系统的种种特点主要来源于它的副回路，因此，副回路的设计好坏决定着整个串级控制系统设计的成败。副变量的选择一般应遵循下面几个原则：

(1) 副回路应包括主要的和更多的扰动。串级控制系统的副回路具有动作速度快、抗干扰能力强的特点。因此，在系统设计时，应尽可能地把生产过程中主要扰动纳入副回路，特别是把那些变化最剧烈、幅值最大、最频繁的扰动包含在副回路中，由副回路先把它们克服到最低程度，那么对主参数的影响就很小了，从而提高了控制质量。为此，在串级控制系统设计之前，先研究实际生产中各种扰动的来源就显得十分必要和重要了。

这里必须指出，副回路应包含更多的扰动但并非越多越好，因为包含的扰动太多，势必使副变量的位置越靠近主变量，反而使副回路克服扰动的灵敏度下降。在极端情况下，副回路包括了全部干扰，这时与单回路控制系统一样。

(2) 主、副回路对象的时间常数应匹配。由式 (5-13) 可知，频率的提高与主、副对象时间常数的比值 T_{01}/T_{02} 有关，据此关系作出 ω_{dc}/ω_{dd} 与 T_{01}/T_{02} 的关系曲线，如图 5-10 所示。

从关系曲线可见，串级控制系统频率增长的速度在 T_{01}/T_{02} 比值较小时最为显著，随着比值进一步增大而明显地减弱。一方面，希望 T_{02} 小一点，使副回路灵敏些，控制作用快一点；另一方面，T_{02} 过小，必然使 T_{01}/T_{02} 比值加大，这对提高系统的工作频率是不利的。同时，T_{02} 过小，将导致副回路过于灵敏而不稳定。因此，在选择副回路时，主、副对象的时间常数比值应选取适当。

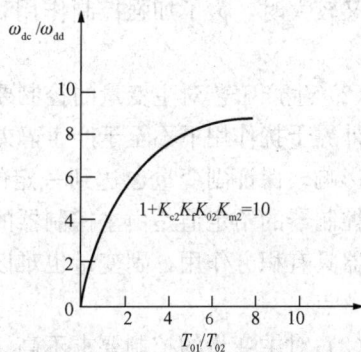

图 5-10　ω_{dc}/ω_{dd} 与 T_{01}/T_{02} 的关系曲线

当 $T_{01}/T_{02} > 10$ 时，表明 T_{02} 很小，副回路包括的扰动越来越少，因而副回路克服干扰能力强的优点未能充分地利用，并且系统的稳定性也受到影响。当 $T_{01}/T_{02} < 3$ 时，表明 T_{02} 过大，副回路包括的干扰过多，控制作用不及时。当 $T_{01}/T_{02} \approx 1$ 时，主、副对象之间的动态联系十分密切，如果在干扰作用下，不论主、副变量哪个先发生振荡，必将引起另一个变量也振荡，应该避免这种情况发生。一般认为 T_{01}/T_{02} 为 3~10 较为合适。

在实际应用中，比值 T_{01}/T_{02} 究竟取多大为好，应根据具体对象的情况和设计系统所希望达到的目的要求决定。如果串级控制系统的目的主要是利用副环快速和抗干扰能力强的特点去克服对象的主要扰动的话，那么副环的时间常数以小一点为好，只要能够准确地把主要扰动纳入副回路就行了；如果串级控制系统的目的是由于对象时间常数过大和迟延时间较大，希望利用副环可以改善对象特性这一特点，那么副环的时间常数可以取得适当大一些。如果利用串级控制系统克服对象的非线性，那么主、副对象的时间常数又宜拉开一些。

（3）应注意工艺上的合理性和经济性。自动控制系统是为生产工艺服务的，因此，所设置的系统首先要考虑生产工艺的合理性，即不影响工艺系统的正常进行。从控制角度看系统是合理的，从工艺角度看是不合理的，则应重新考虑控制方案，服从于工艺要求。

在副回路的设计中，若出现几个可供选择的方案时，应把经济原则和控制品质要求有机地结合起来，能节省的就尽力节省。这就是说，在工艺合理、能满足工艺品质要求的前提下，应尽可能地采用简单的控制方案。

3. 主、副控制器控制规律的选择

在串级控制系统中，由于主、副控制器的任务不同，生产工艺对主、副变量的控制要求不同，因而主、副控制器的控制作用选择也不同，一般说来主要有下列三种情况：

（1）主变量是生产工艺的重要指标。控制品质要求较高，超出规定范围就要出次品或发生事故。副变量的引入主要是通过闭合的副回路来保证和提高主变量的控制精度。这是串级控制系统的基本类型。

因为生产工艺对主变量的控制品质要求高，因而主控制器宜选择 PI 控制作用。有时为了克服对象的大惯性，进一步提高主变量的控制质量，可再加入微分作用，即选择 PID 控制。对于副控制器，因对副变量的控制品质要求不高，一般选 P 作用就行了。因为此时引入积分作用反而减弱了副回路的快速性。但这也不是绝对的，当副对象的时间常数较小，比例带又较大时，为了加强控制作用，也可适当引入积分控制。即此时主、副控制器都选 PI 作用。

（2）生产工艺对主变量的控制要求较高，对副变量的控制要求也不低。这时为了使主变量在外界干扰作用下不至于产生静差，主控制器选择 PI 作用；同时，为了克服进入副环干扰的影响，保证副变量也达到一定的控制品质要求，副控制器也选择 PI 作用。需要指出，因副控制器的给定值是由主控制器的输出提供的，假如主控制器的输出变化太剧烈，即使副控制器具有积分作用，副变量也难以稳定在工艺要求的范围内。因此，在参数整定时应考虑到这一点。

（3）对主变量的控制要求不高，甚至允许在一定范围内波动。但要求副变量能够快速、准确地跟随主控制器的输出而变化。显然，此时主控制器可选择 P 作用，而副控制器应选择 PI 作用。

总之，对主、副控制器控制作用的选择，应根据生产工艺的要求，通过具体分析而妥善地选择。

四、串级控制系统的整定

在串级控制系统中，主、副控制器串联工作，其中任一个控制器的任一参数值发生变化时，对整个串级控制系统都具有影响。因此，串级控制系统控制器的参数整定工作要比单回路控制系统要复杂一些。

从主回路来看，串级控制系统是一个定值控制系统，因而其控制品质指标和单回路定值控制系统是一样的；从副回路来看，它是一个随动控制系统，对它的控制品质要求是能准确、快速地随主控制器的输出而变化。由于两个控制回路完成的任务侧重点不同，因此，必须根据各自完成的任务和控制品质要求，确定主、副回路控制器的参数。这是串级控制系统整定之前必须注意的问题。

串级控制系统参数的工程整定法有逐步逼近法、两步法和一步法。

1. 逐步逼近法

如果受到副参数选择的限制,主、副对象的时间常数相差不大,主、副回路的动态联系比较密切时,主、副控制器的参数相互影响比较大,需要在主、副回路之间反复进行试凑,才能达到最佳的整定。逐步逼近法就是这种依次整定副回路、主回路,然后循环进行,逐步接近主、副控制回路的最佳整定的一种方法。其步骤如下:

(1) 首先整定副回路。此时,断开主回路,将副回路按照单回路控制系统的整定方法进行整定,求取副控制器的整定参数,得到第一次整定值,记作 $[G_{c2}]_1$。

(2) 整定主回路。把刚整定好的副回路看作是主回路中的一个环节,对主回路仍按单回路控制系统的整定方法求取主控制器的整定参数,记作 $[G_{c1}]_1$。

(3) 再次整定副回路。此时主、副回路都已闭合。在主控制器参数为 $[G_{c1}]_1$ 的条件下,将副回路仍按单回路控制系统再次进行整定,得到副控制器新的整定参数 $[G_{c2}]_2$,至此已完成一个循环的整定。

(4) 重新整定主回路。同样是在两个回路都闭合、副控制器的参数为 $[G_{c2}]_2$ 的条件下,按单回路重新整定主回路,得到主控制器的新参数 $[G_{c1}]_2$。

比较已整定的参数和控制品质,如果满意了,整定工作就此结束;如果不满意,再依次按上面的 (3)、(4) 步骤继续进行,直到满意为止。

此种方法比较烦琐费时,尤其是副控制器也采用 PI 控制作用时。因此,逐步逼近法在工程实践中很少采用。

2. 两步整定法

所谓两步整定法,就是让系统处于串级工作状态,第一步按单回路控制系统整定副控制器参数,第二步把已经整定好的副回路视为串级控制系统的一个环节,仍按单回路对主控制器进行一次参数整定。

一个设计合理的串级控制系统,它的主、副对象的时间常数有适当的匹配关系,一般 T_{01}/T_{02} 为 3~10。这样,主、副回路的工作频率和操作周期就不相同。主回路的工作周期远大于副回路的工作周期,从而使主、副回路间的动态联系较小,甚至可以忽略。因此,当副控制器参数整定好之后,视其为主回路的一个环节,按单回路控制系统的方法整定主控制器参数,而不再考虑主控制器参数变化对副回路的影响。

另外,在一般工业生产中,工艺上对主变量的控制要求很高,而对副变量的控制要求较低。也就是说,在多数情况下,副变量设置的目的是进一步地提高主变量的控制品质。因此,当副控制器参数整定好之后再去整定主控制器参数时,虽然会影响副变量的控制品质,但是,只要主变量控制品质得到保证,副变量的控制品质差一点也是可以接受的。

两步法的整定步骤如下:

(1) 在生产工艺稳定,系统处于串级运行状态,主、副控制器均为比例作用的条件下,先将主控制器的比例带置于 100%,按单回路系统的衰减曲线法整定副回路。由大而小逐渐降低副控制器的比例带,直到副变量的过渡过程曲线呈 4:1 衰减振荡(衰减率为 75%)为止,记下此时的比例带 δ_{s2},过程曲线的振荡周期 T_{s2}。

(2) 在副控制器的比例带等于 δ_{s2} 的条件下,将副回路看作是主回路的一个环节,用同样的方法将主控制器的比例带由大到小调节,直到主变量的过渡过程曲线呈 4:1 衰减振荡为止。记下此时主控制器的比例带 δ_{s1} 和主变量振荡周期 T_{s1}。

（3）按已求得的 δ_{s1}、T_{s1} 和 δ_{s2}、T_{s2} 值，结合控制器的选型，按单回路控制系统衰减曲线法整定参数的经验公式，计算出主、副控制器的整定参数值。

（4）按照"先副后主"、"先 P 次 I 后 D"的顺序，将计算出的参数值设置到控制器上，做一些扰动试验，观察过渡过程曲线，做适当的参数调整，直到控制品质最佳。

用此法整定的参数，其结果比较准确，因而在工程上获得了广泛的应用。

3. 一步整定法

一步整定法是根据经验先确定副控制器的整定参数，并将其设置好，然后按单回路控制系统控制器的整定方法，对主控制器的参数进行整定。

一步整定法的依据是：在被控对象特性一定的情况下，为了得到同样的衰减比过程，主、副控制器的放大系数可以在一定范围内任意匹配，即 $K_{c1}K_{c2}=K_s$（常数），而控制品质基本相同。这样，就可以依据经验，先将副控制器的参数确定一个数值，然后按一般单回路控制系统控制器的整定方法整定其主控制器的参数。虽然按经验一次放上的副控制器参数大小不一定很合适，但可通过调整主控制器的放大系数而得到补偿，使主变量最终获得 4∶1过程。实践和理论分析均证明了这一点。

一步整定法的步骤如下：

（1）由表 5-2 选择一个合适的副控制器放大系数 K_{c2}，按纯比例作用设置在副控制器上。

（2）将系统投入串级控制状态运行，然后按单回路控制系统参数整定方法整定主控制器的参数。观察控制过程，根据 K 值匹配原理，适当地调整参数，直到主变量的控制品质最佳。

（3）如果在整定过程中出现"共振"，只需加大主、副控制器中任一比例带值就可以消除。如果共振太剧烈，可先换到手动，待生产稳定后，重新投运，重新整定。

表 5-2　　　　　　　　　　　　　副控制器比例带取值范围

副变量	放大系数 K_{c2}	比例带 δ_2（%）	副变量	放大系数 K_{c2}	比例带 δ_2（%）
温度	5～1.7	20～60	流量	2.5～1.25	40～80
压力	3～1.4	30～70	液位	5～1.25	20～80

第二节　前馈-反馈复合控制系统

一、前馈控制系统的概念

众所周知，反馈控制是按被控量与给定值的偏差进行控制的。反馈控制原理是：将偏差信号反馈到控制器，由控制器去修正控制量，以减小偏差量。因此，反馈控制能产生作用的前提条件是被控量必须偏离给定值。应当注意，在反馈系统把被控量调回到给定值之前，系统一直处于受扰动的状态。

而前馈控制是按扰动量的变化进行控制的。其控制原理（见图 5-11）是：当系统出现扰动时，立即将其测量出来，通过前馈控制器，根据扰动量的大小来改变控制量，以抵消或减小扰动对被控量的影响。由于被控量的偏差并不反馈到控制器，而是将系统的扰动信号前馈到控制器，所以这种控制方式称为前馈控制系统。

由图 5-11 可知，在扰动量 $\lambda(s)$ 作用下，系统的输出为

$$C(s) = \lambda(s)G_\lambda(s) + \lambda(s)G_{cf}(s)G_\mu(s)$$

$$(5-22)$$

式中：$\lambda(s)G_\lambda(s)$ 为扰动量对被控对象的影响；$\lambda(s)G_{cf}(s)G_\mu(s)$ 为扰动量通过前馈控制器对被控对象的补偿作用。

图 5-11 前馈控制系统原理方框图

系统对于扰动量 $\lambda(s)$ 实现完全补偿的条件是：$\lambda(s) \neq 0$，而 $C(s) = 0$，即

$$G_\lambda(s) + G_{cf}(s)G_\mu(s) = 0$$

$$(5-23)$$

于是，可得前馈控制器的传递函数

$$G_{cf}(s) = -\frac{G_\lambda(s)}{G_\mu(s)}$$

$$(5-24)$$

此时不论扰动量 $\lambda(s)$ 为何值，总有 $C(s) = 0$，这就是完全补偿。不难看出，要实现对扰动量的完全补偿，必须保证 $G_\lambda(s)$、$G_\mu(s)$ 和 $G_{cf}(s)$ 等环节的传递函数是精确的。否则，就不能保证 $C(s) = 0$，于是，被控量与给定值之间就会出现偏差。因此，在实际工程中，一般不单独采用前馈控制方案。

二、前馈-反馈控制

实际上，单纯的前馈控制是一种开环控制，在控制过程中完全不测取被控量的信息，因此，它只能对指定的扰动量进行补偿控制，而对其他的扰动量无任何补偿作用。即使是对指定的扰动量，由于环节或系统数学模型的简化、工况的变化以及对象特性的漂移等，也很难实现完全补偿。此外，在工业生产过程中，系统的干扰因素较多，如果对所有的扰动量进行测量并采用前馈控制，必然增加系统的复杂程度。而且有些扰动量本身就无法直接测量，也就不可能实现前馈控制。因此，在实际应用中，通常采用前馈控制与反馈控制相结合的复合控制方式。前馈控制器用来减弱扰动量对被控量的影响，而反馈控制器则用来消除前馈控制器不精确和其他不可测干扰所产生的影响。

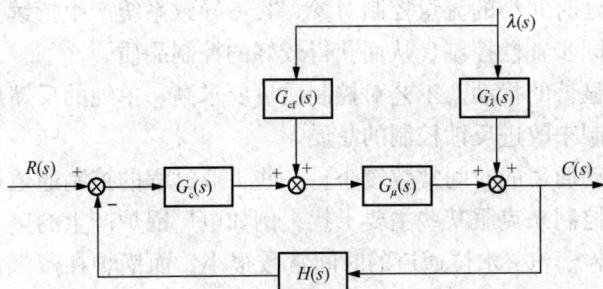

图 5-12 前馈-反馈控制系统方框图

图 5-12 是一个典型的前馈-反馈控制系统方框图。图中 $R(s)$、$\lambda(s)$ 和 $C(s)$ 分别为系统的输入量、扰动量和被控量的拉氏变换，$G_\lambda(s)$ 为扰动通道的传递函数，$G_\mu(s)$ 为控制通道的传递函数；$G_{cf}(s)$ 为前馈控制器的传递函数，$G_c(s)$ 为反馈控制器的传递函数；$H(s)$ 为反馈通道的传递函数。

由图 5-12 可知，干扰 $\lambda(s)$ 对被控量 $C(s)$ 的闭环传递函数为

$$\frac{C(s)}{\lambda(s)} = \frac{G_\lambda(s) + G_{cf}(s)G_\mu(s)}{1 + G_c(s)G_\mu(s)H(s)}$$

$$(5-25)$$

在干扰 $\lambda(s)$ 作用下，对被控量 $C(s)$ 完全补偿的条件是：$\lambda(s) \neq 0$，而 $C(s) = 0$，可得

前馈控制器的传递函数

$$G_{cf}(s) = -\frac{G_\lambda(s)}{G_\mu(s)} \tag{5-26}$$

由式（5-26）可知，从实现对系统主要干扰完全补偿的条件看，无论是采用单纯的前馈控制或是采用前馈—反馈控制，其前馈控制器的特性不会因为增加了反馈回路而改变。

综上所述，前馈—反馈控制系统的优点有：

（1）在前馈控制中引入反馈控制，有利于对系统中的主要干扰进行前馈补偿，对系统中的其他干扰进行反馈补偿。这样既简化了系统结构，又保证了控制精度。

（2）由于增加了反馈控制回路，所以降低了前馈控制器精度的要求。这样有利于前馈控制器的设计和实现。

（3）在单纯的反馈控制系统中，提高控制精度与系统稳定性是一对矛盾。往往为保证系统的稳定性而无法实现高精度的控制。而前馈—反馈控制系统既可实现高精度控制，又能保证系统稳定运行。因而在一定程度上解决了稳定性与控制精度之间的矛盾。正由于前馈—反馈控制具有上述优点，因而它在实际工程上已经获得了十分广泛的应用。

三、采用前馈控制系统的前提条件

必须指出，由于前馈控制的依据是扰动量，前馈控制器的传递函数又是由扰动通道和控制通道的特性所确定的，因此，采用前馈控制的条件必然与干扰及对象特性有关。

一般说来，在系统中引入前馈必须遵循以下原则：

（1）系统中的扰动量是可测不可控的。如果前馈控制所需的扰动量不可测，前馈控制也就无法实现。如果扰动量可控，则可设置独立的控制系统予以克服，也就无需设计较为复杂的前馈控制系统。

（2）系统中的扰动量的变化幅值大、频率高。扰动量幅值变化越大，对被控量的影响也就越大，偏差也越大，因此，按扰动变化设计的前馈控制要比反馈控制更有利。高频干扰对被控对象的影响十分显著，特别是对迟延时间小的流量控制对象，容易导致系统产生持续振荡。采用前馈控制，可以对扰动量进行同步补偿控制，从而获得较好的控制品质。

（3）在系统中存在着对被控量影响显著的扰动。工艺对控制质量要求高，单纯的反馈控制系统难于满足要求时，可通过前馈控制来改进反馈控制的品质。

（4）控制通道的迟延时间较大或扰动通道的时间常数较小。一些工业过程的控制通道迟延往往比较大，此时，可考虑采用前馈控制来克服某些主要干扰。例如电厂锅炉产生的蒸汽流量很大，但汽包容积相对较小，所以，蒸汽-水位通道的时间常数很小，而锅炉在蒸汽负荷发生变动时还会出现虚假水位现象，单纯的水位反馈控制就可能会出现错误控制，这是十分危险的。若将蒸汽流量作为前馈控制信号加到水位反馈控制系统中，则将获得满意的控制效果。

第三节　大迟延控制系统

在许多工业生产过程中，诸如传送物料能量、测量成分量、皮带运输，以及多容量、多种设备串联等过程，都存在较大的迟延时间。一般认为大迟延对象是指：广义对象的迟延与时间常数之比大于0.5。

工程实践表明，当过程控制系统存在较大纯迟延环节时，会使系统的闭环特征方程式包含纯迟延因子，这就必然导致系统的稳定性降低。特别是，当迟延时间足够长时，还可能造成系统的不稳定。这就是较大纯迟延过程难以控制的本质。因此，大迟延对象的控制方法一直是控制理论研究的重要课题。

长期以来，人们提出了许多克服纯迟延的方法，但至今还没有哪种方法能达到令人十分满意的程度。目前讨论较多的控制方案有三类：常规控制方案、预估补偿方案和采样控制方案。常规控制方案由于通用性广、价格低、维护调整方便等原因，目前仍是常用的控制方案；预估补偿控制方案在原理上能消除纯迟延对闭环控制系统的动态影响，但它最大的弱点是对过程模型精确性的依赖极大，往往难以在工程上实现；采样控制比预估补偿方案成本略低，但控制过程的动态质量往往与干扰加入的时刻有关，若干扰刚好在采样时刻之后，则控制器就要推迟一个采样周期再起作用，从而达不到预期的控制效果。本节就这三类控制方案的原理做一简要介绍。

一、常规控制方案

微分先行控制对克服纯迟延是一种比较简单、工程上易于实现、又能满足一定控制品质要求的控制方案，特别对降低超调量更有显著的效果。

微分作用的特点是：能够按被控量变化的速度来校正被控量的偏差。在如图 5-13 所示的微分先行控制方案中，微分环节的输出信号包括了被控量及其变化速度值。将此

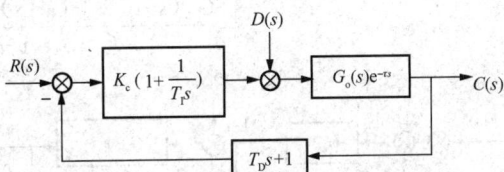

图 5-13　微分先行控制系统方框图

作为测量信号送入比例积分控制器中，从而使系统克服超调的能力得到增强。

二、预估补偿控制方案

为了改善大迟延系统的控制品质，1957 年史密斯（O. J. M. Smith）提出了一种以模型为基础的预估器补偿控制方法。在大迟延过程中采用的补偿方法不同于前馈补偿，它是按照过程的特性，设想出一种模型（补偿器）加入到反馈控制系统中，力图使控制迟延了 τ 的被控量超前反映到控制器，使控制器提前动作，从而明显地减小超调量和过渡过程时间。

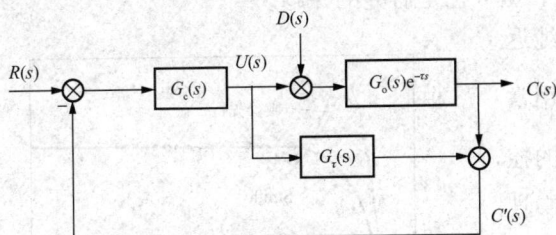

图 5-14　预估补偿控制系统的原理

预估补偿控制系统的原理图如图 5-14 所示。图中 $G_\tau(s)$ 为 Smith 预估补偿器的传递函数。

如果没有补偿器，则为一单回路控制系统，其闭环传递函数为

$$\frac{C(s)}{R(s)} = \frac{G_c(s)G_o(s)e^{-\tau s}}{1+G_c(s)G_o(s)e^{-\tau s}}$$

(5-27)

显然，由于特征方程中含有迟延环节 $e^{-\tau s}$，随着 τ 的增大，相位滞后增加，系统的稳定性降低，控制品质下降。

如果采用补偿器，反馈信号 $C'(s)$ 与 $U(s)$ 之间的传递函数为

$$\frac{C'(s)}{U(s)} = G_o(s)e^{-\tau s} + G_\tau(s)$$

(5-28)

为了使控制器的输出信号与反馈信号 $C'(s)$ 之间无迟延，必须要求

$$\frac{C'(s)}{U(s)}=G_{\mathrm{o}}(s)\mathrm{e}^{-\tau s}+G_{\tau}(s)=G_0(s) \qquad (5\text{-}29)$$

由式（5-29）可求得 Smith 预估补偿器的传递函数为

$$G_{\tau}(s)=G_{\mathrm{o}}(s)(1-\mathrm{e}^{-\tau s}) \qquad (5\text{-}30)$$

在实际应用中，史密斯预估补偿器并不是接在被控对象上，而是反向并接在控制器上，则纯迟延补偿控制系统如图 5-15 所示。

整个系统的闭环传递函数为

$$\begin{aligned}\frac{C(s)}{R(s)}&=\frac{G_{\mathrm{c}}(s)G_{\mathrm{o}}(s)\mathrm{e}^{-\tau s}}{1+G_{\mathrm{c}}(s)G_{\mathrm{o}}(s)\mathrm{e}^{-\tau s}+G_{\mathrm{c}}(s)G_{\mathrm{o}}(s)(1-\mathrm{e}^{-\tau s})}\\&=\frac{G_{\mathrm{c}}(s)G_{\mathrm{o}}(s)\mathrm{e}^{-\tau s}}{1+G_{\mathrm{c}}(s)G_{\mathrm{o}}(s)}\end{aligned} \qquad (5\text{-}31)$$

$$\begin{aligned}\frac{C(s)}{D(s)}&=\frac{G_{\mathrm{o}}(s)\mathrm{e}^{-\tau s}[1+G_{\mathrm{c}}(s)G_{\mathrm{o}}(s)(1-\mathrm{e}^{-\tau s})]}{1+G_{\mathrm{c}}(s)G_0(s)\mathrm{e}^{-\tau s}+G_{\mathrm{c}}(s)G_{\mathrm{o}}(s)(1-\mathrm{e}^{-\tau s})}\\&=\frac{G_{\mathrm{o}}(s)\mathrm{e}^{-\tau s}+G_{\mathrm{c}}(s)G_{\mathrm{o}}^2(s)\mathrm{e}^{-\tau s}-G_{\mathrm{c}}(s)G_{\mathrm{o}}^2(s)\mathrm{e}^{-2\tau s}}{1+G_{\mathrm{c}}(s)G_{\mathrm{o}}(s)}\end{aligned} \qquad (5\text{-}32)$$

图 5-15　Smith 补偿回路

显然，在系统的闭环特征方程中，已不再包含纯迟延环节 $\mathrm{e}^{-\tau s}$。因此，采用 Smith 预估补偿器控制方法可以消除纯迟延环节对控制系统品质的影响。当然，闭环传递函数分子上的纯迟延环节 $\mathrm{e}^{-\tau s}$ 表明被控量的响应比给定值要滞后 τ 时间。

从上面的预估补偿原理分析可知，补偿效果完全取决于补偿器模型的精度。而过程模型不可能与实际生产对象的特性完全一致，并且实际对象的特性还要随操作条件的变化而变化，要使过程模型越接近实际对象的特性，过程模型必是高阶的，那么补偿器的结构也就越复杂，因而难以在工业生产中广泛地应用。对于如何改善史密斯预估补偿器的性能，至今仍是研究的课题。

【例 5-2】　设被控对象为一阶惯性加纯迟延环节，其传递函数为 $\dfrac{2}{4s+1}\mathrm{e}^{-\tau s}$，分别采用常规 PI 控制器的单回路控制系统，微分先行的控制系统，带 Smith 预估补偿器的控制系统三种方法，进行仿真，响应曲线见图 5-16。

常规 PI 控制器的传递函数为 $G_{\mathrm{c}}(s)=0.3\left(1+\dfrac{1}{3.7s}\right)$；微分先行控制系统如图 5-13 所示，PI 传递函数与常规单回路相同，微分环节传递函数为 $0.5s+1$；带 Smith 预估补偿器的控制系统如图 5-15 所示。

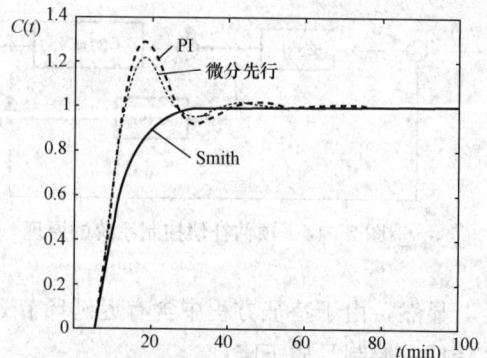

图 5-16　三种控制方案的响应曲线

三、大林 (Dahlin) 算法

一个典型的计算机控制系统如图 5-17 所示。图中 $G_c(z)$ 为数字控制器，$H(s)$ 为采样保持器，$G_o(s)$ 为被控对象，T 为采样周期。

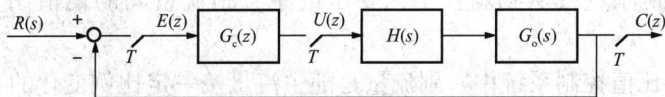

图 5-17 计算机控制系统方框图

由图 5-17 可得系统的闭环 Z 传递函数为

$$G_B(z) = \frac{C(z)}{R(z)} = \frac{G_c(z)HG_o(z)}{1 + G_c(z)HG_o(z)} \tag{5-33}$$

数字控制器的 Z 传递函数可表示为

$$G_c(z) = \frac{U(z)}{E(z)} = \frac{1}{HG_o(z)} \frac{G_B(z)}{1 - G_B(z)} \tag{5-34}$$

大林算法的设计思想是：设计一个合适的数字控制器 $G_c(z)$，使系统的闭环传递函数 $G_B(z)$ 具有带纯迟延的一阶惯性环节，并要求纯延迟时间 τ 等于被控对象的纯迟延时间，即

$$G_B(s) = \frac{C(s)}{R(s)} = \frac{e^{-\tau s}}{T_b s + 1} \tag{5-35}$$

式中：T_b 为闭环系统的时间常数。

设被控对象的传递函数为

$$G_o(s) = \frac{K_1 e^{-\tau s}}{T_1 s + 1}, \quad \tau = mT \tag{5-36}$$

式中：T_1 为被控对象的时间常数；K_1 为被控对象的放大系数。

采样保持器采用零阶保持器，传递函数为 $H(s) = \dfrac{1 - e^{-Ts}}{s}$

采用零阶保持器对式 (5-35) 进行离散化，则系统的闭环 Z 传递函数为

$$G_B(z) = \frac{C(z)}{R(z)} = Z\left[\frac{1 - e^{-Ts}}{s} \frac{e^{-mTs}}{T_b s + 1}\right] = \frac{(1 - e^{-T/T_b}) z^{-m-1}}{1 - e^{-T/T_b} z^{-1}} \tag{5-37}$$

将式 (5-37) 代入式 (5-34)，可得数字控制器的 Z 传递函数为

$$G_c(z) = \frac{U(z)}{E(z)} = \frac{1}{HG_o(z)} \frac{G_B(z)}{1 - G_B(z)}$$

$$= \frac{(1 - e^{-T/T_b})(1 - e^{-T/T_1} z^{-1})}{K_1(1 - e^{-T/T_1})[1 - e^{-T/T_b} z^{-1} - (1 - e^{-T/T_b}) z^{-m-1}]} \tag{5-38}$$

第四节 比值控制系统

在各种工业生产过程中，经常遇到生产工艺要求两种或多种物料流量成一定比例关系的问题，一旦比例失调，就会影响生产的正常进行，影响产品质量，浪费原料，消耗动力，造成环境污染，甚至造成生产事故。

凡是把两种或两种以上的物料量自动地保持一定比例的控制系统，称为比值控制系统。比值控制系统是使一种物料随另一种物料按比例而变化的系统。其中有一种物料处于主导地位，称此物料为主流量或主物料，用 Q_1 表示；而另一种物料 Q_2 以一定的比例随 Q_1 的变化而变化，称 Q_2 为副流量或从物料。工艺要求的主、副流量间的比值用 K 表示，即 $K = Q_2/Q_1$。

如上所述，在比值控制系统中，副流量是随主流量按一定比例变化的，因此，比值控制系统实际上是一种随动控制系统。

一、比值控制系统的类型

在生产过程中，根据工艺容许的负荷波动幅度、干扰因素的性质、产品质量的要求不同，实现对主、副流量比值的控制方案也不同。

（一）单闭环比值控制系统

单闭环比值控制系统如图 5 - 18 所示，在稳定状态下，主、副流量满足工艺要求的比值，即 $Q_2/Q_1 = K$。当主流量 Q_1 不变，而副流量 Q_2 受到扰动时，则可通过副流量的闭合回路进行定值控制。当主流量 Q_1 受到扰动时，比值器则按预先设置好的比值使输出成比例变化，即改变 Q_2 的给定值，调节器根据给定值的变化，发出控制命令，以改变调节阀的开度，使副流量 Q_2 跟随主流量 Q_1 而变化，从而保证原设定的比值不变。当主、副流量同时受到扰动时，控制器在克服副流量扰动的同时，又根据新的给定值，改变调节阀的开度，使主、副流量在新的流量数值的基础上，保持其原设定的比值关系。可见，该系统能确保主、副两个流量的比值不变。

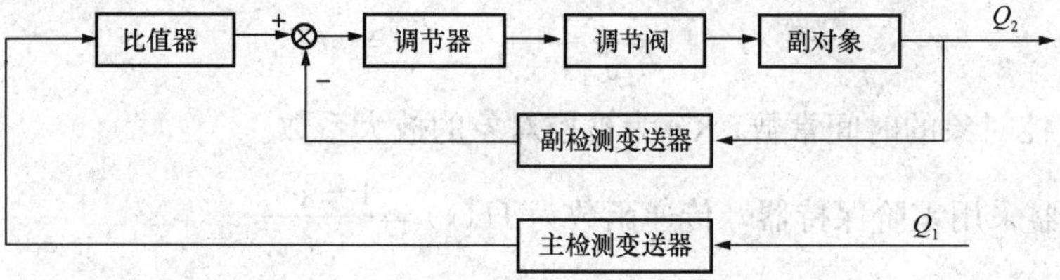

图 5 - 18 单闭环比值控制系统框图

如果比值器采用比例调节器，并把它视为主调节器，由于它的输出作为流量调节器的给定值，两调节器是串联工作的。因此，单闭环比值控制系统在连接方式上与串级控制系统相同，但从系统总体结构看，与串级控制不是完全一样的，它只有一个闭合回路，这就是两者的根本区别。

单闭环比值控制系统的优点是：它不但能实现副流量跟随主流量的变化而变化，而且可以克服副流量本身干扰对比值的影响，因此，主、副流量的比值较为精确。它结构形式较简单，实施起来较方便，因而得到广泛的应用，尤其适用于主物料在工艺上不允许进行控制的场合。

单闭环比值控制系统虽然两物料比值一定，但由于主流量是不受控的，所以，总物料量是不固定的，这对于负荷变化幅度大的场合是不适合的。因此，单闭环比值控制方案一般在负荷变化不太大时选用为宜。

（二）双闭环比值控制系统

双闭环比值控制系统是为了克服单闭环比值控制系统主流量不受控，生产负荷在较大范围内波动的不足而设计的。它是在单闭环比值控制的基础上增加了主流量控制回路而构成的，如图 5-19 所示。

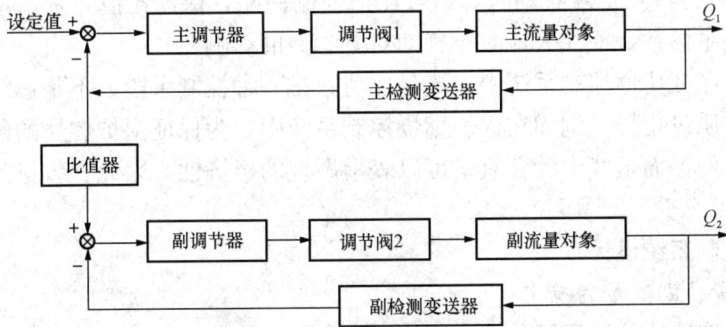

图 5-19 双闭环比值控制系统框图

双闭环比值控制系统由于主流量控制回路的存在，实现了对主流量的定值控制，大大地克服了主流量干扰的影响，使主流量变得比较平稳。通过比值控制，副流量也将比较平稳。这样，不仅实现了比较精确的流量比值，而且也确保了两物料总量基本不变，这是它的主要特点。

另外，双闭环比值控制系统升降负荷比较方便，只要缓慢地改变主流量控制器的设定值就可升降主流量。同时，副流量也自动跟踪升降并保持两者比值不变。因此，这种方案常适用于主流量干扰频繁及工艺上允许负荷有较大波动或工艺上经常需要升降负荷的场合。

双闭环比值控制方案使用仪表较多，投资高，而且投运也较麻烦。在采用此控制方案时，尚需防止共振的产生。因为主、副流量控制回路通过比值器是相互联系着的，当主流量进行定值控制后，它变化的幅值肯定大大地减少，但变化的频率往往会加快，使副流量控制器的设定值经常处于变化之中，当它的频率和副流量回路的工作频率接近时，有可能引起共振，以致系统无法投入运行。因此，对主流量控制器进行参数整定时，应尽量地保证其输出为非周期变化，从而防止产生共振。

（三）变比值控制系统

单闭环比值控制和双闭环比值控制是实现两种物料流量间的定值控制，在系统运行过程中，其比值系数是不变的。在有些生产过程中，要求两种物料流量的比值随第三个参数的需要而变化，为了满足上述生产工艺要求，开发并应用变比值控制系统。图 5-20 所示为用除法器构成的变比值控制系统方框图。从图可知，变比值控制系统是一个以第三参数或称主参数和以两个流量比为副参数所组成的串级控制系统。

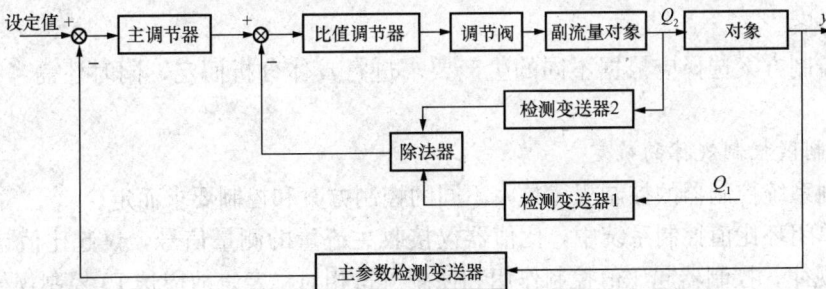

图 5-20 变比值控制系统框图

系统在稳态时，主、副流量恒定，分别经测量变送器送至除法器求其比值，作为比值控制器的测量信号。当 Q_1 出现扰动时，通过比值控制回路，保证比值一定，从而不影响（扰动幅值不大时）主参数，或大大地减小扰动对主参数的影响。

应该注意，在变比值控制系统中，流量比值只是一种控制手段，不是最终目的，而第三参数往往是产品质量指标。例如在锅炉燃烧控制系统中，为保证锅炉燃烧的经济性要求燃料和空气按一定比例，而烟气中的含氧量可以表示燃烧的经济性，因此含氧量是这个系统的主参数。

二、比值控制系统设计

（一）主流量、副流量的确定

比值控制系统按比值性质可分为定比值控制和变比值控制两种。在工业生产过程中，维持两流量比值不变，有时不一定是生产上的最终目的，而仅是保证产品产量、质量或安全的一种手段。在设计比值控制系统时，需要先确定主、副流量，其原则是：

（1）在生产中起主导作用的物料流量，一般选为主流量，其余的物料流量以它为准，跟随其变化而变化，则为副流量。

（2）在生产中不可控的物料流量，一般选为主流量，而可控物料流量作为副流量。

（3）在可能的情况下，选择流量较小的物料作为副流量，这样，调节阀可以选得小一些，控制较灵活。

（4）在生产中较昂贵的物料流量可选为主流量，或者工艺上不允许控制的物料流量作为主流量，这样不会造成浪费，或者可以提高产量。

（5）当生产工艺有特殊要求时，主、副流量的确定应服从工艺需要。

（二）控制方案的选择

由前所述，比值控制有单闭环比值控制、双闭环比值控制、变比值控制等多种方案。在具体选用时应分析各种方案的特点，根据不同的生产工艺情况、负荷变化、扰动性质、控制要求等选择合适的比值控制方案。

（1）单闭环比值控制能使两种物料间的比值较精确、方案实现起来方便，仅用一个比值器或比例控制器即可。但是，主流量变化会导致副流量的变化。如果工艺上仅要求两物料流量之比值一定，负荷变化不大，而对总流量变化无要求，则可选用此控制方案。

（2）在生产过程中，主、副流量的扰动频繁，负荷变化较大，同时要保证主、副物料总量恒定，则可选用双闭环比值控制方案。

（3）当生产要求两种物料流量的比值能灵活地随第三参数的需要进行调节时，则可选用变比值控制方案。

总之，控制方案选择应根据不同的生产要求进行具体分析而定，同时还需考虑经济性原则。

（三）控制器控制规律的确定

比值控制系统控制器的控制规律是由不同的控制方案和控制要求而定。

（1）在单闭环比值控制系统中，比值器仅接收主流量的测量信号，仅起比值计算作用，故选 P 控制规律；控制器起比值控制作用和使副流量相对稳定，故应选 PI 控制规律。

（2）在双闭环比值控制系统中，两流量不仅要保持恒定的比值，而且主流量要实现定值控制，副流量的设定值也是恒定的，所以，两个调节器均应选 PI 控制规律。

（3）变比值控制系统，又可称为串级比值控制系统，它具有串级控制系统的一些特点，仿效串级控制系统控制器控制规律的选择原则，主控制器选 PI 或 PID 控制规律，副控制器选用 P 控制规律。

三、比值控制系统整定

同其他控制系统一样，选择适当的控制器参数是保证和提高控制品质的一个重要途径。对比值控制系统中的控制器，根据其作用不同，整定参数的方法也有所不同。

（1）变比值控制系统，因其结构上是串级控制系统，因此，其主控制器的参数整定可按串级控制系统进行。

（2）单闭环比值控制系统中的副流量回路和变比值控制系统中的变比值回路的整定方法和要求基本相同。它们都是一个随动控制系统，对它们的要求是：副流量能准确、快速地跟随主流量而变化，并且不宜有过调。因此，不能按一般定值控制系统 4：1 衰减过程的要求进行整定，而应当将副流量回路的过渡过程整定成非周期临界情况，这时的过渡过程既不振荡而反应又快。所以对副流量回路控制器参数的整定步骤可归纳为：

1）根据工艺要求的流量比值 K，进行投运。

2）将积分时间置于最大值，由大到小逐步改变比例带，直到在阶跃干扰下过渡过程处于振荡与不振荡的临界过程为止。

3）如果有积分作用，则在适当放宽比例带（一般为 20%）的情况下，逐步缓慢地减小积分时间，直到出现振荡与不振荡的临界过程或稍有一点过调的情况为止。

（3）双闭环比值控制系统中的副流量回路控制器是定值控制系统，原则上按单回路定值控制系统进行整定。但是，对主流量回路的过渡过程，则希望进行得慢一些，以便副流量能跟得上，所以主流量回路的过渡过程一般应整定成非周期过程。

第五节　解耦控制系统

随着现代工业的发展，生产规模越来越复杂，对过程控制系统的要求也越来越高。许多生产过程都不可能仅在一个单回路控制系统作用下实现预期的生产目标。换言之，在一个生产过程中，被控量和控制量往往不止一对，只有设置若干个控制回路，才能对生产过程中的多个被控量进行准确、稳定地控制。在这种情况下，多个控制回路之间就有可能产生某种程度的相互关联、相互耦合和相互影响。而且这些控制回路之间的相互耦合还将直接妨碍各被控量和控制量之间的独立控制作用，有时甚至会破坏各系统的正常工作。

一、耦合程度的分析方法

图 5-21 所示为双输入双输出控制系统的框图。如果 $G_{21}(s)$ 和 $G_{12}(s)$ 为零，则两个控制系统各自独立，没有关联。被控系统的传递函数矩阵描述为

$$C(s) = G(s)U(s)$$

或
$$\begin{bmatrix} C_1(s) \\ C_2(s) \end{bmatrix} = \begin{bmatrix} G_{11}(s) & G_{12}(s) \\ G_{21}(s) & G_{22}(s) \end{bmatrix} \begin{bmatrix} U_1(s) \\ U_2(s) \end{bmatrix}$$

(5-39)

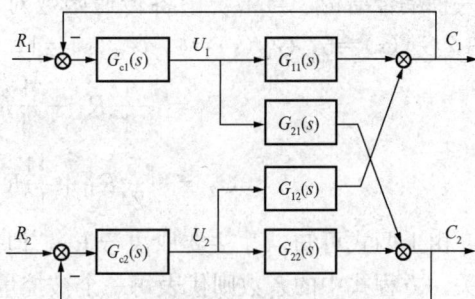

图 5-21　双输入双输出控制系统的框图

因此，如果除了被控系统传递函数矩阵的主对角线元素外，其他项元素均为零，则被控系统没有关联。

确定各变量之间的耦合程度是多变量耦合控制系统设计的关键问题。常用的耦合程度分析方法有两种：即直接法和相对增益法。直接法是借助耦合系统的方框图，直接解析地导出各变量之间的函数关系，从而确定过程中每个被控量相对每个控制量的关联程度，该方法具有简单、直观的特点。相对增益分析法是一种通用的耦合特性分析工具，它通过计算相对增益矩阵，不仅可以确定被控量与控制量的响应特性，并以此为依据去设计控制系统，而且还可以指出过程关联的程度和类型，以及对回路控制性能的影响。

（一）直接法

下面用直接法分析双变量耦合系统的耦合程度。由图 5-21 可得

$$U_1 = G_{c1}(s)[R_1 - C_1]$$
$$U_2 = G_{c2}(s)[R_2 - C_2] \tag{5-40}$$

将上式代入式（5-39），可得

$$C_1 = P_{11}(s)R_1 + P_{12}(s)R_2$$
$$C_2 = P_{21}(s)R_1 + P_{22}(s)R_2 \tag{5-41}$$

其中

$$P_{11}(s) = \frac{G_{11}(s)G_{c1}(s) + G_{c1}(s)G_{c2}(s)[G_{11}(s)G_{22}(s) - G_{12}(s)G_{21}(s)]}{[1+G_{11}(s)G_{c1}(s)][1+G_{22}(s)G_{c2}(s)] - G_{12}(s)G_{21}(s)G_{c1}(s)G_{c2}(s)}$$

$$P_{12}(s) = \frac{G_{12}(s)G_{c2}(s)}{[1+G_{11}(s)G_{c1}(s)][1+G_{22}(s)G_{c2}(s)] - G_{12}(s)G_{21}(s)G_{c1}(s)G_{c2}(s)}$$

$$P_{21}(s) = \frac{G_{21}(s)G_{c1}(s)}{[1+G_{11}(s)G_{c1}(s)][1+G_{22}(s)G_{c2}(s)] - G_{12}(s)G_{21}(s)G_{c1}(s)G_{c2}(s)}$$

$$P_{22}(s) = \frac{G_{22}(s)G_{c2}(s) + G_{c1}(s)G_{c2}(s)[G_{11}(s)G_{22}(s) - G_{12}(s)G_{21}(s)]}{[1+G_{11}(s)G_{c1}(s)][1+G_{22}(s)G_{c2}(s)] - G_{12}(s)G_{21}(s)G_{c1}(s)G_{c2}(s)}$$

上几式描述了当两个回路都是闭环时，给定值 R_1 和 R_2 对输出量 C_1 和 C_2 的影响。

设某系统如图 5-21 所示，其传递函数为 $G_{11}(s) = -\frac{3}{s+1}$，$G_{21}(s) = \frac{5}{s+1}$，$G_{12}(s) = \frac{4}{s+1}$，$G_{22}(s) = \frac{5s+1}{s+1}$，为分析方便采用比例控制器 $G_{c1}(s) = G_{c2}(s) = 1$。

用直接法分析耦合程度时，一般采用静态耦合结构。所谓静态耦合是指系统处在稳态时的一种耦合结构，与系统中各传递函数对应的静态传递系数为其放大系数，即 $G_{11}(s) = -3$，$G_{21}(s) = 5$，$G_{12}(s) = 4$，$G_{22}(s) = 1$，将静态传递系数和控制器代入式（5-41）化简后得

$$C_1 = -\frac{13}{12}R_1 - \frac{1}{6}R_2 \approx 1.083R_1 - 0.167R_2$$

$$C_2 = -\frac{5}{24}R_1 + \frac{11}{12}R_2 \approx -0.208R_1 + 0.917R_2$$

由上两式可知，C_1 主要取决于 R_1，但和 R_2 也有关。而 C_2 主要取决于 R_2，但和 R_1 也有关。方程式中的系数则代表每一个被控量与每一个控制量之间的关联程度。系数越大，则关联程度越强；反之，系数越小，则关联程度越弱。必须指出，上述关联程度分析，虽然是

基于系统的静态耦合结构，但其基本结论对系统的动态耦合结构也是适用的。

（二）相对增益矩阵法

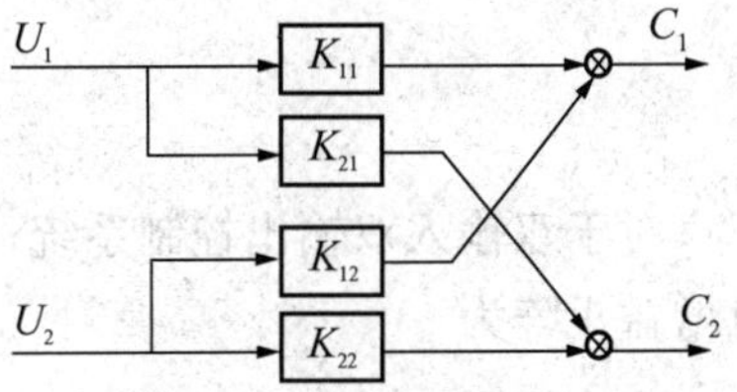

1966 年布里斯托尔（Bristol）提出采用相对增益矩列表示控制系统的关联程度。以双输入双输出控制系统为例说明相对增益矩阵的计算方法。增益是静态参数，因此，相对增益矩阵表示控制系统在静态时的关联程度。图 5-22 所示为静态时双输入双输出控制系统简化框图。其中，K_{ij} 表示第 j 个输入变量对第 i 个输出变量的增益。

图 5-22 双输入双输出对象
的静态特性框图

1. 第一增益

某通道输入 U_j 对输出 C_i 的第一增益是指耦合系统中，其他控制回路均为开环 $[U_k(k \neq j)$ 不变$]$ 时，该通道的增益，定义为 $p_{ij} = \dfrac{\partial C_i}{\partial U_j}\Big|_{U_k}$。例如，图 5-22 中，传递函数矩阵表达式为

$$C_1 = K_{11}U_1 + K_{12}U_2$$
$$C_2 = K_{21}U_1 + K_{22}U_2 \tag{5-42}$$

输入 U_1 到输出 C_2 的第一增益表示为 $p_{21} = \dfrac{\partial C_2}{\partial U_1}\Big|_{U_2}$，因其他控制回路处于开环，控制输入 U_2 不变化，因此，得到 $\dfrac{\partial C_2}{\partial U_1}\Big|_{U_2} = K_{21}$。

2. 第二增益

某通道输入 U_j 对输出 C_i 的第二增益是指其他控制回路均为闭环且保持 $C_k(k \neq i)$ 不变时，该通道的增益，定义为 $q_{ij} = \dfrac{\partial C_i}{\partial U_j}\Big|_{C_k}$ 表示。例如，图 5-22 中，输入 U_1 到输出 C_2 的第二增益为 $q_{21} = \dfrac{\partial C_2}{\partial U_1}\Big|_{C_1}$。同样，根据传递函数矩阵表达式（5-42），消除变量 U_2，得到

$$C_2 = K_{21}U_1 + K_{22}\frac{C_1 - K_{11}U_1}{K_{12}} \tag{5-43}$$

因其他控制回路处于闭环且 C_1 不变，得到

$$q_{21} = \frac{\partial C_2}{\partial U_1}\Big|_{C_1} = -\frac{K_{11}K_{22} - K_{12}K_{21}}{K_{12}} \tag{5-44}$$

3. 相对增益

相对增益指某通道输入 U_j 对输出 C_i 的第一增益 p_{ij} 与该通道的第二增益 q_{ij} 之比，用 λ_{ij} 表示，即

$$\lambda_{ij} = \frac{p_{ij}}{q_{ij}} = \frac{\dfrac{\partial C_i}{\partial U_j}\Big|_{U_k}}{\dfrac{\partial C_i}{\partial U_j}\Big|_{C_k}} \tag{5-45}$$

例如，图 5-22 中，输入 U_1 到输出 C_2 的相对增益表示为 $\lambda_{21} = \dfrac{-K_{12}K_{21}}{K_{11}K_{22} - K_{12}K_{21}}$，用同样方法，可计算其他通道的相对增益为

$$\lambda_{11} = \lambda_{22} = \frac{K_{11}K_{22}}{K_{11}K_{22} - K_{12}K_{21}}$$

$$\lambda_{12} = \frac{-K_{12}K_{21}}{K_{11}K_{22} - K_{12}K_{21}} \tag{5-46}$$

对于双输入双输出控制系统，也可以列出其他输入和输出之间的相对增益，并列写出相对增益矩阵为

$$\Lambda = \begin{bmatrix} \lambda_{11} & \lambda_{12} \\ \lambda_{21} & \lambda_{22} \end{bmatrix} \tag{5-47}$$

由定义可知，第一增益 p_{ij} 是在其他输入 U_k 不变的条件下，U_j 到 C_i 的传递关系，也就是只有 U_j 输入作用对 C_i 的影响。第二增益 q_{ij} 是在其他输出 C_k 不变的条件下，U_j 到 C_i 的传递关系，也就是在 $U_k(k \neq j)$ 变化时，U_j 到 C_i 的传递关系。相对增益 λ_{ij} 则是两者的比值，这个比值的大小反映了变量之间即通道之间的耦合程度。

若 $\lambda_{ij} = 1$，表示在其他输入 $U_k(k \neq j)$ 不变和变化两种条件下，U_j 到 C_i 的传递关系不变，也就是说，输入 U_j 到 C_i 的通道不受其他输入的影响，因此不存在其他通道对它的耦合。若 $\lambda_{ij} = 0$，表示第一增益 $p_{ij} = 0$，即 U_j 对 C_i 没有影响，不能控制 C_i 的变化，因此选择该通道为控制通道是错误的。若 $0 < \lambda_{ij} < 1$，则表示 U_j 到 C_i 的通道与其他通道有强弱不等的耦合。若 $\lambda_{ij} > 1$，表示耦合减弱了 U_j 对 C_i 的控制作用，而 $\lambda_{ij} < 0$ 则表示耦合的存在使 U_j 对 C_i 的控制作用改变了方向和极性，从而可能造成正反馈而引起控制系统的不稳定。

从上述分析可以看出，相对增益的大小反映了某个控制通道的作用强弱和其他通道对它的耦合的强弱，因此可作为选择控制通道和决定采用何种解耦方法的依据。

4. 相对增益的特点

相对增益的特点如下所述。

（1）相对增益矩阵中，每行和每列元素之和为 1。因此，对于双输入双输出控制系统只需要计算相对增益矩阵中的一个元素，其他三个元素就可求出。对 n 个输入变量 n 个输出变量的控制系统，有

$$\sum_{i=1}^{n} \lambda_{ij} = 1, \qquad \sum_{j=1}^{n} \lambda_{ij} = 1 \tag{5-48}$$

（2）相对增益矩阵中所有元素为正时，称为正耦合。通常，双输入双输出系统中，如果 K_{11} 和 K_{22} 同号（即同为正或负），而 K_{12} 和 K_{21} 异号（即一正一负）时，$\lambda_{ij} > 0$，且满足 $\lambda_{ij} < 1$，则该系统是正耦合系统。

（3）相对增益矩阵中只要有一个元素为负时，称为负耦合。对双输入双输出系统，根据（1），另一对元素必为大于 1 的正数。负耦合系统在其他系统开闭环切换时会不稳定。

二、相对增益矩阵的求法

从相对增益的定义可以看出，确定相对增益，关键是计算第一增益和第二增益。最基本的方法有两种：定义法和间接法。

定义法是按相对增益的定义对过程的参数表达式进行微分，分别求出第一增益和第二增益，最后得到相对增益矩阵。这里不再赘述。

间接法是先计算第一增益，再间接求得相对增益的方法。下面以图 5-22 所示的双输入双输出系统为例，着重介绍利用间接法求其相对增益矩阵。

根据图 5-22，系统传递函数表达式(5-42)可写成矩阵形式

$$C = PU \tag{5-49}$$

式中：$C = \begin{bmatrix} C_1 \\ C_2 \end{bmatrix}$，$P = \begin{bmatrix} K_{11} & K_{12} \\ K_{21} & K_{22} \end{bmatrix}$，$U = \begin{bmatrix} U_1 \\ U_2 \end{bmatrix}$。

若矩阵 P 是非奇异的，式(5-49)可改写成

$$U = HC \tag{5-50}$$

式中：$H = \begin{bmatrix} h_{11} & h_{12} \\ h_{21} & h_{22} \end{bmatrix}$，故式(5-50)可写成

$$U_1 = h_{11}C_1 + h_{12}C_2$$
$$U_2 = h_{21}C_1 + h_{22}C_2 \tag{5-51}$$

由式(5-49)和式(5-50)可得

$$PH = I \tag{5-52}$$

由此可解得 H，并对照第二增益定义可得

$$h_{11} = \frac{K_{22}}{K_{11}K_{22} - K_{12}K_{21}} = \frac{1}{q_{11}}, \qquad h_{12} = \frac{-K_{12}}{K_{11}K_{22} - K_{12}K_{21}} = \frac{1}{q_{21}}$$

$$h_{21} = \frac{-K_{21}}{K_{11}K_{22} - K_{12}K_{21}} = \frac{1}{q_{12}}, \qquad h_{22} = \frac{K_{11}}{K_{11}K_{22} - K_{12}K_{21}} = \frac{1}{q_{22}}$$

故可求得相对增益

$$\lambda_{11} = \frac{p_{11}}{q_{11}} = p_{11}h_{11}, \quad \lambda_{12} = \frac{p_{12}}{q_{12}} = p_{12}h_{21}, \quad \lambda_{21} = \frac{p_{21}}{q_{21}} = p_{21}h_{12}, \quad \lambda_{22} = \frac{p_{22}}{q_{22}} = p_{22}h_{22}$$

即

$$\lambda_{ij} = \frac{p_{ij}}{q_{ij}} = p_{ij}h_{ji}$$

由此可见，相对增益可表示为矩阵 P 中的每个元素与 H 的转置矩阵中的相应元素的乘积。而 $H = P^{-1}$，于是，相对增益矩阵 Λ 可表示成矩阵 P 中每个元素与逆矩阵 P^{-1} 的转置矩阵中相应元素的乘积(点积)，即

$$\Lambda = PH^{\mathrm{T}} = P(P^{-1})^{\mathrm{T}} \tag{5-53}$$

相对增益的具体计算公式可写为

$$\lambda_{ij} = p_{ij}\frac{P_{ij}}{\det P} \tag{5-54}$$

式中：P_{ij} 为矩阵 P 的代数余子式；$\det P$ 为矩阵 P 的行列式。这就是由通道静态增益 p_{ij} 计算相对增益 λ_{ij} 的一般公式，这个结论可推广到 $n \times n$ 矩阵的情况。

三、解耦设计方法

在耦合非常严重的情况下，即使采用最好的变量匹配关系，有时也得不到满意的控制效果。此时，最有效的方法是采用多变量系统的解耦设计。

解耦控制设计的主要任务是解除控制回路或系统变量之间的耦合。解耦设计可分为完全解耦和部分解耦。完全解耦的要求是，在实现解耦之后，不仅控制量与被控量之间可以进行一对一的独立控制，而且干扰与被控量之间同样产生一对一的影响。目前，多变量解耦控制设计方法很多，本书主要介绍四种常用的方法。

1. 前馈补偿解耦法

前馈补偿解耦是多变量解耦控制中最早使用的一种解耦方法。该方法结构简单，易于实

现，效果显著，因此得到了广泛应用。图 5‐23 所示是一个带前馈补偿器的双变量全解耦系统。

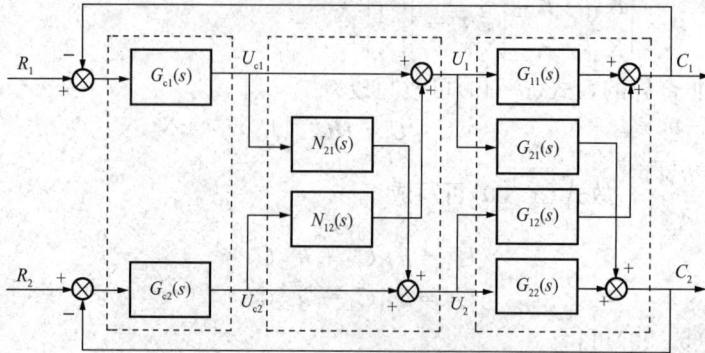

图 5‐23 带前馈补偿器的双变量全解耦系统

如果要实现对 U_{c1} 与 C_2、U_{c2} 与 C_1 之间的解耦，根据前馈补偿原理可得

$$U_{c1}G_{21}(s) + U_{c1}N_{21}(s)G_{22}(s) = 0 \tag{5-55}$$

$$U_{c2}G_{12}(s) + U_{c2}N_{12}(s)G_{11}(s) = 0 \tag{5-56}$$

因此，前馈补偿解耦器的传递函数为

$$N_{21}(s) = -\frac{G_{21}(s)}{G_{22}(s)} \tag{5-57}$$

$$N_{12}(s) = -\frac{G_{12}(s)}{G_{11}(s)} \tag{5-58}$$

利用前馈补偿解耦还可以实现对扰动信号的解耦，图 5‐24 所示是带解耦环节结合控制器的前馈补偿全解耦系统。

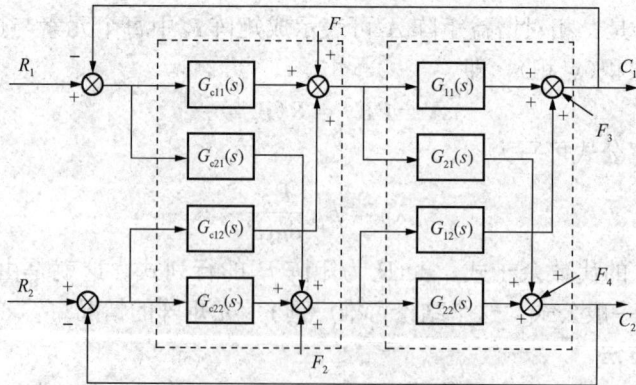

图 5‐24 带解耦环节结合控制器的前馈补偿全解耦系统

如果要实现对扰动量 F_1 和 F_2 的解耦，根据前馈补偿原理可得

$$F_1G_{21}(s) - F_1G_{11}(s)G_{c21}(s)G_{22}(s) = 0 \tag{5-59}$$

$$F_2G_{12}(s) - F_2G_{22}(s)G_{c12}(s)G_{11}(s) = 0 \tag{5-60}$$

因此，前馈补偿解耦器的传递函数为

$$G_{c21}(s) = \frac{G_{21}(s)}{G_{11}(s)G_{22}(s)} \tag{5-61}$$

$$G_{c12}(s) = \frac{G_{12}(s)}{G_{11}(s)G_{22}(s)} \qquad (5\text{-}62)$$

如果要实现对给定输入量 R_1 和 R_2 的解耦,根据前馈补偿原理可得

$$R_1 G_{c21}(s)G_{22}(s) + R_1 G_{c11}(s)G_{21}(s) = 0 \qquad (5\text{-}63)$$

$$R_2 G_{c22}(s)G_{12}(s) + R_2 G_{c12}(s)G_{11}(s) = 0 \qquad (5\text{-}64)$$

因此,前馈补偿解耦器的传递函数为

$$G_{c21}(s) = -\frac{G_{21}(s)G_{c11}(s)}{G_{22}(s)} \qquad (5\text{-}65)$$

$$G_{c12}(s) = -\frac{G_{12}(s)G_{c22}(s)}{G_{11}(s)} \qquad (5\text{-}66)$$

比较以上分析结果,不难看出,若对扰动量能实现前馈补偿全解耦,则给定输入与输出之间就不能实现解耦。因此,单独采用前馈补偿解耦一般不能同时实现对扰动量以及给定输入对输出的解耦。

2. 反馈解耦法

反馈解耦设计是多变量系统解耦的有效方法。在反馈解耦系统中,解耦器通常配置在反馈通道上,而不是配置在系统的前向通道上。图 5-25 所示为双变量的反馈解耦系统。

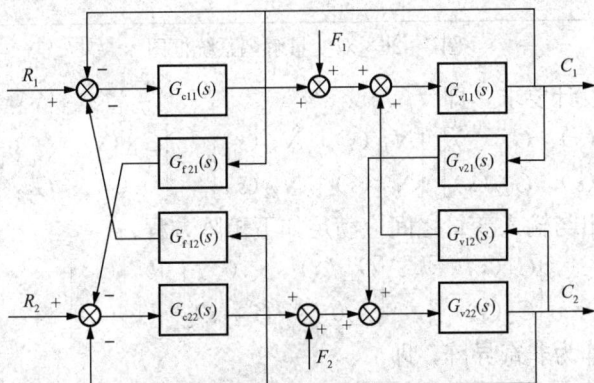

图 5-25 双变量的反馈解耦系统

如果要实现对输出量 C_1 和 C_2 的解耦,可得

$$C_1 G_{v21}(s) - C_1 G_{c22}(s)G_{f21}(s) = 0 \qquad (5\text{-}67)$$

$$C_2 G_{v12}(s) - C_2 G_{f12}(s)G_{c11}(s) = 0 \qquad (5\text{-}68)$$

因此,反馈补偿解耦器的传递函数为

$$G_{f21}(s) = \frac{G_{v21}(s)}{G_{c22}(s)} \qquad (5\text{-}69)$$

$$G_{f12}(s) = \frac{G_{v12}(s)}{G_{c11}(s)} \qquad (5\text{-}70)$$

可见,系统的输出分别为

$$C_1 = \frac{G_{v11}(s)F_1 + R_1 G_{v11}(s)G_{c11}(s)}{1 + G_{v11}(s)G_{c11}(s)} \qquad (5\text{-}71)$$

$$C_2 = \frac{G_{v22}(s)F_2 + R_2 G_{v22}(s)G_{c22}(s)}{1 + G_{v22}(s)G_{c22}(s)} \qquad (5\text{-}72)$$

由此可见，反馈解耦可以实现完全解耦。解耦以后的系统完全相当于断开一切耦合关系，即断开 $G_{v12}(s)$、$G_{v21}(s)$、$G_{f12}(s)$ 和 $G_{f21}(s)$ 以后，原耦合系统等效成为具有两个独立控制通道的系统。

3. 对角阵解耦法

对角阵解耦设计是一种常见的解耦方法。它要求被控对象特性矩阵与解耦环节矩阵的乘积等于对角阵。现以图 5-26 所示的双变量解耦系统为例，说明对角阵解耦的设计过程。

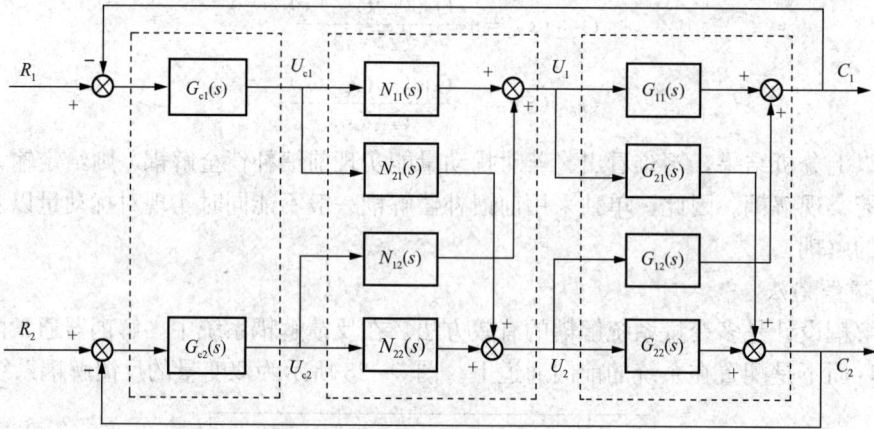

图 5-26　双变量解耦系统框图

根据对角阵解耦设计要求，即

$$\begin{bmatrix} G_{11}(s) & G_{12}(s) \\ G_{21}(s) & G_{22}(s) \end{bmatrix} \begin{bmatrix} N_{11}(s) & N_{12}(s) \\ N_{21}(s) & N_{22}(s) \end{bmatrix} = \begin{bmatrix} G_{11}(s) & 0 \\ 0 & G_{22}(s) \end{bmatrix} \tag{5-73}$$

因此，被控对象的输出与输入变量之间应满足如下矩阵方程：

$$\begin{bmatrix} C_1(s) \\ C_2(s) \end{bmatrix} = \begin{bmatrix} G_{11}(s) & 0 \\ 0 & G_{22}(s) \end{bmatrix} \begin{bmatrix} U_{c1}(s) \\ U_{c2}(s) \end{bmatrix} \tag{5-74}$$

假设对象传递矩阵为非奇异阵，即

$$\begin{vmatrix} G_{11}(s) & G_{12}(s) \\ G_{21}(s) & G_{22}(s) \end{vmatrix} \neq 0$$

于是得到解耦器数学模型为

$$\begin{bmatrix} N_{11}(s) & N_{12}(s) \\ N_{21}(s) & N_{22}(s) \end{bmatrix} = \begin{bmatrix} G_{11}(s) & G_{12}(s) \\ G_{21}(s) & G_{22}(s) \end{bmatrix}^{-1} \begin{bmatrix} G_{11}(s) & 0 \\ 0 & G_{22}(s) \end{bmatrix}$$

$$= \frac{1}{G_{11}(s)G_{22}(s) - G_{12}(s)G_{21}(s)} \begin{bmatrix} G_{22}(s) & -G_{12}(s) \\ -G_{21}(s) & G_{11}(s) \end{bmatrix} \begin{bmatrix} G_{11}(s) & 0 \\ 0 & G_{22}(s) \end{bmatrix}$$

$$= \begin{bmatrix} \dfrac{G_{11}(s)G_{22}(s)}{G_{11}(s)G_{22}(s) - G_{12}(s)G_{21}(s)} & -\dfrac{G_{22}(s)G_{12}(s)}{G_{11}(s)G_{22}(s) - G_{12}(s)G_{21}(s)} \\ -\dfrac{G_{11}(s)G_{21}(s)}{G_{11}(s)G_{22}(s) - G_{12}(s)G_{21}(s)} & \dfrac{G_{11}(s)G_{22}(s)}{G_{11}(s)G_{22}(s) - G_{12}(s)G_{21}(s)} \end{bmatrix}$$

$$\tag{5-75}$$

下面验证 $U_{c1}(s)$ 与 $C_2(s)$ 之间已经实现解耦，即控制量 $U_{c1}(s)$ 对被控量 $C_2(s)$ 没有影响。由图 5-26 可知，在 $U_{c1}(s)$ 作用下，被控量 $C_2(s)$ 为

$$C_2(s) = [N_{11}(s)G_{21}(s) + N_{21}(s)G_{22}(s)]U_{c1}(s) \qquad (5-76)$$

将式(5-75)中的 $N_{11}(s)$ 和 $N_{21}(s)$ 代入式(5-76)，则有 $C_2(s)=0$。

同理可证，$U_{c2}(s)$ 与 $C_1(s)$ 之间也已解除耦合，即控制量 $U_{c2}(s)$ 对被控量 $C_1(s)$ 没有影响。图5-27是利用对角阵解耦得到的两个彼此独立的等效控制系统。

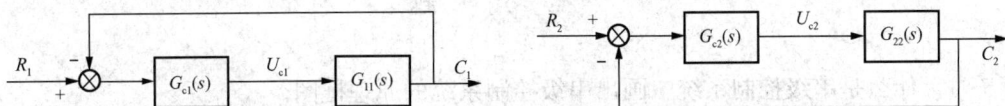

图 5-27 对角阵解耦后得到的等效控制系统

4. 单位阵解耦法

单位阵解耦设计是对角阵解耦设计的一种特殊情况。它要求被控对象特性矩阵与解耦环节矩阵的乘积等于单位阵，即

$$\begin{bmatrix} G_{11}(s) & G_{12}(s) \\ G_{21}(s) & G_{22}(s) \end{bmatrix} \begin{bmatrix} N_{11}(s) & N_{12}(s) \\ N_{21}(s) & N_{22}(s) \end{bmatrix} = \begin{bmatrix} 1 & 0 \\ 0 & 1 \end{bmatrix} \qquad (5-77)$$

因此，被控对象的输出与输入变量之间应满足如下矩阵方程：

$$\begin{bmatrix} C_1(s) \\ C_2(s) \end{bmatrix} = \begin{bmatrix} 1 & 0 \\ 0 & 1 \end{bmatrix} \begin{bmatrix} U_{c1}(s) \\ U_{c2}(s) \end{bmatrix} \qquad (5-78)$$

于是得到解耦器数学模型为

$$\begin{bmatrix} N_{11}(s) & N_{12}(s) \\ N_{21}(s) & N_{22}(s) \end{bmatrix} = \begin{bmatrix} G_{11}(s) & G_{12}(s) \\ G_{21}(s) & G_{22}(s) \end{bmatrix}^{-1}$$

$$= \frac{1}{G_{11}(s)G_{22}(s) - G_{12}(s)G_{21}(s)} \begin{bmatrix} G_{22}(s) & -G_{12}(s) \\ -G_{21}(s) & G_{11}(s) \end{bmatrix}$$

$$= \begin{bmatrix} \dfrac{G_{22}(s)}{G_{11}(s)G_{22}(s) - G_{12}(s)G_{21}(s)} & -\dfrac{G_{12}(s)}{G_{11}(s)G_{22}(s) - G_{12}(s)G_{21}(s)} \\ -\dfrac{G_{21}(s)}{G_{11}(s)G_{22}(s) - G_{12}(s)G_{21}(s)} & \dfrac{G_{11}(s)}{G_{11}(s)G_{22}(s) - G_{12}(s)G_{21}(s)} \end{bmatrix}$$

$$(5-79)$$

同理可以证明，$U_{c1}(s)$ 对 $C_2(s)$ 影响等于零，$U_{c2}(s)$ 对 $C_1(s)$ 影响等于零。即 $U_{c1}(s)$ 与 $C_2(s)$ 之间、$U_{c2}(s)$ 与 $C_1(s)$ 之间的耦合关系已被解除。

综上所述，采用不同的解耦方法都能达到解耦的目的，但是采用单位阵解耦法的优点更突出。对角阵解耦法和前馈补偿解耦法得到的解耦效果和系统的控制质量是相同的，这两种方法都是设法解除交叉通道，并使其等效成两个独立的单回路系统。而单位阵解耦法，除了能获得优良的解耦效果之外，还能提高控制质量，减少动态偏差，加快响应速度，缩短调节时间。

必须指出，多变量解耦有动态解耦和静态解耦之分。动态解耦的补偿是时间补偿，而静态解耦的补偿是幅值补偿。由于动态解耦要比静态解耦复杂得多，因此，一般只在要求比较高、解耦器又能实现的条件下使用。当被控对象各通道的时间常数非常接近时，采用静态解耦一般都能满足要求。由于静态解耦结构简单、易于实现、解耦效果较佳，故静态解耦在很多场合得到了广泛的应用。

　　此外，在多变量系统的解耦设计过程中，还要考虑解耦系统的实现问题。事实上，求出了解耦器的数学模型并不等于实现了解耦。解耦系统的实现问题主要包括：解耦系统的稳定性、部分解耦以及解耦器的简化等。有关解耦系统的实现问题可查阅其他文献。

习　题

5-1　什么是串级控制系统？画出串级控制系统的原理框图。

5-2　与单回路控制系统相比，串级控制系统有哪些特点？它主要使用在什么场合？

5-3　如何选择串级控制系统主、副控制器的控制规律？

5-4　前馈控制与反馈控制相比较有何特点？

5-5　在前馈—反馈控制系统中，如何实现完全补偿？

5-6　前馈控制主要适用于什么场合？

5-7　大迟延对象常见的控制方案有哪些？各有何优缺点？

5-8　简述 Smith 预估补偿控制的基本思路。

5-9　比值控制系统有哪几种？各有何特点？

5-10　在设计比值控制系统时，如何选择控制器的控制规律？

5-11　常用的解耦设计方法有哪几种？试说明其优缺点。

5-12　已知在所有控制回路均开环的条件下，某一过程的开环增益矩阵为 $K = \begin{bmatrix} 0.58 & -0.36 \\ 0.73 & -0.61 \end{bmatrix}$，试求出相对增益矩阵。

5-13　已知被控对象的传递函数为 $G(s) = \begin{bmatrix} \dfrac{1}{(s+1)^2} & -\dfrac{1}{2s+1} \\ \dfrac{1}{3s+1} & \dfrac{1}{s+1} \end{bmatrix}$，试分别设计对角阵

解耦法和单位阵解耦法的解耦器的传递函数。

第二篇　单元机组的自动控制系统

火力发电厂热工过程自动控制主要是指锅炉、汽轮机及其辅助设备运行的自动控制。自动控制的任务是使锅炉、汽轮机适应负荷的需要，同时又能在安全、经济的工况下运行。

生产过程的自动控制是由于生产上的需要而发展起来的。早期投入生产的锅炉，除了少量安全保护外，不需要自动控制也能基本满足生产上的要求，但随着锅炉不断向大容量、高参数发展以及直流锅炉的应用，就对实现自动控制有了迫切的要求，而且锅炉的自动控制系统也更加复杂，所以一般讨论电厂热工过程的自动控制时，主要是针对锅炉而言。随着采用中间再热技术单元机组的出现，机炉之间的联系更趋紧密，所以在单元机组的自动控制系统中必须把机炉作为一个整体综合考虑，并在锅炉和汽轮机的各个基本控制系统之上设置一个上位控制系统，来协调锅炉和汽轮机间的动作与配合。因此，本篇将以大型单元机组为控制对象，介绍其所需控制系统。在各章详细讨论之前，我们先简要介绍火力发电厂的基本生产过程及其相应控制系统。

一、火力发电厂的基本生产过程

图 a 是大型单元机组的生产流程示意。可以看出它是以锅炉，高压和中、低压汽轮机，泵与风机和发电机为主体设备的一个整体。它们通过管道或线路相连构成生产主系统，即燃烧系统、汽水系统和电气系统，下面简单介绍其生产过程。

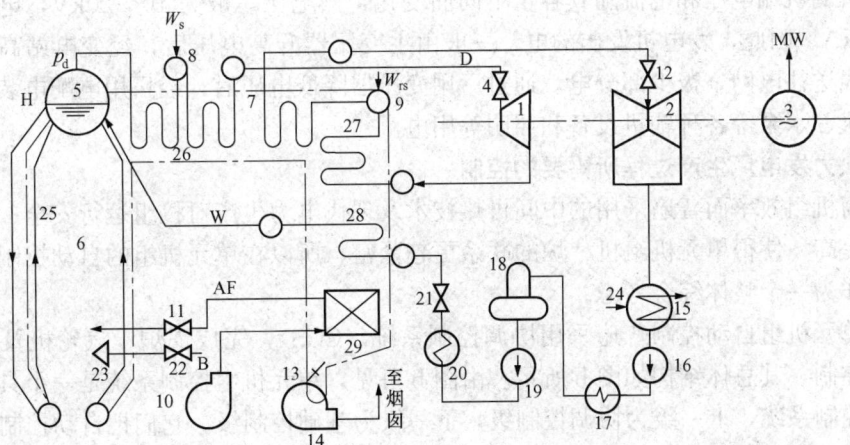

图 a　大型单元机组生产流程示意

1—汽轮机高压缸；2—汽轮机中、低压缸；3—发电机；4—高压汽轮机调门；5—汽包；6—炉膛；7—烟道；
8—过热器喷水减温器；9—再热器喷水减温器；10—送风机；11—调风门；12—中、低压汽轮机调节汽门；
13—烟道挡板；14—引风机；15—冷凝器；16—凝结水泵；17—低压加热器；18—除氧器；19—给水泵；
20—高压加热器；21—给水调节机构；22—燃料量控制机构；23—喷燃器；24—补充水；25—水冷壁管；
26—过热器；27—再热器；28—省煤器；29—空气预热器

（一）燃烧系统

燃烧系统包括锅炉的燃烧部分及输煤、除灰和烟气排放系统等。煤由皮带输送到锅炉车间的煤斗，进入磨煤机磨成煤粉，然后与经过预热器预热的空气一起喷入炉内燃烧，将煤的化学能转换成热能，烟气经除尘器清除灰分后，由引风机抽出，经高大的烟囱排入大气。炉渣和除尘器下部的细灰由灰渣泵排至灰场。

（二）汽水系统

汽水系统包括锅炉、汽轮机、凝汽器及给水泵等组成的汽水循环和水处理系统、冷却水系统等。

水在锅炉中加热后蒸发成蒸汽，经过热器进一步加热，成为具有规定压力和温度的过热蒸汽，然后经过管道送入汽轮机。

在汽轮机中，蒸汽不断膨胀，高速流动，冲击汽轮机的转子，以额定转速（3000r/min）旋转，将热能转换成机械能，带动与汽轮机同轴的发电机发电。

在膨胀过程中，蒸汽的压力和温度不断降低。蒸汽做功后从汽轮机下部排出。排出的蒸汽称为乏汽，它排入凝汽器。在凝汽器中，汽轮机的乏汽被冷却水冷却，凝结成水。

凝汽器下部所凝结的水由凝结水泵升压后进入低压加热器和除氧器，提高水温并除去水中的氧（以防止腐蚀炉管等），再由给水泵进一步升压，然后进入高压加热器，回到锅炉，完成水—蒸汽—水的循环。给水泵以后的凝结水称为给水。

汽水系统中的蒸汽和凝结水在循环过程中总有一些损失，因此，必须不断向给水系统补充经过化学处理的水。补给水进入除氧器，同凝结水一块由给水泵打入锅炉。

（三）电气系统

电气系统包括发电机、励磁系统、厂用电系统和升压变电站等。

发电机的机端电压和电流随其容量不同而变化，其电压一般为 10～20kV，电流可达数千安至 20kA。因此，发电机发出的电，一般由主变压器升高电压后，经变电站高压电气设备和输电线送往电网。极少部分电，通过厂用变压器降低电压后，经厂用电配电装置和电缆供厂内风机、水泵等各种辅机设备和照明等用电。

二、火力发电厂生产过程所需要的控制

为提高机组效率而普遍采用的中间再热技术及现代电力生产对机组运行安全、经济性要求的日益提高，使得单元机组机、炉的联系更趋紧密，所以在单元机组的自动控制系统中必须把机炉作为一个整体综合考虑。

目前单元机组自动控制普遍采用协调控制系统（CCS），完成锅炉、汽轮机及其辅助设备的自动控制，其总体结构如图 b 所示。由图 b 可见，单元机组控制系统是一个具有二级结构的递阶控制系统，上一级为协调控制级，下一级为基础控制级。它们把自动控制、逻辑控制和连锁保护等功能有机地结合在一起，构成一个具有多种控制功能、能满足不同运行方式和不同工况的综合控制系统。

（一）单元机组控制系统中的协调控制级

由于锅炉—汽轮机发电机组本质上是一个发电整体，所以当电网负荷要求改变时，CCS 把锅炉和汽轮机视为一个整体，在锅炉和汽轮机各基础控制系统之上设置协调控制级，来实施锅炉和汽轮机在响应负荷要求时的协调和配合。这种协调是由协调级的单元机组负荷控制系统来实现的，它接受电网负荷要求指令，产生锅炉指令和汽轮机指令两个控制指令，分别

图 b　单元机组控制系统的总体结构

送往锅炉和汽轮机的有关控制系统。但目前尚很难制定一个"协调"优劣的标准，它一般根据对象的特点和控制指标的要求，选择合理的协调策略，使其既能易于实现，又能满足工程实际的要求。

（二）单元机组控制系统中的基础控制级

锅炉和汽轮机的基础控制级分别接受协调控制级发出来的锅炉指令和汽轮机指令，完成指定的控制任务，它包括如下一些控制系统。

1. 锅炉燃烧控制系统

锅炉燃烧过程自动控制的基本任务是既要提供适当的热量以适应蒸汽负荷的需要，又要保证燃料的经济性和运行的安全性。

为实现上述控制任务，对于燃烧过程这一多变量耦合系统，目前主要是将其分解为燃料量控制、送风量控制和炉膛压力控制三个相对独立的子系统，采用燃料量、送风量和引风量三个调节量来控制汽压（或负荷）、燃烧经济性指标和炉膛负压三个被调量。

2. 给水控制系统

汽包锅炉给水自动控制的任务是使锅炉的给水量适应锅炉的蒸发量，以维持汽包水位在规定的范围内。

汽包水位间接反映了锅炉蒸汽负荷与给水量之间的平衡关系，是锅炉运行中一个十分重要的监控参数。为克服"虚假水位"和给水扰动，满足水位控制需求，目前普遍采用单级三冲量或串级三冲量给水控制方案，且实现了在机组启停过程和正常运行时均能进行自动控制，即给水全程控制系统。

3. 蒸汽温度控制系统

锅炉蒸汽温度自动控制包括过热蒸汽温度和再热蒸汽温度的调节。控制的任务是维持锅炉过热器及再热器的出口汽温在规定的允许范围之内。

锅炉过热汽温系统属于典型的多容环节，其对象具有较大的迟延和惯性，影响汽温变化的干扰因素多，工艺上允许的汽温变化范围又很小，这些都增加了汽温控制系统的复杂性。目前，电厂锅炉过热汽温控制系统多采用串级控制方式，并多采用喷水减温的方法来维持过热汽温。

再热器一般布置在较低的烟温区，其出口汽温的变化幅度较过热汽温大得多，所以大型机组必须对再热汽温进行控制。再热蒸汽温度的控制，一般采用以烟气控制为主，以喷水减温控制为辅的方式，这较单纯采用喷水减温控制有较高的热经济性。实际采用的烟气控制方法有变化烟气挡板位置、采用烟气再循环、摆动燃烧器角度和多层布置燃烧器等。此外，还可采用汽—汽热交换器、蒸汽旁通等方法。

4. 汽轮机控制系统

汽轮机是大型高速运转的原动机，是火电厂三大主要设备之一。电力生产对汽轮机控制系统提出了两个基本要求：一是要及时调节机组的功率，以随时满足用户对发电能量的需求；二是要维持机组的转速在规定的范围内，保证供电频率和机组本身的安全。因此，对于不同类型的汽轮机，就要按照其对象特性、调节要求和运行方式，配置相应的各种控制系统以实现其自动控制。

经百余年的发展，汽轮机的控制内容已相当丰富，诸如参数监视、闭环控制、保护等。就闭环控制角度而言，随着计算机技术的飞速发展，目前大容量汽轮机的控制系统普遍采用了数字式电液控制系统（DEH）。

5. 辅助控制系统

辅助控制系统主要有：除氧器压力、水位控制系统；空气预热器冷端温度控制系统；凝汽器水位控制系统；辅助蒸汽控制系统；汽轮机润滑油温度控制系统；高压旁路、低压旁路控制系统；高压加热器、低压加热器水位控制系统。此外还有氢侧、空侧密封油温度控制；凝结水补充水箱水位控制；电动给水泵液力耦合器油温度控制；电动给水泵、汽动给水泵润滑油温度控制；发电机氢温度控制等。

为保证单元机组的可靠运行，除上述参数调节系统外，自动控制系统还包括以下三部分。

（1）自动检测部分：它自动检查和测量反映过程进行情况的各种物理量、化学量以及生产设备的工作状态参数，以监视生产过程的进行情况和趋势。

（2）顺序控制部分：根据预先设定的程序和条件，自动地对设备进行一系列操作，如控制单元机组的启、停及对各种辅机的控制。

（3）自动保护部分：在发生事故时，自动采用保护措施，以防止事故进一步扩大，保护生产设备使之不受严重破坏，如汽轮机的超速保护、振动保护，锅炉的超压保护、炉膛灭火保护等。

下面逐一分析和讨论各自动控制系统。

第六章　汽包锅炉自动控制系统

第一节　过热蒸汽温度自动控制系统

过热蒸汽温度是锅炉汽水系统中工质的最高温度，如果蒸汽温度过高，容易烧坏过热器，也会引起汽轮机高压部分过热，严重影响机组安全运行；而温度过低，则会影响全厂热效率，引起汽轮机末级蒸汽湿度增加，甚至使之带水，严重影响汽轮机安全运行。因此，在锅炉运行中，必须严格控制过热汽温在给定值附近。一般来说，中高压锅炉过热汽温的暂时偏差值不允许超过 $\pm 10℃$，长期偏差不允许超过 $\pm 5℃$。

对于现代大型锅炉，过热器由辐射过热器、对流过热器和减温器等组成，其管路很长，过热汽温自动控制的任务不仅要维持出口汽温在允许范围内，而且要求维持过热器蒸汽流程中各点的过热蒸汽温度一定，以确保整个过热器的安全运行。

一、过热蒸汽温度控制对象的动态特性

过热蒸汽温度控制对象的动态特性是指引起过热汽温变化的各种扰动与汽温之间的动态关系。引起过热蒸汽温度变化的因素很多，如过热蒸汽流量变化，炉膛燃烧工况的变化，锅炉给水温度的变化，进入过热器的热量、流经过热器的烟气温度和流速等的变化。但归纳起来，过热汽温控制对象的扰动主要来自三个方面：蒸汽流量变化（负荷变化）、烟气传热量变化和减温水流量变化（过热器入口汽温变化）。

1. 蒸汽负荷扰动下汽温对象的动态特性

蒸汽流量变化是由锅炉负荷变化引起的。当锅炉负荷变化时，过热器出口汽温的阶跃响应的特点是有迟延、有惯性、有自平衡能力，且迟延和惯性较小，一般迟延时间约为 20s。这是因为沿整个过热器管路长度上各点的蒸汽流速几乎同时改变，从而改变过热器的对流放热系数，使过热器各点蒸汽温度也几乎同时改变，直到达到平衡状态为止。另外，随着过热器出口温度的增加，蒸汽带出的热量增加，由于汽温增加，温差减小，烟气传给蒸汽的热量也减小，使对象有一定的自平衡能力。

虽然蒸汽负荷扰动下，汽温变化特性较好，但蒸汽负荷是由用户决定的，不可能考虑作为控制汽温的手段，只能是看作汽温控制系统的外部扰动。

对于不同结构形式的过热器，过热汽温随锅炉负荷变化的静态特性是不同的，如图 6-1 所示。对于对流式过热器，随着蒸汽流量 D 的增加，通过过热器的烟气量增加，炉烟温度随之升高，使得过热器出口汽温升高。但对于辐射式过热器，蒸汽流量 D 增加时，炉膛温度升高较少，炉膛辐射给过热器受热面的热量比蒸汽流量的增加所需热量要少，因此，其出口汽温反而会下降。实际生产中，通常是两种过热器结合使用，且锅炉过热器的对流方式比辐射方式吸热量多。因此，总的汽温随负荷增加而升高。

应当注意，如果蒸汽流量的增加是汽轮机侧扰动

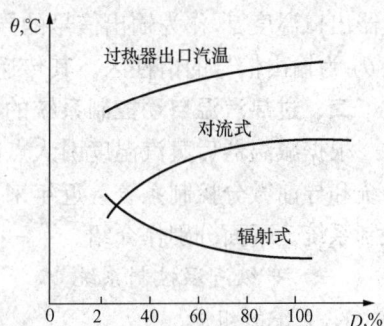

图 6-1　过热汽温的静态特性

引起的，则在锅炉燃烧率调整之前，过热汽温是随蒸汽流量的上升而下降的。

2. 烟气传热量扰动下汽温对象的动态特性

引起烟气传热量扰动的原因很多，如给粉机给粉不均匀、煤中水分的变化、蒸发受热面结渣、过剩空气系数的改变、汽包给水温度的变化、燃烧火焰中心位置的改变等，但归纳起来不外是烟气流速和烟气温度对过热汽温的影响。在这种烟气侧扰动作用下，汽温对象的阶跃曲线是有迟延、有惯性、有自平衡能力的。但由于烟气侧的扰动是沿整个过热器长度进行的，所以延迟较小。

从动态特性角度考虑，利用烟气侧扰动作为过热汽温控制手段较好，如改变燃烧器角度、烟气再循环、烟气旁通等。但是，这类控制方法均会导致锅炉结构复杂化，而且实现起来较麻烦，所以一般较少采用。

3. 减温水流量扰动下汽温对象的动态特性

减温水流量变化是引起过热器入口蒸汽温度变化的主要因素，也是目前广泛采用的过热蒸汽温度调节方法。减温器有直接喷水式、自凝喷水式和表面式减温器等类型，一般均采用喷水式减温器。减温水扰动时，汽温控制对象也是有自平衡、有迟延和惯性的控制对象。减温器位置对对象动态特性有显著的影响，减温器离过热器出口越远，则迟延越大。由于大型锅炉的过热器管路很长，故减温水扰动时控制对象的迟延和惯性是比较大的。

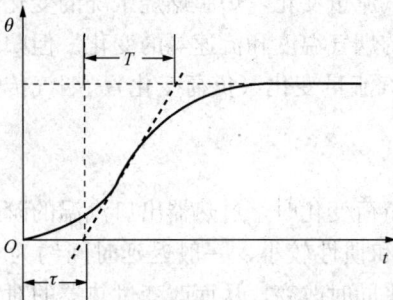

综上所述，在各种扰动下汽温控制对象都是有迟延、有惯性和自平衡能力的，其典型的阶跃响应曲线如图 6-2 所示。在不同扰动下，其动态特性还是有较大差别的，对于一般中高压锅炉，采用减温水流量扰动时，汽温的迟延时间 $\tau = 30 \sim 60\text{s}$，时间常数 $T = 100\text{s}$；而当烟气侧扰动时，$\tau = 10 \sim 20\text{s}$，$T = 100\text{s}$。可见 τ/T 相差是很大的。

尽管减温水扰动时控制对象的动态特性不够理想，但由于结构简单，且对过热器安全运行比较有利，目前仍广泛采用喷水减温作为控制汽温的手段。这时，如果只根据汽温的偏差采用单回路反馈系统不可能满足生产上的要求。为此，在设计控制系统时，常常选择迟延和惯性都小于过热器出口汽温 θ_2 的减温器出口处汽温 θ_1 作为辅助被调量（称为导前汽温信号），来提前反映调节效果（喷水量的改变）。这样，对象调节通道的动态特性可以看作是由两部分组成：以减温水流量 W_j 为输入信号，减温器出口温度 θ_1 作为输出信号的导前区和以减温器出口汽温 θ_1 为输入信号，过热器出口汽温 θ_2 为输出信号的惰性区。其传递函数分别用 $G_1(s)$、$G_2(s)$ 表示，如图 6-3 所示。

图 6-2　汽温控制对象的典型阶跃响应曲线

二、过热汽温自动控制系统的典型方案

根据减温器后蒸汽温度引入点的不同，工程上采用的过热汽温控制方案主要有串级控制系统和导前微分控制系统；近年来，为克服大容量机组滞后和惯性的增加，还经常采用分段控制系统。下面分别作介绍。

（一）串级汽温控制系统

1. 系统的组成

图 6-4 为过热汽温串级控制系统图，图中 TT 为温度变送器，PT 为压力变送器，

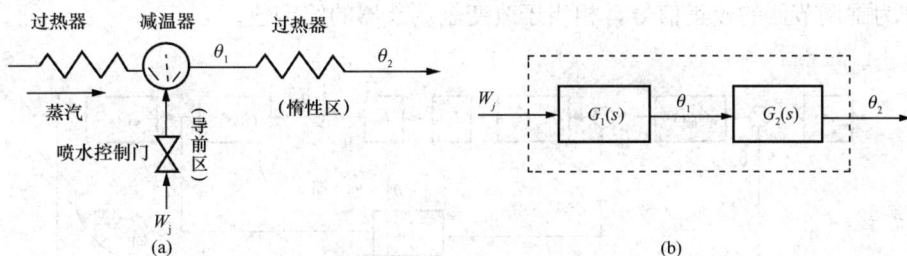

图 6-3 被控对象及方框图

(a) 对象结构示意图；(b) 对象方框图

$f_1(x)$、$f_2(x)$ 均为时间函数发生器，T_1 为切换继电器，$f(x)$ 为执行机构。

该系统采用直接喷水式控制，应用两个调节器而构成串级系统。过热器出口温度 θ_2 作为主信号，减温器出口汽温 θ_1 是导前信号，主调节器的输出作为副调节器的定值，主调节器的定值为经函数组件修正后的代表负荷信号的汽轮机第一级蒸汽压力 p_1。切换组件 T_1 用以选择定压运行或滑压运行。

图 6-4 中调节器入口的标注（＋和－）表明调节器的正反作用。正作用调节器的定义为：若调节器输入的偏差（即被控量测量值减去给定值）增加，则调节器输出增加。因此可以把正作用调节器入口的测量值标注为"＋"，给定值标注为"－"。与此相反，反作用调节器的测量值标注为"－"，给定值标注为"＋"。本系统中主调节器为反作用，副调节器为正作用。

当由于某种扰动使过热器出口温

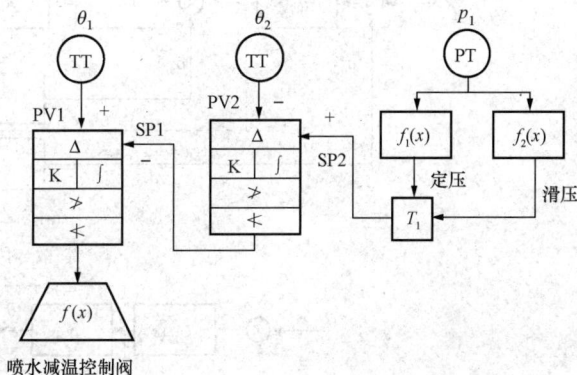

图 6-4 过热汽温串级控制系统

度 θ_2 的测量值 PV2 上升时，给定值 SP2 不变，由于主调节器是反作用，随着 PV2 上升，（SP2－PV2）减小，主调节器输出减小，即 SP1 减小。由于副调节器是正作用，随着 SP1 减小，（PV1－SP1）增加，主调节器输出增大，喷水减温控制阀向着开大的方向动作，从而使过热器出口温度 θ_2 下降。

当减温器出口温度 θ_1 上升时，由于给定值 SP1 不变，随着（PV1－SP1）增加，正作用的副调节器输出增大，喷水减温控制阀向着开大的方向动作，从而使减温器出口温度 θ_1 下降。

2. 汽温串级控制系统的分析

汽温串级控制系统的方框图如图 6-5 所示，有主、副两个闭合控制回路。

串级控制系统能够改善调节品质，主要是由于有一个快速动作的副调节回路存在。由图 6-5、图 6-6 可以看出，只要导前汽温 θ_1 发生变化，副调节器就去改变减温水流量 W_j，维持后级过热器入口汽温 θ_1 在一定范围内，起粗调作用。而过热器出口汽温 θ_2 是由主调节器来维持的，只要 θ_2 不等于给定值，则主调节器就不断改变其输出信号，通过副调节器去不断改变减温水量，直到 θ_2 恢复到给定值为止。稳态时，导前汽温 θ_1 可能稳定在与原来不同的数值上，过热汽温（主汽温）θ_2 等于给定值，主调节器输出 σ_2 可能也与原来的数值不同，它作为副调节器的校正信号，相当于改变副调节器的给定值。

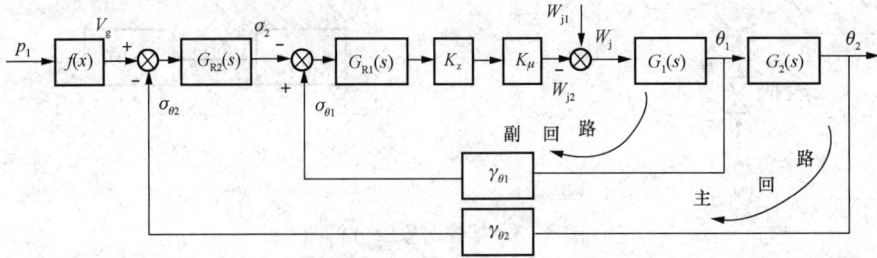

图 6-5　汽温串级控制系统方框图

W_{j1}—减温水流量扰动；W_{j2}—控制作用引起的减温水流量变化；$G_1(s)$—控制通道导前区的
传递函数；$G_2(s)$—控制通道惰性区的传递函数；$G_{R1}(s)$、$G_{R2}(s)$—副、主调节器的传递
函数；K_z—执行器的放大系数；K_μ—减温水调节阀放大系数

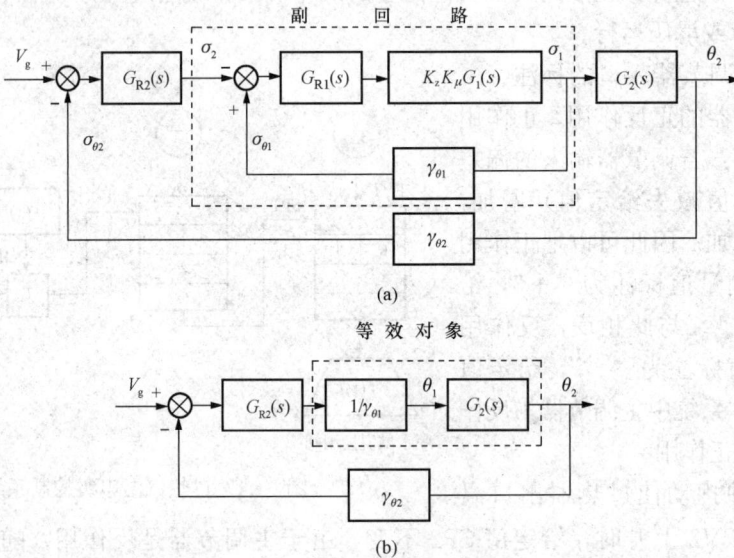

(a)

(b)

图 6-6　汽温串级系统的主回路方框图

(a) 主回路方框图；(b) 主回路近似方框图

对于汽温串级控制系统，其调节品质是优于单回路控制系统的。

当扰动发生在副回路内，例如当喷水压力或蒸汽压力改变而引起喷水量自发性波动时，由于导前区实际上就是减温器，其惯性很小，副调节器将能及时动作，快速消除喷水量的自发性波动。此时，主回路可以看作是开路系统，从而使过热汽温基本不变，而单回路汽温控制系统，必然要影响到主汽温的稳定。

当扰动发生在副回路之外，引起过热汽温偏离给定值时，串级系统首先由主调节器改变其输出校正信号，通过副调节回路去改变减温水流量，使过热汽温恢复到给定值。我们此时可将副回路看作是快速随动系统，即近似认为 $\sigma_{\theta1} = \sigma_2$，则主调节器 $G_{R2}(s)$ 的控制对象可近似等效为 $\dfrac{1}{\gamma_{\theta1}} G_2(s)$。它的惯性和迟延比采用单回路汽温控制系统时的控制对象 $G_0(s) = G_1(s) G_2(s)$ 要小，见图 6-6，其调节质量当然优于单回路系统。

在过热汽温串级控制系统中，对副回路的要求是尽快消除减温水流量的自发性扰动和进入副回路的其他扰动，对过热汽温起粗调作用，故副调节器一般选用比例或比例微分调节器。主回路及主调节器的任务是保持主汽温等于给定值，因此主调节器要具有积分作用，多采用比例积分或比例积分微分调节器。

（二）采用导前汽温微分信号的双回路汽温控制系统

1. 系统的组成

如图6-7所示。这种系统引入了导前汽温的微分信号作为补充信号，在动态时，调节器将根据 $\dfrac{\mathrm{d}\theta_1}{\mathrm{d}t}$ 和 θ_2 与 θ_2 的给定值之间的偏差而动作；在静态时，$\dfrac{\mathrm{d}\theta_1}{\mathrm{d}t}$ 信号消失，过热汽温 θ_2 必然等于给定值。如果不采用 θ_1 的微分信号，则在静态时，调节器将保持 $\theta_1+\theta_2$ 等于给定值，达不到保持 θ_2 为给定值的目标。

2. 控制系统的分析

图6-8为采用导前汽温微分信号的双回路汽温控制系统方框图。这个系统也包括两个闭合回路：导前回路和主回路。

对于这个控制系统的工作原理，有两种不同的分析方法。

（1）补偿分析法。这种分析方法认为，加入导前汽温的微分信号等于改善了控制对象的动态特性。

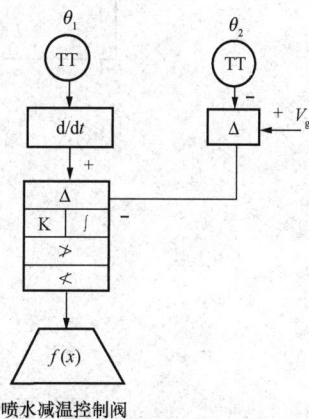

图6-7　采用导前汽温微分信号的双回路汽温控制系统

对于图6-8所示的控制系统，当没有微分器时，是由控制对象和调节器组成的单回路系统。引入微分信号所组成的双回路系统进行等效变换后，仍可以看作是单回路系统，如图6-9所示，只是由于微分信号的引入改变了控制对象的动态特性而已。这个新的等效控制对象的输入仍然是减温水流量信号 W_j。但输出信号为 $\theta'_2=\theta_2+\dfrac{\mathrm{d}\theta_1}{\mathrm{d}t}\dfrac{\gamma_{\theta 1}}{\gamma_{\theta 2}}$。等效控制对象的传递函数可以根据方框图求得

$$G_0^*(s)=\frac{\theta'_2}{W_j(s)}=G_1(s)\left[G_2(s)+\frac{\gamma_{\theta 1}}{\gamma_{\theta 2}}G_D(s)\right] \tag{6-1}$$

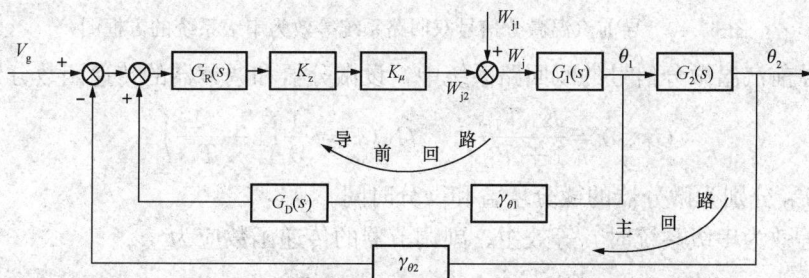

图6-8　采用导前汽温微分信号的双回路系统原理方框图
$G_D(s)$—微分器的传递函数；$G_R(s)$—调节器的传递函数

在稳态时，微分器输出为零，所以等效控制对象的输出 $\theta'_2=\theta_2$，在动态过程中，由于微分信号比 θ_1 的惯性和迟延小得多。因此等效对象的输出 θ'_2 的惯性和迟延比 θ_2 小得多。如图6-9（b）所示。因而，加入导前微分信号的作用可以理解为改善了控制对象的动态特性，

或者说控制对象的动态特性得到了"补偿"。

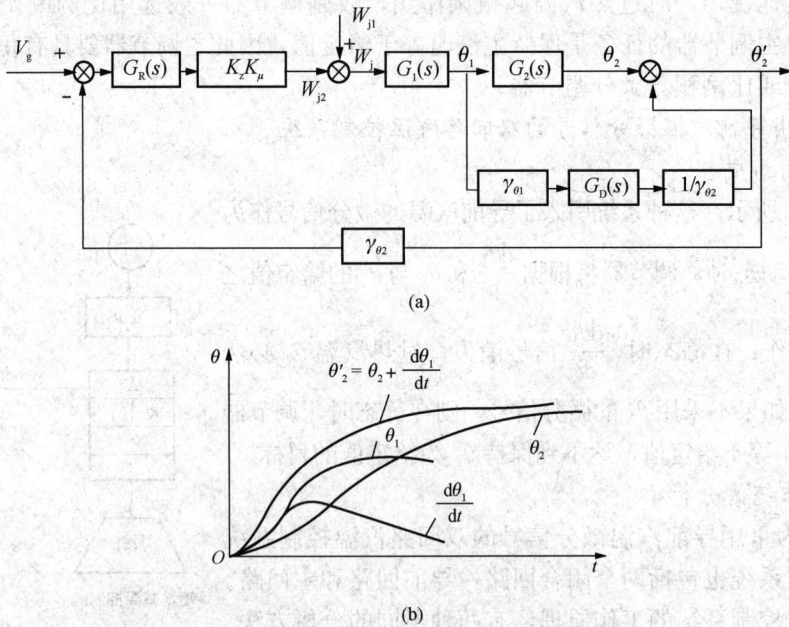

(a)

(b)

图 6-9　用微分信号改变控制对象动态特性方框图

(a) 图 6-8 的等效方框图；(b) 等效控制对象的阶跃响应曲线

（2）串级分析法。采用导前汽温微分信号的双回路系统是串级控制系统的变形。对于图 6-8 所示的方框图，按方框图等效变换原则，可得方框图 6-10，这是一个串级控制系统的形式。

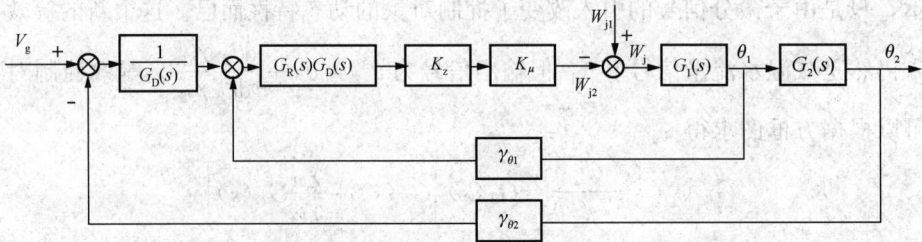

图 6-10　导前汽温微分信号双回路系统等效为串级系统的方框图

在采用导前汽温微分信号的双回路系统中，设微分器和调节器的传递函数分别为

$$G_{\mathrm{D}}(s) = \frac{K_{\mathrm{D}} T_{\mathrm{D}} s}{1 + T_{\mathrm{D}} s}, \qquad G_{\mathrm{R}}(s) = \frac{1}{\delta}\left(1 + \frac{1}{T_{\mathrm{I}} s}\right) \tag{6-2}$$

式中：K_{D}、T_{D} 分别为微分器的微分增益和微分时间。

所以当等效为串级系统时，等效主、副调节器的传递函数应为

等效主调节器　　$G_{\mathrm{R2}}^{*}(s) = \dfrac{1}{G_{\mathrm{D}}(s)} = \dfrac{1 + T_{\mathrm{D}} s}{K_{\mathrm{D}} T_{\mathrm{D}} s} = \dfrac{1}{K_{\mathrm{D}}}\left(1 + \dfrac{1}{T_{\mathrm{D}} s}\right)$ （6-3）

可见，等效主调节器具有比例积分调节器的特性。

等效副调节器　　$G_{\mathrm{R1}}^{*}(s) = G_{\mathrm{R}}(s) G_{\mathrm{d}}(s) = \dfrac{1 + T_{\mathrm{I}} s}{\delta T_{\mathrm{I}} s}\dfrac{K_{\mathrm{D}} T_{\mathrm{D}} s}{1 + T_{\mathrm{D}} s}$

$$= \frac{K_D T_D}{\delta T_I} \left[\frac{\frac{T_I}{T_D}(1 + T_D s) + 1 - \frac{T_I}{T_D}}{1 + T_D s} \right]$$

$$= \frac{K_D}{\delta} \left(1 + \frac{\frac{T_D}{T_I} - 1}{1 + T_D s} \right) = \frac{K_D}{\delta} \left(1 + \frac{\frac{1}{T_I} - \frac{1}{T_D}}{\frac{1}{T_D} + s} \right) \qquad (6-4)$$

在实际应用中，通常 T_D 比 T_I 大许多，因此

$$G_{R1}^*(s) \approx \frac{K_D}{\delta} \left(1 + \frac{1}{T_I s} \right) \qquad (6-5)$$

可见，等效副调节器也近似具有比例积分调节器的特性。

从上述把双回路系统等效为串级控制系统的分析中，可以清楚地看出微分器参数 K_D、T_d 和调节器参数 δ、T_I 对控制系统性能的影响：

1）微分器参数 K_D、T_D 相当于串级系统中主调节器的比例带和积分时间。按串级控制系统的分析方法，当副回路为快速随动系统时，增大 K_D 将使主回路（主汽温）的稳定性提高，但使主汽温的动态偏差增大。增大 T_D 也会提高主回路的稳定性，但影响不太显著，T_D 增大后，主汽温调节过程的时间拉长。

2）等效副调节器的比例带是 δ/K_D，积分时间是 T_I。T_I 主要影响副回路的调节过程时间，而 δ/K_D 则影响副回路的稳定性和动态偏差。

但是，K_D 既是副回路的调节器参数，又是主回路的调节器参数。当 K_D 增大时，虽然提高了主回路的稳定性，却使副回路的稳定性下降。所以，当需要增大 K_D 时，为了保持副回路的稳定性，应相应增大 δ，使 δ/K_D 保持不变。

（三）过热汽温分段控制系统

随着单元机组容量的增大，过热器管路变长，主汽温的滞后和惯性大大增加，为了进一步提高控制系统的品质，可以采用分段控制系统方案，即将整个过热器分成若干段，每段分别设置减温器，分别控

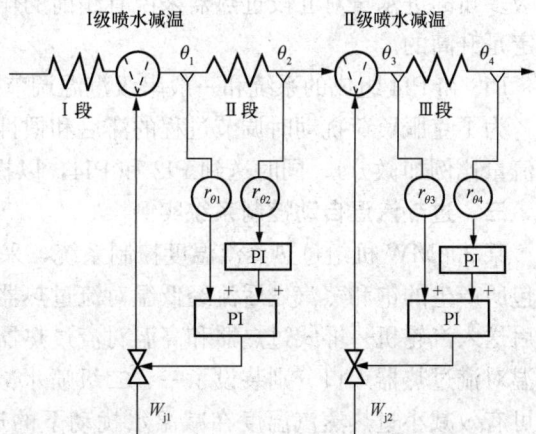

图 6-11 过热汽温分段定值控制系统

制各段的汽温，并维持主汽温为给定的值。分段控制系统一般采用下述两种控制方案。

1. 分段定值控制系统

这种方案如图 6-11 所示，这是一个二级喷水减温的系统。第一级减温水将第二段过热器（屏式过热器）出口汽温控制在某一个定值；第二级减温水将第三段过热器（高温对流过热器）出口汽温即主汽温度控制在设定值。分成两段减温后，各级控制系统的对象特性的迟延和惯性都要比采用一级减温水方案时的对象特性的迟延和惯性小，因而可以改善控制品质。在这种系统中，两级减温水的控制是独立的。两个控制系统可分别整定，可独立地投入运行。

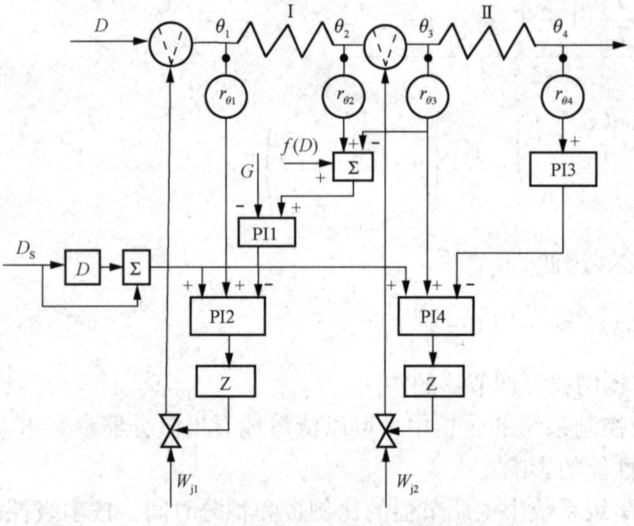

图 6 - 12　温差控制系统

G —给定值；$f(D)$ —随蒸汽量变化的函数发生器；

Σ —加法器；$\gamma_{\theta 1} \sim \gamma_{\theta 4}$ —变送器；D_s —负荷信号；Z—执行器

2. 按温差控制的分段控制系统

对于混合型过热器，由于具有辐射特性的屏式过热器与高温对流过热器随负荷变化的汽温静态特性方向相反，若采用图 6 - 11 的控制方案，负荷的变化将导致两级减温水量分配不均。解决这问题的方法之一是采用按温差调节喷水的控制方案，见图 6 - 12。

图 6 - 12 中 PI1 和 PI2、PI3 和 PI4 分别组成两个串级系统。PI1 是主调节器，接受来自加法器的二级减温器前后温差信号，副调节器 PI2 调节一级减温器的喷水量。PI1 调节器入口信号平衡式为

$$\theta_2 - \theta_3 = G - f(D)$$

当负荷增加时，函数 $f(D)$ 的值减小，PI1 的输出减小，PI2 的输出增大，Ⅰ级喷水量将增大一些，这样就可防止负荷增加时一级喷水量减少，达到两级喷水量相差不多的目的。同时一级多喷的进水量对Ⅱ段过热器来说有超前的作用，因为负荷增加时，Ⅱ段过热器出口汽温肯定是升高的。

PI3 和 PI4 组成的系统和一般串级汽温调节系统是一样的。

为了克服负荷扰动时调节过程的滞后和惯性，图 6 - 12 中采用了一个负荷前馈信号（蒸汽流量比例加微分），同时送到 PI2 和 PI4，以提高调节质量。

三、过热汽温自动控制系统实例

某 300MW 机组过热蒸汽温度控制系统，采用二级喷水减温控制方式，如图 6 - 13 所示。汽包所产生的饱和蒸汽先后流经低温对流过热器、前屏过热器、后屏过热器和高温对流过热器后送入汽轮机。屏式过热器和高温对流过热器均为左、右两侧对称布置。在前屏过热器和高温对流过热器入口分别装设了一、二级喷水减温器，通过一、二级喷水减温调节的分工，除可有效减小过热蒸汽温度在减温水扰动下的迟延和惯性，改善过热蒸汽温度的控制品质外，第一级喷水减温还具有防止屏式过热器超温、确保机组安全运行的作用。

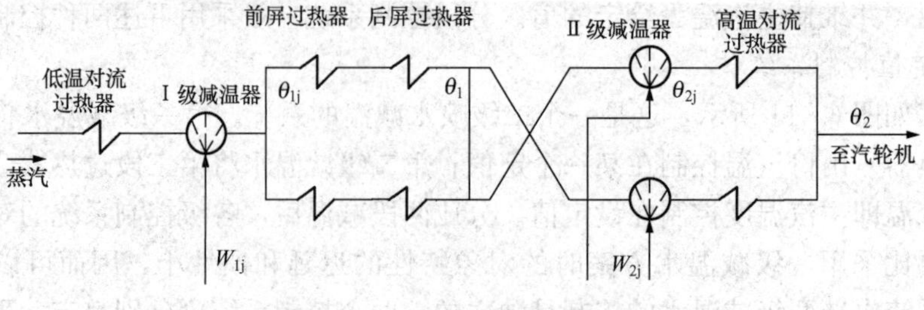

图 6 - 13　过热蒸汽流程示意

（一）一级喷水减温控制

过热器一级喷水减温控制的目标是：在机组不同负荷下，维持锅炉二级减温器入口（即屏式过热器出口的蒸汽温度 θ_1）为给定值。

图 6 - 14 是过热器一级喷水减温控制系统图，该系统是一个串级控制系统，PI1 是主调节器，PI2 是副调节器。被调量是屏式过热器出口的蒸汽温度 θ_1，导前信号是一级喷水减温器出口汽温 θ_{1j}。该系统由以下主要部分组成：

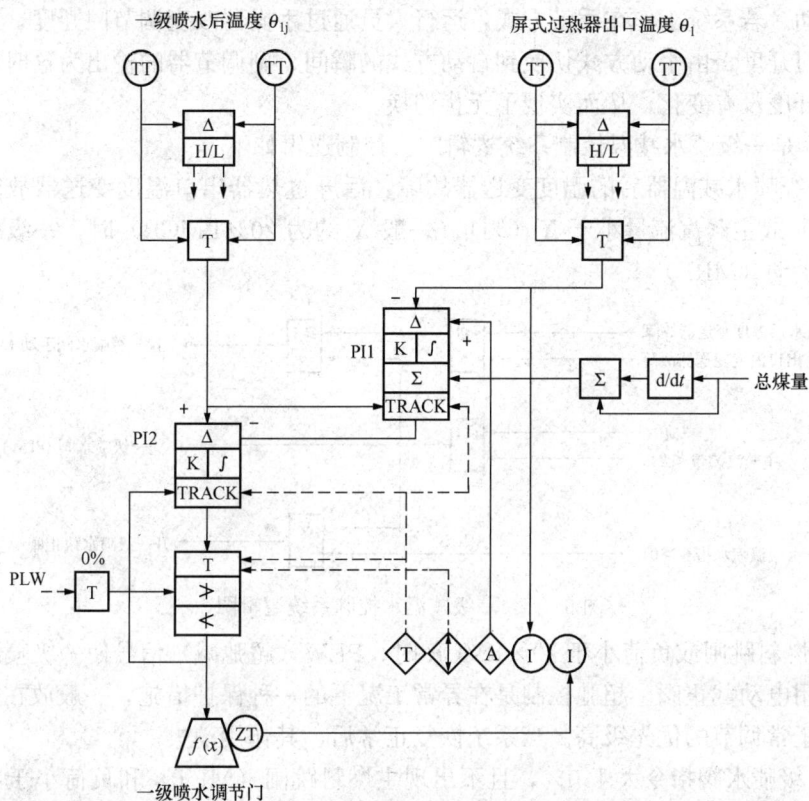

图 6 - 14　一级喷水减温过热汽温控制系统

（1）信号测量部分。为提高系统信号的可靠性，采用"二选一"的信号测量方法。当两侧变送器工作正常时，通过切换继电器 T 切向其中一侧，此时两路测量信号一致，不会产生高低值报警的逻辑信号；当任何一侧变送器故障时，两路测量信号的偏差值超限，产生高低值报警的逻辑信号，使系统切手动，同时发出声、光报警，待故障变送器切除后，系统才正常工作。

（2）串级控制部分。主调节器 PI1 的输入偏差信号是屏式过热器出口汽温给定值与实际测量值的偏差。一级减温器出口温度与主调节器输出的差，加上前馈信号，形成副调节器 PI2 的输入偏差信号。当某种扰动引起屏式过热器出口汽温 θ_1 上升时，主调节器输入偏差减小，PI1 的输出下降，引起副调节器的输入偏差增大，PI2 的输出增加，使减温水量增加，一级减温器出口汽温 θ_{1j} 立即下降，经延时使屏式过热器出口汽温 θ_1 下降。θ_{1j} 下降使副调节器的输入偏差减小。这样，在主汽温的迟延期间内，当主调节器输出还在减小时，θ_{1j} 也在同时减小，抑制了副调节器输出的进一步增加，从而防止了减温水过调。总煤量信号的变化会引起过热蒸汽温度的明显变化，因此将其引入系统作为前馈信号，以抑制其对过热蒸汽温度的影响，改善一级过热蒸汽温度的控制品质。

(3) 跟踪部分。为保证控制系统由手动方式到自动方式的无扰切换，副调节器跟踪调节阀门位置信号，主调节器跟踪一级喷水后温度。所谓的无扰切换，是指在切换的瞬间调节器的输出不要出现跳跃。系统切换到自动后，如果外部扰动破坏了对象内部的平衡，被调量产生了新的偏差，调节器将根据偏差的大小和方向，改变执行器的位置，这便是正常的调节过程，不是扰动。若系统工作在手动方式，运行人员通过手操器改变调节门开度，此时副调节器跟踪调节门开度，由手动方式切换到自动方式的瞬间，副调节器的输出为这时的调节门开度，调节门开度没有变化，从而实现了无扰切换。

图 6-15 是一级喷水减温控制系统逻辑图。控制逻辑如下：

1) 当一级喷水减温器后的温度变送器故障、后屏过热器出口温度变送器故障、主燃料跳闸（MFT）或主蒸汽流量小于 X（%）（一般 X 约为 20%BMCR）时，一级减温喷水阀从自动切至手动（MRE）。

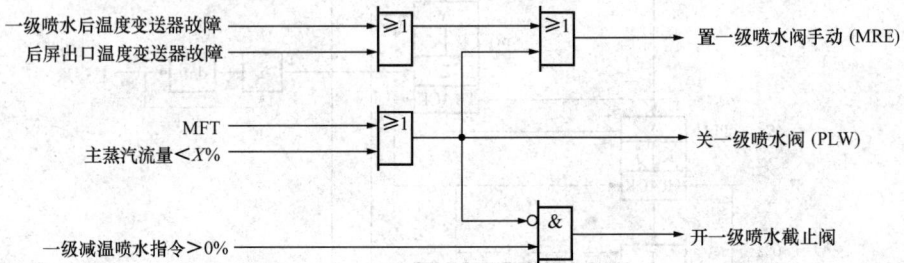

图 6-15 一级减温水控制系统逻辑图

2) 当主燃料跳闸或负荷小于 20%BMCR 时，PLW（超驰减）信号使一级喷水阀迅速关闭，同时关闭电动截止阀。超驰控制是在异常工况下的一种保护措施，一般放在控制器输出之后，它比正常调节的优先级高。当系统恢复正常后，其作用消失。

3) 当一级喷水阀指令大于 0%，且不出现主燃料跳闸（MFT）和负荷小于 20%BMCR 时，打开一级喷水截止阀。

(二) 二级喷水减温控制方案

二级喷水减温的控制目标是：在机组不同负荷下，维持过热器出口的主蒸汽温度为给定值。二级减温控制系统如图 6-16 所示。

过热汽温二级减温控制系统作为喷水减温的细调，保证主蒸汽温度在允许的范围内变化。它的结构与一级喷水减温控制系统大体一致，不同之处如下：

(1) 二级喷水减温器装设在高温过热器的入口，由于屏式过热器和高温过热器均为左、右两侧对称布置，所以二级喷水减温器也是左、右两侧对称布置。左、右二级喷水调节门的控制是一样的，因此图中只画出一侧的控制方框图。

(2) 主蒸汽温度的给定值是负荷的函数。系统处于定压运行方式或是滑压运行方式时，负荷与汽温定值的函数关系不同。因为定压运行和滑压运行机组对汽温的要求不一样，滑压运行要求汽温有更稳定的范围，如有的机组规定：定压运行负荷 50%时主汽温应达额定值，而在滑压运行时负荷 40%便要求主汽温达到额定值，所以系统具有 $f_1(x)$ 和 $f_2(x)$ 两个函数器，分别对应滑压运行和定压运行，由切换器 T 根据运行方式选择。

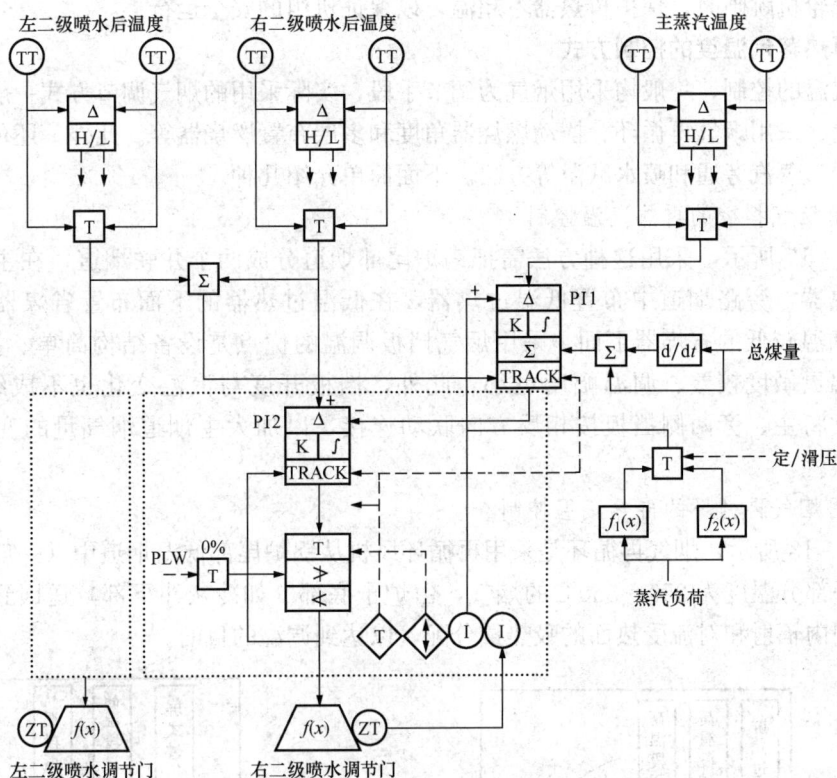

图 6-16　二级喷水减温过热汽温控制系统

二级减温水系统与一级减温水系统的控制逻辑是一致的，控制逻辑如下所述。

1）当左二级喷水减温器后的温度变送器故障、高温过热器出口温度变送器故障、主燃料跳闸（MFT）或主蒸汽流量小于 $X\%$ 时，左二级减温喷水阀从自动切至手动（MRE），右二级减温喷水阀同理。

2）当主燃料跳闸或负荷小于 20%BMCR 时，PLW（超弛减）信号使左、右二级喷水阀迅速关闭，同时关闭电动截止阀。

3）当左二级喷水阀指令大于 0%，且不出现主燃料跳闸（MFT）和负荷小于 20%BMCR 时，打开左二级喷水截止阀，右二级喷水截止阀同理。

第二节　再热蒸汽温度自动控制系统

为了降低汽轮机末级叶片处的蒸汽湿度，降低汽耗，提高电厂的循环热效率，大型机组广泛采用中间再热技术。将高压缸出口蒸汽引入锅炉，重新加热至高温，然后再引入中压缸膨胀做功。

再热器一般布置在较低的烟温区，通常具有纯对流式的汽温静态特性，其入口工质状况取决于汽轮机高压缸排汽工况。同时，受热面积灰、给水温度的变化、燃料改变和过量空气系数的变化都对再热汽温有影响，因而再热汽温的变化幅度较过热汽温大得多，所以大型机组必须对再热汽温进行控制，维持再热器出口汽温为给定值。此外，在低负荷或机组甩负荷时，乃至汽轮机跳闸时，保护再热器不超温，以保证机组的安全运行。

一、再热蒸汽温度的控制方式

再热汽温的控制，一般均采用烟气为调节手段，实际采用的烟气调节方式一般有变化烟气挡板位置、采用烟气再循环、摆动燃烧器角度和多层布置燃烧器等。此外，还可采用汽—汽热交换器、蒸汽旁通和喷水减温等方法。下面简单介绍几种。

1. 采用烟气挡板的再热汽温控制

如图 6-17 所示，采用这种方法需把锅炉尾部烟道分成两个并联烟道，在主烟道中布置低温再热器，旁路烟道中布置低温过热器，在低温过热器的下面布置省煤器，调温挡板布置在烟温较低的省煤器下面。采用烟气挡板调温的优点是设备结构简单、操作方便；缺点是调温灵敏度较差、调温幅度也小。此外，挡板开度与汽温变化也不成线性关系。为此，通常将主、旁两侧挡板按相反方向联动连接，以加大主烟道烟气量的变化和克服挡板的非线性。

2. 采用烟气再循环的再热汽温控制

如图 6-18 所示，烟气再循环是采用再循环风机从锅炉尾部低温烟道中（一般为省煤器后）抽出一部分温度为 250～350℃ 的烟气，由炉子底部（如冷灰斗下部）送回到炉膛，用以改变锅炉内辐射和对流受热面的吸热量分配，以达到调温的目的。

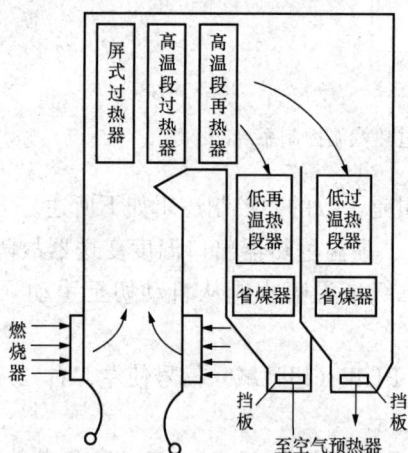

图 6-17 烟气挡板控制再热汽温烟道布置示意

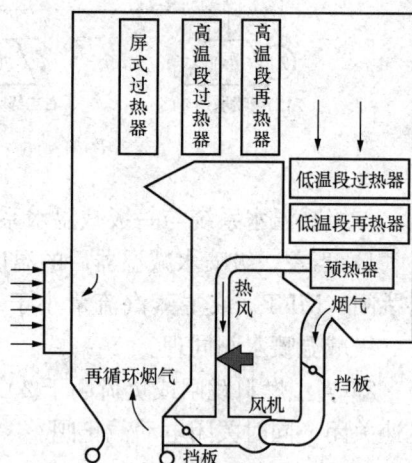

图 6-18 烟气再循环示意

采取再循环烟气调节再热汽温的优点是反应灵敏，调温幅度大，在近代大型锅炉中，还常用来减少大气污染，因此得到广泛应用；缺点是设备结构较复杂。

3. 采用汽—汽热交换器的再热汽温控制

这是在炉外设置一组用一次蒸汽来加热再热蒸汽的热交换器，利用三通阀改变流经热交换器的再热蒸汽量来控制再热汽温的。由于汽—汽热交换器的调整范围很小，还必须辅以喷水。

4. 采用摆动燃烧器角度和多层布置燃烧器方式的再热汽温控制

采用摆动燃烧器角度和多层布置燃烧器方式，实际上是改变火焰中心位置，从而改变炉膛出口烟气温度、调节锅炉辐射和对流受热面吸热量比例，达到调节再热汽温的目的。

5. 采用喷水减温方式的再热汽温控制

喷水减温在正常情况下对于再热器不宜采用，这种方式将降低整个系统的热效率。但喷水减温方式简单、可靠，常作为再热汽温超过极限值的事故情况下的保护控制手段。不过目前一些引进的滑压运行机组，也有采用喷水减温作为再热汽温的主调手段的。

二、再热蒸汽温度控制系统实例

烟气量（或温度）对再热汽温变化比较灵敏。因此再热汽温控制系统原则上可采用再热器出口汽温为信号的单回路系统，兼以喷水调节为辅助控制手段。一种典型的、采用烟气挡板控制再热汽温的系统方案如图6-19所示。

再热汽温 θ 作为主调信号，左侧通过 $\Sigma 1$、PI1、$\Sigma 2$ 去控制烟气挡板，右侧通过 PI2 去控制喷水，实现事故时的保护控制作用。正常时主要靠烟气挡板来控制再热汽温。函数发生器 $f_1(x)$、$f_2(x)$ 用以修正挡板的非线性。反向器（$-K$）用于使两个挡板反向动作。

考虑到低负荷时挡板不能将再热汽温维持在给定值，系统中设置了大、小值选择器以允许再热蒸汽温度

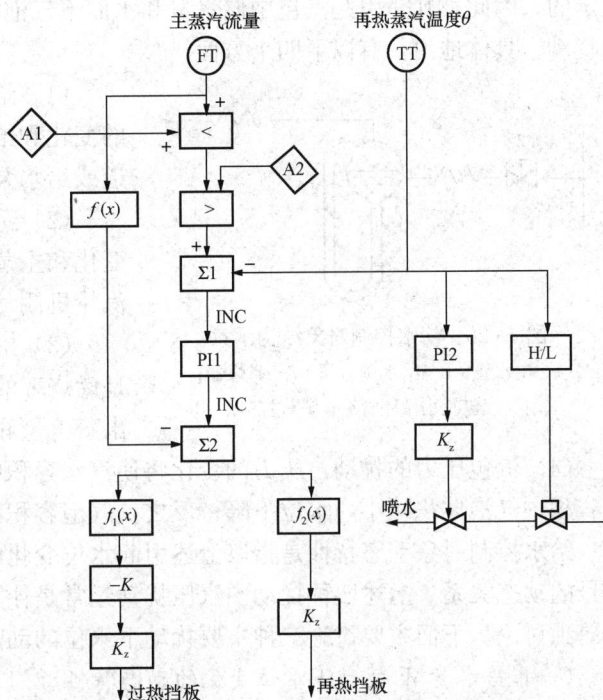

图6-19　采用烟气挡板的再热汽温控制系统

给定值随负荷作相应的改变：在高负荷时，小值选择器选择汽温给定信号 A1；当负荷降低时，主蒸汽流量信号通过小值选择器代替给定值信号进入大值选择器。大值选择器再进行最低汽温限制，这样系统在低负荷时也能正常工作，不必切除。

蒸汽流量信号作为再热汽温的一个导前信号，用以克服被控对象的滞后和惯性。

第三节　给水自动控制系统

一、给水控制的任务

汽包锅炉给水控制的任务是使给水量适应锅炉蒸发量，维持汽包水位在规定范围内。

汽包水位是锅炉运行中一个非常重要的监控参数，维持汽包水位是保持汽轮机和锅炉安全运行的必要条件。水位过高，会影响汽包汽水分离装置的正常工作，造成出口蒸汽水分过多而使过热器管壁结垢，引起过热器损坏。同时还会使过热汽温急剧变化，影响机组运行的安全性和经济性。水位过低，可能导致水循环破坏，引起水冷壁管烧坏。锅炉汽包的正常水位，一般在汽包中心线下 $100\sim200$mm，运行中一般要求水位维持在给定值 ±50mm 内。

随着锅炉容量增大和参数的提高，汽包中蓄水量和蒸发面积相对减少，锅炉蒸发受热面

的热负荷却显著提高，加快了负荷变化时水位的变化速度。同时，大容量锅炉要求实现给水全程控制，从而对给水控制提出了更高的要求。

二、给水控制对象的动态特性

图 6-20 为给水控制对象结构示意图。汽包水位是由汽包中储水量和水面下气泡容积所决定的。因此，凡是引起汽包中储水量和水面下气泡容积变化的各个因素都是给水控制对象的扰动。具体地说，有以下四个方面。

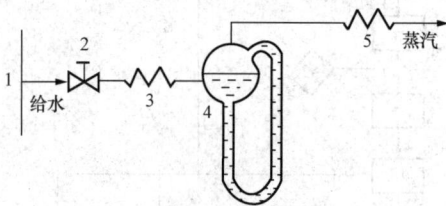

图 6-20　给水控制对象结构示意
1—给水管；2—给水调节阀；3—省煤器；
4—汽包及小循环管道；5—过热器

(1) 给水量 W 扰动：包括给水调节阀门开度的变化和给水压力的变化，这个扰动来自给水管道或给水泵。

(2) 蒸汽负荷 D 扰动：包括蒸汽管道阻力的变化和主蒸汽调节阀开度的变化，这个扰动来自汽轮机侧，反映了汽轮机对锅炉的负荷要求。

(3) 锅炉炉膛热负荷 Q 扰动：这个扰动主要是燃烧率的变化，它将使蒸发强度改变，引起输出蒸汽量和汽水容积中气泡的体积变化。

(4) 汽包压力的扰动：压力的变化将使汽水容积中气泡的体积发生变化，压力升高，汽水容积中气泡体积减小，水位下降；反之，气泡容积增大，水位上升。

给水控制对象动态特性是指以上述引起水位变化的扰动为输入信号，以汽包水位为输出信号的动态关系。上述四种扰动中汽压扰动经常是伴随蒸汽负荷或热负荷扰动而产生的，故不单独讨论。下面主要讨论三种主要扰动下水位的动态特性。

(一) 给水量 W 扰动下水位变化的动态特性

图 6-21 为给水量扰动下水位阶跃响应曲线。当给水量阶跃增加 ΔW 后，实际的水位变化如图中曲线 1 所示，是曲线 H_1、H_2 的合成。图中曲线 H_1 为不考虑水面下气泡容积变化，仅仅考虑物质不平衡时的水位阶跃响应曲线，由于给水压力很高，汽包水位变化对给水量的自平衡作用可以忽略不计，可认为是无自平衡能力的积分环节。曲线 H_2 是不考虑物质不平衡关系，仅由给水过冷度所引起的水位变化曲线（即给水温度低于汽包内饱和水温度），给水的过冷度越大，H_2 的变化幅度就越大，其特性可以看作是一个惯性环节。由曲线 1 可以清楚看出：给水阶跃扰动后的初始阶段，由于给水过冷度对水位变化的影响，实际水位变化较慢，经过一段时间之后，水位才呈直线上升，这时就是物质不平衡在起主要作用了；如果给水量和蒸发量不平衡状态一直保持下去，则水位一直上升。

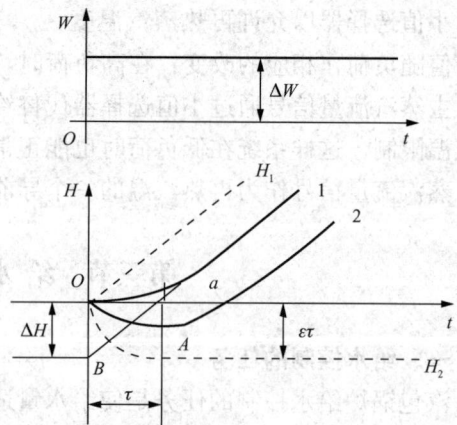

图 6-21　给水量阶跃扰动下水位响应曲线

对于采用沸腾式省煤器的锅炉，给水作用下的惯性要比上述采用非沸腾式省煤器的情况严重得多，甚至还可能出现"假水位"现象，见图 6-21 曲线 2。

水位在给水流量扰动下的动态特性可以用下列传递函数表示：

$$G_{HW}(s)=\frac{H(s)}{W(s)}=\frac{\varepsilon}{s}-\frac{\varepsilon\tau}{1+\tau s}=\frac{\varepsilon}{s(1+\tau s)} \tag{6-6}$$

式中：τ 为迟延时间，可由响应曲线求取。据现场试验资料，对于沸腾式省煤器 $\tau=100\sim 200s$，对于非沸腾式省煤器 $\tau=30\sim100s$。

ε 为响应速度，可根据响应曲线由下式求取：

$$\varepsilon=\frac{\tan\alpha}{\Delta W}=\frac{OB}{OA}\frac{1}{\Delta W}=\frac{\Delta H}{\tau\Delta W}$$

由式（6-6）可知，水位对象可近似为一个一阶惯性环节与积分环节的串联或反向并联。

（二）蒸汽流量 D 扰动下水位变化的动态特性

在蒸汽流量 D 扰动下水位变化的阶跃响应曲线如图 6-22 所示。当蒸汽量突然增大 ΔD 时，仅从物质平衡关系来看，锅炉蒸发量大于给水量，水位变化应如图中 H_1 曲线所示。但是，汽包水位还要受汽水混合物中气泡体积的影响，在蒸汽量突然增大时，汽包水面下的气泡体积迅速增大，因此，整个汽水混合物体积增大，水位升高（曲线 H_2）。由于蒸发强度增加是由负荷变化要求决定的，满足外界负荷（扰动）要求后就不再增大，由此而引起的水位变化可用惯性环节表示，如图中曲线 H_2 所示。而实际显示出的水位响应曲线如 H 所示（$H=H_1+H_2$）。由图中可以看出，锅炉负荷变化时，汽包水位的变化具有特殊的形式，当负荷增加时，虽然给水量小于蒸发量，但在开始阶段水位不仅不下降，反而迅速上升；反之，当负荷突

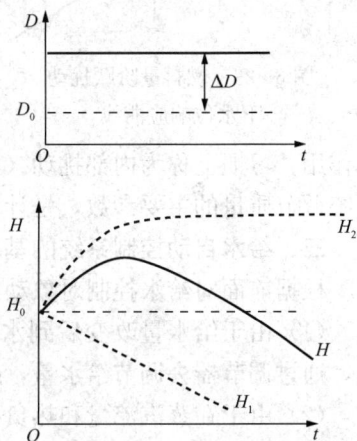

图 6-22 蒸汽流量
扰动下水位响应曲线

然下降时，水位反而先下降后上升，这种现象常称为"虚假水位"。只有当气泡容积与负荷适应，气泡体积不再变化时，物质平衡关系才对水位变化起决定性作用，水位随负荷增大而下降，呈无自平衡特性。

蒸汽负荷扰动下，水位被控对象可视为积分环节与惯性环节的并联，即传递函数为

$$G_{HD}(s)=\frac{H(s)}{D(s)}=\frac{K_2}{1+T_2 s}-\frac{\varepsilon}{s} \tag{6-7}$$

式中：T_2 为曲线 H_2 的时间常数；K_2 为曲线 H_2 的放大系数；ε 为曲线 H_1 的响应速度。

应该指出，上面讨论中没有考虑汽压的变化。实际上，在蒸汽负荷变化的同时，一定会伴随着汽压的变化。如蒸汽负荷增大，而燃料量没有变化时，汽压肯定下降，水面下气泡会由于汽压降低而膨胀体积，虚假水位现象会更严重。

（三）炉膛热负荷扰动下水位变化的动态特性

炉膛热负荷扰动是指燃料量 B 的扰动。当燃料量增加时，锅炉吸收更多的热量，使水循环系统蒸发强度增大。如果不调节蒸汽阀门，则随着锅炉出口汽压升高，蒸汽负荷也将增加。此时，蒸汽量大于给水量，水位应该下降。但是，由于蒸发强度增加，水面下气泡体积增大，而且这种现象必然先于蒸发量增加之前发生，从而使汽包水位先上升，引起"虚假水位"现象。其阶跃响应曲线与图 6-22 类似，见图 6-23。但是，由于蒸汽量增加的同时汽包压力也增大了，因而使气泡体积的增加比蒸汽量扰动时减少。因此，虚假水位变化比较

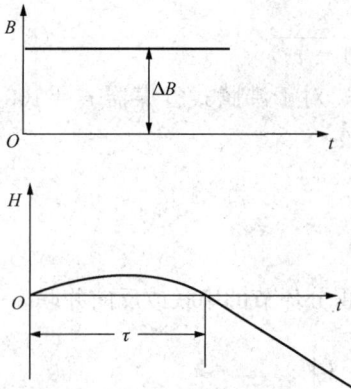

图 6-23　燃料量阶跃扰动
下水位响应曲线

慢，幅值也较小。

在燃料量阶跃扰动下，水位变化的动态特性可用如下传递函数表示：

$$G_{HQ}(s) = \frac{H(s)}{Q(s)}$$

$$= \left[\frac{K}{(1+Ts)^2} - \frac{\varepsilon}{s} \right] e^{-\tau s} \qquad (6-8)$$

式（6-8）与式（6-7）相似，但增加了一个纯迟延环节。

水位自动控制系统中，影响水位变化的主要因素是蒸汽负荷、燃料量和给水量。其中前两个因素是由锅炉负荷所决定的，属于对象的干扰作用，习惯上称为外部扰动（外扰）；而给水量是维持水位的调节变量，属于对象的调节作用，习惯上称为内部扰动（内扰）。因此，给水量扰动时动态特性参数 ε、τ 是影响控制系统调节质量的主要参数，是计算和整定参数的主要依据。

三、给水自动控制系统的基本方案

根据前面对给水控制对象动态特性的分析，在设计给水控制系统时应考虑以下问题：

（1）由于给水量改变后到水位变化存在一定的迟延和惯性，所以，若仅仅根据水位变化，通过调节器去调节给水量，必然使得水位偏差较大。

（2）由于在蒸汽流量和热负荷扰动时存在虚假水位现象，且反应速度比内扰快，为了克服"虚假水位"现象对控制的不利影响，应考虑引入蒸汽流量作前馈调节信号。

（3）给水压力是波动的，为了稳定给水量，应考虑将给水量信号作为反馈信号，用于及时消除内扰。

为了满足上述要求，出现了多种给水控制方案，随着机组容量的增大，对水位控制提出了更高的要求，为了保证给水系统的安全可靠，目前汽包锅炉的给水自动控制普遍采用三冲量（信号）给水自动控制系统方案。

（一）单级三冲量给水自动控制系统

1. 系统的组成

图 6-24 为常用的单级三冲量给水自动控制系统，图中 FT 为流量变送器，LT 为液位变送器，$\sqrt{\ }$ 为开方器，α_D、α_W 分别为蒸汽流量信号和给水流量信号的分压系数。

由图可以看出，给水调节器 PI 接受了三个信号（H、W、D），其输出通过执行机构去控制给水流量 W。其中汽包水位 H 是给水系统的被调量，是主信号，水位升高时应减小给水量，水位降低时应增加给水量，根据水位的变化调节给水流量组成一般的反馈控制系统。蒸汽流量 D 和给水流量 W 是引起水位变化的主要扰动。在控制系统中引入蒸汽流量为前馈信号和给水流量为反馈信号。这样组成的三冲量给水控制系统是一个前馈-反馈复合控制系统。当蒸汽流量增加时，调节器立即动作，相应地增加给水流量，从而减小或抵消了由于"虚假水位"现象使给水流量与负荷相反方向变

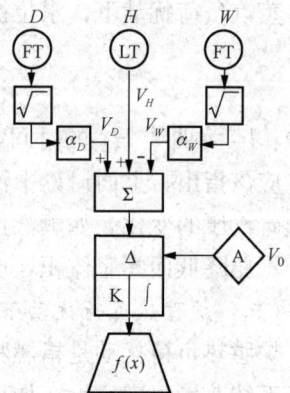

图 6-24　单级三
冲量给水控制系统

化的趋势。当水位 H 变化或蒸汽流量 D 变化引起调节器动作时，给水流量信号 W 是调节器动作的反馈信号。然而当给水流量自发变化时（例如给水压力波动引起给水流量的波动），调节器也能使调节机构立即动作，使给水量迅速恢复到原来的数值，从这个意义上讲，给水流量信号还起着前馈作用。所以给水流量信号 W 在三冲量给水控制系统中既有反馈信号的作用，同时对给水流量的扰动来说，又具有前馈信号的作用。但在后面的分析中，由于此信号处于系统内回路之中，常常按反馈信号处理。

应该指出，并不是所有锅炉都应采用三冲量给水控制系统。对于低参数小型锅炉，由于其水容量大，虚假水位不是十分严重，一般采用单冲量（水位）控制系统即可满足要求，这种系统结构简单，运行可靠。对于虚假水位较严重的中、小型锅炉，也可采用双冲量（水位和蒸汽流量）给水控制系统，此时由于没有给水信号，不能迅速消除给水扰动。

2. 控制系统的分析整定

（1）调节器入口信号接线极性。当蒸汽负荷升高时，为了维持汽包水位，调节器的正确操作动作应增大给水流量，即调节器输出控制信号应与蒸汽流量信号的变化方向相同，所以蒸汽流量信号 V_D 应为"＋"号（极性）；给水流量信号是反馈信号，它是为稳定给水流量而引入控制系统的，所以 V_W 为"－"号（极性）。

当汽包水位 H 升高时，为了维持水位，调节器的正确操作应使给水流量减小，即调节器操作方向应与水位信号变化方向相反，但由于汽包锅炉的水位测量装置——平衡容器本身已具有反号的静特性，所以进入调节器的水位变送器信号 V_H 应为"＋"号（极性）。

（2）控制系统的静态特性。在图 6-24 的单级三冲量控制系统中，水位 H、蒸汽流量 D 和给水量 W 三个信号送到比例积分调节器。在静态时，比例积分调节器入口三个信号 V_H、V_D、V_W 应与给定值信号 V_0 平衡，即

$$V_D - V_W + V_H = V_0 \tag{6-9}$$

又流量变送器输出经开方器开方后，与流量为线性关系，即 $V_D = \gamma_D \alpha_D D$，$V_W = \gamma_W \alpha_W W$。则式（6-9）可写成

$$V_0 - V_H = V_D - V_W = \gamma_D \alpha_D D - \gamma_W \alpha_W W \tag{6-10}$$

式中：γ_D、γ_W 分别为蒸汽流量、给水流量测量变送器的斜率。

在静态时，如不考虑锅炉排污等因素，蒸汽流量与给水流量相等（$D = W$），但如选择不同的 α_W、α_D、γ_W、γ_D 时，则 V_D 与 V_W 不一定相等，于是 V_0 与 V_H 也不一定相等。所以，水位静态特性有如图 6-25 所示三种情况：

1）$V_D = V_W$（$\gamma_D \alpha_D = \gamma_W \alpha_W$）。此时 $V_H = V_0$。即无论在何种负荷下水位 H 等于给定值 H_0，一般均取给水流量变送器和蒸汽流量变送器斜率相等，则

$$\alpha_D = \alpha_W$$

即应选择给水流量信号和蒸汽流量信号分压系数相同。

2）$V_D > V_W$（$\gamma_D \alpha_D > \gamma_W \alpha_W$），此时 $V_H < V_0$。这时随着负荷升高，V_H 值越小才能保证调节器入口信号平衡，而 V_H 值越小，则水位越高。所以，水位静态特性随负荷升高而上升。

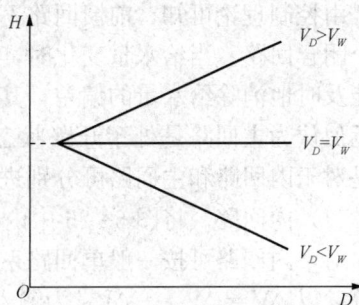

图 6-25　单级三冲量给水
控制系统的静态特性

3）$V_D < V_W$（$\gamma_D \alpha_D < \gamma_W \alpha_W$），此时 $V_H > V_0$，与上述情况相反，随负荷升高水位静态特性是下降的。

在给水控制系统中，一般情况下希望水位保持恒值静态特性，则在给水流量和蒸汽流量变送器相同时，应取 $\alpha_W = \alpha_D$。而在某些特殊情况下，也有取其他两种静态特性的。例如，在冲击负荷锅炉中可采用上升静态特性，此时应取 $\alpha_D > \alpha_W$；对于汽包汽水分离效果不好的锅炉可采用下降静态特性，此时取 $\alpha_D < \alpha_W$。

3. 给水调节器（PI 型）参数整定

为了整定给水调节器 PI 的参数，即比例带 δ 和积分时间 T_i，根据图 6-24 工作原理图可以画出如图 6-26 所示的方框图。

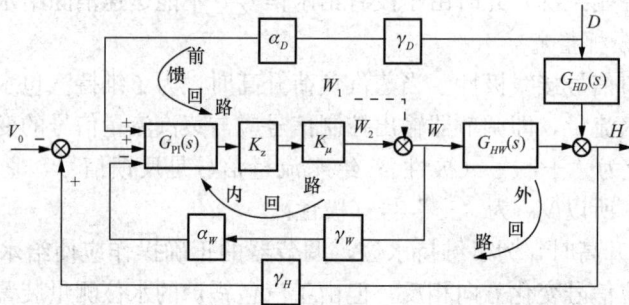

图 6-26　单级三冲量给水自动控制系统方框图

W_1—给水量自发性扰动；W_2—调节阀动作引起的给水量变化；
$G_{HW}(s)$—给水量扰动下水位对象的传递函数；$G_{HD}(s)$—蒸汽
流量扰动下水位对象的传递函数；γ_H—水位测量变送设备的
斜率；K_z—执行器放大系数；K_μ—调节阀门的放大系数

从图中可以看出，这个系统由两个闭合回路和一个前馈补偿回路组成：由给水流量变送器 γ_W、分压器 α_W、PI 调节器、执行机构 K_z 和调节阀 k_μ 组成的内回路（或称副回路）；由水位被控对象 $G_{HW}(s)$、水位测量装置 γ_H 和内回路组成的外回路（或称主回路）；由蒸汽流量信号 D、蒸汽流量测量装置 γ_D 及分压系数 α_D 组成的前馈补偿回路。

由控制理论可知，前馈回路不影响系统稳定性，所以对系统稳定性的分析应主要着眼于两个闭合回路。当给水量变化时，调节器信号 V_W 的反应将是非常快的，因此，通过调节器将能及时地消除给水量的偏差，其调节过程要比主回路快得多。这样，在内回路工作时，可以近似认为主回路是处于开路状态（实际整定时，内回路则可近似认为是快速随动系统）。于是对于内回路和主回路可分别进行分析和整定。

（1）内回路。将图 6-26 中内回路方框图单独画出如图 6-27 所示。

对于内回路可按一般单回路系统进行分析，可以把调节器 PI 之外的环节看作广义被控对象，以 $\Delta V = \Delta V_H + \Delta V_D$ 为输入、W 为输出的闭环传递函数为

$$\frac{W(s)}{\Delta V(s)} = \frac{K_\mu K_z \dfrac{1}{\delta}\left(1 + \dfrac{1}{T_1 s}\right)}{1 + K_\mu K_z \gamma_W \alpha_W \dfrac{1}{\delta}\left(1 + \dfrac{1}{T_1 s}\right)}$$

$$= \frac{K_\mu K_z (1 + T_1 s)}{(\delta + K_\mu K_z \gamma_W \alpha_W) T_1 s + K_\mu K_z \gamma_W \alpha_W} \tag{6-11}$$

系统特征方程为

$$(\delta + K_\mu K_z \gamma_W \alpha_W) T_I s + K_\mu K_z \gamma_W \alpha_W = 0 \tag{6-12}$$

由式（6-12）可见，无论调节器的 δ、T_I 取值大小，系统特征方程均有一个负实根，内回路的瞬态响应总是不振荡的，因此调节器的 δ、T_I 均可取得很小，其具体值可通过试验方法来确定，一般 $T_I \leqslant 10s$，$\delta \leqslant 30\%$；而不用式（6-12）计算确定，因为其特征方程只是一个近似的表达式。

（2）主回路。内回路经过正确整定后，由于其 T_I、δ 均很小，可看作是快速随动系统（给水流量随动于 ΔV 信号），所以式（6-11）近似为

$$\frac{W(s)}{\Delta V(s)} = \frac{1}{\alpha_W \gamma_W} \tag{6-13}$$

这样可把图 6-27 等效为图 6-28，在此基础上，可画出如图 6-29 的主回路简化方框图。

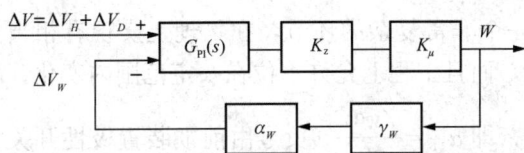

图 6-27　三冲量给水控制系统内回路方框图

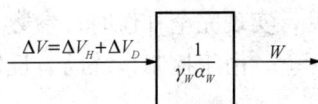

图 6-28　三冲量给水控制
系统内回路等效方框图

从图 6-29 可以看出，主回路也可看作是一个单回路系统，其中被控对象是以给水量为输入信号，以水位变送器输出变送电压为输出信号，即广义被控对象为

$$G_0^*(s) = \gamma_H G_{HW}(s) = \frac{\gamma_H \varepsilon}{s(1+\tau s)} = \frac{\varepsilon^*}{s(1+\tau s)} \tag{6-14}$$

式中：ε^* 为广义被控对象的响应速度，$\varepsilon^* = \gamma_H \varepsilon$。

而内回路的等效传递函数 $\dfrac{1}{\alpha_W \gamma_W}$ 相当于主回路的调节器，即等效调节器为

$$G_R^*(s) = \frac{1}{\alpha_W \gamma_W} = \frac{1}{\delta_W} \tag{6-15}$$

式中：δ_W 为主回路调节器等效比例带。此时等效调节器为比例调节器。

为了确定 δ_W，可用试验方法求取广义被控对象的阶跃响应曲线，由曲线求得迟延时间

图 6-29　三冲量给水控制系统简化方框图

τ 和响应速度 ε^*。然后按表 4-4 给出的公式计算等效调节器比例带，即

$$\delta_W = \varepsilon^* \tau \tag{6-16}$$

则

$$\gamma_W \alpha_W = \varepsilon^* \tau \tag{6-17}$$

$$\alpha_W = \frac{\varepsilon^* \tau}{\gamma_W} \tag{6-18}$$

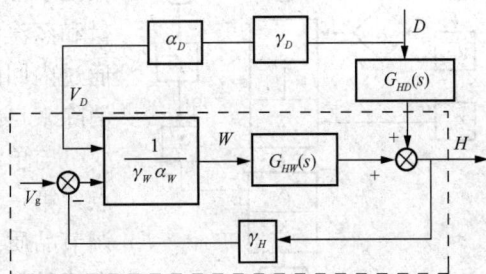

一般给水流量变送器斜率 γ_W 是已经确定的，等效比例带由给水流量分压系数调整。增

大给水流量分压系数 α_W，等于增大主回路等效调节器的比例带，提高主回路稳定性，减少主回路振荡趋势，提高衰减率。但对内回路来说，上述分析已经指出，内回路开环放大系数与 α_W/δ 成正比，故增大 α_W 就增大了内回路放大系数，因而降低了内回路稳定性裕量，增大了内回路振荡倾向。因而，在增大 α_W 提高主回路稳定性的同时，必须相应地增加调节器比例带 δ，以保持内回路稳定裕量不变。

（3）前馈补偿回路分析。蒸汽流量信号不在系统闭合回路之内，它的大小不会影响系统的稳定性。其参数 α_D 可按前馈原理整定，即设蒸汽流量扰动时水位不发生变化。由图 6-29 可知：

$$DG_{HD}(s) + D\alpha_D \frac{\gamma_D}{\gamma_W \alpha_W} G_{HW}(s) = 0 \tag{6-19}$$

或

$$\alpha_D = -\frac{\gamma_W \alpha_W}{\gamma_D} \frac{G_{HD}(s)}{G_{HW}(s)} \tag{6-20}$$

可见，实现完全补偿时，参数 α_D 是一个非常复杂的环节，在物理上实现有相当大的困难。实际上，由于控制系统已有反馈回路，而且工程上允许水位在一定范围内变化，故一般可按前述的静态配合原则取较简单的形式，即 $\alpha_D = \dfrac{\gamma_W \alpha_W}{\gamma_D}$（负号由前馈装置极性开关实现），就能使锅炉水位在负荷变化时保持在允许的范围内。

（二）串级三冲量给水自动控制系统

1. 系统的组成

为了进一步提高控制质量，三冲量给水控制系统也可以用串级控制系统的方式实现，其系统如图 6-30 所示。与单级三冲量给水控制系统相比，它有主、副两个调节器。主调节器采用 PI 控制规律，以保证水位无静态偏差。副调节器接受主调节器输出、给水量和蒸汽流量信号，一般采用 P 控制规律，其作用主要是通过内回路进行蒸汽流量和给水流量的比值调节，并快速消除来自给水侧的扰动。

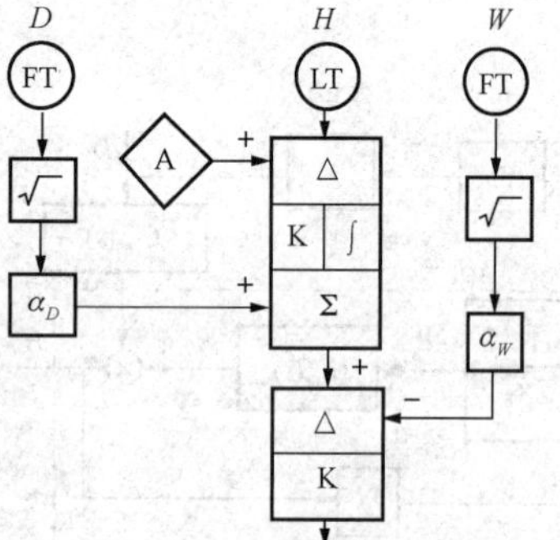

图 6-30　串级三冲量给水控制系统

与单级三冲量给水控制系统相比，本系统有如下特点：第一，两个调节器任务不同，参数整定相对独立，其调节品质比单级系统要好一些；第二，负荷变化时水位静态值是靠主调节器 PI 来维持的，不必要求进入副调节器的给水和蒸汽流量信号间的严格配合，而且可以根据对象在外扰下虚假水位的严重程度，来适当加强蒸汽流量信号 α_D 的作用强度，以改善动态过程；第三，安全性较好，当给水流量信号 V_W 和蒸汽流量信号 V_D 两信号中由于变送器故障而失去一个信号，或变送器特性发生变化，V_D 和 V_W 平衡关系失去时，主调节器由于积分作用可补偿失去平衡的电流，使系统暂时维持工作。而单级系统此时则无法控制水位在额定值；第四，串级系统还可接入其他冲量信号（如燃料信号等）形成多参数的串级系统。串级系统的缺点是在汽轮机甩负荷时，它的过渡过程和响应速度不如单级系统快。

2. 串级三冲量给水控制系统的分析整定

图 6-31 是串级三冲量给水控制系统的方框图。这个系统也是由两个闭合回路及前馈部分组成：由给水量 W、给水流量变送器 γ_W、给水量信号分压系数 α_W、副调节器 P、执行器、调节阀组成的内回路；由水位被控对象 $G_{HW}(s)$、水位变送器 γ_H、主调节器 PI 及副回路组成的主回路；由蒸汽流量信号 D、蒸汽流量变送器 γ_D 和蒸汽流量信号分压系数 α_D 组成的前馈控制部分。

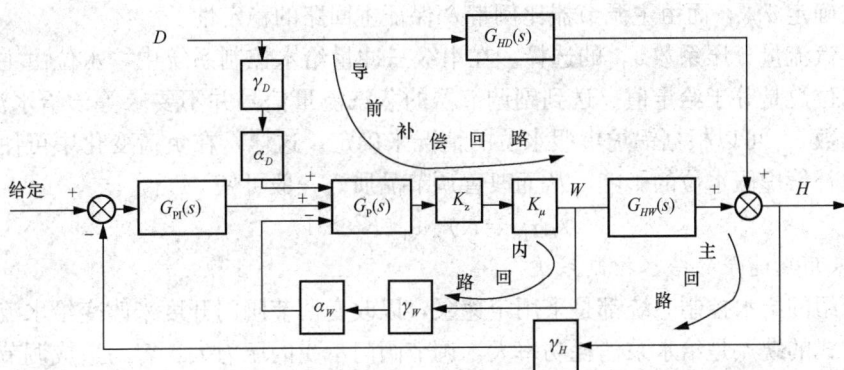

图 6-31　串级三冲量给水控制系统方框图

下面用串级系统的分析方法，说明串级给水控制系统的性能和整定方法。

（1）副回路。可以将副回路近似看作一个快速随动系统，当给水量发生扰动时，副回路能及时消除其扰动，对水位影响极小。对比图 6-31 和图 6-26 可以看出，图 6-31 的副回路和图 6-26 的内回路完全相同，其分析及参数整定方法也完全相同，不再详述。

（2）主回路。由于副回路与单级三冲量内回路相同，所以在分析主回路时副回路的动态特性可看作比例环节，与式（6-17）和图 6-28 所示相同。于是主回路可简化成如图 6-32 所示。这样主回路又等效为单回路系统。如以给水量 W 为输入信号、水位变送器信号 V_H 为输出信号，则广义被控对象为

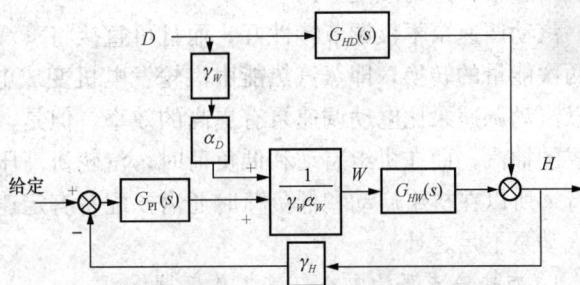

图 6-32　串级三冲量给水控制系统简化方框图

$$G_0^*(s) = \gamma_H G_{HW}(s) \tag{6-21}$$

则等效调节器为

$$G_R^*(s) = \frac{1}{\gamma_W \alpha_W} \frac{1}{\delta_1}\left(1 + \frac{1}{T_I s}\right) = \frac{1}{\delta_W}\left(1 + \frac{1}{T_I s}\right) \tag{6-22}$$

式中：$\delta_W = \gamma_W \alpha_W \delta$ 是等效比例带。

通过试验求得被控对象的 ε、τ 之后，再用表 4-4 中公式计算等效调节器的参数，即

$$\delta_W = 1.1\varepsilon\tau, \qquad T_I = 3.3\tau \tag{6-23}$$

则 PI 调节器参数为

$$\delta = 1.1\frac{\varepsilon\tau}{\gamma_W \alpha_W} \tag{6-24}$$

$$T_I = 3.3\tau \tag{6-25}$$

由上述分析可以看出，α_W 既是副回路的参数，又是主回路的参数。它对主、副回路的影响与单级三冲量系统中的影响一样。如 α_W 减小，则副回路稳定性提高，而主回路稳定性降低。但不同之处在于，单级系统主回路中等效调节器的比例带是 $\delta_W = \gamma_W \alpha_W$，只能用 α_W 来调整 δ_W，这样就会对其内回路产生影响，而串级系统中等效主调节器的比例带是 $\delta_W = \gamma_W \alpha_W \delta$，可用调节器的比例带 δ 调整 δ_W，这样可以做到主、副回路互不影响，即由内回路稳定性要求确定 α_W，而由主调节器比例带 δ 保证主回路的稳定性。

（3）蒸汽流量分压系数 α_D 的选择。在串级三冲量给水控制系统中，水位由主调节器校正，静态水位总是等于给定值。送到副调节器的蒸汽流量信号并不要求等于给水流量信号，所以分压系数 α_D 可以根据锅炉虚假水位的情况来确定。这样，在负荷变化中可使蒸汽流量信号更好地补偿虚假水位的影响，从而改善调节品质。一般可使

$$\gamma_D \alpha_D = K \gamma_W \alpha_W \quad (K > 1) \tag{6-26}$$

（三）采用变速泵的给水控制系统

前面介绍的给水控制系统都是采用定速泵，以改变调节阀门开度来改变给水流量。这种控制给水方式的缺点是给水泵消耗功率大，调节阀门承受的压力大，容易造成调节阀门的迅速磨损。为了节约能源，目前在大型锅炉中广泛采用变速泵控制给水流量。电站锅炉中使用的调速水泵有两种类型。

（1）电动调速泵。驱动水泵旋转的原动机是定速电动机，电动机与水泵之间的轴连接采用液力联轴器，通过改变液力联轴器中的油位高度实现给水泵转速的改变。

（2）汽动调速泵。驱动水泵旋转的动力是一台小汽轮机，通过改变小汽轮机的蒸汽流量实现给水泵转速的改变。

汽动调速泵不仅调节特性好，而且可直接将蒸汽的热能转变为机械能；电动调速泵要经过两次能量的转换，即蒸汽热能由汽轮发电机变成电能，电能再经电动调速泵变成机械能，所以汽动调速泵比电动调速泵有更高的效率。但是，因为驱动小汽轮机的蒸汽是主汽轮机高压缸的抽汽，而在机组启动和低负荷时，汽轮机高压缸的抽汽汽压太低，无法维持汽动泵的运行。所以在机组启动和低负荷时还需要配备有定速电动给水泵和调节阀门向锅炉供水，这是汽动泵不足之处。

1. 变速给水泵的安全经济工作区域

给水泵安全经济运行区是由泵的上限特性、下限特性、锅炉正常运行时的最高给水压力、最低给水压力和泵的最高转速、最低转速所包围的区域 $DEFGH$，如图 6-33 所示。若泵的工作点在上限特性外，则给水泵流量太小，将使泵的冷却水量不够而引起泵的汽蚀，甚至振动；若泵工作在下限特性以外，则泵的流量太大，将使泵的工作效率降低。此外，变速泵的运行还必须满足锅炉安全运行的要求，即给水压力不得高于锅炉正常运行的最高给水压力 p_{max} 与不低于最低给水压力 p_{min}。因此，采用变速泵的给水控制系统，在调节给水量的过程中，必须保证泵的工作点在安全经济区域之内，这是设计采用变速泵的给水控制系统时所需要考虑的特殊问题。

但是，对于定压运行的单元机组，由于锅炉的压力负荷曲线（见图 6-33 曲线 1）大部分落在给水泵的安全经济工作区之内，因此当锅炉负荷在很大的范围变化时，变速给水泵的工作点一般不会滑出安全经济工作区。所以对于定压运行锅炉，采用变速给水泵时的给水控

制系统方案与采用改变调节阀门开度的给水控制系统方案是完全相同的。

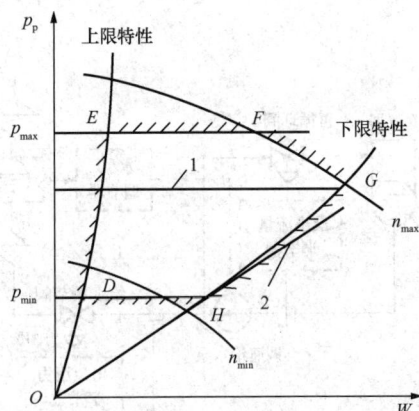

图 6-33　变速泵的安全经济运行区与锅炉的压力—负荷曲线

对于滑压运行的单元机组，锅炉的出口压力——负荷曲线常取图 6-33 曲线 2 的形式，即低负荷是定压运行，中高负荷是滑压运行。这时的锅炉压力——负荷曲线有很大一部分落在给水泵的安全经济区之外。因此，随着锅炉负荷的变化，变速给水泵的工作点将可能滑出安全经济工作区。例如，假定给水泵原来工作点在 a 点（见图 6-34），对应的转速为 n_1，流量为 W_1，如果锅炉负荷增加，要求给水量增大到 W_2，则此时由三冲量给水控制系统动作，使给水泵转速由 n_1 增大到 n_3，满足了负荷的要求，但水泵的工作点将滑到下限特性之外的 c 点，从而使泵的运行效率下降。如果在提高水泵转速的同时，也改变管道的阻力特性曲线（即关小调节阀开度，使泵的出口压力上升到 b，同时泵的转速升至 n_2），这样的控制方法就实现了即使给水量满足了负荷要求，同时又使泵的工作点不滑出安全经济工作区。从上面的分析过程可以看出，对于变压运行锅炉，当采用变速泵控制给水流量时，需要同时控制泵的转速和给水调节阀的开度，才能保证泵运行在安全经济工作区内。

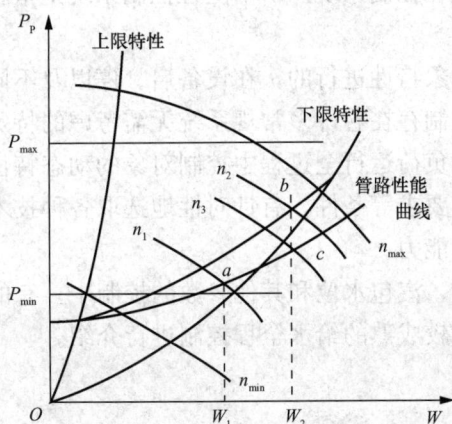

图 6-34　变速给水泵工作点的调节

锅炉在启动、停运的过程中，或在低负荷运行时，泵的工作点还可能落在上限特性之外，此时通过给水流量信号控制最小流量调节器或继电器自动打开去除氧器的再循环阀门，以保证给水泵在低负荷运行时的安全。

2. 采用变速泵的给水控制系统方案

通过以上分析可知，采用变速泵滑压运行锅炉给水控制系统的任务是：维持水位恒定，并保证泵的工作点始终落在安全经济区域内。为了完成这个任务，给水控制系统应包括三个子控制系统：①汽包水位控制系统通过改变泵的转速去控制给水流量，以达到维持水位稳定；②泵出口压力控制系统，通过改变给水调节阀开度控制给水泵的出口压力，以保证泵在经济安全区域内运行；③泵最小流量控制系统通过控制泵的再循环阀门的开或关，以保证通过泵的流量不低于泵所规定的最小流量（该控制系统通常直接附设在泵的本体上）。

图 6-35 为采用变速给水泵的给水控制系统示意。根据这个方案所设计的给水控制系统如图 6-36 所示。其中图 6-36（a）为给水泵转速控制系统，这是一个典型的串级三冲量给水控制系统。副调节器输出受高、低值选择器限幅，限幅信号对应于泵的最高、最低转速。图 6-36（b）为压力控制系统，p_P 是水泵出口压力，给水流量 W 通过函数发生器作为调节器 PI_3 的给定值。这样的压力控制系统可使调速泵的工作点不落到下限特性曲线之外，并保证泵有足够的上水压力。

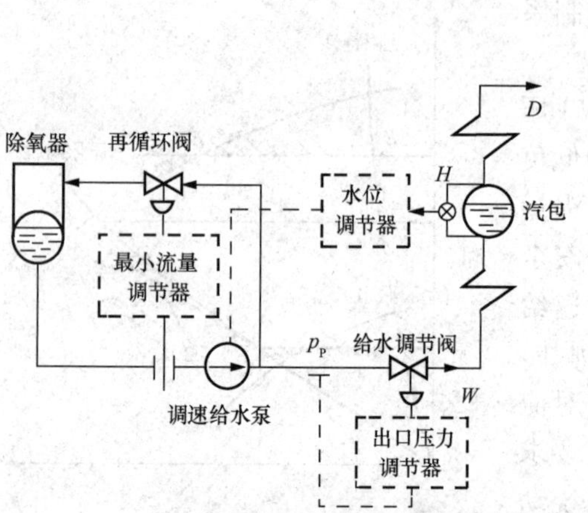

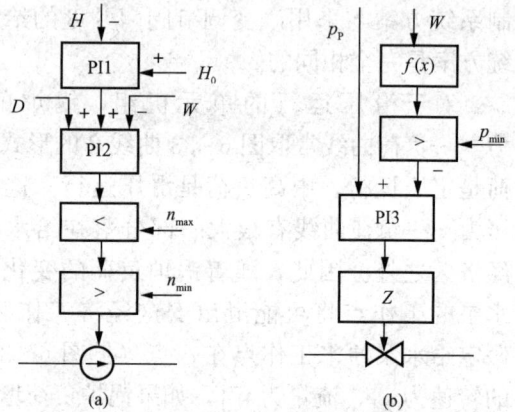

图 6-35　采用变速给水泵的给水控制系统示意

图 6-36　采用变速给水泵的给水控制系统
(a) 转速（水位）控制系统；(b) 压力控制系统

第四节　给水全程自动控制系统

随着发电机组容量的增大和参数的不断提高，机组的控制与运行管理变得越来越复杂和困难。为了减轻运行人员的劳动强度，保证机组的安全运行，要求实现更为先进，适用范围更宽，功能更为完备的自动控制系统。这就产生了全程控制系统。所谓全程控制系统是指在启停过程和正常运行时均能实现自动控制的系统。

常规系统的设计与综合是依据额定工况下受控对象特性进行的，在设备启、停以及不同运行工况下，其特性有着很大的差异，因此，全程控制存在着许多常规系统无需考虑的特殊问题。在系统的设计中，必须根据启、停过程直至满负荷运行全过程中控制对象的动态特性以及机组热力系统中主机和辅机的结构、特性和操作要求等条件，有针对性地选取各种技术手段和措施，以提高控制系统适应负荷大幅度变化的能力。

目前，全程控制已用于主蒸汽温度、主蒸汽压力、汽包水位和其他参数的控制中，有的机组负荷控制也已接近全程控制，这里主要对应用比较成熟的给水全程控制进行介绍。

一、给水全程控制系统中的特殊问题

1. 锅炉给水设备及管路连接

全程控制系统的实现，除了要有很好的控制系统外，还应该有与之相应的给水系统，即合理的给水主设备的连接方式。

在单元制给水系统中，每台单元机组都有自己独立的给水管路系统。比较典型的有汽动泵、电动泵混合型及单纯电动泵组两种。

目前我国大容量机组多采用汽动泵、电动泵混合型给水系统，其典型结构如图 6-37 所示，它配置了三台主给水泵，其中两台容量各为额定容量 50% 的汽动给水泵用于正常运行时，一台容量为额定容量的 25% 或 30% 的电动给水泵，一般作为启动泵和备用泵。为了保证泵在低负荷时出口有足够的流量，防止给水泵产生汽蚀现象，安装了再循环管路。

电动泵组给水系统典型形式是三台可变速电动给水泵并联连接，两台运行一台备用，泵的转速变化依靠液压联轴器（靠背轮）滑差实现。为保证泵的安全运行特性，通常也装有再

循环门和调节阀门。

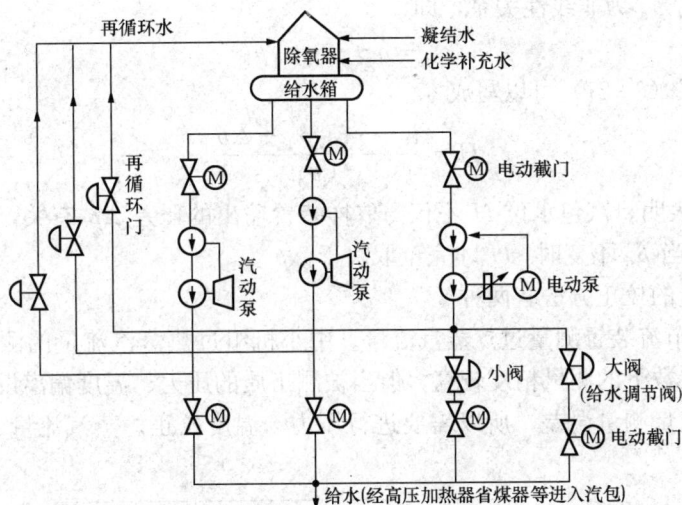

图 6-37　汽动泵、电动泵混合型单元制给水系统示意

2. 测量信号的校正

锅炉从启动到正常运行的过程中，蒸汽参数和负荷在很大范围内变化，这就使水位、给水流量和蒸汽流量的测量准确性受到影响。为了实现全程控制，需要对这些测量信号进行压力、温度变化的自动校正。

测量信号自动校正的基本方法是先推导出被测参数随温度、压力变化的数学模型，然后运用功能组件（运算电路）进行校正计算，便可实现信号自动校正。

（1）汽包水位的校正。汽包锅炉通常利用压差原理来测量其水位，而锅炉从启、停到正常负荷的整个运行范围内，汽包内饱和蒸汽和饱和水密度随压力变化，这样就不能直接用压差信号来代表水位，因此必须对测量信号进行压力修正。

图 6-38 所示为单室平衡容器取样装置的水位测量原理图，由图中可知：

$$\Delta p = p_1 - p_2 = \rho_a g L - [\rho_s g (L - H) + \rho_w g H]$$

整理上式得

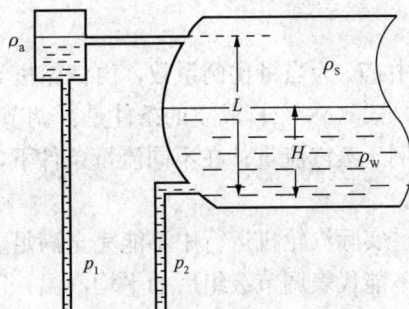

图 6-38　汽包水位测量原理

$$H = \frac{L(\rho_a - \rho_s)g - \Delta p}{(\rho_w - \rho_s)g} \qquad (6-27)$$

式中：Δp 为输入差压变送器的差压；ρ_w 为饱和水的密度；ρ_s 为饱和蒸汽的密度；ρ_a 为汽包外平衡容器内水的密度；g 是重力加速度。

由上式可见，水位 H 是差压和汽、水密度的函数。密度 ρ_a 与环境温度有关。在锅炉启动过程中，水温略有升高，压力也同时升高，这两方面变化对 ρ_a 的影响基本上可以抵消，即可以近似认为 ρ_a 是恒值。饱和水和饱和蒸汽的密度 ρ_w，ρ_s 均为汽包压力 p_d 的函数，在 $p_d < 19.6\text{MPa}$ 的范围内，$(\rho_a - \rho_s)$ 与 p_d 可以近似为线性关系，可采用下式表示：

$$L(\rho_a - \rho_s)g = K_1 - K_2 p_d \qquad (6-28)$$

式中：p_d 为汽包压力；K_1、K_2 为常数。

而（$\rho_w - \rho_s$）与 p_d 为非线性关系，即

$$(\rho_w - \rho_s)g = f(p_d) \tag{6-29}$$

这样，水位表达式（6-27）可以写成

$$H = \frac{K_1 - K_2 p_d - \Delta p}{f(p_d)} \tag{6-30}$$

式（6-30）表明，汽包水位 H 不仅与取样装置输出的压差 Δp 有关，而且还与汽包压力 p_d 有关，只有当 p_d 不变时，H 才完全取决于 Δp。

（2）蒸汽流量的校正方法有两种。

1）采用标准节流装置测量过热蒸汽流量。中小机组过热蒸汽流量的测量通常采用标准喷嘴，它在设计参数下的测量精度较高，但当被测工质的压力、温度偏离设计值时，工质的密度变化会造成流量测量误差，所以需要进行压力、温度校正。蒸汽流量 D 的校正公式如式（6-3）所示：

$$D = K\sqrt{\Delta p \rho g} = K\sqrt{10.2 \times \Delta p \frac{1857p}{\theta + 166 - 5.61p}} \tag{6-31}$$

式中：D 为过热蒸汽流量，kg/h；p 为过热蒸汽压力，MPa；θ 为过热蒸汽温度，℃；Δp 为节流件压差，MPa；ρ 为过热蒸汽密度，kg/m³；K 是流量系数。

2）利用汽轮机调节级后压力或级组压力差测量主蒸汽流量。采用节流装置测量蒸汽流量会造成一定的节流损失，降低机组的经济性，目前大容量火电机组较多采用汽轮机调节级后压力或级组压力差测量主蒸汽流量。

采用汽轮机调节级后压力测量主蒸汽流量的基本理论公式是弗留格尔公式：

$$D = K\frac{p_1}{T_1} \tag{6-32}$$

式中：K 为当量比例系数，由汽轮机类型和设计工况确定；p_1、T_1 为调节级后汽压与汽温。

式（6-32）成立的条件是：调节级后流通面积不变；在调节级后各通流部分的汽压均比例于蒸汽流量；在不同流量条件下，流动过程相同，即多变指数 n 相同，通流部分效率相同。

实际汽轮机运行中不能完全满足上述条件，同时不易直接测量调节级后汽温，即使测得也不能代表调节级组后的平均汽温，因此一般采用主汽参数相关的量推算级后温度。

用压力级组前后压力测量主蒸汽流量的方法也是基于弗留格尔公式，其导出形式为

$$D = K_1\sqrt{\frac{p_1^2 - p_2^2}{T_1}} \tag{6-33}$$

式中：p_2 为第一压力级组后的压力，即第一级抽汽压力。

由于调节级后温度 T_1 难以测量，可通过测量第一级抽汽温度 T_2 推算 T_1，有

$$T_1 = K_T T_2$$

则式（6-33）可写作

$$D = K\sqrt{\frac{p_1^2 - p_2^2}{T_2}} = \sqrt{\frac{p_1^2 - p_2^2}{KT_2}} \tag{6-34}$$

（3）给水流量的校正。计算结果表明：当给水温度为 100℃，压力在 0.196～19.6MPa

范围内变化时，给水流量的测量误差为 0.47%；压力 19.6 MPa 不变，给水温度在 100～290℃范围内变化时，给水流量的测量误差为 13%。这就说明，对给水流量的测量只需采取温度校正。当然，若给水温度变化也不大的话，则可不必对给水流量进行校正。

3. 给水流量测量装置的切换

在全程控制中给水流量测量信号的准确性与压力、温度的校正精度有关，但主要取决于高、低负荷时流量测量的准确度。一般，大型单元机组的给水管路包括主给水、辅助给水和旁路给水三条支路，旁路给水管路中的最大流量只有主给水管路流量的 30% 左右。如果只用一个节流元件测量给水流量，在低负荷时必然产生较大的测量误差。为提高测量精度，需要在主给水和旁路给水支路上各安装一个节流元件，并设计一个流量运算回路。以实现在低负荷时用旁路管路上的孔板测量给水流量，高负荷时用主给水管路上的孔板测量给水量的要求。

4. 大小给水阀门的切换

在给水全程控制中，低负荷时用旁路阀门（即小阀门）控制给水流量，高负荷时用主给水阀门（即大阀门）控制给水流量，这样就需要设计相应的控制系统，以实现负荷变化时大小阀门间的无扰切换。

5. 系统的无扰切换

给水全程控制系统通常采用变结构控制，随负荷变化进行单冲量和三冲量控制方式的切换，同时，给水泵的运行方式以及控制作用方式也进行相应的切换。这样就需要设计较为复杂的跟踪回路，以实现系统之间的无扰切换。通常，给水全程控制系统跟踪的基本原则为：在单冲量调节器工作时，三冲量调节器的主调跟踪给水流量信号，副调跟踪阀位信号；在三冲量调节器工作时，单冲量调节器跟踪阀位信号。

6. 给水泵安全运行特性的保证

在给水全过程中，需要保证给水泵总是工作在泵的安全工作区内（见图 6-33）。

在锅炉负荷很低时，为了满足上限特性要求，必须打开再循环门，以增加泵的流量。

在给水泵已接近 n_{min} 时，为满足最低转速要求，需要用改变上水通道阻力（即设置给水调节阀）的方式取代继续降低转速方式来调给水量。

在锅炉负荷上升到一定程度，即泵流量较大时，为了不使在下限特性右边区域工作，也必须适当提高上水通道阻力，以使泵出口压力提高，这样给水调节阀又起到保证泵在下限特性左边安全工作的作用。

另外，在不同运行方式下，对给水泵还有特殊的要求，例如，200MW 机组在滑压运行方式下需要给水泵出口压力调节系统，而在定压运行方式时则不需要。

二、单元制锅炉给水全程控制方案

给水主设备连接方式不同，所需的全程控制系统也不同。对于母管制运行的机组，给水母管压力要求保持恒定，此时全程控制要通过改变调节阀门开度来实现。而单元制给水系统中一般采用变速给水泵，通过改变给水泵转速改变给水量，从而实现全程控制。单元制中无节流损失，经济性较好，因此这里仅以两种常用的单元制锅炉给水控制方案为例进行介绍。

方案一　如图 6-39 所示，这个方案中，低负荷时采用单冲量系统（PI1），高负荷时采用三冲量系统（PI2），而且都是通过改变调速泵转速来实现给水量的调节。为了保证给水泵工作在安全工作区内，设计了一个给水泵出口压力调节系统（PI3），通过改变阀门开度来改变泵的出口压力。在给水泵出口和高压加热器出口分别取给水压力信号送入小值选择器。当机组正常运行时，

图 6-39　方案一系统示意

高压加热器出口的给水压力总是低于泵的出口压力。这时，应选高压加热器出口给水压力作为压力测量值，使泵的实际工作点在泵下限特性曲线偏左一些，确保泵工作在安全工作区内。当机组热态启动时，高压加热器出口的给水压力高于泵的出口压力，小选组件输出为泵出口压力，保证泵出口给水压力升压过程中，两个调节阀门均处于关闭状态，直到泵出口压力大于高压加热器出口给水压力时，才按高压加热器出口的给水压力进行调节，控制两个阀门开度。

这个方案结构合理，经济性好，切换较简单，安全可靠性也较好。不足之处是压力调节系统和水位调节系统互相影响，同时两个系统切换动作频繁，使调节阀磨损较快。

方案二　如图 6-40 所示。这是一个一段调节的方案，在低负荷时采用 PI1 单冲量系统，GH1 值经大值选择器来控制调速泵，使泵维持在允许的最低转速。此时给水量是通过改变调节阀开度来调节的。高负荷时，阀门开到最大，为了减小阻力，把并联的调节阀也开到最大，三冲量调节器 PI2 的输出大于 GH1 的值，故可直接改变调速泵转速控制给水量。

在冷态启动时，GH1 起作用，即让泵工作在最低转速。在热态启动时取决于 P_d 值，泵可以直接工作在较高的转速。

图 6-40　方案二系统示意

这个方案中没有专门设计泵出口压力安全调节系统，解决给水泵在安全工作区的办法是利用调速泵运行的自然特性，即在定压运行时用两台泵同时给水的方法，使每台泵的负荷不超过 86%，这样泵就自然工作在安全区内。

这个方案结构最简单，系统和调节段两种切换互相错开，p_d 是开环调节，调节段是无触点自由过渡，安全性能好，是一个好方案。

三、300MW 机组给水全程控制系统实例

某 300MW 机组给水热力系统如图 6-41 所示。该机组配有两台 50% 额定容量的汽动给水泵和一台 50% 额定容量的电动调速给水泵，在机组启动阶段，由于汽源不够稳定，故先使用电动给水泵。为满足机组启动过程中最小流量控制的需要，在电动泵出口至给水母管之间装有两条并联管路，一条支路上装有主给水截止阀，另一条支路上装有给水旁路截止阀和调节阀。启动时通过给水旁路调节阀控制汽包水位；正常运行时，主给水阀全开，通过调整泵的转速控制汽包水位。电动泵转速通过液力耦合器调整，两台汽动泵由小汽轮机驱动。为防止给水泵在流量过低时产生汽蚀，每台给水泵出口都设有再循环管路至除氧器。

一个实际应用的 300MW 机组给水全程控制系统，主要由信号测量部分、单冲量控制回

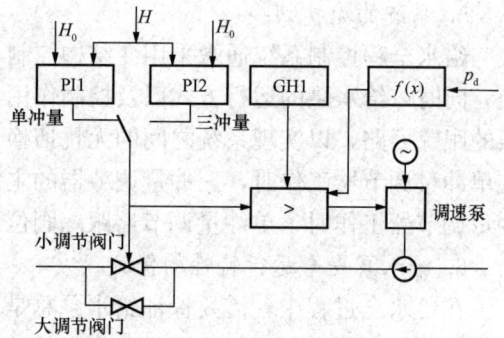

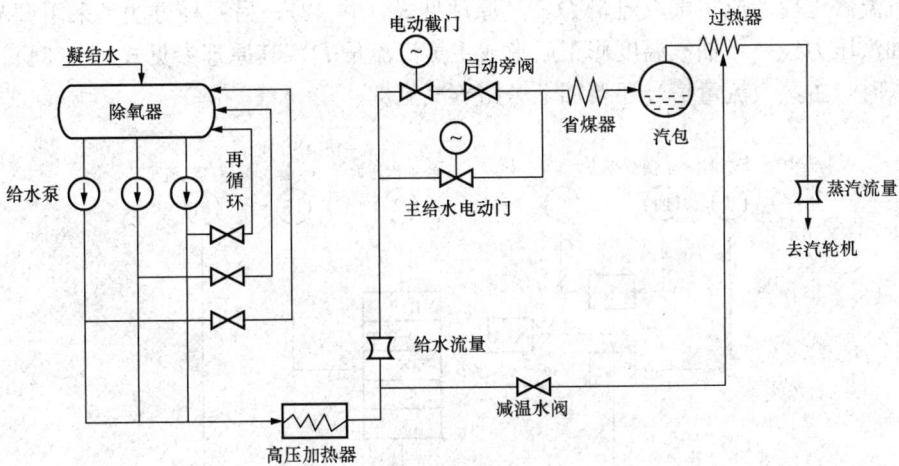

图 6-41　300MW 机组给水热力系统简图

路、三冲量控制回路和跟踪切换部分组成，下面分别进行说明。

（一）信号的测量部分

1. 汽包水位信号

如图 6-42 所示，三路汽包水位测量信号分别经过压力补偿，采取"三取中"的方法，选取中间值作为系统控制使用的汽包水位测量信号 H。为防止变送器故障，将信号 H 分别与三路补偿后的水位信号进行比较（图中略去了另外两路偏差比较报警线路）。如果偏差值超限，产生高低值报警的逻辑信号，使系统切手动，同时发出声光报警，待故障变送器切除后，系统才正常工作。

2. 给水流量信号

如图 6-43 所示，省煤器前给水流量的测量值经给水温度修正后，汇总过热器一、二级减温器的喷水量和锅炉连续排污流量后，形成控制使用的给水流量测量信号 W。

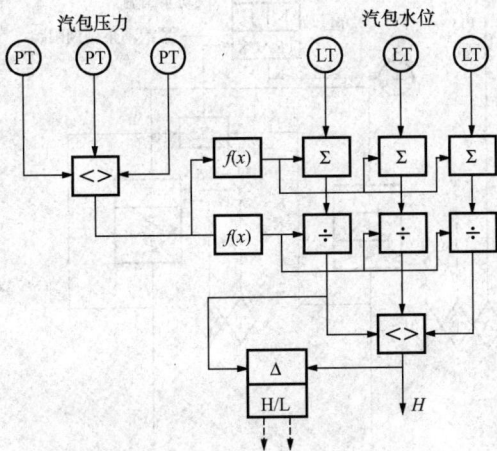

图 6-42　汽包水位测量信号

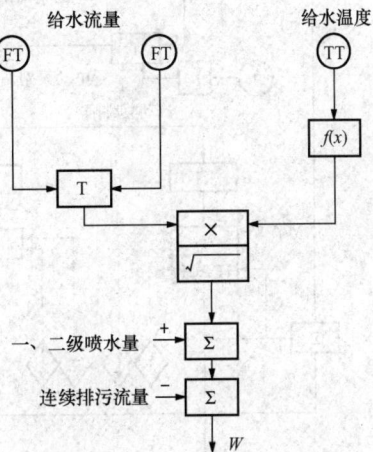

图 6-43　给水流量测量信号

3. 主蒸汽流量信号

如图 6-44 所示，主蒸汽流量信号的获取采用了两种方法：一种是采用汽轮机调节级压力经主汽温修正后形成主蒸汽流量 D，其原理见式（6-32）；另一种方法是采用调节级压力和一级抽汽压力经一级抽汽温度修正后形成主蒸汽流量 D，其原理参见式（6-34）。当高压旁路投入时，主蒸汽流量信号还要加上旁路蒸汽流量。

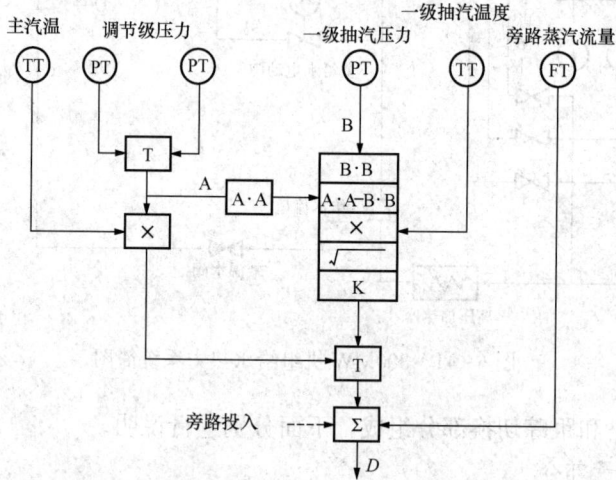

图 6-44　主蒸汽流量测量信号

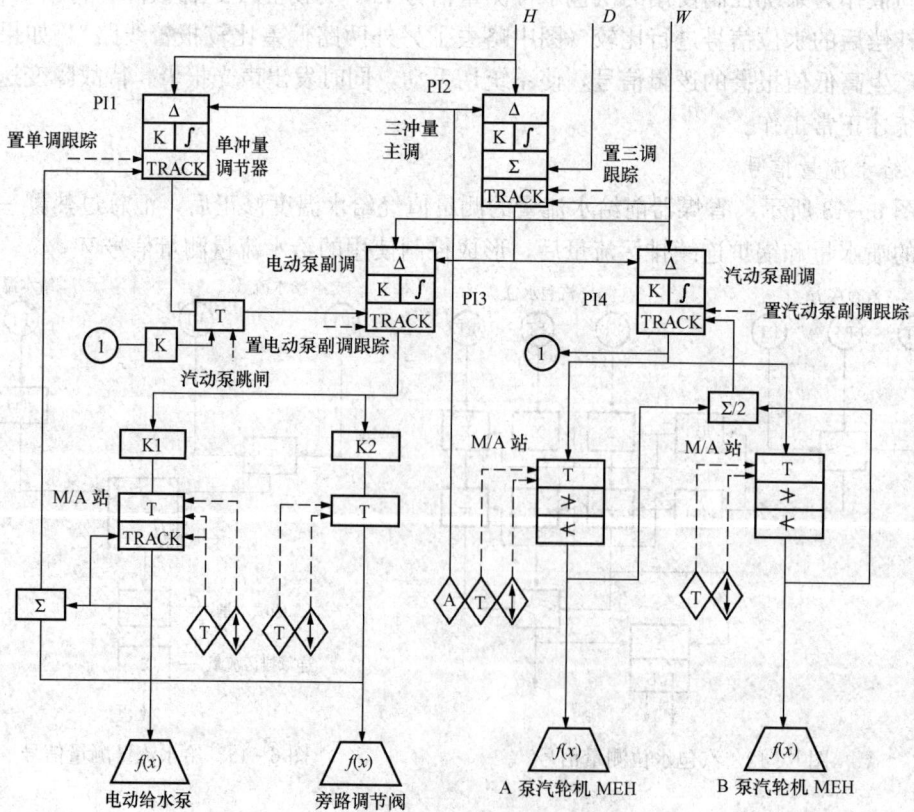

图 6-45　全程给水控制系统

（二）单冲量控制方式

给水全程控制系统如图 6-45 所示，在机组启、停及低负荷运行工况，采用单冲量控制方案，通过单冲量调节器 PI1 控制给水旁路阀和电动泵。给水旁路阀及每台给水泵操作回路均配有手动/自动（M/A）操作站。汽包水位测量值 H 与汽包水位设定值进行比较，其偏差经单冲量调节器、切换器、比例器 K2 和 M/A 操作站去控制给水旁路调节阀，此时电动泵保持一定转速，以满足启动和低负荷下给水流量的需求。当旁路调节阀开度大于 95％时，自动打开主给水电动门，电动泵可进入自动方式运行。此阶段仍采用单冲量控制方式，单冲量调节器 PI1 的输出经比例器 K1 和 M/A 操作站控制电动给水泵转速，以维持汽包水位。由于采用旁路阀水位控制系统与电动泵转速水位控制系统的执行机构不同，采用了不同的比例系数 K1 和 K2。

（三）三冲量控制方式

当机组负荷大于 30％时，采用串级三冲量控制方案，系统中电动泵副调节器 PI3 和汽动泵副调节器 PI4 共用一个主调节器 PI2。

在给水流量和蒸汽流量信号测量可靠，且蒸汽流量大于或等于 30％时，系统可切换到三冲量控制方式。这是一个以汽包水位为主信号，以蒸汽流量为前馈信号，以给水流量为反馈信号的串级三冲量控制系统。三冲量主调节器输出加上蒸汽流量信号 D 作为副调节器的给定信号，给水流量 W 是反馈信号。在负荷由 30％继续升到 100％满负荷阶段，均采用串级三冲量控制方案。

在汽动泵未运行前，采用电动泵控制给水流量，三冲量主调 PI2 和电动泵副调 PI3 构成串级三冲量电动泵控制方式。当负荷继续升高到 30％～40％时，汽动泵小汽轮机开始冲转、升速，当汽动泵转速进一步上升、汽动泵流量逐步提高，电动泵流量逐步下降后，可投入汽动泵自动，使电动泵退回到手动。当负荷升到 40％～50％时，启动第二台汽动泵运行。这时，三冲量主调 PI2 和汽动泵副调 PI4 构成串级三冲量汽动泵控制方式，MEH 系统以汽动泵转速控制信号控制小汽轮机转速。

（四）控制逻辑

给水控制系统逻辑图如图 6-46 所示，主要逻辑如下：

（1）单、三冲量控制方式之间的切换。锅炉负荷高于 X％（一般为 30％）时，只要三个给水泵 M/A 控制单元有一个为自动方式，系统即自动选择三冲量控制方式。如果锅炉负荷低于 X％且给水为自动，则控制逻辑自动回到单冲量控制方式。

为便于系统实现手动/自动无扰切换，系统设置了一系列跟踪功能：若 A、B 汽动泵均手动或系统选定单冲量控制方式时，汽动泵副调处于跟踪状态，跟踪两台汽动泵控制指令的平均值；若给水旁路门手动或系统处于三冲量控制方式时，单冲量调节器处于跟踪状态，跟踪给水旁路门指令和电动泵指令；若电动泵手动或系统选定单冲量控制或汽动泵跳闸后电动泵启动时，电动泵副调处于跟踪状态，由切换继电器 T 进行切换跟踪单冲量调节器输出信号或跟踪汽动泵控制指令（汽动泵跳闸时由电动泵根据指令控制给水流量）；若汽动泵副调和电动泵副调均处于跟踪状态，则三冲量主调也处于跟踪状态，跟踪给水流量测量信号。

（2）旁路调节阀控制。当出现给水流量变送器故障、第一级压力变送器故障、A 和 B 汽动泵均手动或电动泵故障等情况之一时，置旁路调节阀手动控制（MRE）。

（3）电动泵控制逻辑。当出现给水流量变送器故障、第一级压力变送器故障、A 和 B 汽动泵均手动或给水调节门执行器故障等情况之一时，置电动泵手动控制（MRE）。

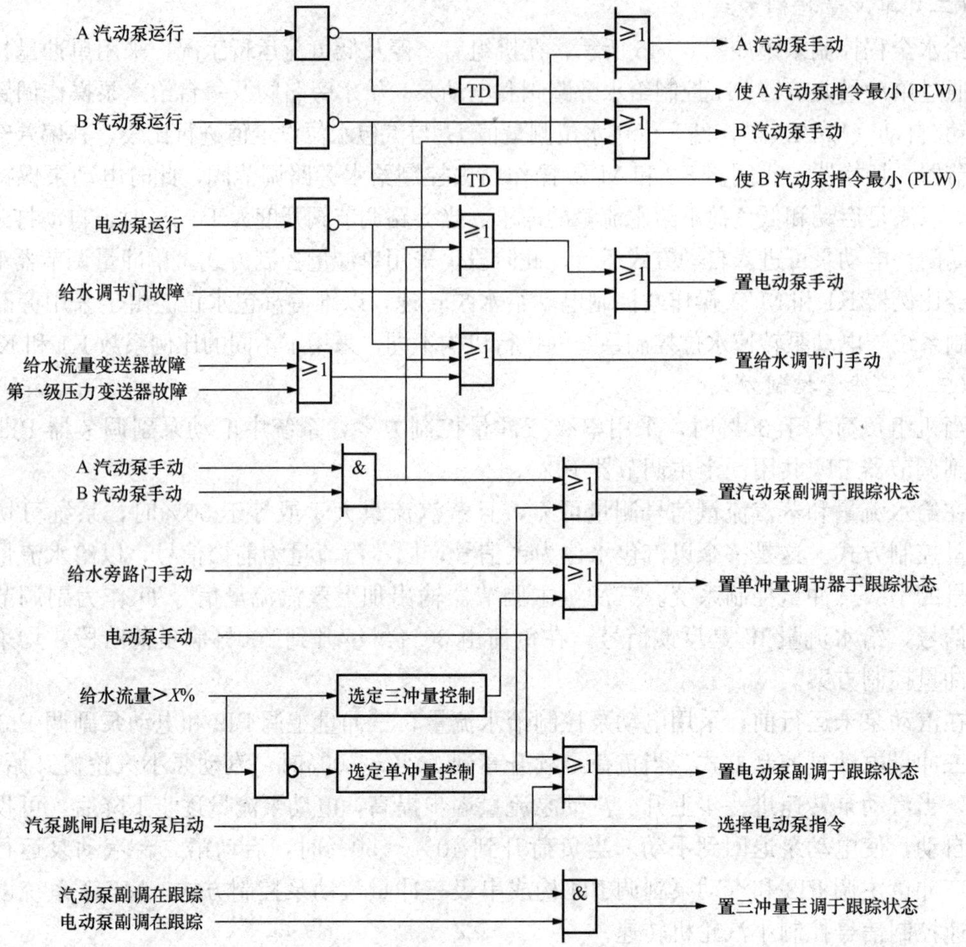

图 6 - 46　给水控制系统逻辑图

（4）汽动泵控制逻辑。当出现汽动泵跳闸、给水流量变送器故障或第一级压力变送器故障等情况之一时，置汽动泵手动控制（MRE）。汽动泵跳闸时，经延时 x 秒后系统发出超弛控制信号（PLW），使汽动泵控制指令最小。

第五节　燃烧过程自动控制系统

一、燃烧过程控制系统的任务

锅炉燃烧过程是一个将燃料的化学能转变为热能，以蒸汽形式向负荷设备提供热能的能量转换过程。燃烧过程控制的基本任务是使燃料燃烧所提供的热量适应锅炉蒸汽负荷的需要，同时还要保证锅炉安全经济运行。每台锅炉燃烧过程的具体控制任务及控制系统的选择因燃料种类、制粉系统类型、燃烧设备的结构以及锅炉的运行方式不同而有所区别，具体可归纳为以下几个方面。

1. 维持蒸汽压力稳定

汽压变化反映了燃烧过程中能量供需的不平衡，此时，应根据外界负荷要求改变燃料量，以改变锅炉的产汽量，从而保持汽压稳定。汽压测点的选择视热力系统的结构而定。对于单元制机组，应维持过热器出口或汽轮机入口汽压恒定；对于母管制系统，则应维持母管汽压稳定。

2. 保证燃烧过程的经济性

燃料量变化时，应相应地改变送风量，以保持合适的过量空气系数，减少锅炉未完全燃烧损失和排烟热损失，使锅炉运行于最佳燃烧工况。然而到目前为止，锅炉的燃烧效率尚无法直接进行测量，只能用烟气中的含氧量或保持一定的风量与燃料量比值的办法来间接判别。

3. 维持炉膛压力稳定

锅炉炉膛压力反映了燃烧过程中进入炉膛的送风量与流出炉膛的烟气量之间的工质平衡关系。其正常与否关系着锅炉的安全经济运行。负压过小，炉膛容易向外喷火或喷灰，甚至引起炉膛爆炸；而负压过大，会使大量冷风漏入炉膛，降低炉膛温度，增大引风机负荷和排烟损失。通常，对于燃煤锅炉，为防止炉膛向外喷灰，通常采用微负压（— 30～0Pa）运行。对于燃油锅炉，则通常采用微正压运行，以防止炉膛漏风，使烟气中过剩空气系数上升，造成过热器管壁腐蚀。

上述三项控制任务是不可分割的，通常用三个调节器控制三个调节变量（燃料量 B、送风量 V、引风量 V_s），以维持三个被控量（汽压 p_r、过量空气系数 α 或最佳含氧量 $O_2\%$、炉膛负压 p_f），三个控制系统互相协调，共同完成上述三项控制任务。

4. 维持燃料系统的正常运行

对于燃油锅炉来说，燃料系统包括燃油的加温及加压系统；而对于燃煤锅炉而言，则包括制粉及输送粉系统。对于燃油锅炉及采用具有中间粉仓的燃煤锅炉，燃料系统可以相对独立地运行，因而燃料系统的控制与燃烧过程的控制是相互独立的，但采用直吹制粉系统的锅炉，其燃料系统与燃烧系统是紧密联系在一起的，因此其燃烧过程的控制，随着锅炉燃烧率的变化，不仅改变制粉系统的给煤量，同时相应改变各有关风量，以维持燃料系统的正常运行。

二、燃烧过程控制对象的动态特性

锅炉燃烧过程控制对象是一个多输入多输出的复杂对象。三个被控量中通常以汽压作为主要被控量（假设单元机组采用炉跟机负荷控制方式）。下面将着重分析汽压控制对象的动态特性。对于送、引风两个控制对象，当送、引风改变后，炉膛中燃料和空气比值和炉膛负压变化较快，可近似认为是比例环节，所以不专门讨论。

（一）汽压控制对象动态特性分析

汽压控制对象生产流程示意如图 6 - 47 所示。燃料与相应的送风量进入炉膛，燃料燃烧产生的热量被布置在炉膛四周的蒸发受热面吸收而产生蒸汽，蒸汽流经过热器加热成过热蒸汽，过热蒸汽由蒸汽管道送入汽轮机做功。

根据汽压控制对象的生产流程画出的汽压控制对象方框图如图 6 - 48 所示。下面对汽压控制对象各组成部分的动态特性，根据对象的结构和物理特性，应用分析方法近似导出。这对在生产现场用试验方法求取汽压控制对象动态特性具有一定的指导意义。

1. 锅炉燃烧部分

锅炉燃烧部分是指从燃料调节机构开度 μ_B 改变到引起炉膛热量 Q_B 变化部分。炉膛热量 Q_B 是指炉膛燃料完全燃烧时，在单位时间所产生的热量。它与燃料量的关系可表示为

$$Q_B = BQ_{net,\,ar} \qquad\qquad (6 - 35)$$

式中：B 为燃料量；$Q_{net,\,ar}$ 为燃料收到基低位发热量。

(a)

(b)

图 6 - 47　汽压被控对象生产流程

（a）燃料能量转变成蒸汽量；（b）汽压被控对象生产流程

μ_B—燃料量调节机构开度；B—燃料量；V—送风量；Q_B—炉膛热量；p_d—汽包压力；

D_T—蒸汽量；p_T—主蒸汽压力；R_{sh}—过热器流动阻力；R_T—汽轮机

流动阻力；p_c—汽轮机背压；μ_T—汽轮机进汽阀开度

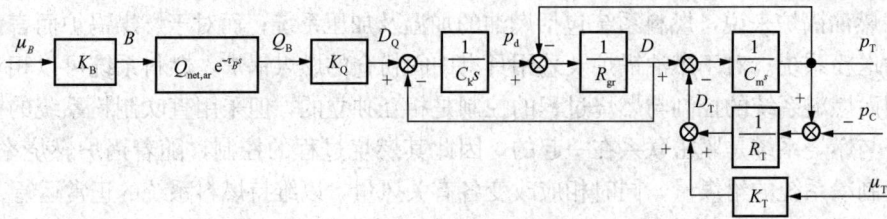

图 6 - 48　汽压控制对象方框图

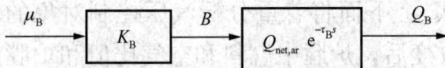

图 6 - 49　燃烧部分动态特性方框图

根据锅炉燃烧部分的工作过程机理，可以用图 6 - 49 来描述其动态特性，其中 K_B 是燃料调节机构的传递系数；τ_B 是从燃料调节机构动作到炉膛的实际燃料热量 Q_B 发生改变所经历的时间迟延。锅炉燃烧部分的传递函数为

$$G_r(s) = \frac{Q_B(s)}{\mu_B(s)} = K_B Q_{net,\,ar} e^{-\tau_B s} \tag{6-36}$$

2. 蒸发部分

燃料燃烧后产生的热量 Q_B，除去一部分热损失，其余都被水冷壁内的炉水吸收，使炉水蒸发为蒸汽量 D_Q。Q_B 与 D_Q 之间的静态关系可以按能量平衡关系建立：

$$D_Q(h_s - h_w) = \eta Q_B$$

$$D_Q = \frac{\eta}{h_s - h_w} Q_B = K_Q Q_B \tag{6-37}$$

式中：η 为锅炉效率；h_s 为饱和蒸汽焓值；h_w 为给水焓值；K_Q 为传递系数。

燃料燃烧热量折算成的蒸汽量 D_Q 并不一定就是锅炉的输出蒸汽量 D，锅炉输出蒸汽量

D 随着汽轮机的负荷改变而变化。当以 $(D_Q - D)$ 为输入信号，以汽包压力 p_d 为输出信号时，由锅炉热平衡关系可知，当锅炉吸热量（热负荷）与送出的热量（锅炉蒸汽量带走的热量）不平衡时，汽包压力变化将呈现无自衡的动态特性。由于热量转换为蒸汽量的变化过程中有惯性和迟延，应是双容对象动态特性，但可以近似认为其传递函数为

$$G_s(s) = \frac{p_d(s)}{D_Q(s) - D(s)} = \frac{1}{C_k s} \qquad (6 - 38)$$

式中：C_k 为锅炉蓄热系数，其物理意义是：汽包压力每变化一个压力单位时锅炉需要储藏（或释放）的蒸汽量。

3. 蒸汽输出部分

蒸汽输出部分包括过热器和主蒸汽管道两部分。

（1）过热器：当把过热器作为汽压对象的蒸汽输出设备看待时，它可以被看作是一个有阻力的管道，而不必考虑它的传热关系和热容量，这时的过热器可以近似看作是比例环节，其传递函数为

$$G_g(s) = \frac{D(s)}{p_d(s) - p_T(s)} = \frac{1}{R_{sh}} \qquad (6 - 39)$$

式中：R_{sh} 为过热器管道阻力；D 为锅炉输出蒸汽流量；p_d 为汽包压力；p_T 为主蒸汽压力。

（2）主蒸汽管道：主蒸汽管道的流入量是锅炉输出蒸汽流量 D，流出量为汽轮机的耗汽量 D_T，主蒸汽压力 p_T 则是反映 D 与 D_T 之间关系的物质平衡指标。

蒸汽管道是一个容量系数很小的容器，所以可将其近似看作具有积分特性，传递函数为

$$G_k(s) = \frac{p_T(s)}{D(s) - D_T(s)} = \frac{1}{C_m s} \qquad (6 - 40)$$

式中：C_m 为蒸汽管道的容量系数。

4. 汽轮机部分

汽轮机的进汽量 D_T 受主蒸汽压力 p_T、汽轮机背压 p_c 和调节汽门（简称阀门）开度 μ_T 的影响，其中背压很少变化，且假定汽轮机阀门特性为线性的，所以汽轮机的进汽量可用下式表示：

$$D_T = \frac{1}{R_T} p_T + K_T \mu_T \qquad (6 - 41)$$

式中：R_T 为汽轮机的流通阻力；K_T 为汽轮机阀门的传递系数；μ_T 为汽轮机阀门的开度。

汽轮机部分的动态特性方框图可表示为图 6 - 50。根据对汽压控制对象的四个组成部分动态特性的近似定性分析，可画出汽压控制对象的动态特性方框图 6 - 48。其中简化而将炉膛的热量信号 Q_B 直接用蒸汽蒸发量 D_Q 来表示。

上述分析是在近似条件下定性分析的结果，但它确实反映了各部分的动态特性。

图 6 - 50　汽轮机动态特性方框图

（二）在燃烧率扰动下汽压控制对象的动态特性

燃烧率扰动就是燃料调节机构开度 μ_B 的改变，并假设锅炉送、引风均作相应的改变。

汽压控制对象的动态特性与负荷设备——汽轮机的用汽条件有密切的关系。下面分两种

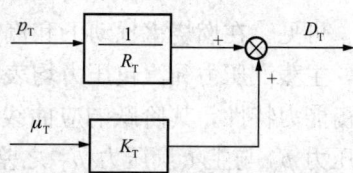

情况来讨论。

(a)

(b)

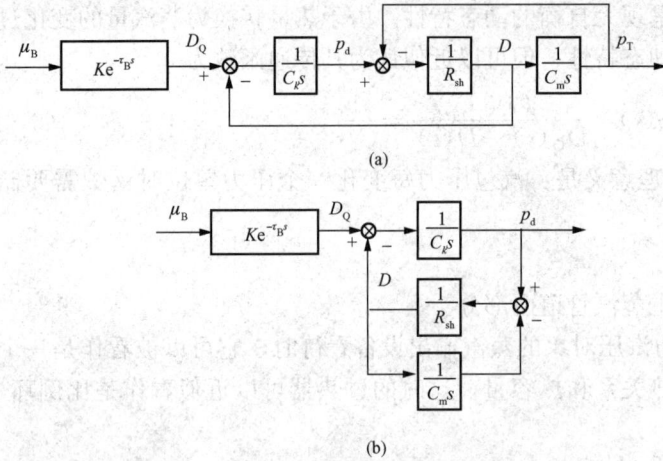

图 6 - 51　燃烧率扰动（D_T 不变）时汽压被控对象方框图

(a) 主蒸汽压力对燃烧率扰动的方框图；

(b) 汽包压力对燃烧率扰动的方框图

1. 汽轮机负荷不变（即耗汽量不变）时的汽压控制对象的动态特性

这种情况是指在 μ_B 扰动时保持汽轮机耗汽量 D_T 始终不变。例如当汽轮机采用功频电调系统时，无论锅炉侧汽压如何变化，功频电调均能保持汽轮机功率（耗汽量）不变，即图 6 - 48 中的 D_T 不变，故在方框图中可以不予考虑。这时汽压控制对象的方框图可用图 6 - 51 表示。

由图可求得主蒸汽压力 p_T 和汽包压力 p_d 在燃烧率 μ_B 扰动下的传递函数为

$$\frac{p_T(s)}{\mu_B(s)} = \frac{K e^{-\tau_B s}}{C_k s} \frac{C_k}{R_{sh} C_k C_m S + C_k + C_m}$$

$$\tag{6 - 42}$$

$$\frac{p_d(s)}{\mu_B(s)} = \frac{K e^{-\tau_B s}}{C_k s} \frac{C_k + R_{sh} C_k C_m S}{R_{sh} C_k C_m S + C_k + C_m}$$

$$\tag{6 - 43}$$

实际上，蒸汽管道的容量系数很小，可认为 $C_m \approx 0$，这时上面两式可近似为

$$\frac{p_T(s)}{\mu_B(s)} \approx \frac{K e^{-\tau_B s}}{C_k s} \tag{6 - 44}$$

$$\frac{p_d(s)}{\mu_B(s)} \approx \frac{K e^{-\tau_B s}}{C_k s} \tag{6 - 45}$$

可见，在燃烧率扰动下和汽轮机耗汽量保持不变时，主蒸汽压力和汽包压力均表现为具有纯迟延的无自衡能力特性，其阶跃响应曲线如图 6 - 52 所示。汽包压力 p_d 与主蒸汽压力 p_T 之差 Δp，与汽轮机耗汽量成正比，因此 μ_B 扰动前后的汽轮机耗汽量不变，所以两者之压差是不变的（$\Delta p_2 = \Delta p_1$）。

汽压被控对象的迟延时间 τ_B 和响应时间 T_a（或响应速度 ε）的数值可以由阶跃响应曲线上求得，在图 6 - 52 中：

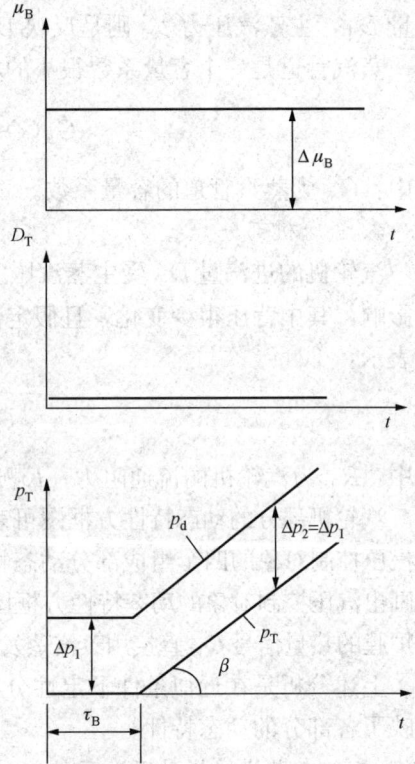

图 6 - 52　燃烧率扰动时汽包汽压的阶跃响应曲线（D_T＝常数）

$$\varepsilon = \frac{\tan\beta}{\Delta\mu_B}, \qquad T_a = \frac{1}{\varepsilon} \tag{6-46}$$

现场试验数据表明，对于燃油及燃气锅炉，$\tau_B \approx 10s$；对于煤粉炉，$\tau_B \approx 20 \sim 40s$。

2. 汽轮机调速汽门开度不变时汽压被控对象的动态特性

当汽轮机采用一般液压调速系统时，调门开度不变，即图 6-48 中的 μ_T 不变，在方框图中不予考虑，这时汽压被控对象的方框图如图 6-53 所示。由图可求得主蒸汽压力和汽包压力在燃烧率扰动下的传递函数为

$$\frac{p_T(s)}{\mu_B(s)} = \frac{Ke^{-\tau_B s}R_T}{R_{sh}R_TC_kC_ms^2 + C_mR_Ts + C_kR_{sh}s + C_kR_Ts + 1} \tag{6-47}$$

$$\frac{p_d(s)}{\mu_B(s)} = \frac{Ke^{-\tau_B s}(C_kR_{sh}C_mR_Ts^2 + C_kR_{sh}s + C_kR_Ts)}{C_ks(R_{sh}R_TC_kC_ms^2 + C_mR_Ts + C_kR_{sh}s + C_kR_Ts + 1)} \tag{6-48}$$

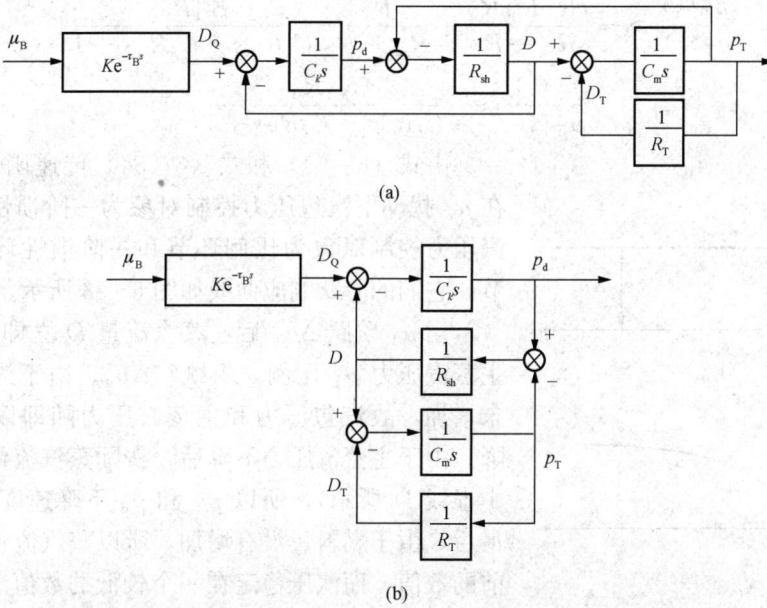

(a)

(b)

图 6-53　燃烧率扰动时（μ_T 不变）汽压被控对象方框图
(a) 主蒸汽压力对燃烧率扰动的方框图；(b) 汽包压力对燃烧率扰动的方框图

当 $C_m \approx 0$ 时，上面两式可近似为

$$\frac{p_T(s)}{\mu_B(s)} \approx \frac{R_T}{R_{sh}+R_T} \frac{K(R_{sh}+R_T)}{1+(R_{sh}+R_T)C_ks}e^{-\tau_B s} \tag{6-49}$$

$$\frac{p_d(s)}{\mu_B(s)} \approx \frac{K(R_{sh}+R_T)}{1+(R_{sh}+R_T)C_ks}e^{-\tau_B s} \tag{6-50}$$

可见，在燃烧率扰动下和汽轮机调节机构开度保持不变时，从主蒸汽压力和汽包压力的动态特性看，对象都表现为有迟延的惯性环节，其阶跃响应曲线如图 6-54 所示。这时汽压对象之所以有自平衡能力是因为汽压升高后，汽轮机阀门开度不变，而汽轮机的进汽量 D_T 相应地增加，自发地限制了汽压的升高。汽包压力 p_d 与主蒸汽压力 p_T 之差 Δp 是随着蒸汽

流量增加而增大的，因此 $\Delta p_2 > \Delta p_1$。

（三）负荷扰动下汽压控制对象的动态特性

负荷扰动下汽压控制对象的动态特性的试验求取也有两种情况：一种是以汽轮机调节门开度作阶跃扰动的，另一种是以汽轮机进汽量作阶跃扰动的。

1. 汽轮机调节门开度 μ_T 扰动下的汽压控制对象的动态特性

此时，图 6-48 所示汽压控制方框图就可表示为图 6-55。从而可求得 μ_T 扰动下汽压控制对象的传递函数为

$$\frac{p_T(s)}{\mu_T(s)} = \frac{-K_T(C_k R_{sh} R_T s + R_T)}{R_{sh} R_T C_k C_m s^2 + C_m R_T s + C_k R_{sh} + C_k R_T s + 1} \qquad (6-51)$$

$$\frac{p_d(s)}{\mu_T(s)} = \frac{-K_T R_T}{R_{sh} R_T C_k C_m s^2 + C_m R_T s + C_k R_{sh} + C_k R_T s + 1} \qquad (6-52)$$

由于 $C_m \approx 0$，所以

$$\frac{p_T(s)}{\mu_T(s)} \approx -\left(\frac{K_T R_{sh} R_T}{R_{sh} + R_T} + \frac{R_T}{R_{sh} + R_T} \frac{K_T R_T}{C_k R_{sh} s + C_k R_T s + 1} \right) \qquad (6-53)$$

$$\frac{p_d(s)}{\mu_T(s)} \approx -\frac{K_T R_T}{C_k R_{sh} s + C_k R_T s + 1} \qquad (6-54)$$

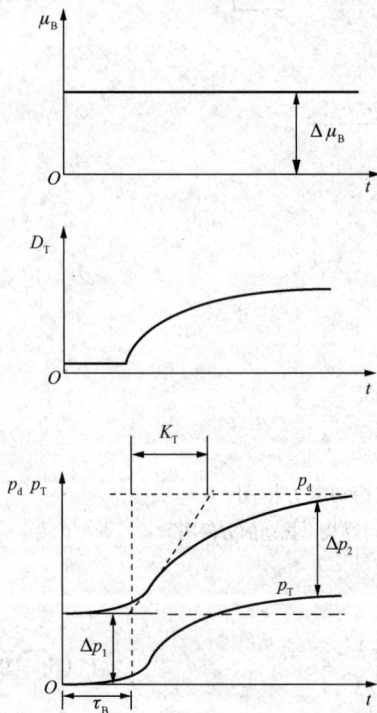

由式（6-53）和式（6-54）传递函数可以看出，在 μ_T 扰动下汽包压力控制对象为一阶惯性环节，主蒸汽压力控制对象为比例环节和一阶惯性环节的并联环节，它们的阶跃响应曲线如图 6-56 所示。

当 μ_T 阶跃 $\Delta \mu_T$ 后，蒸汽流量 D 立即成比例增加，主蒸汽压力 p_T 比例"下跳" Δp_0。由于锅炉燃料量并未增加，故汽包压力和主蒸汽压力随即以一定速度下降。由于主蒸汽压力下降后，实际蒸汽流量会下降（图中虚线 D 所示），所以 p_T 和 p_d 下降速度也随之减小。最后，由于燃料量没有增加，所以蒸汽流量将降到扰动前的数值，而汽压稳定在一个较低的数值上，表现为有自平衡能力的特性。因为最终蒸汽流量不变，所以主蒸汽压力和汽包压力的差值最后也恢复到扰动前的数值 Δp_1。在扰动过程中，锅炉供应的蒸汽量是由锅炉压力降低过程中储能量的改变（减小）转换而来的。

2. 汽轮机进汽流量 D_T 扰动下的汽压控制对象的动态特性

汽轮机进汽流量 D_T 扰动时，汽压控制对象的方框图可表示为图 6-57。由图可求得汽压控制对象的传递函数为

图 6-54 燃烧率扰动时汽压的
阶跃响应曲线（μ_T=常数）

$$\frac{p_T(s)}{D_T(s)} = \frac{-(C_k R_{sh} s + 1)}{C_m C_k R_{sh} s^2 + C_m s + C_k s} \qquad (6-55)$$

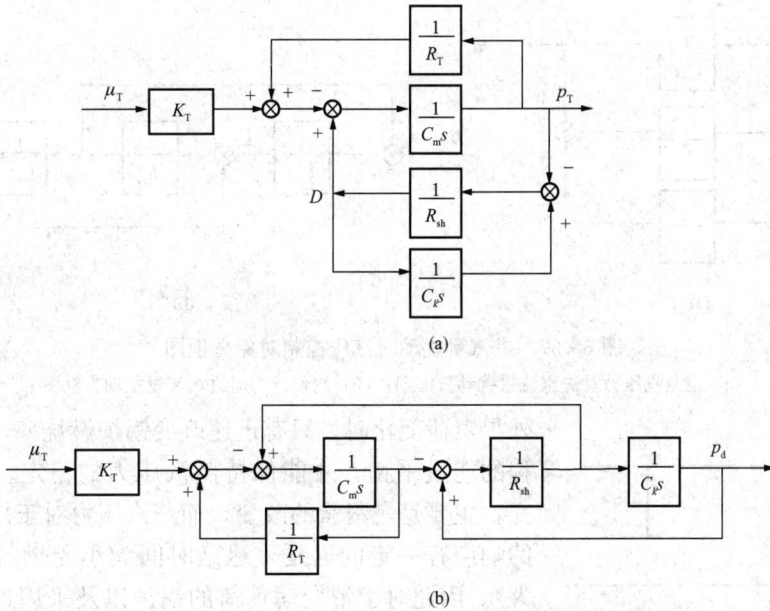

(a)

(b)

图 6-55　汽轮机调门开度扰动时汽压控制对象方框图

(a) 主蒸汽压力对汽轮机进汽调门扰动方框图；(b) 汽包压力对汽轮机进汽调门扰动方框图

$$\frac{p_d(s)}{D_T(s)} = \frac{-1}{C_m C_k R_{sh} s^2 + C_m s + C_k s} \qquad (6-56)$$

由于 $C_m \approx 0$，得

$$\frac{p_T(s)}{D_T(s)} \approx -\left(R_{sh} + \frac{1}{C_k s}\right) \qquad (6-57)$$

$$\frac{p_d(s)}{D_T(s)} \approx -\frac{1}{C_k s} \qquad (6-58)$$

可见，在汽轮机进汽流量 D_T 扰动时，汽包压力控制对象可近似为积分环节，主蒸汽压力控制对象可近似为比例环节与积分环节的并联环节，其阶跃响应曲线如图 6-58 所示。

当 D_T 阶跃增加时，主蒸汽压力 p_T 立即下降 Δp_0，其大小与 D_T 的扰动量成正比。此后由于汽轮机的耗汽量始终大于燃料燃烧所产生的蒸汽量，锅炉的能量供求

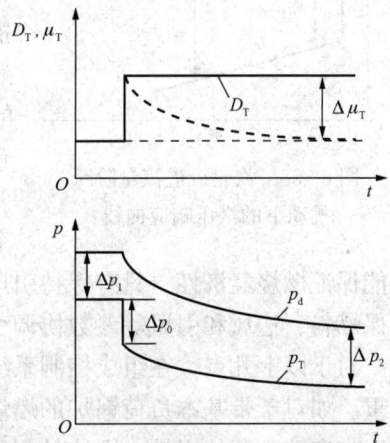

图 6-56　汽轮机调节门阶跃扰动下的汽压响应曲线

不能保持平衡，因此汽包压力和主蒸汽压力将一直下降，呈现无自平衡能力特性。由于蒸汽流量阶跃增加后保持不变，所以 p_d 与 p_T 之间的压差 $\Delta p_1 + \Delta p_0$ 也始终不变。

三、燃烧过程自动控制系统的基本方案

（一）燃烧过程自动控制系统的基本组成原则

通过上述对燃烧过程控制的任务以及被控对象的特点和动态特性的分析可知，虽然在不同情况下燃烧过程控制的任务和对象特性不尽相同，但归纳起来，可以得出燃烧过程控制系统组成的基本原则。

（1）能迅速改变炉膛燃烧率，适应外界负荷变化。由对象动态特性的分析可以看出，在

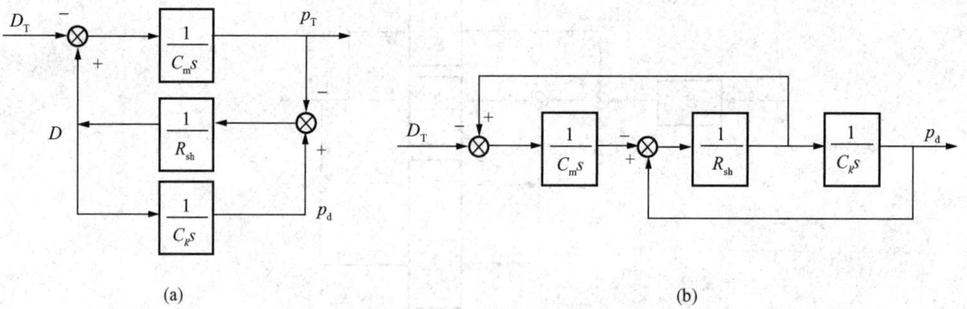

图 6-57 进汽量扰动时汽压控制对象方框图
（a）主蒸汽压力对进汽流量扰动方框图；（b）汽包压力对进汽流量扰动方框图

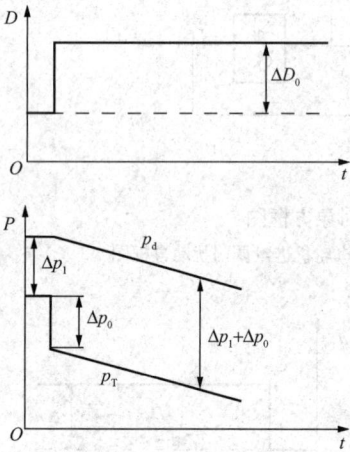

图 6-58 汽轮机进汽量阶跃
扰动下的汽压响应曲线

外界负荷变化时，只有迅速改变锅炉燃烧率，维持燃烧过程的能量平衡，才能保持蒸汽压力的稳定。燃烧率的改变，主要是燃料量的改变，而蒸汽压力对于燃料量变化时的响应有一定的迟延（迟延时间大小受燃料系统影响较大）。因此对于带变动负荷的锅炉以及采用迟延时间大的燃料系统的锅炉，如直吹式锅炉，在设计燃烧过程控制系统时，如何迅速改变炉膛内燃烧率是不容忽视的。

（2）能迅速发现并消除燃烧率扰动。燃烧率扰动通常指燃料量的自发扰动，这不仅影响蒸汽压力的稳定，在并列运行方式下还会引起其他锅炉汽包压力 p_d 及锅炉负荷的变化。因此在设计自动控制系统时，应保证控制系统具有尽快消除燃烧率自发性扰动的能力。

（3）确保燃料、送风和引风等参数协调变化。当燃烧率改变时，只有保持送风量 V 与燃料量 B 成比例变化，才能保证燃烧经济性。只有保持引风量与送风量协调变化，才能保证炉膛压力稳定。因此，确保燃料、送风和引风等参数协调变化是确保燃烧工况稳定必不可少的条件。

对于以上几点，在组成控制系统时，需根据锅炉本身的特点及燃烧过程的具体情况有所侧重。如对于带基本负荷锅炉的燃烧系统，比较侧重提高燃烧的经济性及运行工况的稳定；对于带变动负荷的锅炉，则比较侧重对负荷变化的响应速度，而兼顾其他。

（二）燃烧过程控制系统结构

虽然燃烧过程控制对象是一个多输入多输出的多变量相关控制对象，各调节量（B，V，V_s）与各被调量（p_T，α 或 $O_2 \%$，p_f）存在着相互作用，但是，在系统设计时，从工程实用观点出发，我们仍然可以将燃烧自动控制系统划分为三个相对独立而又紧密联系的子系统，分别说明如下。

1. 燃料控制子系统

燃料控制的任务在于使进入锅炉的燃料量随时与外界负荷要求相适应。

（1）燃料量的测量。正确及时地测量燃料量是燃料控制子系统的基本问题。然而燃料量（煤粉量）的直接测量还是一个尚待解决的难题，一般都采用下述间接测量方法。

1）给煤机转速。对于直吹式制粉系统的锅炉，在给煤机转速调节良好，考虑煤层密度、厚度对燃料量影响时，给煤量与转速之间具有确定的关系，可用给煤机转速求出燃料量。

2）给粉机转速。对采用中间储仓式制粉系统锅炉，可采用给粉机转速来间接代表燃料量。不足之处是转速信号不能反映煤粉的自发性扰动。

3）磨煤机进出口差压。对采用直吹式制粉系统锅炉，可用磨煤机进出口差压来近似代表燃料量，这是以假定磨煤机出力与其进出口差压的平方根成正比为前提的。

4）热量信号。所谓热量信号，是指燃料进入炉膛燃烧后，在单位时间内所产生的热量折算为蒸汽量，以符号 D_Q 表示。D_Q 信号可由下式表示：

$$D_Q = D + C_k \frac{\mathrm{d}p_d}{\mathrm{d}t} \qquad (6-59)$$

根据式（6-59）可以画出热量信号的构成方框图6-59。

当不考虑管道金属蓄热变化，D_Q 可近似代表炉膛热负荷大小，因而可代表进入锅炉燃烧的燃料量。此外，热量信号还能反映燃烧热值的变化。图6-60表示了在各种扰动情况下热量信号的响应曲线。图6-60中（a）为燃料量扰动而汽轮机调节阀 μ_T 不动作时的情况；图6-60（b）为汽轮机调节阀开度 μ_T 阶跃变化而燃料量 B 不变时的情况。

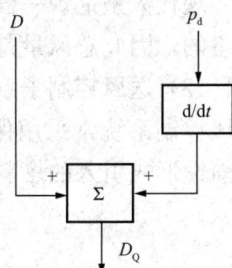

图6-59　热量信号的构成方框图

（2）燃料控制子系统结构。燃料控制子系统的原则性方案如图6-61所示，因为汽压是锅炉燃料热量与汽轮机需求能量的平衡标志，且在燃料量扰动下的动态响应较快，所以燃料量控制原则上可以采用以汽压作为被调量的单回路控制系统的结构方案。图6-61中串级结

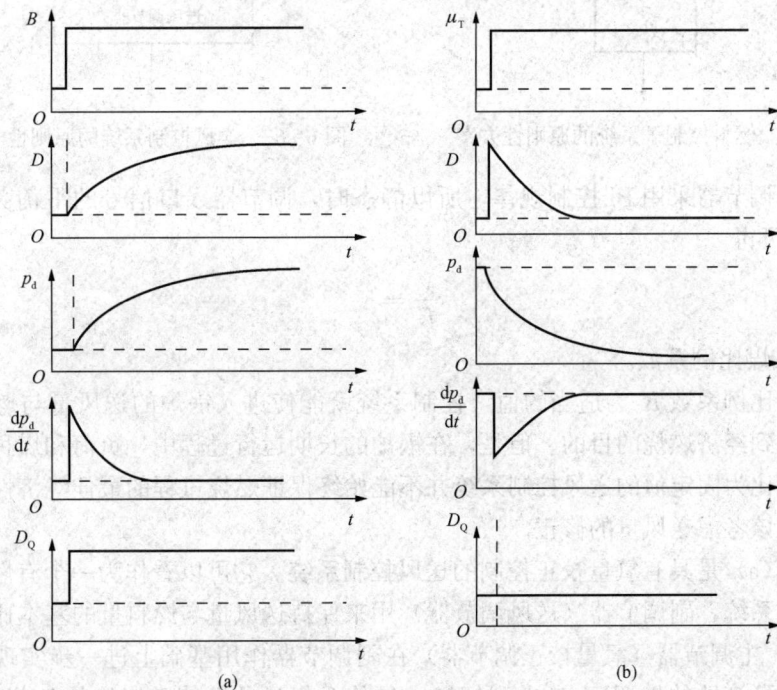

图6-60　热量信号的阶跃响应曲线

构是考虑到快速消除燃料量自发性扰动（煤粉的阻塞与自流）而引入燃料量负反馈的需要。另一方面，采用串级系统的结构方案，能使燃料控制系统具有根据锅炉运行需要从带变动负

荷（或带固定负荷）切换到带固定负荷（或带变动负荷）的功能。

　　2. 送风控制子系统

　　送风控制的任务是使送风量与燃料量保持合适的比例，实现安全经济燃烧。

　　（1）总风量的测量。送风量的准确测量是实现送风量自动控制的关键之一，目前常用的风量测量装置有对称机翼型和复式文丘里管，还有装于风机入口的弯头测风装置和装于矩形风道内的挡风板等一些简便的测量装置。

　　现代大型锅炉一般分设一次风和二次风，有些锅炉还有三次风，每一种风的风量是分别测量的，因此总风量是这三种风的流量之和。

　　（2）送风控制子系统结构。目前尚不能直接或快速地测量燃烧经济性，因此在实践中，送风控制系统常采用保持燃料量与送风量比例关系的比值控制系统方案，如图 6-62 所示，以前馈形式引入的燃料量信号 B 作为送风调节器的给定值，送风量信号 V 作为反馈信号引入。

图 6-61　燃料控制子系统的原则性方案　　　　图 6-62　送风控制系统的原则性方案

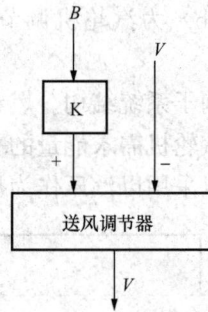

　　由于送风调节器采用 PI 控制规律，所以静态时，调节器入口信号的平衡关系为 $BK - V = 0$，由此可得

$$\frac{V}{B} = K$$

式中：K 为风煤比例系数。

　　只要调整比例系数 K 为适当的值，控制系统就能使进入锅炉的送风量与燃料量保持合适的比例，达到经济燃烧的目的。但是，在锅炉的长期运行过程中，负荷和煤种都会发生变化，保持风煤比为固定值的送风控制系统并不能始终保证燃烧过程的最佳经济性，所以完善的控制方案应该考虑送风量的修正。

　　图 6-63（a）是具有氧量校正控制的送风控制系统。它可以看作为一个有燃料量前馈调节的串级控制系统，副调节器（送风调节器）用来保持送风量与燃料量的基本比例（燃烧经济性的粗调），主调节器（氧量校正调节器）在副调节器作用基础上进一步实现送风量的校正控制（燃烧经济性的细调）。考虑到烟气中最佳含氧量的数值随锅炉的负荷改变而变化，氧量校正调节器以负荷的函数为给定值，不同负荷下最佳氧量值由锅炉热效率试验后确定，然后设置在函数发生器中。一般来说最佳氧量值随负荷增加而减小。当系统处于静态时，副调节器（假设为 PI 作用）的入口信号的平衡关系为

$$BK - V + \sigma_{O_2} = 0 \tag{6-60}$$

因此，校正后的送风量信号为

$$V = BK + \sigma_{O_2} \tag{6-61}$$

式中：σ_{O_2} 为氧量校正调节器的输出信号。

可见，在有氧量校正的送风控制系统中，送风量除需要与燃料量保持比例外，还有附加一个校正信号 σ_{O_2}，才能保证最佳经济燃烧。

有氧量校正信号的送风控制系统，其结构比较复杂，又由于其主、副回路的时间常数（工作速度）相差不大，所以系统的整定投入比较困难。直接根据负荷、燃料品种的变化去修正最佳风煤比系数 K 的单回路比值控制系统方案如图 6-63（b）所示。此系统结构简单，整定投运也比较方便，也没有对烟气氧量要求可靠、正确测量的问题，但在此系统中，负荷和燃料品种的修正系数在实际应用中较难确定。

图 6-63　送风控制系统的改进

3. 引风控制子系统

引风控制系统也称炉膛压力控制系统，其任务是通过控制引风量将炉膛负压控制在规定的范围之内，一般正常运行时，炉膛负压值保持为 $-30 \sim 0\text{Pa}$。由于引风控制对象的动态响应快，测量也容易，所以引风控制系统采取以炉膛负压 p_f 作被调量的单回路控制系统，如图 6-64 所示。由于送风量是炉膛压力最主要的扰动因素，所以可将送风量作为前馈信号引入引风调节器，这样当送风控制系统动作时，引风控制系统相应动作之后，再根据炉膛压力与定值的偏差，由引风调节器进行校正调节。显然，送风前馈信号的引入，将有利于提高引风系统的稳定性和减小炉膛负压的动态偏差。

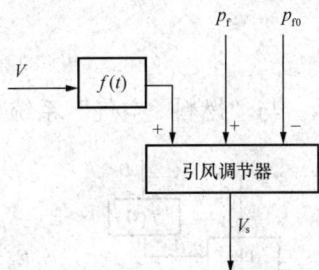

图 6-64　引风控制系统原则方案

控制方案中的函数发生器 $f(t)$ 一般选用微分环节。以保证系统处于静态时，$f(t)$ 的输出为零，使炉膛负压保持为给定值。

（三）燃烧过程控制系统基本方案

1. "燃料-空气"系统

"燃料-空气"系统为燃烧控制系统的基本方案，其原理框图如图 6-65 所示。主调节器 PI1 根据母管压力 p_M 与给定值的偏差对各台并列运行锅炉按比例发出"负荷要求"信号 N_{B1}、$N_{B2}\cdots$，它本身不带执行器。如果某台锅炉带固定负荷，则由运行人员将开关切换至固定负荷信号 N_B。燃料调节器 PI2 接受负荷要求信号和燃料反馈信号 B，控制燃料与"负荷要求"相适应。送风调节器 PI3 接受负荷要求信号和送风量 V 负反馈信号，控制送风量与"负荷要求"相适应，从而间接地使送风量与燃料量成适当比例，即保证燃烧经济性。引风调节器 PI4 接受炉膛压力信号 p_f，通过调节引风量 V_s 确保炉膛压力为给

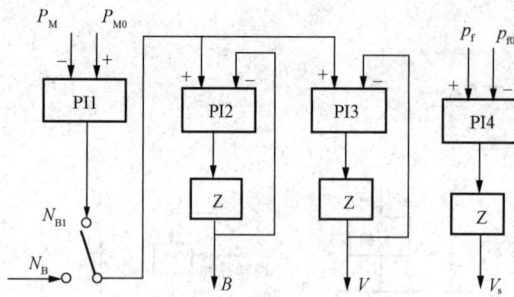

图 6-65　"燃料-空气"系统

定值。

所有调节器均采用比例积分作用的。因此，在静态时，母管压力 P_M 等于给定值，炉膛负压 p_f 等于给定值，而燃料调节器输入信号为

$$N_{B1} - K_B B = 0 \qquad (6-62)$$

送风调节器的输入信号为

$$N_{B1} - K_V V = 0 \qquad (6-63)$$

合并上述两式得

$$\frac{B}{V} = \frac{K_V}{K_B} = K \qquad (6-64)$$

式中：K_B、K_V 分别为燃料量与送风量的反馈系数。

上式表明，该系统间接地保证了燃料量与空气量成一定比例关系。该方案的优点是结构简单、整定方便。由于直接以燃料量信号代表燃烧率与负荷指令相平衡，因此在外界负荷变化时，能迅速改变燃料量，保持汽压稳定。

然而该方案燃料量控制与送风量控制的精度，依赖于燃料与送风量的准确测量。当发生燃料侧扰动，即燃料量自发改变和燃料品种变化，需由母管压力调节器 PI1 改变负荷指令来消除，这对汽压稳定是不利的，而且无法保证风煤比为最佳值。

2. 具有氧量校正的"燃料-空气"系统

该系统是"燃料-空气"系统的改进方案，如图 6-66 所示。与"燃料-空气"系统相比，此方案的送风量控制采用串级型比值控制系统，引入锅炉烟气含氧量信号 O_2，经氧量校正调节器 PI5，对燃料量与送风量之间比值进行修正。由于最佳含氧量与负荷有关，通常随负荷增加而略有减少。因此以代表锅炉实际负荷的蒸汽流量信号 D 经函数转换器 $f(x)$ 后，作为烟气最佳含氧量的给定值。

由于烟气含氧量的测量有较大的惯性和迟延，因此氧量校正回路的工作频

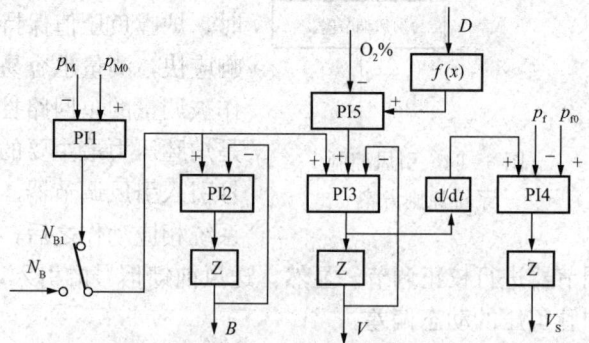

图 6-66　具有氧量校正的"燃料-空气"系统

率通常低于送风量控制回路。当燃料量依负荷指令而改变时，送风量调节器 PI3 同时按比例改变送风量，以减少动态过程中的风—煤比例失调。随着燃料量调节过程结束，燃料量 B 基本稳定。由调节器 PI5 根据烟气含氧量信号 $O_2\%$ 对送风量进行细调，确保烟气含氧量为最佳值，即间接保证了燃料量与送风量之间为最佳比值。

为减少送风量改变时送引风之间的动态失调，而造成炉膛压力 p_f 波动，从送风调节器 PI3 的输出经动态补偿装置，向引风量调节器 PI4 引入一前馈信号，动态补偿装置通常采用微分器，以保证静态时炉膛压力 p_f 等于给定值。

以上两种燃烧过程基本控制方案，均是以并列运行锅炉的燃烧过程为例。对于单元制运行机组，燃烧过程的自动控制不存在负荷分配问题，除此以外与并列运行锅炉的控制系统基

本相同。

四、燃烧过程自动控制的典型系统

上节所介绍的控制系统仅仅是能够完成燃烧过程自动控制基本任务的原则性方案，应用于生产实际的控制系统还要考虑锅炉设备的具体类型与差异，以及运行方式与运行控制要求等各种具体问题。本节介绍几种典型的燃烧自动控制系统。

（一）有中间储粉仓锅炉的燃烧自动控制系统

根据煤粉量测量方法的不同，有以下两种常用控制方案。

1. 采用热量信号的燃烧控制系统

控制系统如图 6-67 所示，其组成及工作原理如下：

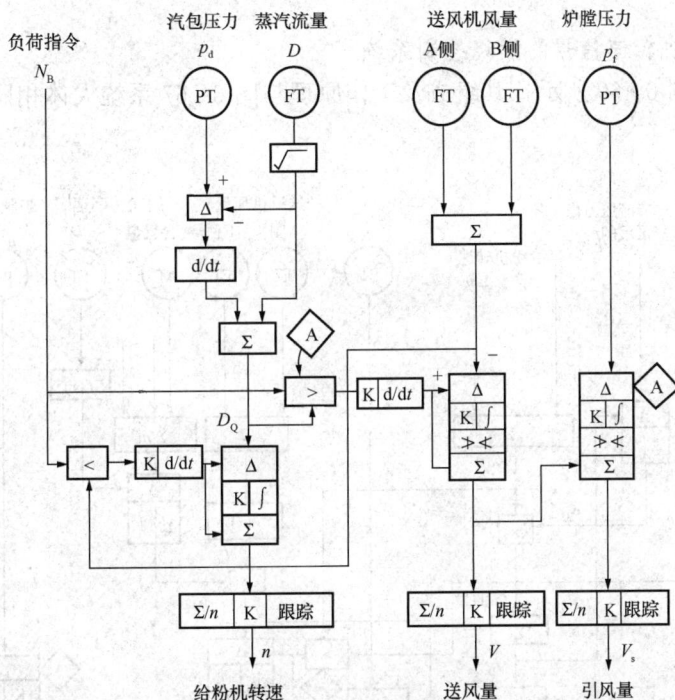

图 6-67　采用热量信号的燃烧控制系统

（1）燃料控制子系统。燃料调节器以热量信号 D_Q 为反馈信号，以压力调节器输出的负荷指令 N_B 为给定值，根据两者的差值来改变给粉机转速，调节进入炉膛的燃料量。为提高对负荷的适应能力，采用了经过动态补偿的负荷指令作为前馈信号来加快燃料量的调节速度。

（2）送风控制子系统。送风调节器以经大值选择器及动态补偿后的负荷指令信号为定值来调节送风量。为防止调节过程中，风量调节挡板卡死，对调节器输出进行了上下限幅，大值选择器中引入给定值信号的作用在于防止低负荷时风量过小而造成燃烧不稳定。

（3）风煤交叉限制回路。为实现升负荷时先加风后加煤和减负荷时先减煤后减风的目的，系统设计了风煤交叉限制回路。

由上系统简化而成的风煤交叉限制回路原理见图 6-68。在机组增加负荷时，锅炉负荷指令 N_B 同时加到燃料控制系统和风量控制系统，由于大值选择器作用，风量随 N_B 的增加

图 6-68 风煤交
叉限制回路

而增加，而燃料量受实测到的风量经补偿的总风量的闭锁（小值选择器），实际燃料量和热量不会马上增大，等到实际风量上升以后，燃料量才开始增加。在减负荷时只有燃料量（或热量信号）减小，风量控制系统才开始动作，这样就达到了升负荷时先加风后加煤和减负荷时先减煤后减风的目的。

（4）引风量控制子系统。引风量调节器根据炉膛压力测量值与设定值的差值来调节引风挡板，为提高负压控制的稳定性而引入了送风量前馈信号。

该系统虽然采用热量代表燃料量，但仍属于"燃料－空气"控制方案。

2. 利用给粉机转速信号的燃烧控制系统

控制系统如图 6-69 所示，其组成及工作原理与图 6-67 系统大体相同，这里仅介绍不同之处。

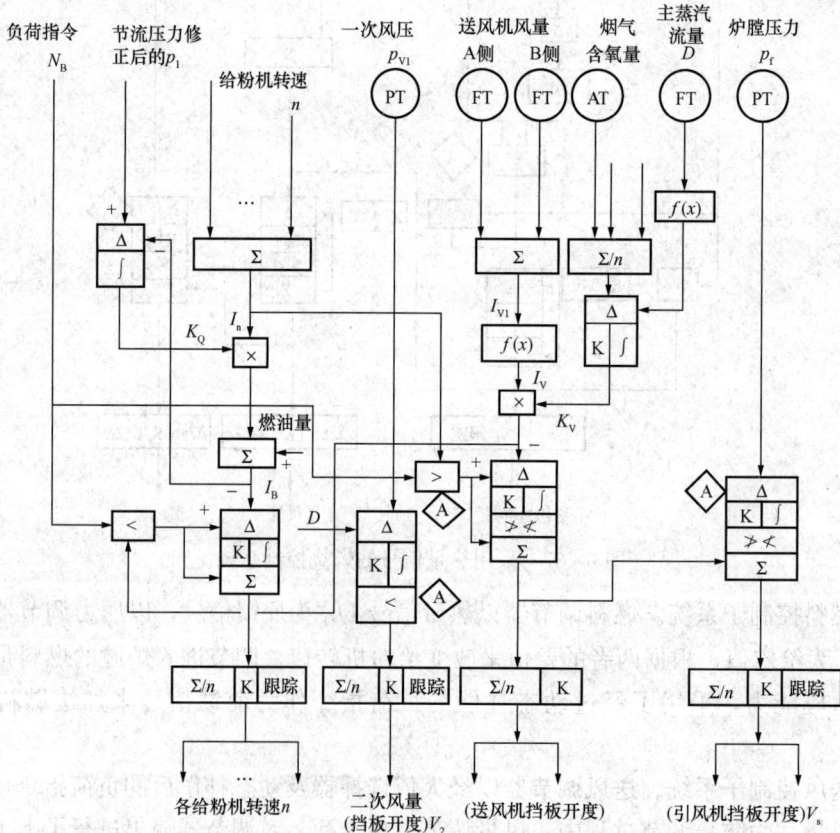

图 6-69　采用给粉机转速信号的燃烧控制系统

（1）燃料量测量回路。用给粉机转速信号代表燃料量，加法器将各台并列运行给粉机的转速信号相加，其输出 I_n 即是实际的燃料量。

（2）热值修正回路。不同的煤种其热值是不同的，为了使燃料量反馈信号 I_B 在不同煤种时均能代表燃料发热量，系统设有热值修正回路，如图 6-70 所示。

修正回路用积分调节器的无差调节特性来保持燃料量信号与锅炉蒸发量之间的对应关系，这里锅炉蒸发量用经过节流压力偏差修正后的汽轮机第一级压力代表，它和总燃料量信号之差经积分运算后送到乘法器去对燃料信号进行修正。经热值修正后的燃料量信号和油流量信号相加作为锅炉总燃料量。

稳态运行时，P_1（代表汽轮机输入能量）和燃料量（代表锅炉的输入能量）经积分调节器后达到平衡。动态过程中，锅炉能量还与蓄热有关，蓄热的变化可用节流压力偏差来表示。所以采用经节流压力修正的汽轮机第一级压力对给粉机转速信号进行修正，兼顾了稳态过程与动态过程的修正线路是比较合理的。

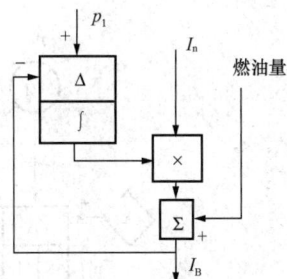

图 6-70 热值修正回路

（3）送风量测量校正回路。A、B 两侧送风机风量相加后得到实际风量信号 I_{V1}，为实现不同负荷下具有不同的风煤比，采用函数发生器 $f(x)$ 对 I_{V1} 信号修正，形成总风量信号 I_V。为了提高燃烧的经济性，系统中对总风量信号进行了烟气含氧量校正。

（4）一次风压控制子系统。若制粉系统采用干燥介质送粉（乏气送粉）或者为具有一次风机的热风送粉系统时，其送粉风压由排粉机或者一次风机提供，基本不受锅炉负荷变化的影响，而当制粉系统采用热风送粉，又没有一次风机时，其一次风直接从总热风管引出，总风量的变化将引起一次风压的变化，尤其是负荷变化，送风控制系统调节送风量过程中，会造成一次风压波动，使煤粉量随着波动。为保持一次风压稳定，此系统采用改变二次风挡板开度，改变二次风量，以此维持一次风压稳定。由于送粉量与一次风压有关，因此采用蒸汽流量 D 作为一次风压的给定值。为防止低负荷时，一次风压过低影响送粉能力，调节器的输出端设置了小值选择器。

（二）直吹式制粉锅炉燃烧自动控制系统

为了节省基建投资和运行费用，现代大型锅炉多采用直吹式制粉系统的燃烧方式，其燃烧自动控制的特点是：

（1）磨煤机等制粉设备与锅炉紧密地联系在一起，成为燃烧自动控制不可分割的一部分。

（2）直吹式制粉系统中燃料量改变后，需经过制粉过程才能进入炉膛，因此采用直吹制粉系统的锅炉负荷适应性和消除内扰方面反应都较慢，故汽压波动较大。

因此，当锅炉负荷变化时如何能快速改变进入炉膛的煤粉量 B；当锅炉负荷不变化时如何能及早地发现原煤量 B_0 的扰动，就成为设计直吹式制粉锅炉燃烧自动控制系统时的两个需要特别予以考虑的问题。

1. 采用中速磨直吹式制粉锅炉的燃烧自动控制系统

中速磨是直吹式制粉系统采用较多的磨煤机，具有一定的装煤量，因此改变一次风量 V_1 可以很快地改变进入炉膛的煤粉量 B，那么采用一次风量代表燃烧率的方案是能够迅速响应外部负荷变化的要求的。系统如图 6-71 所示。

当负荷变化时，主蒸汽压力 p_T 改变，并通过主蒸汽压力调节器 PI1 的输出和蒸汽流量前馈信号 D，去改变一次风调节器 PI2 入口的指令 N_B，负荷指令通过一次风调节器平行改

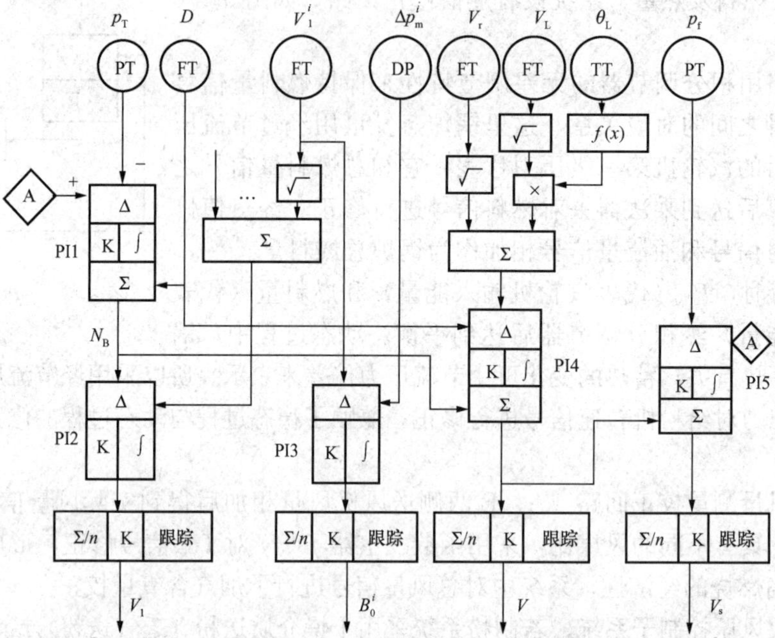

图 6-71　中速磨直吹制粉锅炉的燃烧自动控制系统

变各磨煤机的一次风量 V_1，V_1 增加时，可将磨煤机中存粉吹出以适应负荷增加的要求。随着各磨煤机一次风量的改变，其相应的燃料调节器根据测量一次风的差压信号的变化改变其给煤机的给煤量 B_0^i，从而使该给煤量（以磨煤机出入口压差 Δp_m^i 代表）与 V_1^i 平衡。每台磨煤机的一次风量信号进入加法器相加后作为一次风调节器 PI2 的负反馈信号。调节结束后，汽压 p_T 恢复到给定值，总的一次风量 V_1 与负荷要求相适应，这时进入各台磨煤机的原煤量 B_0 与进入炉膛的煤粉量 B 相等，磨煤机中的存煤量基本不变。

当负荷不变时，由于磨煤机差压信号 Δp_m 能及时反映原煤量 B_0 的扰动，所以 Δp_m 的负反馈使 PI3 迅速消除原煤量的自发扰动，以保持给煤量稳定不变。

送风控制采用蒸汽（负荷）—空气比值调节方案，维持 D/V 为一定比值，同时以负荷指令信号 N_B 作为前馈信号，来保持送风量与燃料量的协调变化，及一、二次风量之间的比例关系，静态时由蒸汽流量 D 进行校正。总风量反馈信号 V 由总的热风量信号 V_r 及总的冷风量信号 V_L 相加而成，考虑到冷风量信号测量受温度变化影响较大，因此对冷风量信号进行了温度校正，以保证测量准确性。

炉膛压力控制引入送风量指令（即送风调节器输出）作为前馈信号，以保证控制过程中炉膛压力稳定。

由于送风量与一次风量协调变化，因此当排粉机和一次风机正常运行时，即可保证一次风压力的稳定。

2. 采用风扇磨直吹式制粉锅炉燃烧自动控制系统

风扇磨适用于可磨性较好的煤种（如褐煤）。风扇磨在给煤量扰动下，出粉量变化的惯性和迟延比较小，但由于存煤量少，当负荷变化时，用改变一次风量暂时增加进入炉膛的煤粉量是不合适的，因此采用直接改变给煤量来适应外部负荷的变化。

图 6-72 是一台采用风扇磨直吹式锅炉的燃烧自动控制系统。这个控制系统中负压调节

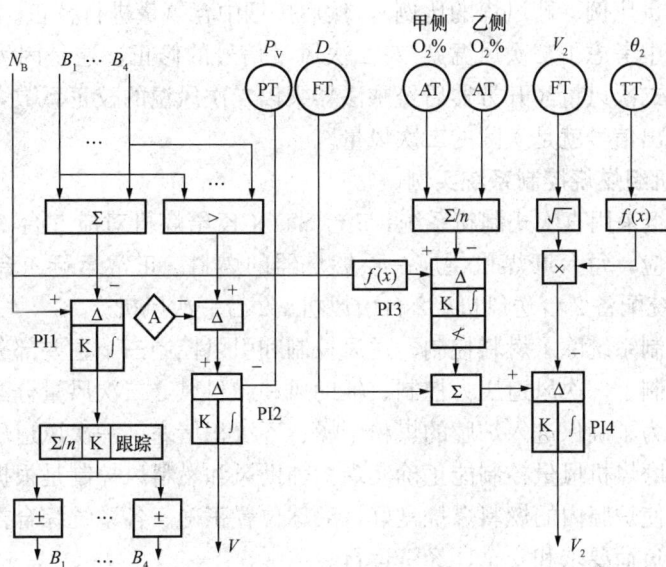

图 6-72　采用风扇磨直吹制粉锅炉燃烧控制系统

与一般锅炉相同，故未画出。负荷变化时，负荷指令 N_B 与电子皮带秤来的原煤量信号一起送到燃料调节器 PI1，去改变各并列运行的风扇磨（这台锅炉有 4 台风扇磨）的给煤量。考虑到在运行过程中各台磨煤机完好程度不同，各磨出力不会相同，因此每台磨的给煤量指令经比值偏差器输出，使各台磨煤机可带不同的负荷。4 台磨煤机的原煤给煤量通过电子秤相加后成为总的煤量信号，它作为反馈信号，与"负荷"信号在燃料调节器入口相平衡，最后使系统稳定下来。

在燃料侧发生内扰（如原煤量波动）时，可通过电子秤很快反映出来，通过燃料调节器消除原煤量的扰动，这时燃料量控制系统本身是个快速随动系统，消除扰动较快，不会影响到锅炉出口压力。

为了保证风扇磨的正常运行，要求保证风扇磨有足够的一次风压，而且随着负荷（原煤量）不同应有相应的一次风压，原煤量越大，要求的一次风压就越高，所以在系统中只要保证原煤量最大的磨煤机的一次风压，而其他原煤量较小的磨煤机一次风压肯定足够了。因此，将由 4 台电子秤来的原煤量信号 $B_1 \sim B_4$ 送入高值选择器，选出其中最大者与给定值在减法器中进行比较，其差值送入总风量调节器。因为一次风来自总风量管道，分别测量并调整各自的一次风门将使系统结构过于复杂，所以采取用调整总风门保持总风压，从而间接保证一次风压的办法。总风量调节器改变总风门开度，总风压信号作为反馈信号以负向送入总风量调节器。

在采用风扇磨直吹制粉的锅炉中，每台磨煤机专门供应一组喷燃器煤粉，为了保证一、二次风的比例和每组喷燃器燃烧的经济性，在每组喷燃器上均设立二次风控制系统和二次风调节门（图中只画出了一个二次风控制系统），这是一个带氧量校正信号的串级控制系统，甲乙侧氧量信号经加法器相加后取其平均值进入比较器与最佳含氧量比较〔最佳含氧量与负荷有关，经函数转换器 $f(x)$ 修正，形成最佳含氧量给定值〕，其差值送入氧量调节器 PI3，二次风调节器除接受氧量校正信号外，还接受蒸汽流量信号 D 及二次风量信号 V_2，它首先保证蒸汽与二次风量比例（即风煤的比例），然后按烟中含氧量进行校正。

在二次风测量中考虑了二次风温 θ_2 对二次风量信号的修正，这是因为二次风温度变化较大，故在系统中二次风量经开方器后经乘法器乘以二次风温的校正系数，实现对二次风量的修正，乘法器输出信号就是实际的二次风量。

五、300MW 机组燃烧控制系统实例

某 300MW 机组采用直吹式制粉系统，5 台 STOCK 给煤机对应 5 台 MPS 中速磨煤机，与 5 层燃烧器相对应，每台磨煤机供应一层燃烧器的燃料。正常运行 4 台即能达到额定负荷，1 台备用。系统配备 2 台送风机、2 台引风机、2 台一次风机。

该机组燃烧控制系统除了燃料控制、送风控制和引风控制三个主要部分之外，还设计有磨煤机风量风温控制、一次风道压力控制、辅助风和燃料风（二次风量分配）控制。磨煤机风量、风温控制是为了确保进入炉膛的煤粉干燥、不沉积堵塞。一次风道压力控制是维持一次风压力恒定以使磨煤机风量控制能正确实现。辅助风和燃料风控制是根据燃料投运层数情况改变二次风分配使炉膛内的燃料燃烧良好，火球位置正确。各系统综合控制，保证锅炉能正确响应机组的变负荷要求和安全、经济运行。

下面分别对燃烧控制系统中的各部分进行介绍。

（一）燃料控制系统

图 6-73 是 300MW 机组锅炉燃料控制系统图，其相应的逻辑图见图 6-74。

由图 6-73 可见，该燃料控制系统本质上是一个单回路控制系统，取锅炉负荷指令和总风量的较小值作为燃料调节器的给定值，经过发热量修正的总燃料量为反馈信号，二者进行比较，其偏差经过 PID 运算、M/A 站，形成燃料控制指令并行地送给各台给煤机，控制给煤机的转速，改变给煤量以维持总给煤量与给定值一致，从而满足汽轮机负荷对锅炉热能的需求。

1. 总燃料量的计算

5 台给煤机输出煤量信号相加得到给煤量信号，经热值修正后与点火油流量信号相加作为锅炉总燃料量。每台给煤机的煤量信号都经过一个切换器 T 和一个延时环节 $f(t)$（为简便计，图 6-74 中只画出 A 给煤量信号），这是因为运行中给煤机有两种停运情况：一种情况是正常停运，给煤机停运后，磨煤机里的剩余煤粉在一段时间里还会继续投入炉膛，为了计入这段时间加入炉膛的煤量，切换器选择的零信号经延时器 $f(t)$ 后才送到加法器上；另一种情况是事故停磨，此时给煤机停、磨煤机停，磨煤机出口煤闸门关，没有剩余煤量进入炉膛，此时切除延时环节，零信号不经延时送到加法器。

另外，给煤机运行时，给煤机给煤量变化到锅炉输入热量变化需要有一个过程，因此，给煤量信号经过 $f(t)$ 这一惯性环节起到了动态补偿的作用。

2. 燃料的热值修正

实际应用中，随着煤种的不同、煤的水分的变化，实际发热量和标准值有较大的差异。因此，必须对燃料的发热量进行自动修正，确保燃料控制的正确和稳定。发热量的修正是以实际燃料在锅炉中产生的发热量为基础进行的，系统中采用汽轮机第一级压力代表实际发热量。

若燃料发热量与第一级压力不相等，其偏差经过积分运算对热量系数进行修正，直到二者相等，此时表明热量系数能正确反映燃料的总发热量。

图 6-73　燃料控制系统

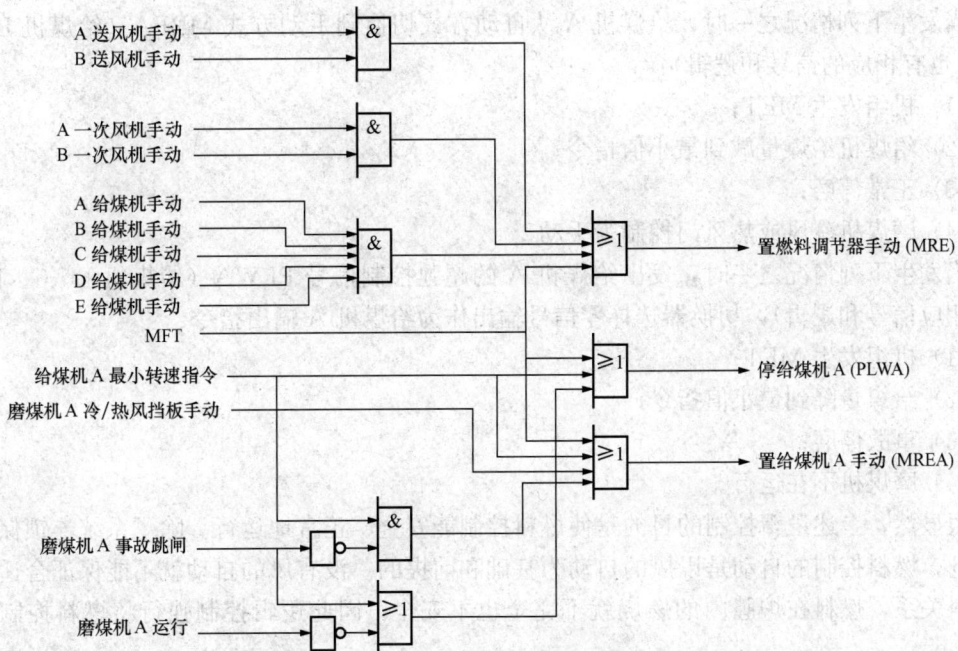

图 6-74　燃料控制逻辑图

3. 给煤量控制

5 台给煤机 A、B、C、D、E 的转速控制回路完全一样（为简便计，图 6 - 74 中只画出 A 给煤机控制回路）。燃料主控指令和运行人员给出的偏置信号合成后，经上下限幅、M/A 站、低值选择器、超驰控制切换器，最终形成给煤机转速指令。

系统设置了磨煤机入口的一次风量的限制，这是为了保证有足够的一次风量将煤粉送入炉膛。一次风量信号输入到函数器 $f(x)$，将其转换成该一次风量下最大允许给煤量对应的转速信号，该信号与燃料调节器发出的转速指令通过低值选择器选择小者输出，以保证磨煤机在运行中空气量有一定的富裕度，防止磨煤机堵塞。

4. 点火油量控制

点火油流量给定值可由操作员通过手动设定，同时为了保证点火油雾化良好，使油在炉膛中能燃烧，必须使点火油调节阀后的油压不低于规定的最小压力。这里通过大值选择器从油压调节器输出和油流量调节器输出信号中选出大值去控制点火油调节阀。当点火油压力低于规定的最小值时，点火油压力调节器输出增大，大于油流量指令，使点火油调节阀服从压力调节器的要求。

燃料控制中的手动/自动切换和超驰控制见逻辑图 6 - 74，当发生下列情况之一时，燃料调节器从自动方式切换到手动方式（MRE）：

(1) 机组发生 MFT（主燃料跳闸）；

(2) 2 台送风机均手动；

(3) 2 台一次风机均手动；

(4) 5 台给煤机均手动。

还有一种隐含的情况是与燃料控制相关的信号，如锅炉主控制器输出信号、送风量、给煤量、主蒸汽流量等信号质量坏也会发生自动切手动，这是控制系统内部组态而自然成立的。

当发生下列情况之一时，给煤机 A 从自动方式切换到手动方式 MREA（给煤机 B、C、D、E 也有相应的信号和逻辑）：

(1) 机组发生 MFT；

(2) 给煤机给煤量减到最小值指令；

(3) 正常停磨；

(4) 磨煤机冷风或热风门控制为手动。

当发生下列情况之一时，发出给煤机 A 的超驰控制信号 PLWA（给煤机 B、C、D、E 也有相应信号和逻辑），切换器选择零信号输出作为给煤机 A 输出指令：

(1) 机组发生 MFT；

(2) 给煤量降到最小值指令；

(3) 事故停磨；

(4) 磨煤机不在运行。

很显然，上述逻辑控制的目的是使燃料控制能安全、正常地运行。除了系统连锁保护的要求外，燃料控制的自动是以风的自动为基础和前提的。没有风的自动就不能保证合适的风与燃料关系，燃料在炉膛内的燃烧就不完全也不安全，因此逻辑控制强行将燃料控制退出自动。

（二）磨煤机风量风温控制

直吹式制粉系统，通过给煤机把煤送到对应的磨煤机，磨煤机将煤块加工成一定细度的煤粉，用一次风将煤粉喷入炉膛。为保证磨煤机中煤和煤粉的干燥度，便于制粉和输送，输送煤粉的一次风必须满足一定的温度。但是温度又不能太高，以免制粉系统中某些地方积粉自燃，影响安全，因此对磨煤机的出口风温要进行控制。

为了使煤粉的输送畅通，必须使煤粉管道中的煤粉和空气混合物的速度保持在一定范围内，约在 $20\sim30\text{m/s}$ 左右。流速过低，轻则使煤燃烧器喷出的煤粉着火点靠近喷口，造成燃烧器过热或烧坏，重则会造成管道内煤粉的沉积，磨煤机内煤粉堵塞。流速过高，影响煤粉的细度，使煤粉和空气在炉膛的混合度差，增加不完全燃烧，可能造成结渣。因此，磨煤机的出口风量和风温必须根据磨煤机的煤量进行相应的控制。

输送煤粉的一次风量是由冷一次风（直接来自一次风机）和热一次风（经过空气预热器加热的一次风）混合后进入磨煤机的。冷风量和热风量可分别通过调节冷风管道和热风管道上的风门挡板开度实现。

图 6-75 是磨煤机风量和风温控制系统。在风量控制过程中，经一次风温修正后的一次风量信号与给定值进行比较，偏差经 PID 运算、M/A 站、超驰优先关 PLWC 和优先开 PRAC 控制，去调节冷风挡板开度，同时去同向调节热风挡板开度，以使磨煤机出口风温较少受到影响。一次风量给定值与给煤机转速之间的函数关系见图 6-76。在温度控制过程中，调节热风挡板的同时，去反向调节冷风挡板，以使一次风量维持不变。

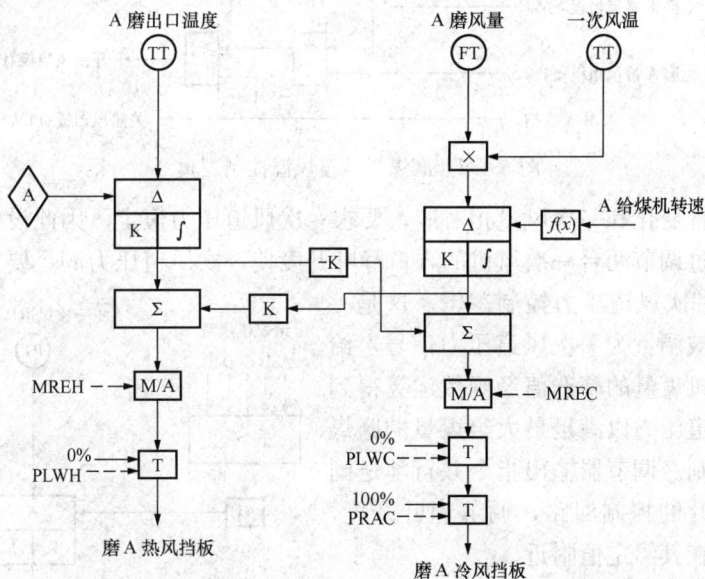

图 6-75　磨煤机风量和风温控制系统

图 6-77 是磨煤机风量、风温控制逻辑图，由图可知，若机组发生 MFT 或与风量控制有关的信号（给煤量、风量、风温、冷风挡板位置信号）质量坏，则一次风量控制由自动方式切手动方式，即置冷风挡板手动。

若机组发生 MFT 或冷风挡板手动或与风温控制有关的信号（磨煤机出口风温、热风挡板位置信号等）质量坏，则风温控制由自动方式切手动方式，即置热风挡板手动。

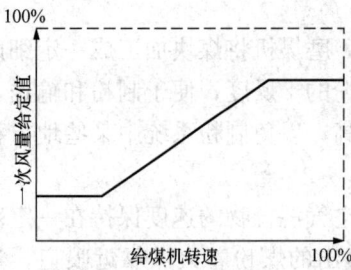

图 6-76　给煤机转速与一次
风量的函数关系

风量控制的超弛控制有冷风挡板优先关 PLWC
和优先开 PRAC。在磨煤机停运状态，如果磨煤机出
口温度大于 70℃时，通过 PLWC 或 PRAC 使冷风挡
板处于 50% 开度左右的位置。为使控制稳定，冷风
挡板开度控制留有 4%～6% 的动作死区。在磨煤机
吹扫时，通过 PRAC 将冷风挡板开到 100%，同时通
过 PLWH 将热风挡板关到 0% 开度。

（三）一次风道压力控制系统

在磨煤机风量和风温控制中，磨煤机进口一次风
量主要通过冷风挡板的开度调节来改变，为了使磨煤

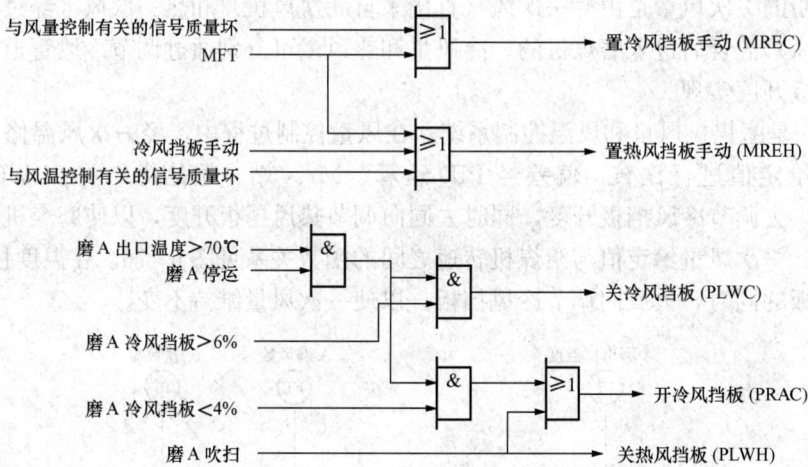

图 6-77　磨煤机风量风温控制逻辑

机冷风挡板的位置变化和一次风量相对应，要求一次风道压力恒定，因此设置了一次风道压
力控制。它是通过调节两台一次风机的入口静叶开度使一次风道压力满足要求。

图 6-78 为一次风道压力控制逻辑。这是一
个单回路系统。被调量为一次风道压力信号，给
定值为 5 台给煤机煤量的高选值经函数运算得到
的信号。一次风道压力以满足最大给煤量的磨煤
机风量调节为准则。调节器输出指令并行地送到
2 台一次风机静叶的控制回路，调节静叶开度，
使一次风机维持在其给定值附近。

（四）送风控制系统

1. 送风控制原理

帮助燃料在炉膛中完全燃烧的主要是二次
风，即由两台轴流式送风机供给的风量。送风机
输出的风量，经过空气预热器加热后，通过燃料
风，辅助风挡板后进入炉膛。轴流式送风机输出
风量的大小可以通过调节风机动叶的开度来

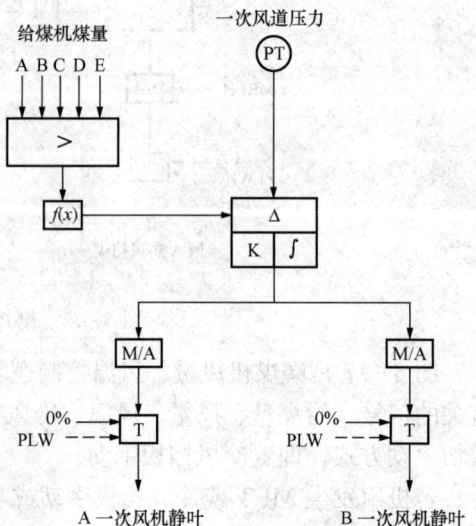

图 6-78　一次风道压力控制系统

改变。

图 6-79 是送风控制系统。氧量修正调节器的被调量是氧量信号，它是由来自空气预热器前左右侧烟道内的两个氧量信号经平均计算后得到的。氧量修正调节器的给定值是与锅炉负荷有关的，一般随着锅炉负荷增加，氧量给定值略有减小。给定值中还增加了偏置设定器，以便操作员根据实际运行情况加以适当的修正。

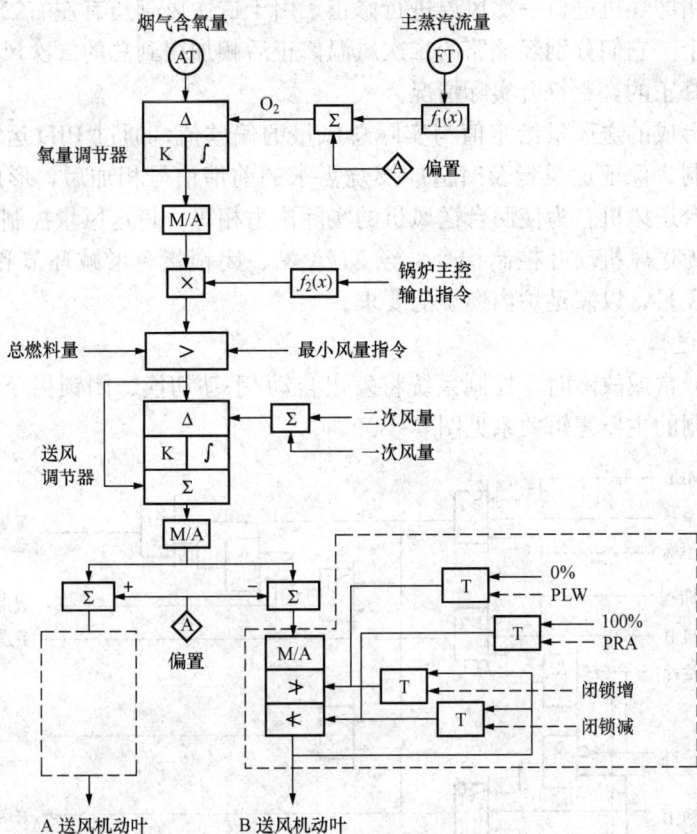

图 6-79　送风控制系统

炉膛烟气含氧量信号能正确地反映出炉膛出口过量空气系数 α，它们之间的关系为

$$\alpha = \frac{21}{21 - O_2}$$

炉膛出口过量空气系数 α 是衡量锅炉安全经济运行的重要指标之一，α 过大，可能使火焰中心上移，引起过热器结焦和超温，同时排烟损失增大，锅炉效率降低；反之，α 过小，空气扩散和扰动减弱，风煤混合和接触机会减小，不完全燃烧损失增大，锅炉效率也将降低。

锅炉主控指令代表锅炉负荷或燃料量的要求，经函数 $f_2(x)$ 变换后给出不同负荷下的理论空气流量要求。一般随着锅炉主控指令增加，理论空气流量也增加。理论空气流量要求经氧量修正后能更适应于负荷和煤质的变化，能进一步保证风/煤比，使煤粉在炉膛中能完全燃烧，保证燃烧工况的经济性和安全性。氧量修正是通过氧量修正调节器输出一个与炉膛烟气含氧量有关的修正因子（0.8~1.2），经乘法器进行修正。

为避免负荷变动时缺氧燃烧，保证送风调节的安全，经氧量校正后的指令信号与测量的总燃料量、最小风量设定值（30％）经大值选择器后取最大值作为送风量给定值，以保证总风量始终大于总燃料量，大于锅炉规定的最小风量。

送风调节器的反馈信号为总风量。总风量由总一次风量和左右两路二次风量相加得到。总一次风量为进入各台磨煤机（共 5 台）的一次风量之和。各台磨煤机的一次风量在磨煤机入口处测量，并用磨煤机进口一次风温进行修正。由于二次风管道有左右二路。故二次风量信号左右各有一个。它们分别经该路的二次风温修正后相加得到总的二次风量。因此，总风量是经相应风温修正的，更符合实际情况。

经氧量校正形成的送风量给定值与实际总风量的偏差值，通过 PID 运算，其输出信号与为加强送风控制、保证送风量及时适应燃烧需求的前馈信号相加后，形成送风量控制指令，分别送至两台送风机。为使两台送风机的实际出力相等，将送风量控制指令加上运行人员的手动偏置作为送风机动叶控制指令，经 M/A 站、闭锁指令增减环节和超驰控制环节，去控制锅炉的送风量，以满足炉内燃烧的要求。

2. 送风控制逻辑

当系统出现异常或故障时，控制系统将发出自动/手动切换、闭锁指令增/减、超驰开/关指令。送风控制的主要逻辑关系见图 6-80。

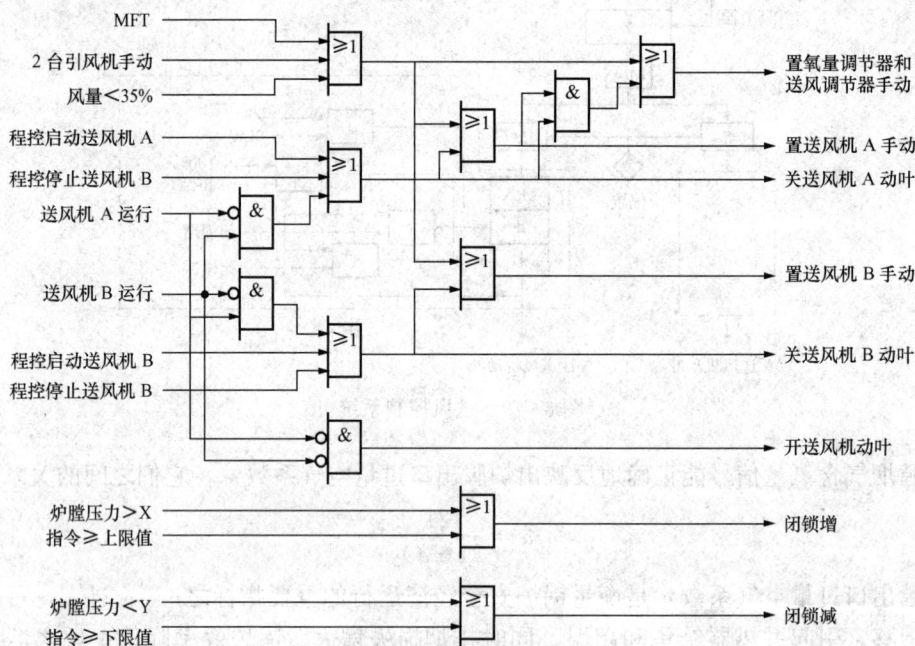

图 6-80 送风控制逻辑图

（1）当送风调节器和氧量修正调节器满足下列条件之一时由自动切手动：

1）机组发生 MFT；

2）两台引风机手动；

3）风量小于 30％；

4）两台送风机均从自动切为手动。

此外还有自动切手动的隐含条件是：有关信号（锅炉主控指令、总燃料量、风温、风量等信号）质量坏。对氧量修正调节器还增加一个隐含的条件是氧量信号质量坏。

（2）当满足下列条件之一时送风机 A（或 B）由自动切手动：

1）机组发生 MFT；

2）两台引风机手动；

3）风量小于 35%；

4）该送风机 A（或 B）停运；

5）程控启动送风机 A（或 B）。

此外还有几个隐含条件：

1）送风调节器由自动方式切手动方式；

2）有关信号（锅炉主控输出指令、风量、风温动叶位置反馈信号等）质量坏。

（3）送风机动叶控制指令的闭锁增减。若炉膛压力高于某一值或处于自动状态运行的送风机的控制指令大于等于上限值时，闭锁送风机动叶控制指令增加；反之，若炉膛压力低于某一值或处于自动状态运行的送风机的控制指令小于等于下限值时，闭锁送风机动叶控制指令减小。

（4）送风机动叶的超弛开/关。当满足下列条件之一时送风机 A（或 B）超弛控制关动叶：

1）程控启动送风机 A（或 B）；

2）程控停止送风机 A（或 B）；

3）送风机 B（或 A）运行而送风机 A（或 B）停运。

送风机超弛控制开动叶的条件是：两台送风机均停运。

（五）炉膛压力控制系统

在锅炉运行时，必须确保炉膛压力在正常范围内，炉膛压力过高或过低均不利于锅炉安全经济地运行。炉膛压力过高，炉火和烟气就会外泄既不安全又增加热量损失；炉膛压力过低，炉膛和烟道的向内漏风量增大，使燃烧变坏，燃烧损失增大，甚至会使燃烧不稳定或熄火，此外，还可能引起过热汽温升高和加大灰粒对受热面的磨损及引风机的损耗。

炉膛压力控制是通过调节两台轴流式引风机动叶开度，使引风量和送风量相适应，从而保证炉膛压力在允许范围内。图 6-81 是炉膛压力控制系统图。这是一个前馈加反馈的单回路控制系统。应用送风机动叶位置的平均值作为前馈信号，使送风量改变时引风机动叶开度快速响应，使炉膛压力动态偏差较小，最后经反馈调节器，使炉膛压力控制在设定值。

调节器的反馈信号为炉膛压力信号。鉴于炉膛压力控制的重要性，为防止因变送器故障或信号管路堵塞影响信号的质量，进而影响炉膛压力控制的正常运行，炉膛压力信号采用三重差压变送器测量。正常时取三个信号的中间值，当有一个或两个测量信号质量坏时，取任一个质量好的信号，三个信号质量坏时，系统会自动地将炉膛压力控制由自动切为手动方式。

调节器的给定值一般为 $-30 \sim 0$Pa。调节器的被控信号和给定值的偏差经过死区继电器特性函数 $f(x)$ 变换后，使在一定范围内的偏差（$-10 \sim 10$Pa）下调节器输出不变，执行器不动作。这样，可进一步消除因炉膛压力经常波动而使执行机构频繁动作的问题，提高系统的稳定性和执行机构使用寿命。

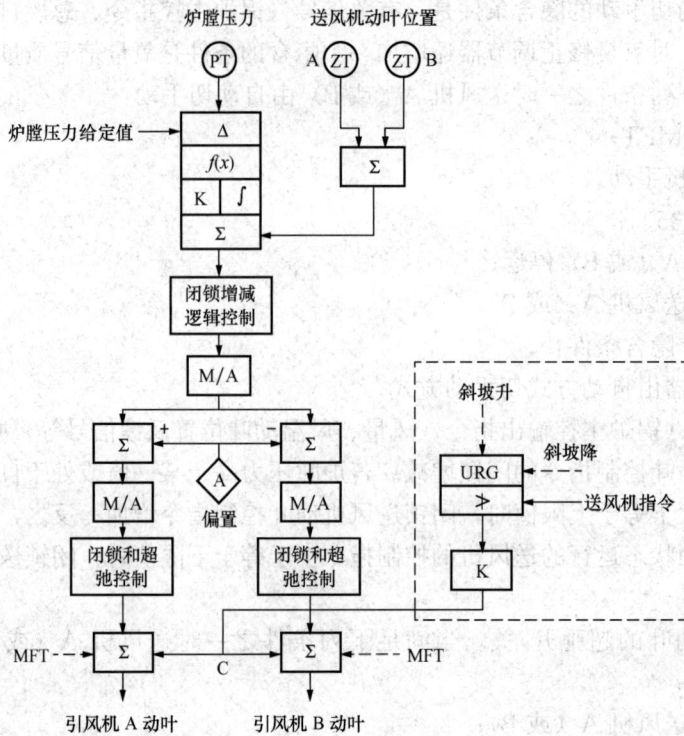

图 6-81　炉膛压力控制系统

　　经 $f(x)$ 处理后的偏差信号，对其进行 PID 控制运算，其运算结果与作为前馈信号的送风机动叶位置平均值相加后，形成引风机的控制指令，分别送至两台引风机的 M/A 站，去控制引风机动叶开度。

　　当发生 MFT（主燃料跳闸）时，为了防止因熄火引起炉膛压力大幅度下降发生锅炉内爆的事故，MFT 发生时，系统存储了当时引风机的动叶开度，同时按一定速率（斜坡降）瞬间动态关小引风机动叶开度，并保持一段时间（例如 20s）后再以斜坡变化，使引风机动叶重新开启恢复到 MFT 发生瞬间的开度，见图 6-82。

　　炉膛压力控制系统控制逻辑图见图 6-83，由图可以看出，主要的控制逻辑有：

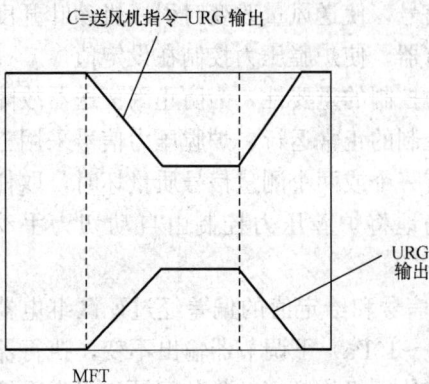

图 6-82　MFT 时引风机指令

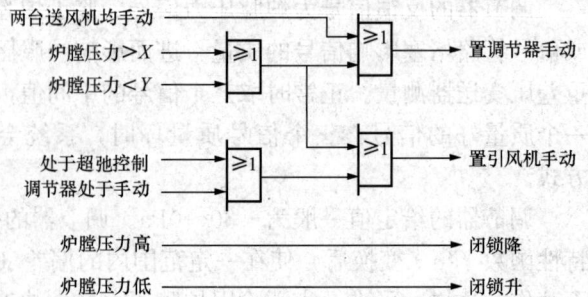

图 6-83　炉膛压力控制逻辑图

（1）当满足下述条件之一时，炉膛压力调节器由自动方式切手动方式：

1）两台送风机均工作在手动方式；

2）炉膛压力高于 X（一般为 200Pa）；

3）炉膛压力低于 Y（一般为 -150Pa）。

此外还有几个隐含条件：炉膛压力、送风机动叶位置、引风机动叶位置等信号质量坏。

（2）当满足下述条件之一时，引风机 A 或引风机 B 由自动方式切手动方式：

1）发生超弛控制；

2）炉膛压力调节器工作在手动方式；

3）炉膛压力高于 X（一般为 200Pa）；

4）炉膛压力低于 Y（一般为 -150Pa）。

（3）引风机动叶的控制指令闭锁增减。当炉膛压力高时（一般为 750Pa），产生闭锁降信号，禁止引风机动叶开度进一步关小，防止炉膛压力的进一步升高。反之，当炉膛压力低时（一般为 -1000Pa），产生闭锁增信号，禁止引风机动叶开度的进一步开大，防止炉膛压力的进一步降低。

（六）辅助风和燃料风控制（二次风的分配控制）

送风机输出的二次风经暖风器和空气预热器的二次风仓加热到规定温度后，分左右两侧进入大风箱内，通过燃烧器各个二次风口进入炉膛。为了使二次风起到帮助燃料燃烧的作用，二次风应根据锅炉燃烧器布置要求和运行情况进行分配控制，而且必须配合锅炉燃烧器管理系统（BMS）要求，动作相应风门挡板。某锅炉燃烧器采用四角布置，同心切圆燃烧方式，每角燃烧器风箱分成 12 层，见图 6-84。其中 A、B、C、D、E（共 5 层）风室为燃料风室，即煤粉喷嘴。在其周围布置的二次风，称为燃料风，它沿煤粉喷嘴四周进入炉膛，因而也称为周界风。其余 7 层风室进入炉膛的二次风称为辅助风，其中第 1 层风室配有暖炉用空气雾化轻油枪，AB、CD、11 层（共三层）风室配

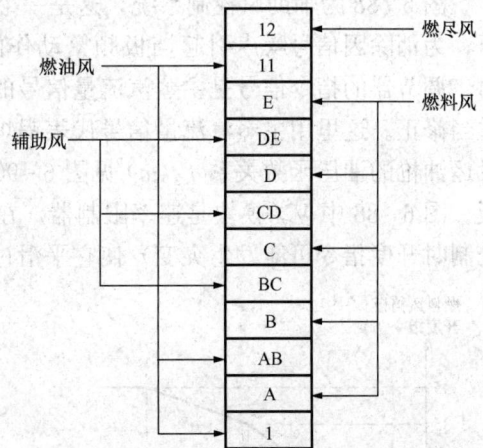

图 6-84 燃烧器布置

有蒸汽雾化的重油枪和点火用轻油枪。5 层燃料风和 7 层辅助风均有相应风门挡板，通过 12 只气动执行器可调节各层挡板开度以控制二次风的分配。下面简要介绍各二次风挡板控制系统的原理。

1. 燃料风控制

燃料风（也称周界风）供应一次风煤粉气流适量空气，改善气粉着火和扩展，并可作为一次风煤粉喷口停用时的冷却风，需很好调整才能起到良好的作用，如果调整不当，会降低一次风气流中心的温度和煤粉浓度，使着火延迟，增加不完全燃烧损失等不良后果。

图 6-85 为燃料风控制原理图（5 层燃料风中的任一层）。它是一个开环控制系统。燃料风门挡板的开度指令是相应层给煤量的函数，函数 $f(x)$ 关系见图 6-86。由于每台给煤机的出力可能有偏差，所以设置了偏置器，操作员根据情况适当修正煤量指令。图中 $f(t)$ 是

A给煤机煤量

FT

$f(x)$

$f(t)$

偏置 ── A ── Σ

M/A

100% ── T ── PRA

燃料风挡板

图 6 - 85　燃料风控制系统

一个惯性环节，以消除给煤量波动引起挡板的频繁动作。

燃料风控制逻辑图见图 6 - 87，由图可知，燃料风控制由自动方式切手动方式的条件是机组发生 MFT，此外还有隐含的条件是给煤量信号坏。

当满足下列条件之一时，燃料风控制的超弛控制开挡板（PRA）：

（1）风机程序启停；

（2）炉膛吹扫；

（3）两台送风机停；

（4）风箱与炉膛差压过大（一般大于 2kPa）。

2. 辅助风控制

7 层辅助风与 5 层燃料风呈均匀配风方式的间隔布置，它使煤粉和空气更好地混合，增强煤粉完全燃烧的能力。通过辅助风挡板开度变化使大风箱与炉膛差压在一定负荷下恒定，从而保证了进入炉膛的燃料风有适当的流速。此外，带有重油枪或轻油枪的二次风口，辅助风起到了保证着火油枪空气量的作用。

图 6 - 88 为辅助风控制系统，这是一个单回路系统。被调的反馈信号是大风箱与炉膛差压，为消除因信号噪声引起挡板频繁动作的问题，将差压信号经平滑滤波算法 $f(x)$ 后输出。调节器的指令信号是主蒸汽流量信号的函数加上手动偏置量，以使操作员根据运行情况适当修正。这里用主蒸汽流量信号代表锅炉出力，函数关系 $f_1(x)$ 见图 6 - 89。挡板开度与投运油枪的油压函数关系 $f_2(x)$ 见图 6 - 90。调节器的输出经 M/A 站去控制 7 层辅助风挡板。图 6 - 88 中 V≯模块是速率限制器，在开度指令有突变时（例如从油压控制切换到差压控制时开度指令可能发生突变）使它平滑过渡。

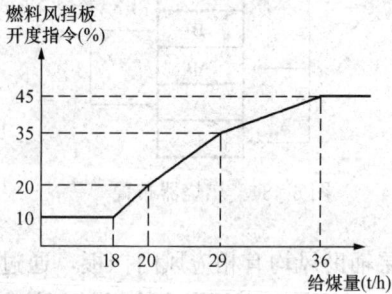

燃料风挡板开度指令(%)

45

35

20

10

18　20　　29　　　36
给煤量(t/h)

图 6 - 86　给煤量的函数 $f(x)$

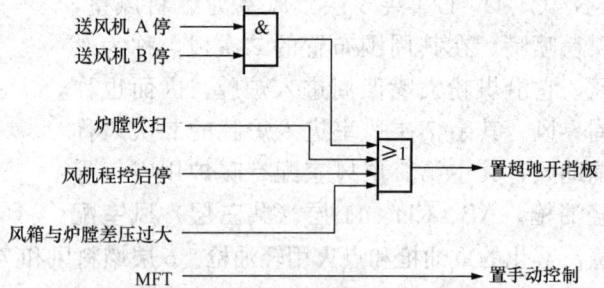

送风机 A 停 ──┐
送风机 B 停 ──┘ &

炉膛吹扫 ──┐
风机程控启停 ──┤ ≥1 ──→ 置超弛开挡板
风箱与炉膛差压过大 ──┘

MFT ──────────→ 置手动控制

图 6 - 87　燃料风控制逻辑图

根据运行的要求，7 层辅助风挡板控制的原则是：带油枪的辅助风挡板，在油枪投运的情况下，根据油压调节挡板开度（实际上就是根据投运油枪的油流量调节辅助风风门开度以助燃）。在油枪不投的情况下，与不带油枪的辅助风风门挡板一样，根据相邻层的煤燃烧器投运情况，如果相邻层煤燃烧器投运，用风门挡板调差压；如果相邻层煤燃烧器不投运，油枪不投运，则将该层风门挡板关到最小（10％开度）。这个原则通过图 6 - 91 的逻辑控制实现。第 12 层的辅助风门挡板始终根据差压动作。

辅助风控制逻辑图见图 6 - 91，主要控制逻辑如下所述。

当满足下列条件之一时，辅助风调节器自动切手动：

（1）当发生超弛控制开挡板时；

（2）送风控制手动时；

（3）不带油枪的 3 层辅助风均为手动。

此外还有几个隐含的条件是：大风箱与炉膛差压信号、主蒸汽流量信号、挡板开度反馈信号等质量坏。

当满足下列条件之一时，各层辅助风由自动方式切手动方式：

（1）机组发生 MFT；

（2）不带油枪的辅助风均为手动时，将带油枪的辅助风挡板切为手动方式。

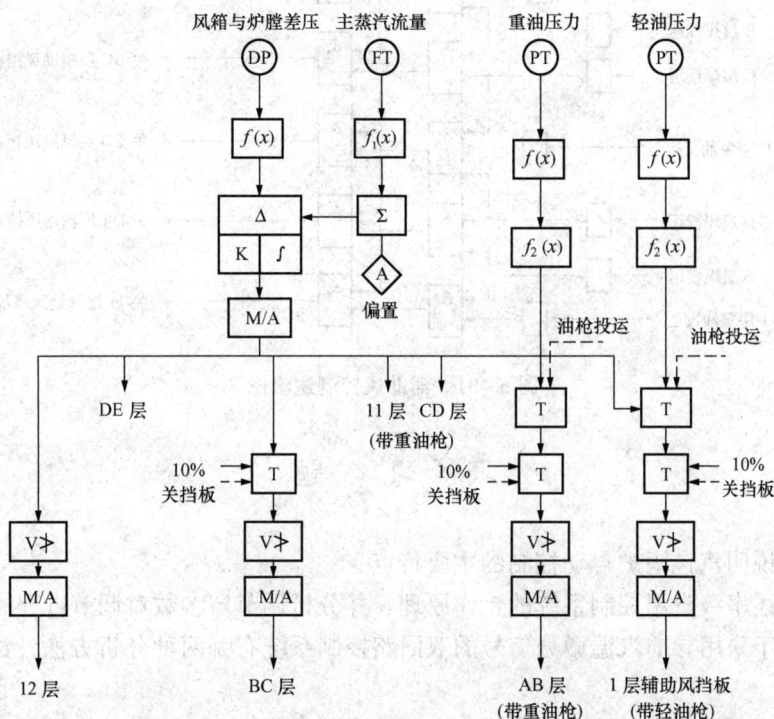

图 6-88　辅助风控制系统原理

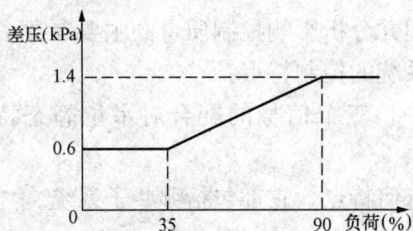

图 6-89　辅助风指令与负荷的关系 $f_1(x)$　　　　图 6-90　挡板开度与油压函数关系 $f_2(x)$

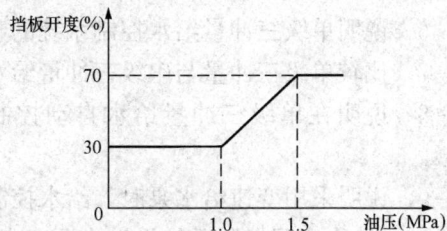

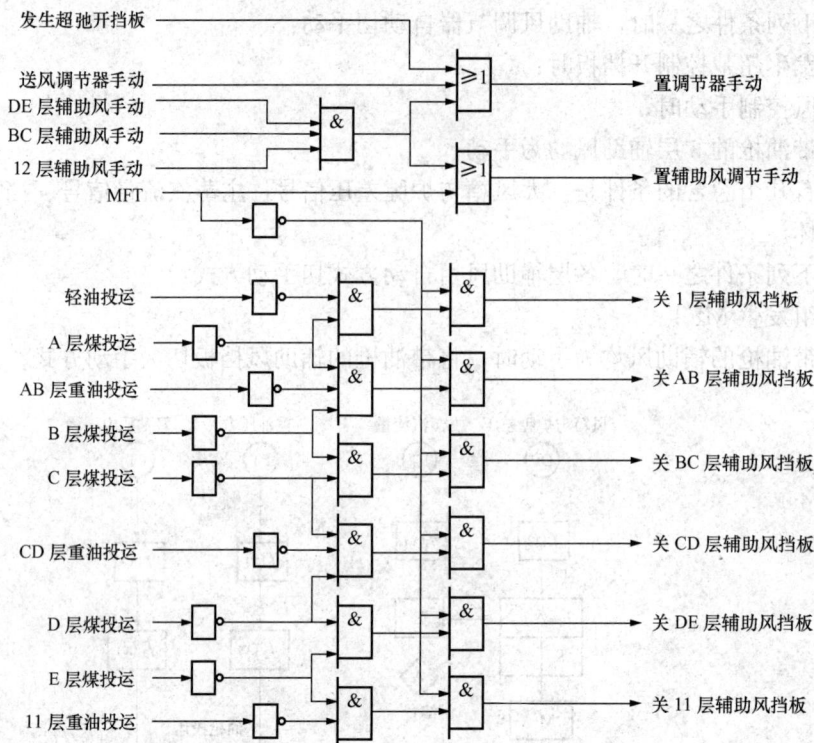

图 6 - 91　辅助风控制逻辑图

习　　题

6 - 1　试说明汽包锅炉自动控制的主要特点。

6 - 2　简述串级汽温控制系统的工作原理，并分析调节器参数对调节过程的影响。

6 - 3　对于采用导前汽温微分信号的双回路控制系统有哪两种分析方法？试简要说明其工作原理。

6 - 4　试说明再热汽温控制的特点、常用方法及其优缺点。

6 - 5　汽包水位在给水量、蒸汽量和热负荷扰动时的动态特性有何特点？其动态特性参数 ε、τ 的物理意义是什么？

6 - 6　说明单级三冲量给水控制系统的整定原理并分析影响控制质量的主要参数。

6 - 7　比较单级三冲量与串级三冲量给水控制系统的控制特点。

6 - 8　说明在单级三冲量给水自动控制系统中，三个信号的配合对水位静态特性的影响。

6 - 9　说明采用变速给水泵时，给水控制系统有何特点，它都包括哪些子系统。

6 - 10　给水全程控制系统设计中要考虑哪些特殊问题？应如何解决？

6 - 11　试说明锅炉燃烧自动控制的任务。

6 - 12　根据汽压控制对象的生产流程，画出并说明汽压控制对象特性方框图。

6 - 13　说明图 6 - 53、图 6 - 55、图 6 - 57、图 6 - 59 所示汽压控制对象的阶跃响应曲线的特点。

6-14　为什么要采用热量信号？并说明热量信号形成的原理。

6-15　试说明图 6-63 所示送风控制系统是如何保证燃烧经济性的。

6-16　直吹式制粉设备锅炉的燃烧控制方法与中间储粉仓式锅炉的燃烧控制方法有哪些不同？

6-17　在燃烧过程的自动控制中，如何实现风量对燃料量始终有足够富裕的操作。

第七章　直流锅炉自动控制系统

第一节　直流锅炉简介

随着锅炉向大容量高参数方向发展，直流锅炉在火电厂中已得到越来越广泛的应用。

直流锅炉属于强制循环锅炉，其给水在给水泵压头作用下，顺序地通过加热区、蒸发区和过热区，一次性将给水全部变为过热蒸汽，它的循环倍率等于1。

直流锅炉异于汽包炉的结构，使其在工作原理、运行和控制等方面都有其自身的特点。

（1）强制循环。直流锅炉的汽水流程如图7-1所示，工质从水变成过热蒸汽的加热流动完全靠给水泵的压头来驱动。因此，较汽包锅炉而言，蒸汽受热面可以任意布置，消耗水泵功率也多。

（2）各受热面的大小没有固定的界限。直流锅炉没有汽包，因此蒸发面、过热面及加热面没有严格固定的界限。当锅炉的给水流量或燃烧率改变时，各个受热面的分界就发生移动。例如当燃烧率增加时，蒸发段与过热段之间的分界向前移动（加热、蒸发段缩短，过热段伸长）；当给水流量增加时，蒸发段与过热段之间的分界则向后移动。由于受热面界限的变化，锅炉的蒸发量和过热蒸汽温度发生很大的变化，如图7-2所示。例如，当给水流量不变而燃烧率增加时，由于蒸发所需的热量不变，因而加热和蒸发的受热面缩短，过热受热面增加，所增加的燃烧热量全部用于使蒸汽过热，汽温将急剧上升。对一般高压锅炉，燃烧率和给水流量的比例变化1%，将使过热蒸汽温度变化约8~10℃。在实际运行中，负荷变化等原因引起燃料与给水流量的比例失调往往超过了1%，从而使过热汽温发生很大的变化，所以采用改变喷水流量作为调温手段将很难把出口汽温校正过来。因此，对于直流锅炉来说，调节汽温的根本手段应是使燃烧率和给水流量保持适当比例（粗调）。在直流锅炉中，虽然也需采用喷水减温作为调温手段，但这仅作为过热汽温的细调手段，以使过热汽温精确地等于给定值。

图7-1　直流锅炉汽水流程示意

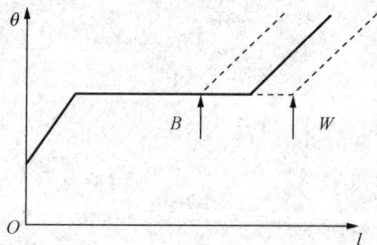

图7-2　燃料量、给水流量改变
对过热汽温的影响

上述分析表明，直流锅炉的给水、燃烧和汽温控制不能像汽包锅炉那样相对独立，而是密切相关的，这是直流锅炉控制的主要特点。

（3）蓄热量小。直流锅炉的蓄热能力一般约为同参数汽包锅炉的50%以下，因此对锅炉负荷变化比较敏感，锅炉工作压力变化速度也较快。在主动变负荷时，其负荷适应性方面比汽包锅炉来得快（见图7-3），有利于机组对电网尖峰负荷的响应；但在外界负荷变动时，

其主蒸汽压力 p_T 的波动比汽包锅炉剧烈得多，给运行和自动控制带来了困难。

（4）由于没有汽包，又不用或少用下降管，因此直流锅炉制造安装方便，节省钢材，启停较快。

（5）在超临界压力以上仍能可靠工作。直流锅炉蒸发受热面不构成循环，无汽水分离问题，因此，当工作压力增高，汽水密度差减小时对蒸发系统工质流动并无影响。

（6）直流锅炉一般不能连续排污，因此对给水品质的要求很高。

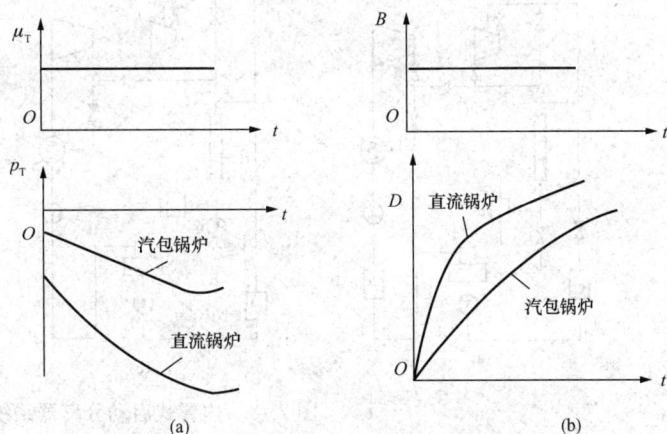

图 7 - 3　直流锅炉在负荷、燃烧率扰动下的响应
(a) 负荷扰动；(b) 燃烧率扰动

一般直流锅炉设置有启动系统，其主要作用是：建立启动压力和启动流量，保证给水连续地通过省煤器和水冷壁，尤其是保证水冷壁的足够冷却和水动力的稳定性；回收锅炉启动初期排出的热水、汽水混合物、饱和蒸汽以及过热度不足的过热蒸汽，以实现工质和热量的回收；在机组启动过程中，实现锅炉各受热面之间和锅炉与汽轮机之间工质状态的配合。单元机组启动过程初期，汽轮机处于冷态，为了防止温度不高的蒸汽进入汽轮机后凝结成水滴，造成叶片的水击，启动系统应起到固定蒸发受热面终点，实现汽水分离的作用。从而使给水量调节、汽温调节和燃烧量调节相对独立，互不干扰。

直流锅炉启动系统分成两大类型：内置式分离器启动系统 ISSS（1nternal separator start up system）和外置式分离器启动系统 ESSS（external separator start up system）。

外置式分离器是一个中压或低压分离器，它只是在机组启动及停运过程中使用，正常运行时与系统隔绝，处于备用状态，故又称启动分离器。

内置式汽水分离器在锅炉启停及正常运行过程中均投入运行，所不同的是在锅炉启停及低负荷运行期间，汽水分离器湿态运行，起汽水分离作用，而在锅炉正常运行期间，汽水分离器只作为蒸汽通道。

内置式启动分离器系统又可以分成三种类型：扩容器式、循环泵式和疏水热交换器式，其结构见图 7 - 4。三种内置式启动分离器系统的比较见表 7 - 1。

扩容器式启动分离器系统，是将分离器疏水流到扩容器回收箱，在机组启动疏水不合格时，将水放入地沟，疏水合格后，排入凝汽器进行工质回收，同时，分离器疏水还可以通入除氧器，一方面可以回收工质，另一方面也可用来加热除氧器水回收热量，见图 7 - 4 (a)。

循环泵式启动分离器系统是在疏水合格后，用循环泵将疏水打入水冷壁进行再循环，实现工质和热量的回收，见图 7 - 4 (b)。

疏水热交换器式启动分离器系统，是通过热交换器用疏水加热锅炉给水，通过热交换器的疏水排入除氧器水箱，使得热量和工质得以回收，见图 7 - 4 (c)。

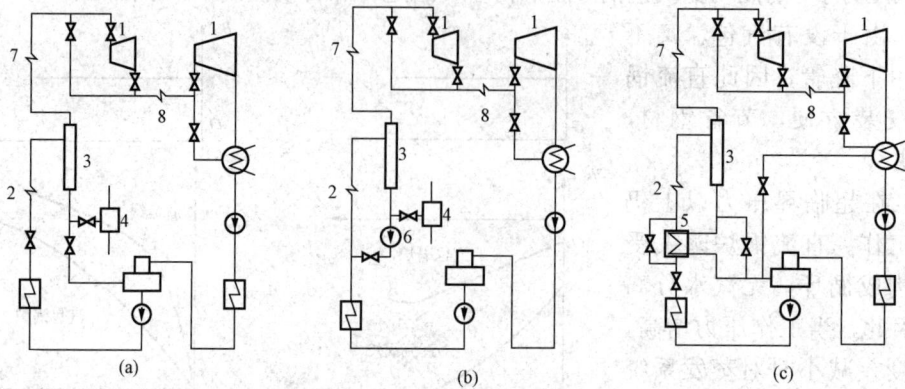

图 7 - 4　内置式启动分离器系统

（a）扩容器式；（b）循环泵式；（c）疏水热交换器式

1—汽轮机；2—水冷壁；3—分离器；4—扩容器；

5—热交换器；6—循环泵；7—过热器；8—再热器

表 7 - 1　　　　　　　　　　三种内置式启动分离器系统的比较

形式	扩容器式	循环泵式	热交换器式
优点	系统简单； 投资少； 运行操作方便； 容易实现自动控制； 维修工作量少	系统简单； 工质和热量回收效果好； 对除氧器设计无要求	系统简单； 运行操作方便； 容易实现自动控制； 工质和热量回收效果好； 维修工作量少
缺点	运行经济性差； 要求除氧器安全阀容量增大； 不适合于两班制和周日停机运行方式	投资大； 运行操作复杂； 转动部件的运行和维护要求高； 循环泵的控制要求高	投资大； 金属耗量大； 要求除氧器安全阀容量增大

第二节　直流锅炉动态特性

　　直流锅炉是一个多输入、多输出的被控对象。其主要输出量为汽温、汽压和蒸汽流量（负荷）；主要输入量为给水流量、燃烧率和汽轮机调节门开度。下面分析各输入量单独阶跃扰动下各输出量的响应曲线来讨论直流锅炉动态特性的特点。

　　一、汽轮机调节门开度扰动下的动态特性

　　图 7 - 5 为汽轮机调节门阶跃扰动时的响应曲线，这是一种典型的负荷扰动。调节门阶跃开大后，蒸汽流量 D 急剧增加，会产生一个跳变。而机前压力 p_T 则迅速下降，主蒸汽流量随着主蒸汽压力的下降而逐渐下降直至等于给水流量，即保持在扰动前的水平。

　　机前压力 p_T 迅速下降，随着主蒸汽流量和给水流量逐步接近，主蒸汽压力的下降速度逐渐减慢，直至稳定在新的较低压力。

　　当汽轮机调节门扰动时，给水压力和给水调节阀开度均不变，由于汽压 p_T 下降，整个直流锅炉中工质入口和出口之间压差增大，故给水量会自动增加一些。此时燃料量未变，仅从燃水比（燃料量与给水量的比例）失调角度考虑，在负荷增加的初始阶段，由于蒸汽量显著增加，汽温应明显下降，但由于汽压下降时过热器金属释放蓄热的补偿作用，实际上汽温下降不太明显。这是直流锅炉运行中的一个特点。

由上述蒸汽量和蒸汽压力、温度的变化可知，由于汽压和汽温变化不太显著，蒸汽量变化又是影响汽轮机功率的主要因素，故汽轮机功率变化与蒸汽量变化基本一致。从理论上讲，因锅炉燃料量未变，蒸汽参数（汽压、温度）下降，汽轮机效率下降，汽轮机功率应略有下降，然而由于蒸汽参数下降不大，汽轮机功率没有明显下降，基本上维持原来的水平（在过渡过程中多输出的功率是由锅炉蓄热量转化而来的）。

二、燃烧率扰动下的动态特性

燃烧率扰动是指燃料量、送风量和引风量同时协调变化的一种扰动。燃烧率扰动通常以燃料量改变为代表。图 7-6 所示为燃烧率阶跃扰动时的响应曲线。燃料量阶跃增加时，蒸汽量在经过一段迟延之后开始增加，在出现一个向上波动之后逐渐下降，最后稳定时稍低于原来的水平。当燃料量增加时，在炉膛内燃料转化为热能的过程是很快的，蒸汽量增加有滞

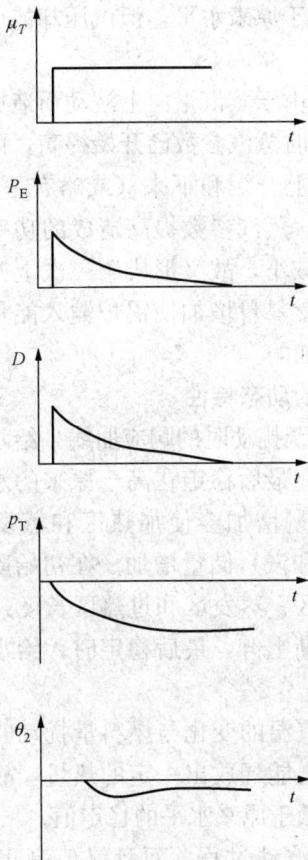

图 7-5　汽轮机调节门阶跃
扰动下的响应曲线

μ_T—汽轮机调节门开度；D—蒸汽流量；
p_T—机前压力；θ_2—过热汽温；
P_E—功率

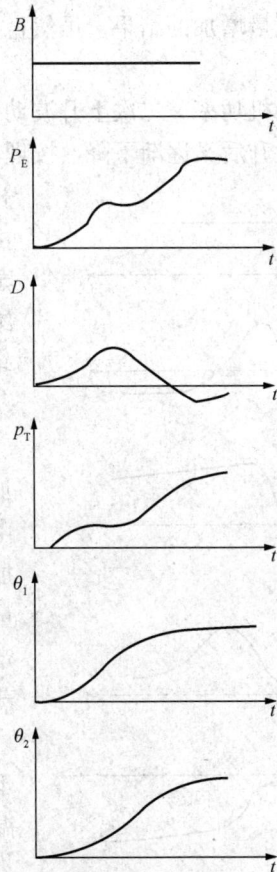

图 7-6　燃烧率阶跃
扰动下的响应曲线
θ_1—微过热汽温

后主要是由于管壁传热和金属蓄热增加造成的。在扰动过程中给水量并未变化，蒸汽量向上波动过程中超过给水量的额外蒸汽量是由于在燃料扰动时，蒸发区和加热区缩短使一部分水变为蒸汽所形成的。同时，由于蒸汽量的增加，汽压升高，虽然给水压力和给水调节阀均未变动，但给水量也会自动减少。而直流锅炉稳态运行时蒸汽量应等于给水量，所以蒸汽量在稳态时稍低于原来的水平。

　　由于燃料量的增加，改变了原来的燃水比，所以汽温会发生明显变化。在初始阶段，由于蒸汽量变化与燃料量释放出来的热量近乎按比例变化，加上蓄热量变化所形成的滞后作用，所以经过一段时间之后汽温才开始变化，以后由于蒸汽量逐渐下降，汽温也逐渐上升，在锅炉过热区的起始部分，汽温 θ_1 变化速度较快，但变化幅值较小。在过热器出口的汽温 θ_2 变化迟延较大，但变化幅值较大，变化过程持续时间也比较长，如图 7-6 所示。

　　汽压在燃料量扰动时也是先有一个短暂的迟延，然后开始上升，最后稳定在较高于原来数值的水平上。此时由于汽轮机调节门开度未变化，最初阶段压力的上升是由蒸汽量的增加和蒸汽流向汽轮机的阻力增加造成的。在稳态时能维持压力在较高水平是由于汽温升高，蒸汽容积流量增加的结果。虽然稳态时蒸汽的质量流量低于原来水平，但汽压却能保持在较高的数值上。

　　汽轮机功率呈二次上升波动变化。最初一次上升是由于蒸汽量向上波动而造成的，由于蒸汽量上升后又逐渐下降，按理功率应下降，但由于这时蒸汽参数已开始提高，两者作用互相补偿，使功率第一次上升缓和下来（或略有下降）。以后由于蒸汽参数上升较大，蒸汽参数提高造成的功率变化大于蒸汽量下降造成的功率减小，故又形成第二次上升。最后能维持在较高水平是因为燃料量增加使锅炉输入能量增加，汽轮机功率自然应该是增加的。

三、给水量扰动下的动态特性

　　图 7-7 为给水量阶跃扰动时的响应曲线。给水量阶跃增加时，蒸汽量逐渐增加，最后稳定在高于原来的水平。这时由于燃料量未变，给水量增加会使加热区和蒸发区长度增加，锅炉内部工质（水和汽）储量增加。在初始阶段，蒸发量低于给水量。当加热区、蒸发区和过热区长度达到新的稳定状态后，蒸汽量才逐渐上升，最后稳定时，给水量应等于蒸汽量。

　　在给水量扰动时，汽温的变化与燃料量扰动时相反，由于汽温下降后，锅炉金属能释放出一定的热量，故开始时汽温下降较慢，逐渐达到低于原来水平的稳定值。

　　汽压的变化呈一次波动过程，而且终值高于原来的水平。这是由于汽轮机调节门开度不变，随着蒸汽量的上升，汽压自然会上升，然后由于汽温下降，蒸汽容积流量下降，汽压会有所下降，但由于汽温下降造成的压力下降作用小于蒸汽量上升形成的压力上升作用，所以最后能稳定在高于原来的水平上。

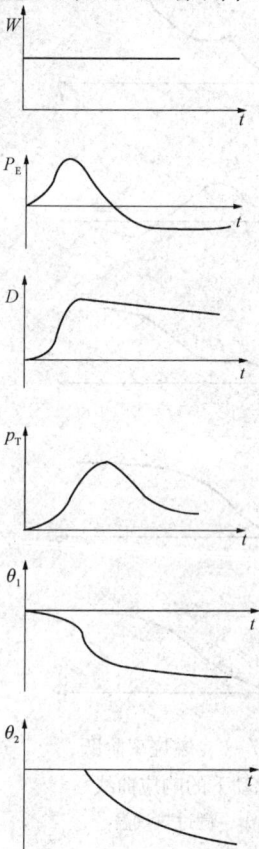

图 7-7　给水量阶跃扰动时的响应曲线

汽轮机功率的变化也是一个波动过程，先增加然后下降，而且稳定值低于原来水平。最初阶段汽轮机功率随蒸汽量上升而增加，随后由于汽温下降而使功率减少。由于此时燃料量未变，最终汽轮机功率应该是不变的，只是由于汽温下降而使汽轮机功率稍低于原来水平。

第三节　直流锅炉自动控制系统

直流锅炉自动控制任务主要有以下几个方面：①使锅炉的蒸发量迅速适应负荷的需要；②保持蒸汽压力在一定范围内；③保持过热蒸汽温度和再热蒸汽温度在一定范围内；④保持燃烧的经济性；⑤保持炉膛负压在一定范围内。

虽然上述控制任务与汽包锅炉基本相同，但由于直流锅炉与汽包锅炉在结构上和运行上的差异，直流锅炉完成上述控制任务的控制系统的实现比汽包锅炉要困难和复杂得多。不过，通过前面对直流锅炉动态特性的分析和对直流锅炉的一些重要控制特点的了解，可以归纳出设计直流锅炉控制系统方案时的基本依据。

(1) 负荷扰动时，主蒸汽压力 p_T 响应迅速，而且变化幅度较大，因此和汽包锅炉的负荷控制系统一样，除了采取功率信号 P_E（汽轮机跟随负荷控制方式）以外，也可以采取主汽压力 p_T（锅炉跟随负荷控制方式）作为直流锅炉负荷控制系统的被调量信号。

(2) 单独改变燃烧率或给水流量对汽温、汽压、蒸汽流量、输出功率都有显著影响。所以，无论是改变燃烧率或是改变给水流量都可以作为锅炉负荷控制手段，但要求给水量和燃烧率两者同时调节。在燃烧率或给水流量扰动下，汽压响应的迟延 τ 都不大，所以实现直流炉的负荷控制在原则上并不困难。

燃烧率或给水流量的单独改变都使汽温发生明显变化，因此，当负荷需求改变时，为了使汽温的变化较小，也必须使燃烧率和给水流量保持适当比例。

(3) 燃水比信号的选择。由前面的叙述可知，燃水比失调将会引起过热汽温大幅度变化，但采用过热汽温作为检验燃水比失调的指标，由于它迟延大，将不能保证良好的调节质量。通常可选用以下各量作为反映燃水比的信号。

1) 微过热蒸汽温度。运行实践证明，燃水比失调时，直流锅炉汽水行程中各点温度均发生变化，而且越靠近汽水行程入口，汽温变化的惯性和滞后越小。采用微过热汽温作为反映燃水比的信号能满足调节质量要求。

2) 微过热蒸汽焓值。由于焓值代表工质热状态，无论给水还是燃料扰动，工质焓都与扰动成比例，它比微过热汽温灵敏度高。

一、直流锅炉自动控制系统原则性方案

1. 直流锅炉的负荷控制

直流锅炉控制系统中，最主要的是给水和燃料两个控制系统，二者的正确协调动作与配合，能够满足负荷调节的需要，并保证过热汽温基本稳定。由于燃料量和给水量的变化都对输出功率（或汽压）产生明显影响，所以对于直流锅炉的负荷控制就存在着下列两种不同的原则方案：

第一种方案是以改变给水流量作为负荷的调节手段，而以燃料量跟踪给水流量，保持规定的燃水比，作为过热汽温的粗调，如图 7-8 (a) 所示。这种方案的特点是，燃料量发生的扰动将由燃料调节器自行迅速消除，而给水流量不会发生变化，足以维持过热汽温的基本

稳定。此外，燃料量内扰时，稳定给水流量将有利于蒸汽流量和主蒸汽压力的稳定。

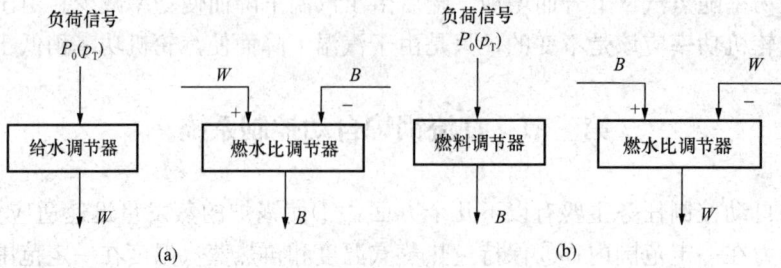

图 7-8　直流锅炉负荷调节的两种原则方案
(a) 方案一；(b) 方案二

　　第二种方案是以燃料调节器作为负荷调节器，而以给水调节器进行汽温粗调，如图 7-8(b) 所示。这种方案的特点是，当燃料量发生扰动时，燃料和给水调节器都将动作，从而使由燃料量内扰而引起的温度偏差由给水流量变化来消除。这种方案适用于燃用劣质煤和给粉机运行不稳定的锅炉，因为没有给水控制系统的配合动作，是难以保证过热汽温的稳定的。

　　2. 过热汽温调节

　　在直流锅炉的自动控制中，最困难的是过热汽温控制。过热汽温控制需要通过两个控制系统的共同工作来实现，其中保持燃水比的控制是对汽温的粗调节，喷水减温则作为汽温的细调节，它们可使汽温精确地等于规定值。

　　喷水减温控制系统的串级控制系统方案见图 7-9 (a)，其中，θ_2 为过热汽温，θ_{20} 为过热汽温的给定值，θ_j 为减温器出口汽温，W_j 为减温水量。保持燃水比的汽温粗调系统采用以微过热汽温 θ_1 作为校正信号的串级比值控制系统，见图 7-9 (b)。

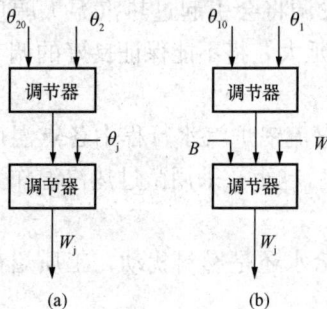

图 7-9　直流锅炉的汽温控制系统

　　直流锅炉的汽温控制比汽包锅炉的汽包水位控制要困难得多，这不仅是因为汽温控制的要求比水位控制高得多，而且因为作为被调量的过热蒸汽温度对给水流量改变的响应迟延时间（$\tau=200\sim400\text{s}$）要比汽包水位对给水流量改变的响应迟延时间（$\tau=30\sim200\text{s}$）长得多。因此，通常采用响应较快的微过热汽温 θ_1（$\tau=40\sim120\text{s}$）作为燃水比控制是否正确的检查信号。

　　综上所述可见，与汽包锅炉的控制相比，直流锅炉的特点主要反映在燃料量与给水流量的控制上，其他对于燃烧经济性、炉膛负压及再热汽温等的控制，则与汽包锅炉没有原则性的差别。

二、超临界直流锅炉单元机组自动控制系统实例

　　超临界机组是指过热器出口主蒸汽压力超过 22.129MPa，目前运行的超临界机组运行压力均为 24～25MPa。理论上认为，在水的状态参数达到临界点时（压力 22.129MPa、温度 374.15℃），水完全汽化会在一瞬间完成，即在临界点时饱和水和饱和蒸汽之间不再有汽、水共存的两相区存在，二者的参数不再有区别。由于在临界参数下汽水密度相等，因此在超临界压力下无法维持自然循环即不能采用汽包锅炉，直流锅炉成为唯一形式。与同容量亚临界火电机组的热效率相比,在理论上采用超临界参数可提高效率 2%~2.5%,采用超超临界参数可提高效率 4%~5%。

与亚临界汽包锅炉机组相比,在超临界单元机组的自动控制系统中,锅炉给水控制系统和过热蒸汽温度控制系统有较大不同,其他系统大致相似。下面以某发电厂 600MW 超临界压力发电机组为例,简要介绍这两个系统的控制。

(一)给水控制系统

1. 汽水系统简介

某 600MW 超临界压力机组汽水系统示意图如图 7-10 所示。

该发电厂 600MW 超临界压力发电机组的锅炉为螺旋管圈、变压运行直流锅炉,其启动系统配有两只内置式启动分离器,机组配备有两台 50%锅炉最大额定出力(BMCR)汽动给水泵和一台 30%BMCR 的电动给水泵。

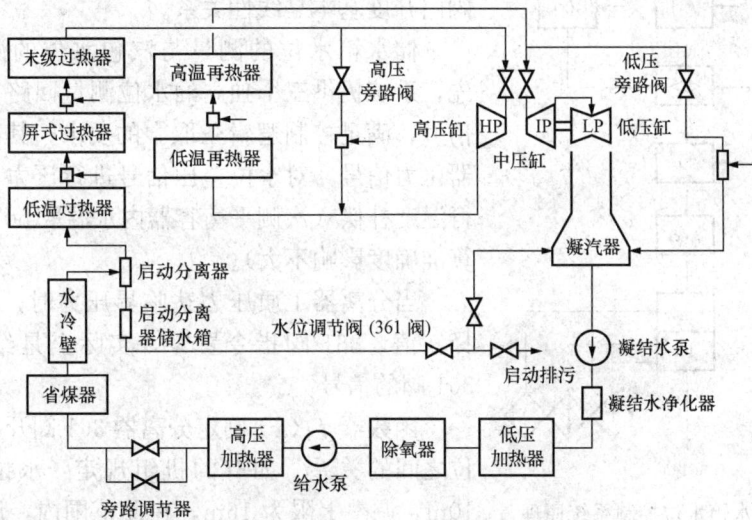

图 7-10 某 600MW 超临界压力机组汽水系统示意

在锅炉启动和低负荷运行时,电动给水泵运行,给水经过高压加热器→旁路调节阀→省煤器→水冷壁,流过水冷壁管的汽水混合物进入启动分离器,分离后的蒸汽进入过热器,水进入分离器储水箱,通过水位调节阀(361 阀)后分成两路:一路经扩容器扩容后进入疏水扩容箱,由扩容疏水泵输送至凝汽器,进行合格工质及热量的回收;另一路直接向外排放,用于启动时排污。

随着燃烧率的提高,锅炉逐渐进入直流运行阶段,分离器处于干态运行,分离器成为(过热)蒸汽通道。当机组负荷达 180MW 左右时,可将电动给水泵切换为汽动给水泵,在倒泵过程中,应尽量稳定燃烧率,维持电动给水泵自动减速,手动逐步提高汽动给水泵转速。当机组负荷达 280MW 以上时,再投入一台汽动给水泵,使两台汽动给水泵并列运行。

2. 给水系统的控制策略

在机组燃烧率低于 35%BMCR 时,锅炉处于非直流运行方式,分离器处于湿态运行,分离器中的水位由分离器至扩容器的 361 阀进行调节,给水系统处于循环工作方式;在机组燃烧率大于 35% BMCR 后,锅炉逐步进入直流运行状态。因此,超临界机组锅炉给水控制分低负荷时的汽水分离器水位控制及锅炉直流运行时的给水流量控制。

（1）汽水分离器储水箱水位控制。锅炉湿态运行时，分离器和储水箱的作用相当于汽包锅炉中的汽包。实际上储水箱就是一根高度超过 40m 的耐超高压的管道，能够测得的水位范围约为 22m，按照常规做法，将水侧平衡容器中心线处作为零水位点。与汽包水位控制有所不同，储水箱水位允许有一个很宽的水位变化范围（例如在 8～10m 都算正常）。但是，当运行工况发生变化时，也同样会产生虚假水位，且由于储水箱截面积较小（直径在 1m 以内），当给水流量迅速增加、汽压迅速下降，或者升温升压过程中炉水开始蒸发使其体积膨胀时，很容易使储水罐满水。所以，分离器储水箱水位是锅炉湿态运行时必须监控的一个重要参数。适当调节 361 阀的开度，可以控制储水箱水位在正常工作允许的范围内。

储水箱水位控制系统的原理如图 7-11 所示，这是一个开环控制系统。这是因为分离器水位控制范围较大，而且疏水调节阀（361 阀）流量特性较好，与阀门开度基本是线性关系。

储水箱水位的测量与汽包水位的测量相似。首先，系统提供三个独立的水位测量回路得到三组差压信号，满足控制逻辑三取中的要求；其次，引入分离器压力信号，对水位差压信号进行压力补偿，没有进行温度补偿（汽侧平衡容器内水温取 50℃，温度对计算准确度影响不大）。

当分离器工质压力达临界压力时，切换器 T1 选择 0 值，361 阀指令置零，实际上是给了一个全关 361 阀的信号。

函数器 $f_1(x)$ 确定分离器 361 阀开度与储水箱水位之间的关系。如有的机组规定：水位调整下限是 10m，调整上限为 16m，在此范围内，调节门指令由 0% 至 100%。

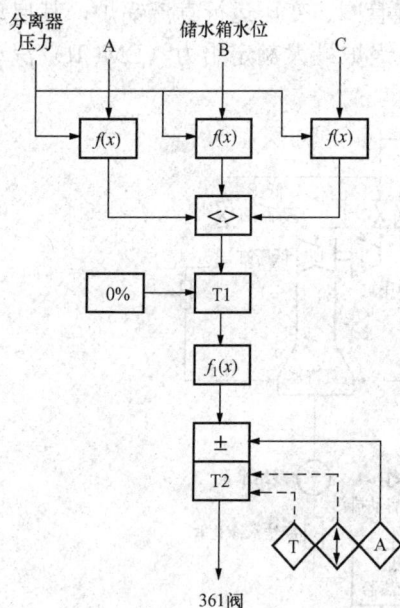

图 7-11 储水箱水位控制系统原理

为了确保汽轮机主设备及凝汽器等安全，必须对 361 阀进行水位压力连锁。正常情况下，控制 361 阀快开快关的两个电磁阀是常带电的，当有快开或快关指令时，相应电磁阀失电，迅速泄掉上汽缸或下汽缸的汽压，实行全开全关。

当以下任一条件满足时，自动关闭 361 阀：

1）分离器压力大于 12MPa 时。

2）分离器水位低于 8m 且 361 阀未全关时。

3）当分离器水位高于 18m 且 361 阀未全开时，自动开启 361 阀。

当出现下列情况之一时，汽水分离器的储水箱水位控制强制手动：

1）储水箱水位控制阀交流电源失去。

2）储水箱水位控制阀直流电源失去。

3）储水箱压力信号发生故障。

4）储水箱水位信号发生故障。

（2）给水流量控制。

方案一、采用中间点温度的给水控制

在机组负荷大于 35％BMCR 后，锅炉逐步进入直流运行状态，分离器处于干态运行，这时给水控制系统的主要任务是维持中间点温度（或称为微过热点温度，例如某 600MW 机组即为水冷壁出口集箱温度）有一定的过热度，同时根据直流炉控制燃料—给水比率的要求，给水流量还要及时响应锅炉燃料量的变化。

图 7-12 是给水流量控制系统原理图。这是一个串级调节系统，主调节器 PID1 以中间点温度为被调量，其输出对给水流量指令 W_0 进行修正，以控制锅炉中间点汽温在适当范围内。副调节器 PID2 的输出为给水流量控制指令，控制给水泵的转速，以维持锅炉给水流量为给定值，保持合适的燃水比。

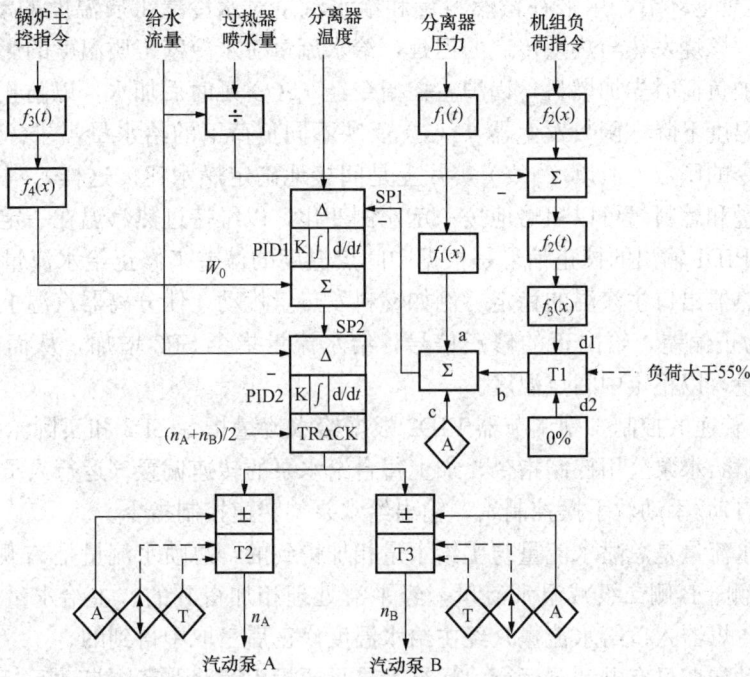

图 7-12　给水流量控制系统原理

1) 中间点温度的设定值。中间点温度给定值 SP1 由三部分构成：基本部分 a、喷水比修正信号 b 和运行人员手动修正信号 c。

基本部分 a 是根据汽水分离器出口压力，计算对应状况下的饱和蒸汽温度，再加上一个过热度形成的。其中 $f_1(t)$ 是为消除汽水分离器压力信号的高频波动而设置的滤波环节。函数发生器 $f_1(x)$ 的输出为分离器压力对应的饱和温度，并加上适当的过热度。使分离器温度大于分离器压力下的饱和温度，这是机组干态运行的必要条件。也就是说，只有当锅炉运行在纯直流（分离器干态）工况下，给水流量控制回路才能对锅炉过热器出口蒸汽温度起到粗调的作用。

过热器喷水比的修正信号 b 是由实际的过热器喷水比与其设定值的偏差计算得到。过热器喷水比的设定值由机组负荷指令信号经函数发生器 $f_2(x)$ 给出的。过热器喷水比实际值由过热器喷水的总量除以锅炉总给水流量求得。$f_2(t)$ 为滤波环节，消除信号的高频波动。$f_3(x)$ 设定修正信号的变化速度和最大幅度。如果实际喷水比值大于设定值，表明实际过热汽温高于设计工况值。此时，为了将汽温降低到设计工况的水平，可以提供一个负的修正值，以降低中间点温度的设定值 SP1。SP1 减小导致主调 PID1 输出增加，提高了给水流量给定值 SP2，通过增加给水流量，从而使汽温恢复到正常范围，使过热器喷水保持在合适的流量范围内。

当然，修正作用也不能太强，以防止机组重新返回湿态，使动态过程产生很大的波动。当负荷小于 55% 时，切换器 T1 选择 d2，修正值为 0，故喷水比修正只有在负荷大于 55% 时才起作用。负荷小于 55% 时，中间点温度设定值仅仅是分离器压力的函数。

2）给水流量指令的形成。给水流量指令 SP2 由燃水比指令 W_0 和主调节器 PID1 输出的校正信号两部分叠加而成。

锅炉主控指令信号经动态延时环节 $f_3(t)$ 和函数发生器 $f_4(x)$ 后得到燃水比指令 W_0。其中，$f_3(t)$ 是延迟环节，用来补偿燃料量和给水流量对水冷壁工质温度的动态特性差异。由于燃料传输、燃烧发热与热量传递的迟延，给水流量对水冷壁工质温度的影响比燃料量要快得多，所以加负荷时先加燃料，锅炉主控指令经 $f_3(t)$ 延时后加水，以防止给水增加过早使水冷壁工质温度下降。函数发生器 $f_4(x)$ 反映不同负荷下的给水量需求。由于燃料量也是锅炉主控指令的函数，所以 $f_4(x)$ 实际上是间接地确定燃水比。这样，当机组负荷指令变化时，给水量和燃料量可以粗略地按一定比例变化，以维持过热汽温在一定范围内。

主调节器 PID1 输出的校正信号是根据中间点温度的偏差来修正给水流量指令，调节给水量，保持过热器出口主汽温的稳定。例如燃料发热量扰动，使分离器汽温上升时，主调节器 PID1 输入为正偏差，给出正的修正信号，给水流量指令 SP2 增加，从而提高给水泵转速，增加给水量，以稳定中间点温度。

3）给水泵转速的控制。副调节器 PID2 根据给水流量指令 SP2 和实际给水流量的偏差进行计算，给出给水泵公用控制指令，加上每台给水泵的转速偏置（运行人员可手动设置），并经给水泵的自动/手动软手操控制站，输出给水泵的转速控制指令。

实际总给水流量是总喷水流量与主给水流量相加得到的：总喷水流量是 A 侧、B 侧一级减温水流量和 A 侧、B 侧二级减温水流量，经平滑处理相加得到的；主给水量是三个主给水流量信号（即省煤器入口给水流量）经主给水温度修正后三取中得到的。

在锅炉启动初期只有电动泵运行，运行人员只要投入旁路调节阀自动运行就可以了。因此，在考虑给水泵指令时，我们只考虑了两台汽动泵并列运行投自动的工况，在一台汽动泵和电动泵并列运行时，可以投入汽动泵自动，而电动泵根据需要进行调节。副调 PID2 在两台汽动泵均未投入自动时，跟踪两台汽动泵的平均指令。

4）给水旁路调节阀的控制。给水旁路调节阀不直接调节给水流量，调节阀仅控制给水母管压力。当给水母管压力发生偏差时，通过给水调节门的调节来维持给水母管压力，以保证对过热器的喷水压力。

5）给水泵最小流量控制。电动给水泵和汽动给水泵都设计有最小流量控制系统。该系统通过给水再循环，保证给水泵出口流量不低于最小流量设定值，以保证给水泵设备的安全。给水泵最小流量控制系统通常为单回路调节系统，流量测量一般采用二取一。给水泵最小流量控制系统仅工作在给水泵启动和低负荷阶段；当锅炉给水流量大于最小流量定值时，给水再循环调节阀门就关闭。最小流量给水再循环调节阀通常设计为反方向动作，即控制系统输出为 0 时，阀门全开；输出为 100% 时，阀门全关。这样当失电或失去汽源时，阀门全开，可保证设备的安全。

方案二、采用焓增信号的给水控制

采用焓增信号的给水控制方案其原理是：在稳定的直流工况下，根据热力学第一定律，由省煤器出口到低温过热器入口这段工质所吸收的热量 ΔQ 为

$$\Delta Q = \Delta H + \omega_t$$

式中：ΔH 为省煤器出口到低温过热器入口这段工质的焓增；ω_t 为省煤器出口到低温过热器入口这段工质的技术功，其包括轴功、动能增量和位能增量。对于连续流动、未膨胀做功、落差有限的工质，轴功、动能增量和位能增量这 3 项可近似为 0。故省煤器出口到低温过热器入口这段工质所吸收的热量 ΔQ 可以表示为

$$\Delta Q = W \Delta h$$

式中：Δh 为单位工质焓增，W 为给水流量。

因此，给水流量指令可以通过下式求得

$$W = \frac{\Delta Q}{\Delta h}$$

就是说，如果已知省煤器出口到低温过热器入口这段工质所吸收的热量 ΔQ 和省煤器出口到低温过热器入口这段的单位工质焓增 Δh，给水流量即可以求得。

1）给水吸热量的计算。给水吸收的热量 ΔQ 可以通过下式计算：

$$\Delta Q = 给水流量设计值 \times 设计焓增 - 水冷壁金属蓄热量的变化量$$
$$给水流量设计值 = 主蒸汽流量设计值 - 减温水喷水量设计值$$
$$设计焓增 = 分离器出口设计焓值 - 省煤器出口设计焓值$$

由于负荷变化时，炉膛热负荷的变化相对于给水量的变化是一个延迟较大的对象，故负荷指令需要经过惯性环节的迟延才转化为理论给水流量。给水吸收热量原理如图 7-13 所示，机组负荷指令经过惯性环节 $f_2(t)$ 的迟延、函数 $f_2(x)$ 的计算得到蒸汽流量设计值，负荷指令经过惯性环节 $f_3(t)$ 的迟延、函数 $f_3(x)$ 的计算得到减温水流量设计值，两者求差即为给水流量设计值。

分离器出口设计焓值由负荷指令经过延时补偿 $f_1(t)$ 和函数 $f_1(x)$ 计算得出，省煤器出口设计焓值由负荷指令经过延时补偿和函数计算得出，延时补偿环节 $f_4(t)$、$f_5(t)$ 的作用是在燃料供应变化时，模拟燃料对省煤器出口焓值影响的时间响应，并且通过大值选择，以改善调节品质。

由于各级受热面的金属都有一定的蓄热能力，所以在计算热量时要考虑金属蓄热的影响。对于金属的蓄热能力的计算，因为炉内工况的复杂性，得到精确的数值比较困难，一般都采用近似值来代替。汽水饱和温度基本等于水冷壁受热面的金属平均温度，可以反映出这一区域的蓄热能力。根据汽水分离器储水箱的压力计算出该压力下的汽水饱和温度，经过 $f_6(t)$ 计算出压力变动时金属温度的变化速率，然后和这部分受热面金属的热容量相乘，得到水冷壁金属在单位时间内的蓄热量。当省煤器入口流量低时，把金属蓄热部分的修正屏蔽。

2）单位焓增的计算。根据负荷函数计算出的省煤器出口焓值和汽水分离器出口焓值不一定与实际焓值相符，锅炉在变工况运行时，这种差异就会显现出来，所以在调节回路中需要对这些计算出的焓值进行修正。

单位焓增计算原理如图 7-14 所示。单位焓增等于设计焓增与焓增修正的和。

负荷指令经过惯性环节 $f_1(t)$ 和函数 $f_1(x)$ 得到一级过热器入口设计焓值。由于不同负

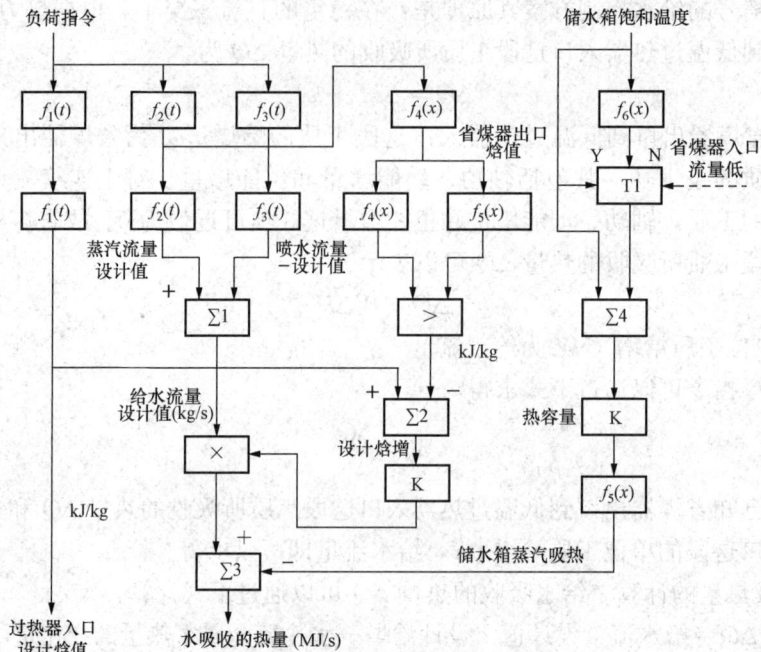

图 7 - 13 给水吸收热量原理

荷下对一级过热器入口蒸汽有一定的过热度要求，故采用一级过热器出口温度差来修正焓值控制器的设定值。负荷指令经过函数 $f_6(x)$ 得到一级过热器出口温度的设定值 SP2，温差控制器 PID2 根据一级过热器出口温度的实际值 PV2 和设定值 SP2 之间的偏差进行运算，对一级过热器入口设计焓值进行修正，因此焓值控制器 PID2 的设定值 SP1 为

SP1＝过热器入口设计焓值＋焓值修正（温差控制器 PID2 的输出）

根据汽水分离器出口的温度和压力，计算出汽水分离器出口工质的实际焓值 PV1，焓值控制器 PID1 根据焓值偏差进行运算，其输出通过求和对水冷壁区域焓值变化量进行修正。

给水泵转速的控制和给水泵最小流量控制与方案一类似，故在此不再赘述。

（二）过热蒸汽温度控制系统

1. 影响过热蒸汽温度的主要因素

（1）燃料/给水比（燃水比）。只要燃料/给水比的值不变，过热汽温就不变。因此保持适当的燃水比，在任何负荷和工况下，直流锅炉都能维持一定的过热汽温。

（2）给水温度。正常情况下，给水温度一般不会有大的变动；但当高压加热器因故障退出运行时，给水温度就会降低。对于直流锅炉，若燃料不变，由于给水温度降低时，加热段会加长、过热段缩短，因而过热汽温会随之降低，负荷也会降低。

（3）过量空气系数。过量空气系数的变化直接影响锅炉的排烟损失，影响对流受热面与辐射受热面的吸热比例。当过量空气系数增大时，除排烟损失增加、锅炉效率降低外，炉膛水冷壁吸热减少，造成过热器进口温度降低、屏式过热器出口温度降低；虽然对流过热器吸热量有所增加，但在燃水比不变的情况下，末级过热器出口汽温会有所下降。过量空气系数减小时的结果与增加时的相反。若要保持过热汽温不变，则需重新调整燃水比。

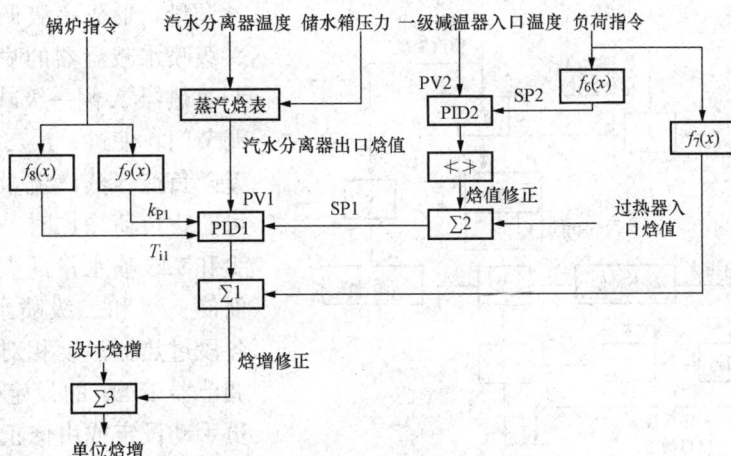

图 7 - 14　单位焓增计算原理图

（4）火焰中心高度。火焰中心高度变化造成的影响与过量空气系数变化的影响相似。在燃水比不变的情况下，火焰中心上移类似于过量空气系数增加，过热汽温略有下降；反之，过热汽温略有上升。若要保持过热汽温不变，也需重新调整燃水比。

（5）受热面结渣。燃水比不变的调节下，炉膛水冷壁结渣时，过热汽温会有所降低；过热器结渣或积灰时，过热汽温下降较明显。后者情况发生时，调整燃水比即可；前者情况发生时，不可随便调整燃水比，必须在保证水冷壁温度不超限的前提下调整燃水比。

对于直流锅炉，在水冷壁温度不超限的条件下，后四种影响过热汽温因素都可以通过调整燃水比来消除；所以，只要控制好燃水比，在相当大的负荷范围内，直流锅炉的过热汽温可保持在额定值。此优点是汽包锅炉无法比拟的。但燃水比的调整，只有自动控制才能可靠完成。

2. 过热蒸汽温度控制策略

600MW 超临界压力发电机组锅炉过热汽温的调节是以调节燃水比为粗调，用一、二级减温水作细调。

（1）过热汽温粗调（燃水比的调节）。燃水比调节的主要温度参照点是中间点（即分离器出口处）温度。锅炉负荷大于 35％BMCR 时，分离器呈干态，中间点温度为过热温度。具体控制思路见锅炉给水控制系统部分。

（2）过热汽温细调。由于锅炉调节中影响因素众多，只靠燃水比的粗调是不够的；而且，还可能出现过热器出口左、右侧温度偏差。因此，在后屏过热器的入口处和高温过热器（末级过热器）的入口处分别布置了一级和二级减温器（每级左、右各一个）。喷水减温器调温惯性小、反应快，开始喷水到喷水点后汽温开始变化只需几秒钟，可以实现精确的细调。必须注意的是，要严格控制减温水总量，以保证有足够的水量冷却水冷壁；投用时，尽可能多投一级减温水，少投二级减温水，以保护屏式过热器。

1）一级减温控制系统（屏式过热器出口温度控制）。一级减温控制系统如图 7 - 15 所示。该系统由 A（左）侧和 B（右）侧两套系统构成。两套系统的结构相似，都采用温差串级控制策略。下面以 A 侧为例来分析控制方案。

A 侧二级减温器入口温度与 A 侧二级减温器出口温度的温差信号作为主调节器 PID1 的被控量，主调的输出作为副调节器 PID2 的给定值，A 侧一级减温器出口温度为副调节器的

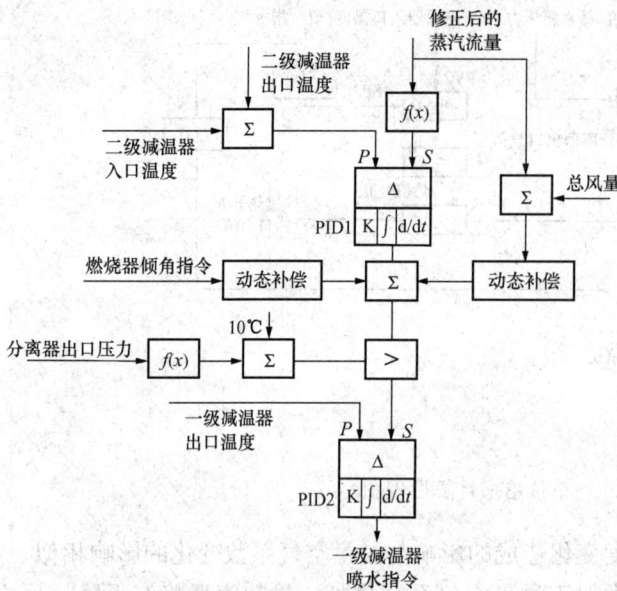

图 7-15　一级减温器控制系统原理

被调量，形成串级调节系统，产生一级喷水减温器的喷水量指令去控制过热器 A 侧一级减温器入口喷水调节门，使进、出二级减温器的温差随负荷（蒸汽流量）而变化。这可防止负荷增加时一级喷水量的减少和二级喷水量的大幅度增加，从而使一级和二级喷水量相差不大，各段过热器温度相对比较均匀。主调节器 PID1 的设定值可由运行人员手动设定或由修正后的蒸汽流量经函数发生器 $f(x)$ 形成。蒸汽流量、总风量、燃烧器倾角（或燃料指令）经动态滤波处理后，加到主调节器的输出，作为前馈信号，其作用是当负荷变化引起烟气侧扰动时，及时调整喷水量，消除负荷扰动，减小过热汽温波动。

为了保证机组的经济性，防止过多喷水，由汽水分离器出口压力经 $f(x)$ 形成饱和温度，再加上 10℃的过热度后作为喷水的最低温度限。

当发生锅炉主燃料跳闸（MFT）或汽轮机跳闸或负荷小于等于 x‰时，优先降一级过热汽温；当满足下列任一条件时，A 侧（或 B 侧）一级喷水控制阀应强制手动：①A 侧（或 B 侧）二级减温器出口温度变送器发生故障；②A 侧（或 B 侧）一级减温出口温度偏差超过低限；③A 侧（或 B 侧）一级减温器阀位偏差超过低限；④A 侧（或 B 侧）一级减温出口温度变送器发生故障；⑤A 侧（或 B 侧）二级减温器入口温度变送器发生故障；⑥优先降一级过热汽温时。

2）二级减温控制系统（末级过热蒸汽温度控制）。二级减温控制系统与一级减温控制系统相似，采用典型的串级汽温控制方案。主调节器的被调量是末级过热蒸汽温度，其给定值是负荷（蒸汽流量）的函数，主调节器输出作为副调节器的给定值，过热器二级减温器出口温度为副调节器的被调节量，副调节器产生的指令去调节二级减温器入口喷水调节门，改变喷水减温器的喷水量。

习　题

7-1　说明直流锅炉的主要特点。

7-2　试说明无汽水分离器直流锅炉在调节门开度、燃料量、给水量扰动下的动态特性。

7-3　直流锅炉自动控制的主要特点是什么？

7-4　分析说明直流锅炉两种负荷控制方案的特点。

7-5　试说明直流锅炉过热汽温自动控制方案的控制原理。

第八章　汽轮机自动控制系统

　　汽轮机是一种以水蒸气为工质，将热能转变为机械能的外燃高速旋转机械，当它驱动交流同步发电机时就进一步将动能转换成电能。单机功率大、效率高、运转平稳、单位功率制造成本低和使用寿命长等众多优点，使其在现代火电厂和核电站中得到了广泛应用，据介绍，全世界由汽轮发电机组发出的电量约占各种形式发电总量的80％左右。

　　在电力生产中，发电设备的功率必须随外界负荷的变化而相应变化，为使机组能够及时满足用户对发电能量和供电质量（电压和频率）的要求，确保电能生产的可靠性和安全性。对于不同类型的汽轮机，就要按照其对象特性、调节要求和运行方式，配置相应的各种控制系统以实现其自动控制。

　　经百余年的发展，汽轮机的控制内容已相当丰富，诸如参数监视、闭环控制、保护等，本章仅从闭环控制角度介绍一些相关内容。

第一节　汽轮机自动控制的基本概念

一、汽轮机控制的任务

　　由于电能难以大量储存，而且电力用户的用电量又经常变化，因此电力生产中必须对发电设备进行自动控制。故而，汽轮机控制系统的任务之一就是要及时调节机组的功率，以随时满足用户对发电能量的需求。

　　除了要保证所发电能量的需求外，电力生产也要保证一定质的要求，这主要体现在电能的频率和电压两个参数上（我国规定频率变化在±1％以内，电压变化在±6％以内）。由同步发电机的运行特性知：发电机的端电压取决于无功功率，而无功功率决定于发电机的励磁；电网的频率（或周波）取决于有功功率，即决定于原动机的驱动功率。因此，电网电压的调节主要通过发电机的励磁系统来实现，频率的调节则归于汽轮机的功率控制系统，通过控制其转速而实现。可见，控制系统的另一任务则是维持机组的转速在规定的范围内，保证供电频率和机组本身的安全。也正因为汽轮机控制系统是以机组转速为主要控制参数的，故而习惯上常将汽轮机控制系统称为调速系统。

二、汽轮发电机组的自调节特性

　　对汽轮发电机组而言，汽轮机工作时，作用在转子上的力矩有三个：蒸汽作用在转子上的主力矩 M_t、发电机的电磁反力矩 M_e、摩擦力矩 M_f。相对于 M_t 和 M_e 而言，M_f 很小，可以忽略不计。所以转子的运动方程可以写为

$$I \frac{d\omega}{dt} = M_t - M_e \qquad\qquad (8-1)$$

式中：I 为汽轮发电机转子的转动惯量；ω 为转子的角速度，$\omega = \frac{2\pi n}{60}$。

　　由式（8-1）可知，转速的变化取决于汽轮发电机组输入、输出力矩，即功率是否平

衡。当功率平衡时，转速为常数。

在汽轮机功率一定时，蒸汽产生的主力矩 M_t 与转速 n 成反比，如图 8-1 中所示。而电磁反力矩 M_e 与转速 n 的关系主要取决于外界负载的特性。例如，当外界负载为风机或者水泵时，反力矩比例于转速的平方；若外界负载为机床、磨煤机等，反力矩与转速成正比；若外界负载为照明、电热设备等，则与转速无关。电网中上述各类负载都存在且用电比例随时而变。但一般说来，当外界负荷一定时，反力矩随转速的增加而迅速增加，且负荷越大，曲线越陡。

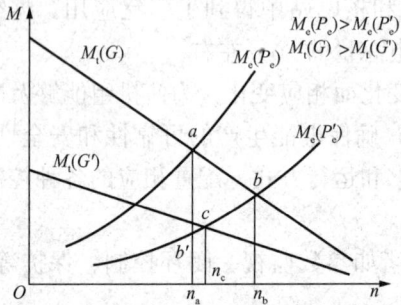

图 8-1   汽轮发电机组的自调节特性

在图 8-1 中，$M_t(G)$ 和 $M_e(P_e)$ 分别为对应于汽轮机流量 G 和发电机负荷 P_e 的特性线，其交点 a 就是平衡状态的工作点，所对应转速为 n_a。当外界负荷减小为 P_e' 时，这一刻的反力矩将减小为 $M_e = M_b$，这时若不调整汽轮机进汽量，由于 $M_t > M_e$，则会使转速升高，而转速的升高又会使 M_t 减小，当转速升至 n_b 时，M_t 与 M_e 重新达到平衡，汽轮发电机组稳定工作于 b 点。可见，当外界负荷改变时，即使不调节汽轮机功率，理论上它也可以从一个稳定工况过渡到另一个稳定工况，这就是汽轮发电机组的自调节特性，或称自平衡特性。

由图 8-1 可以看出，当外界负荷变动时，若仅依靠自调节特性，汽轮发电机组的转速变化将会很大。例如负荷变动 10% 时，转速的变动将达 20%～30% 后才能重新平衡。这不仅不能满足电力用户的需要，对汽轮发电机组的安全运行也是不利的。因此，当外界负荷改变时，必须通过汽轮机控制系统来自动调节进汽量，使主力矩随之改变。比如对于前面的情况，可在外界负荷降低后将进汽量减小至 G'，使机组稳定在 c 点工作，新的转速 n_c 与原转速 n_a 相比变化很小，使汽轮机转速始终保持在额定转速附近的容许范围内（$n_c \neq n_a$ 是有差调节的结果）。

三、汽轮机自动控制系统的基本原理及组成

在实际生产中，汽轮机均装设有自动控制系统，这些系统从总体上可划分为无差控制系统和有差控制系统两种。

（一）无差控制系统

一台汽轮发电机组单独向用户供电时，即构成孤立运行机组。根据自动控制原理，汽轮机控制系统可以采用无差控制系统。假设在某初始状态下，汽轮机的功率与负荷相等，则其转速为额定值。由于某种原因，例如用户的耗电量增加，则发电机的反力矩加大，转子的转矩平衡遭到破坏，转速将要下降，这时汽轮机的控制系统将会动作，开大调节汽阀，增大进汽量，以改变汽轮机的功率，建立起新的转矩平衡关系，使转速基本保持不变。

采用无差控制系统的汽轮发电机组不利于并网运行，因此并网运行的汽轮发电机组几乎都采用有差控制系统。无差控制常被应用于供热汽轮机的调压系统中，使供热压力维持不变。

（二）有差控制系统

对于发电用的汽轮发电机组，其转速控制系统一般为有差控制系统。

1. 直接控制

图 8-2 是汽轮机转速直接控制系统示意。当汽轮机负荷减小而导致转速升高时，离心调速器的重锤向外张开，通过杠杆关小调节汽阀，使汽轮机的功率相应减小，建立起新的平衡。当负荷增加时，转速降低，重锤向内移动，开大调节汽阀，增大汽轮机的功率。由此可见，调速器不仅能使转速维持在一定的范围之内，而且还能自动保证功率的平衡。

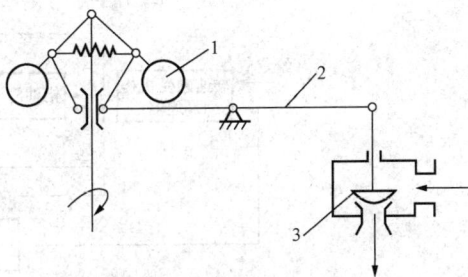

图 8-2　直接控制系统示意
1—重锤；2—杠杆；3—调节汽阀

该系统是利用调速器重锤的位移直接带动调节汽阀的，所以称为直接控制系统。由于调速器的能量有限，一般难以直接带动调节汽阀，所以应将调速器滑环的位移在能量上加以放大，从而构成间接控制系统。

2. 间接控制

图 8-3 是最简单的一级放大间接控制系统示意。在间接控制系统中，调速器所带动的不是调节汽阀，而是错油门滑阀。转速升高时，调速器的滑环 A 向上移动，通过杠杆带动

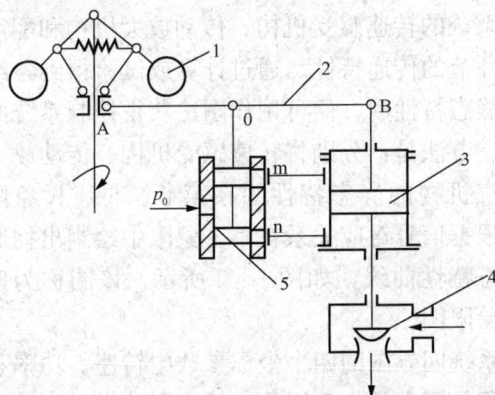

图 8-3　间接控制系统示意
1—调速器；2—杠杆；3—油动机；
4—调节汽阀；5—错油门

错油门滑阀向上移动，这时错油门滑阀套筒上的油口 m 和压力油管连通，而下部的油口 n 则和排油口相通。压力油经过油口 m 流入油动机活塞的上腔，油动机活塞在上、下油压力之差作用力的推动下，向下移动，关小调节汽阀。转速降低时，调速器滑环向下移动，带动错油门滑阀向下，这时油动机活塞下腔通过油口 n 和压力油路相通，而上腔则通过油口 m 和排油口相通，活塞上下的压力差推动活塞向上移动，开大调节汽阀。

从以上分析可知，一个闭环的汽轮机自动控制系统由下列四个部分组成：

（1）转速感受机构。用来感受转速的变化，并将转速变化转变为其他物理量的变化。图 8-3 系统中的离心飞锤调速器就是转速感受机构的一种形式，它接受转速变化信号，输出滑环位移的变化。

（2）传动放大机构。它是处于转速感受机构之后、配汽机构之前的，起着信号传递和放大作用的控制机构。图 8-3 系统中的滑阀、油动机以及杠杆都属于传动放大机构，它感受调速器的信号（滑环位移），并经滑阀和油动机放大，然后以油动机的位移传递给配汽机构。

（3）配汽机构。接受由转速感受机构通过传动放大机构传来的信号，并能依此来改变汽轮机的进汽量。图 8-3 系统中的控制汽阀以及与油动机活塞连接的杠杆就属于配汽机构。

（4）控制对象。对汽轮机控制来说，控制对象就是汽轮发电机组。当汽轮机进汽量改变时，汽轮发电机组发出的功率也相应发生变化。

图 8-4 为汽轮机自动控制系统的构成框图。从图中可以很清楚地看出汽轮机控制系统中各组成环节之间的关系。

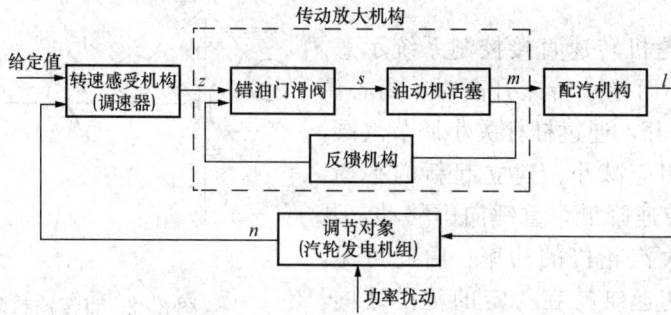

图 8-4　汽轮机控制系统框图

z—调速器滑环位移；s—油动机滑阀位移；
m—油动机活塞位移；l—调节汽阀升程；n—汽轮机转速

四、汽轮机控制系统的静态特性

由直接和间接控制原理可以看出，汽轮机负荷变化时，其转速也会相应发生变化。在稳定状态下，汽轮机的功率与转速之间的关系，称为汽轮机控制系统的静态特性。

（一）静态特性曲线

汽轮机控制系统的静态特性取决于组成控制系统的转速感受机构、传动放大机构和配汽机构三大环节的传递特性。通过计算或试验得到各组成环节的静态特性后，便可用作图法获得控制系统的

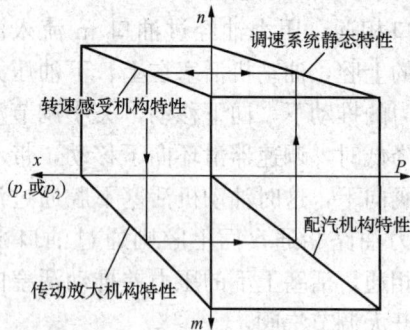

图 8-5　控制系统的静态特性曲线

静态特性。方法是：分别将转速感受机构、传动放大机构和配汽机构的静态特性画在第 Ⅱ、Ⅲ、Ⅳ 象限中，然后根据信号对应关系在第 Ⅰ 象限中绘制出控制系统的静态特性曲线，如图 8-5 所示，该图称为四方图或四象限图。

控制系统四方图的四个坐标参数中转速、功率和油动机行程是固定的，而第 Ⅱ、Ⅲ 象限的横坐标参数则因系统而异。如高速弹性调速系统为挡油板位移 x，而旋转阻尼调速系统则可取一次油压 p_1 或二次油压 p_2 等。究竟取用何参数来绘制四方图，一般应根据在试验中易于读取及调整工作中常用的原则来选择。

控制系统四方图中的参数方向一般规定为：转速、功率和油压以增加方向为正；油动机行程以使功率增加方向为正；调速器滑环、压力变换器活塞、蝶阀等部套，以转速增加时位移的方向为正。

对于并网运行的汽轮发电机组，其转速调节系统一般为有差系统，即当机组负荷变化时，允许汽轮机的转速按静态特性曲线发生变化。实践表明，如果静态特性曲线的形状不理想，将有可能引起控制系统不稳定等不正常现象。

理想的静态特性曲线一般应如图 8-6 所示。从图中可以得出以下结论。

（1）在曲线的低负荷 AB 段，特性曲线的斜率应大一些，这样可以提高机组在空负荷时的稳定性，便于暖机和并网。

（2）在额定功率 CD 段附近，特性线的斜率也应大一些，这样可以使机组在经济工况附近运行，同时也可以避免超负荷。

（3）特性曲线的中间 BC 段应该连续、平滑地略向下倾斜，不应有突变点，以避免出现运行时的不稳定现象。

（二）转速不等率和迟缓率

1. 转速不等率δ

对于图 8-6 所示的理想静态特性曲线，其倾斜程度可用控制系统的转速不等率（或称速度变动率）δ 表示。它的定义为：汽轮机空负荷时所对应的最大转速 n_{max} 与满负荷时所对应的最小转速 n_{min} 之差，与额定转速 n_0 的比值，即

图 8-6　理想的静态特性曲线

$$\delta = \frac{\Delta n}{n_0} = \frac{n_{max} - n_{min}}{n_0} \times 100\%$$

转速不等率是转速控制系统最重要的指标，从自动控制原理的角度讲，它相当于控制系统的比例带，既反映了一次调频能力的强弱，又表明了稳定性的好坏。如果 δ 较小，即特性曲线平坦，则一次调频能力较强。一次调频是指外界负荷变化引起电网频率变动时，并网运行各机组的调速系统将自动增、减各机组的功率达到新的平衡，并且将电网频率的变化限制在一定的范围内。从调频能力看，δ 越小越好，但 δ 过小，易引起控制系统不稳定，甚至引起系统强烈振荡；相反，δ 过大，虽可使调节系统稳定，但不能保证供电频率在规定的范围内。可见，δ 的大小对供电质量和控制系统的稳定性有十分重要的影响。

一般 δ 的取值范围为 $3\% \sim 6\%$，常用值为 $4.5\% \sim 5.5\%$。其具体大小应根据机组在电网中所处的地位和安全性等方面的要求来确定，例如，对一次调频要求较高的带尖峰负荷机组，δ 应取小些；对带基本负荷的机组，δ 则应取得大一些。但所谓基本负荷和尖峰负荷也是相对的，随单机功率的增大而变化，因此，一般希望将转速不等率设计成连续可调，即可按运行情况调整。

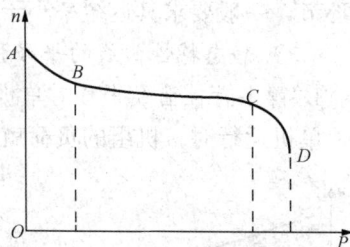

图 8-7　静态特性曲线上的不灵敏区

2. 迟缓率

由于控制系统各部套间的连续部分存在着间隙、摩擦力以及错油门重叠度等原因，使机组在加、减负荷过程中，静态特性曲线是不重合的，中间存在着带状宽度的不灵敏区，如图 8-7 所示。不灵敏区的转速差与额定转速 n_0 之比称为控制系统的迟缓率 ε，也称为控制系统的不灵敏度，其关系式为

$$\varepsilon = \frac{n_2 - n_1}{n_0} \times 100\%$$

式中：n_1、n_2 为加、减负荷时功率 P_1 所对应的转速。

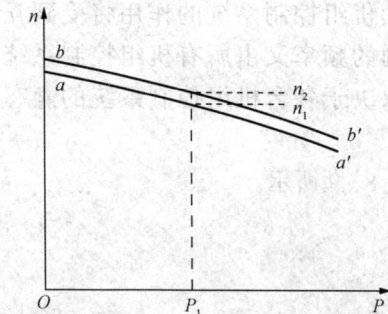

在加、减负荷过程中，两条静态特性曲线不一定互相平行，即不灵敏区的宽度是不一样的。其中转速最大差值与额定转速之比称为最大迟缓率。

控制系统迟缓率是一个重要的质量指标，一般要求越小越好。过大的迟缓率会引起机组的速度或负荷摆动，甚至引起控制系统不稳定。

通常，对于机械液压控制系统，要求其迟缓率小于 0.6%；而对于电液控制系统，特别是采用高压抗燃油的数字电液控制系统，因其液压控制回路较为简单，减少了产生迟缓的中

间环节，一般要求其迟缓率小于 0.2%。

（三）静态特性曲线的平移和同步器

1. 静态特性曲线平移对单机运行的汽轮发电机组的影响

单机运行时，机组的负荷就是其全部用户的用电量。若控制系统的静态特性为有差系统，负荷变化时机组的转速将会按静态特性曲线变化，因为交流电的频率与发电机的转速成正比，所以在负荷变化时，机组所发出电能的频率就要发生变化。这种变化显然是不希望的，为了补偿频率的变化，在控制系统中附加了一种频率（即转速）调整设备，称作同步器。它的作用是使静态特性曲线作平行的上下移动。

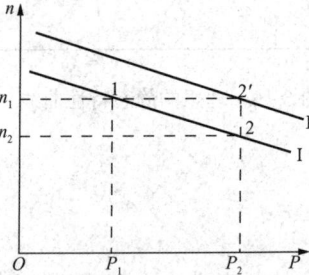

图 8-8　单机运行时平移静态特性曲线

从自动控制原理的角度讲，操作同步器就相当于改变控制系统的给定值。在图 8-8 中，当单机负荷由 P_1 增加到 P_2 时，转速由 n_1 下降到 n_2，如果此时将特性曲线 I 向上平移至 II，则工作点将由 2 移至 $2'$，此时汽轮机的功率仍为 P_2，而转速则由 n_2 恢复到 n_1。由此可见，在单机运行时平移静态特性曲线的结果是改变了汽轮机的转速。汽轮机的功率则取决于外界的负荷，未受平移静态特性曲线的影响。

对于电液控制系统，静态特性曲线的平移是通过附加给定信号来实现的。附加给定信号作用在测速元件上，它的作用是平移测速元件的静态特性曲线，称为转速给定；附加给定信号作用在测速元件后的综合放大器上时，它的作用就是平移放大机构的静态特性曲线，称为功率给定。转速给定的作用是改变汽轮机的转速，而功率给定的作用则是改变汽轮机的功率。

2. 静态特性曲线平移对并网运行的汽轮发电机组的影响

将许多发电机组联成一个电网是近代大规模供电的方式。并网后的发电机就好像被机械地连接在一起，具有共同的转速，在这种情况下各汽轮机组控制系统的作用将受到互相牵制。每一台机组的转速都取决于电网的频率，而电网的频率又由所有机组控制系统综合工作所决定。因此，分配给电网中每台机组的负荷取决于各台机组控制系统的静态特性。

假设在电网中只有两台机组，它们的静态特性分别如图 8-9 所示。

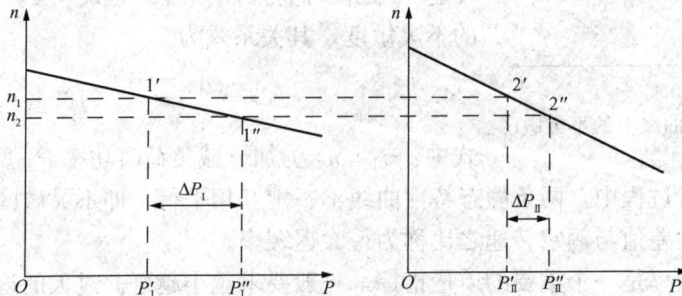

图 8-9　并网运行时的负荷分配

设电网的频率是 f_1，与 f_1 相应的转速是 n_1，根据两台机组的静态特性，I 号机和 II 号机的功率分别是 P'_I 和 P'_{II}，两台机组所发功率之和应等于用户所消耗的功率 P'_L。设

电网的负荷增加了 ΔP_L，使电网的频率从 f_1 下降到 f_2，机组的转速从 n_1 下降到 n_2，由它们的静态特性曲线可知，Ⅰ号机和Ⅱ号机的功率分别增大到 $P''_Ⅰ$ 和 $P''_Ⅱ$，而且必然有 $\Delta P_L = \Delta P_Ⅰ + \Delta P_Ⅱ$ 的关系，这里Ⅰ号机的功率变化 $\Delta P_Ⅰ$ 比较大，而Ⅱ号机其功率变化 $\Delta P_Ⅱ$ 比较小，可见静态特性曲线平坦的机组比静态特性曲线较陡的机组承担的功率变化大。也就是说，转速不等率较大的机组在电网频率变化时功率变化较小；而不等率较小的机组在电网频率变化时功率的变化较大。

　　并网运行时也可以利用同步器平移某一台机组的静态特性，但是它的作用不是改变它的转速，而是改变它的功率。因为在一个电网里一般都有很多台发电机组同时向用户供电，每一台机组功率的变化对电网频率的影响可以认为是很小的，所以可以近似地把电网频率看成是固定不变的常数。如图 8-10 所示，当把某一台机组的静态特性由Ⅰ向上平移到Ⅱ时，由于电网的频率恒定不变，这台机组的出力将提高。若此时用户负荷未增加，实际上电网的频率将略有升高，而使其他机组的功率略有减少，这一台机组的功率增长恰好为其他机组功率的减少所抵消。因为电网中机组台数很多，所以频率的变化要比单机运行时小很多。电网的调度人员正是利用这种办法来调整电网的频率，使之保持在额定的范围内。这种调整频率的作法称为二次调频。

五、汽轮机控制系统的动态特性

　　汽轮机控制系统的动态特性是指汽轮机从一个平衡状态到另一个平衡状态期间转速和功率随时间变化的关系。由于汽轮机控制系统是由多个环节组成的复杂闭环系统，部件运动惯性、油流流动阻力和蒸汽中间容积等的存在，使得系统的动态响应过程较为复杂（见图 8-11），如果控制系统各环节的参数选取不当，也有可能产生持续振荡而无法正常工作。因此，为满足机组提供优良供电品质、参与电网一次调频的需求，控制系统应灵敏、快速地响应各种扰动，并平稳地进行调节，其动态特性满足一定的稳定性、快速性和准确性要求。

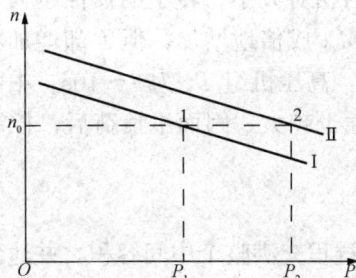

图 8-10　并网运行时平移
静态特性曲线

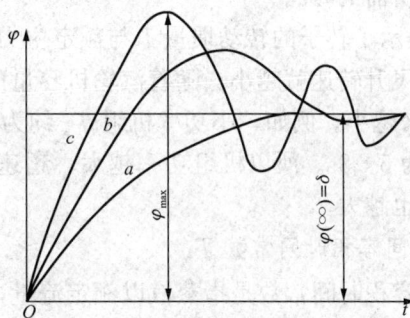

图 8-11　机组甩负荷时的
转速过渡过程

　　下面简要地介绍控制系统动态特性的一些基本概念，并讨论影响控制系统动态特性的主要因素。

（一）动态特性指标

1. 稳定性

当汽轮机受到扰动作用偏离开原来的稳定工况后，应能很快地过渡到新的稳定工况或在扰动消除后能恢复到原来的稳定工况，例如图 8-11 中的 a、b、c 曲线。对于实际的控制系统，除满足稳定性基本要求外，还应留有一定的稳定性裕度。

2. 动态偏差

对于汽轮机控制系统，被控量动态偏差（或称作动态超调量）σ 可用下面公式表示：

$$\sigma = \frac{\varphi_{max} - \varphi(\infty)}{\varphi(\infty)} \times 100\%$$

式中：φ_{max} 为被控量的动态最大值；$\varphi(\infty)$ 为被控量的稳定值。

为保证机组在甩全负荷时不引起危急保安器动作而停机，汽轮机的最大动态转速 n_{max} 必须低于危急保安器的动作转速，并留有足够的裕量。

3. 静态偏差值

汽轮机单机运行时，负荷改变将引起机组转速变化。机组在额定功率下从电网中解列、甩去全部负荷后，转速的静态偏差值就是甩负荷后的稳定转速与额定转速的差，即 $\varphi(\infty) = \delta$。由控制系统的静态特性可知，机组甩负荷的数量不同，静态偏差值是不等的。

4. 过渡过程时间

在控制过程中，当被控量与新的稳定值之差 Δ 小于静态偏差的 5% 时，就可认为系统已达到新的稳定状态。控制系统受到扰动后，从原来的稳定状态过渡到新的稳定状态所需要的最少时间被称为过渡过程时间。很明显，我们要求控制系统的过渡过程时间应尽可能短些，一般为数秒或数十秒，最长不应超过 1min。

（二）影响动态特性的主要因素

影响汽轮机控制系统动态特性的因素来自于机组本体设备（如再热器等的中间容积、转子等）和调节系统部件两个主要方面。

1. 转子飞升时间常数 T_a

转子飞升时间常数是指转子在额定功率时的蒸汽主力矩 M_{t0} 作用下，转速由零升高到额定转速时所需的时间。

T_a 表示了转子的转动惯量 I 与额定主力矩 M_{t0} 的相对大小。转子的惯性越大，甩负荷后的最大飞升转速就越小。随着汽轮机容量的增大，M_{t0} 成倍地增加，但 I 却增加不多，因而 T_a 越来越小。例如，小功率机组 T_a 约为 11~14s，高压机组 T_a 为 7~10s，中间再热机组 T_a 仅为 5~8s。所以机组功率越大，超速的可能性也越大，因而甩负荷后，控制动态超速的难度也越大。

2. 中间容积时间常数 T_V

中间容积时间常数是指蒸汽以额定流量，以多变过程充满整个中间容积，并达到额定工况下的密度所需要的时间。

从汽轮机的调节汽阀以后一直到最末级为止，在蒸汽流过的整个路径内，包括调节汽阀以后的蒸汽管道、蒸汽室、通流部分以及再热器，这些被蒸汽占据的容积称为汽轮机的中间容积。中间容积时间常数 T_V 反映了中间容积贮存蒸汽能力的大小。T_V 越大，表明中间容积中储存的蒸汽量越多，其做功能力越大，甩负荷时，虽然主蒸汽调节汽阀已迅速关小，但中间容积的蒸汽仍继续流进汽轮机，压力势能在释放，使汽轮机转速额外飞升也就越大。因此，在导汽管及调节汽室的结构与布置设计时应尽可能减小蒸汽中间容积。对于中间再热机组，为避免再热器蒸汽中间容积对甩负荷特性的影响，蒸汽在中压缸的进汽口前设置中压调节汽阀和中压主汽门。在大型机组中，导汽管及调节汽室的蒸汽中间容积时间常数约为

0.2～0.25s，再热器蒸汽中间容积的时间常数约为9s。

3. 转速不等率δ

转速不等率对控制系统甩负荷动态特性的影响如图8-12所示，δ增大时，动态稳定性变好，调节速度加快，但动态偏差与静态偏差均较大。

4. 油动机时间常数T_m

油动机时间常数是指当油动机滑阀为最大时，油动机处在最大进油量条件下走完整个工作行程所需要的时间。

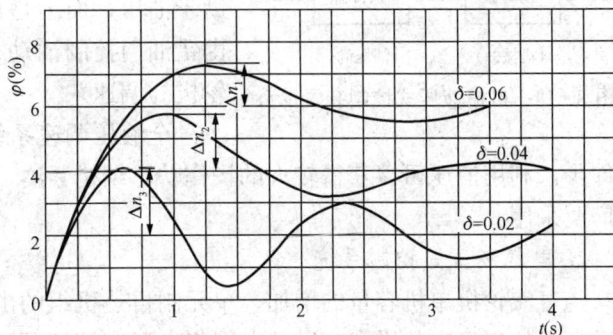

图8-12　转速不等率对甩负荷动态特性的影响

T_m反映了油动机的动态关闭性能，如图8-13所示，油动机的时间常数T_m越大，则调节汽阀关闭的时间越长，控制过程的动态偏差越大，转速过渡过程曲线摆动幅度越大，过渡过程时间越长，因而控制品质越差。但另一方面，T_m大，可削弱油压波动对控制系统的影响。

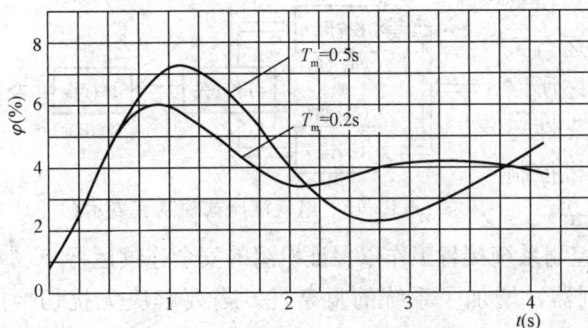

图8-13　油动机的时间常数T_m对动态特性的影响

5. 迟缓率ε

控制系统的迟缓率对稳定性和甩负荷动态特性均产生不利影响。由于迟缓的存在，甩负荷时不能及时使调节汽阀动作，动态偏差要加大，从而过渡过程的振荡次数增多和调整时间延长，严重时可能产生不衰减振荡；另外，迟缓的存在，也是控制系统不稳定晃动等动态故障的重要原因。

六、汽轮机自动控制系统的发展

汽轮机的工程实际应用是以其实现自动化为前提的，百余年来，随着汽轮机和自动控制设备的发展，为满足生产中不断提出的新的要求，汽轮机自动控制系统也不断得到改进和发展，概括而言，汽轮机自动控制系统经历了以下四个发展阶段。

1. 机械液压式控制系统

早期的汽轮机控制系统是由离心飞锤、杠杆、凸轮等机械部件和错油门、油动机等液压部件构成的，称为机械液压式控制系统（mechanical hydraulic control，MHC），简称液调，其示意如图8-14所示。这种系统控制器是由机械元件组成的，执行器是由液压元件组成的。通常只具有窄范围的闭环转速调节功能和超速跳闸功能，并且系统的响应速度较低，由机械间隙引起的迟缓率较大，静态特性是固定的，不能根据要求任意改变。但是由于它的可靠性较高且能满足机组运行的基本要求，所以至今在小型机组的控制上仍具有一定的生命力。

为克服飞锤式离心调速系统机械连接部件较多，灵敏度较差而且容易磨损等缺点，目前，在大中型机组中更多采用的是全液压调速系统，它不用离心飞锤的结构，汽轮机转速的变化是通过感受元件（旋转阻尼器）以油压的形式来反映。旋转阻尼器实际上是一个离心式

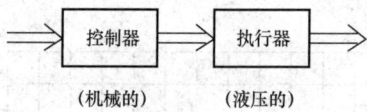

图 8-14　机械液压式控制装置示意

信号泵，装于汽轮机头部的附加轴上。控制机构亦是借助于油压，而不是用杠杆传递动作。执行机构则仍采用由错油门控制油动机的位置来操作调速汽门，实现对汽轮机的调速。

全液压调速系统由于其机械连接部件少，因此磨损元件少，利用液压可以获得较大的操作功，结构紧凑、工作可靠、而且灵敏度也较高，因此被广泛采用。

2. 电气液压式控制系统

随着汽轮机单机容量的增加，单元制再热机组的出现，滑压运行方式的普遍采用，机组在运行中的启停次数增多，以及电网集中调度等问题的提出，对汽轮机控制系统提出了更高的要求，仅依靠机械液压式控制系统已不能满足控制任务，因此产生了电气液压式控制系统（electric hydraulic control，EHC），简称电液调节，其构成如图 8-15 所示。这种系统有两个控制器，一个是原有的液压式控制器，另一个是电气的，执行机构仍保留原来液压的。两个控制器通过切换开关来选择。

这种系统中的电气控制器很容易实现对信号的综合处理，控制精度高，能适应复杂的运行工况，而且操作、调整和修改都比较方便。之所以保留液压控制器是因为当时电气设备的可靠性还比较低，担心电路的可靠性不能满足汽轮机控制系统的要求，因此保留液压控制器作为后备，这

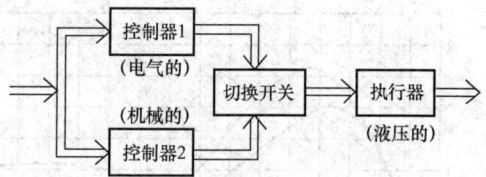

图 8-15　电气液压式控制装置示意

样当电调因故障而无法控制时，由液压式控制系统接替工作以保证机组的安全连续运行。

当然，这种系统因为采用了两套控制器，增加了系统的复杂性，需要解决无扰切换问题，运行和维护的工作量必然增大。但作为全液压系统的一种改造（发展），为研制纯电调系统积累了经验。

3. 模拟式电气液压控制系统

随着电气设备可靠性的提高，20 世纪 50 年代中期，出现了不用液压控制系统作后备的纯电调系统，称之为模拟式电气液压控制系统（analog electric hydraulic control，AEH），简称模拟电调。其系统示意图如图 8-16 所示。这种系统中，控制器采用模拟电路组成，原来的液压式执行器（油

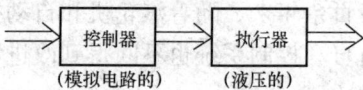

图 8-16　模拟式电气液压控制装置示意

动机）因其力量大、动作迅速而得到沿用，电气控制器和液压执行器之间通过电液转换器耦合。

4. 数字式电气液压控制系统

数字计算机技术的发展及其在过程自动化领域中的应用，将汽轮机控制技术又向前推进了一大步，20 世纪 80 年代出现了以数字式计算机为基础的数字式电气液压控制系统（digital electric hydraulic control，DEH），简称数字电调，其系统示意图如图 8-17 所示。其组成特点是用数字式电子计算机作为控制器，执行器仍保留液压式的油动机。早期的数字电调大多是以小型计算机为核心的，

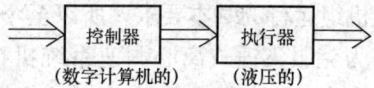

图 8-17　数字式电气液压控制装置示意

微机的功能加强后，数字电调也有采用微机的。近年来随着分散控制系统的发展和普及，也普遍采用了由分散控制系统构成的电调。

第二节 中间再热式汽轮机的控制特点

为提高循环效率、降低煤耗，目前世界上功率较大的汽轮发电机组几乎都采用中间再热式汽轮机，而且多数为一次再热汽轮机。由于采用了中间再热，汽轮机被中间再热器分成高压部分和中、低压部分，如图 8-18 所示，从而对汽轮机的动态特性产生了显著的影响，也给其控制带来了新的问题。这里从控制方面着眼，了解分析中间再热机组的动态特性变化、产生的问题及改善措施。

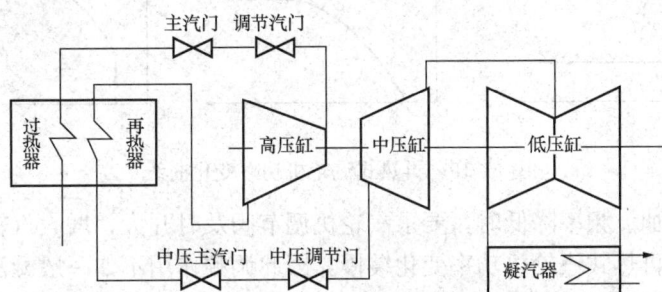

图 8-18 再热式汽轮机原则性系统

一、中间再热式汽轮机的工作特性

（一）甩负荷后转速飞升

因为中间再热环节包括了从汽轮机间到锅炉间，又从锅炉间返回汽轮机间以及锅炉内部再热器的全部管道，其总长可达 200～300m，管道内的蒸汽压力也比较高，因此在汽轮机甩负荷后即使高压缸主汽阀和调节阀立即关死，仅由于中间再热环节中的蒸汽在中、低压缸中膨胀所做的功，就足以使汽轮机产生严重的超速。根据计算，中间再热环节中蒸汽所包含的能量如果全部转化成为转子的动能，则将使汽轮机超速 50%～60%，这显然已远远超过了汽轮机允许的转速范围，所以在设计中间再热汽轮机控制系统时必须考虑这个问题。

（二）机炉低负荷时的相互配合问题

中间再热机组是单元机组，每一台锅炉所产生的蒸汽只供给一台汽轮机使用，但是汽轮机和锅炉的特性不同，在某些工况下需要解决两者之间的配合问题。

（1）锅炉的最小蒸发量通常不能小于其额定值的 15%～50%，所以在汽轮机启动、低负荷以及短时间的空负荷运行时，需要处理锅炉发出的多余蒸汽，否则将引起锅炉安全阀动作，这一方面将损失大量的工质，另一方面对设备也会带来一定的影响。

（2）再热器要求经常流过一定数量的蒸汽以冷却其管道，如哈尔滨汽轮机厂 200MW 中间再热锅炉的最低冷却流量为额定值的 14%，而汽轮机的空载流量只是 5%～8%，所以在启动和空载运行时要考虑中间再热器的保护问题。

（三）参加电网调频能力的问题

对于一般的凝汽式汽轮机，蒸汽量基本上是跟随调节阀的开度而变化，因此当调节阀开大的时候，汽轮机功率将随之增大，两者的变化可以说基本上是同时进行的。但是，对于中间再热式汽轮机来讲情况就不同了，当调节阀开大时，立即发生变化的仅仅是高压缸流量，而中压缸、低压缸的蒸汽流量只有在中间再热器中的蒸汽压力逐渐升高的过程中才能逐渐增大。调节阀关小时，由于同样原因，中、低压缸的流量也只能逐渐减小，由于中间再热容积很大，其压力的变化是很缓慢的，因此中、低压缸的蒸汽流量只能作缓慢的变化。这样对于中间再热式汽轮机，当调节阀开度变化时，只有高压缸的功率 P_1，是迅速地随着阀门的开度而变化，而中、低压缸功率 P_2、P_3 占汽轮机总功率很大的比例（$2/3 \sim 3/4$），因此中间再热式汽轮机功率变化缓慢，不能适应负荷迅速变化需要的矛盾就比较突出。再热式汽轮机功率变化曲线见图 8-19。

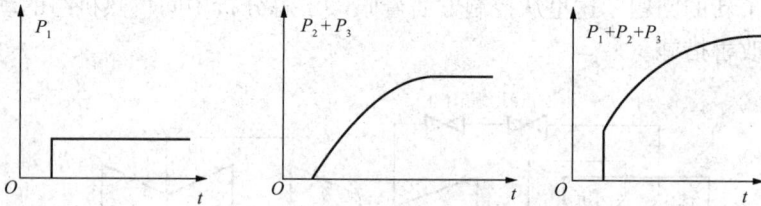

图 8-19　再热式汽轮机功率变化曲线

当电网负荷增加、频率降低时，要求汽轮机调节阀及时开大，增大汽轮机功率以调整电网频率，由于中间再热式汽轮机功率变化缓慢，因此调频作用不如一般凝汽式汽轮机。

根据电网的具体情况，对于中间再热机组参加一次调频的能力可提出不同的要求。

二、改善再热式汽轮机调节特性的措施

在考虑了以上所叙述的中间再热式汽轮机的调节特点后，在通常的凝汽式汽轮机控制系统的基础上，经过一定的改造并增添一些必要的设备，构成了中间再热式汽轮机控制系统。它与凝汽式汽轮机控制系统的主要区别有以下几点。

（一）设置中压缸的主汽阀和调节阀

为了在甩负荷时能够阻止再热管道中的蒸汽进入中、低压缸，在中压缸前边设置主汽阀和调节阀，中间再热蒸汽先经过中压主汽阀和中压调节阀后再进入中压缸，中压主汽阀受危急遮断器控制，而中压调节阀则同时受调速器和危急遮断器控制。

为了减少中压调节阀的节流损失，希望它在较大的负荷范围内是保持全开的，而当甩负荷时又要求它与高压调节阀一起参与调节，迅速关闭。一般取高压调节阀开度的 30% 以下作为中压调节阀的动作范围。在汽轮机转速升高时调速器关闭高、中压缸的调节阀，同时切断来自锅炉和中间再热器的蒸汽，从而防止再热蒸汽进入中、低压缸引起超速。如果转速继续升高引起危急遮断器动作时，危急遮断器将使高、中压缸的主汽阀和调节阀同时关闭，切断汽轮机的进汽。

（二）高压缸调节阀的动态过开（或动态过关）

为了提高中间再热机组参加一次调频的能力，多数再热式汽轮机的控制系统中设有动态校正器，在负荷变化时，动态校正器使高压缸调节阀的开度超过静态所要求的数值，以后再逐渐减小至静态值，以改善再热机组的负荷适应性。

（三）设置旁路系统

当汽轮机的负荷较低或大幅度甩负荷时，机、炉之间的蒸汽流量供需将发生不平衡，锅炉的蒸发量大于汽轮机的用汽量，为了解决汽轮机空载流量与锅炉最低蒸发量之间相差较大

的矛盾，并且为了保护再热器，再热式汽轮机大都设有旁路系统。这时多余的蒸汽便可经过旁路系统的减压减温装置排入再热器和凝汽器。

单元机组的旁路系统主要有五种形式。

（1）单级大旁路：汽轮机前的主蒸汽经减压减温后，直接排入凝汽器。

（2）两级串联旁路：由高压和低压旁路串联而成，高压旁路旁通高压汽缸，低压旁路旁通中、低压汽缸。

（3）三级旁路：由高、低压旁路串联再与大旁路并联而成。

（4）三用阀旁路：由高、低压旁路组成的两级串联旁路，且具有启动—溢流—安全三种功能，因此被称为三用阀旁路，是欧洲地区使用较为普遍的旁路系统。

（5）不设旁路系统：适用于机组承担电网的基本负荷，并对主、辅机的设计、运行和控制方式采取必要的安全措施的情况。

第三节 功率频率电液控制系统

不论是机械控制系统，还是液压控制系统，都是把负荷扰动引起的转速变化信号 Δn 输入到调速器，再经过滑阀油动机的放大作用，控制调节阀开度的变化。在额定蒸汽参数下功率的变化与阀门开度成正比，最终使转速偏差 Δn 与功率变化 ΔN 成正比。而机组采用中间再热后，由于单元制系统的汽压波动较大，破坏了上述的比例关系，破坏了一次调频能力。同时因采用中间再热而带来的较大中间容积也使中低压缸的功率变化滞后破坏了机组的适应性，同样降低了一次调频能力。为改善机组的一次调频能力，目前的控制方案多增加一个功率控制器，形成了汽轮机功率频率电液控制系统。区别于此类系统，而把不控制功率、只控制转速的控制系统称为纯速度控制系统。

一、功频电液控制系统工作原理

图 8-20 是功频电液控制系统的基本工作原理图，主要由电控（包括测功、测频、控制器 PID、功放和给定等单元）和液压放大（包括滑阀和油动机）两部分组成。其中，测频单元感受转速的变化输出一个相应电压信号。测功单元测取汽轮发电机的有功功率作为整个系

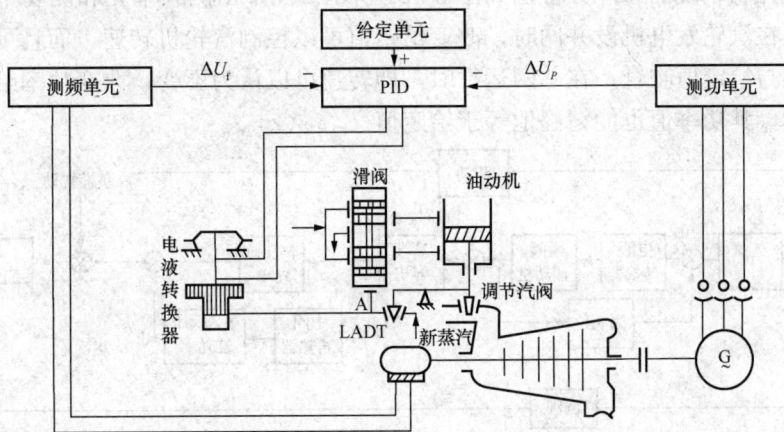

图 8-20 功频电液控制系统原理

统的负反馈信号，以保持转速偏差与功率变化之间的固定比例关系。校正单元是一个 PID 控制器，它对测频、测功及给定的输入信号进行比例、微分和积分运算，同时利用功放将信号加以放大以驱动电液转换器。电液转换器是电控部分和液压控制部分的联络部件，将电信号转换成液压控制信号去操纵控制系统。

当外界负荷增加时，汽轮机转速下降，测频单元感受转速变化并产生一与其偏差成比例的电压信号 ΔU_f，输入到 PID 控制器。经 PID 运算后的信号输入到电液转换器的感应线圈，当线圈的电磁力克服了弹簧的支持力后，高压抗燃油（EH 油）进入油动机底部，使油动机上行，开大调节阀门，增大汽轮机的功率以适应外界负荷变化。汽轮机的功率增加后，测功元件感受这一变化输出一负的电压信号 ΔU_P 到 PID 控制器。如果 $\Delta U_f = \Delta U_P$，因两者极性相反其代数和为零，此时 PID 的输出值保持不变，因此控制系统的一个过渡过程动作结束。当外界负荷减小时其控制过程与上述相反。

当外界负荷变化引起新蒸汽压力降低时，在同样阀门开度下汽轮发电机的实发功率将减小，因此在 PID 入口处仍有正电压信号存在，使 PID 输出信号继续增加，经过功放、电液转换器和油动机后又开大调节阀门，直到测功元件输出电压与给定电压完全抵消，即 PID 的入口信号代数和为零时才停止动作。由此可见，采用了测功单元后可以消除新蒸汽压力变化对功率的影响，从而保证了频率偏差与功率变化之间的比例关系，即保证了一次调频能力不变。

利用测功单元和 PID 控制器的特性还可补偿功率滞后。当外界负荷增加时，汽轮机转速下降，测频单元输出正电压信号作用于 PID 控制器，经过一系列的作用后，高压调节汽阀开大，高压缸功率增加。此时由于中压缸功率增加缓慢，测功元件输出的信号还很小，不足以抵消测频单元输出的正电压信号，因此，高压调节汽阀继续开大，即产生过开。这样，高压缸因过开而产生的过剩功率刚好抵消了中低压缸功率的滞后。当中低压缸功率滞后逐渐消失时，测功元件输出电压的作用又使高压调节汽阀关小；当中低压缸功率滞后完全消失后，高压调节汽阀开度又回到稳态设计值，此时控制系统动作结束。

从上述分析可知，无论是新蒸汽压力发生波动或是功率产生滞后，都能保证转速偏差与功率变化之间的固定比例关系，即保证了一次调频能力不变。这是功频电液控制系统的一大优点。

功频电液控制系统的原理方框图如图 8-21 所示。图中由测频单元和测功单元构成了两个闭合回路。在汽轮发电机没并网时，改变给定值可以控制汽轮机转速，而且可以精确地保持汽轮机转速与给定值吻合；在并网运行时，即转速可以认为不变，改变功率给定值可以调整汽轮机功率，其功率值也能精确地等于给定值。

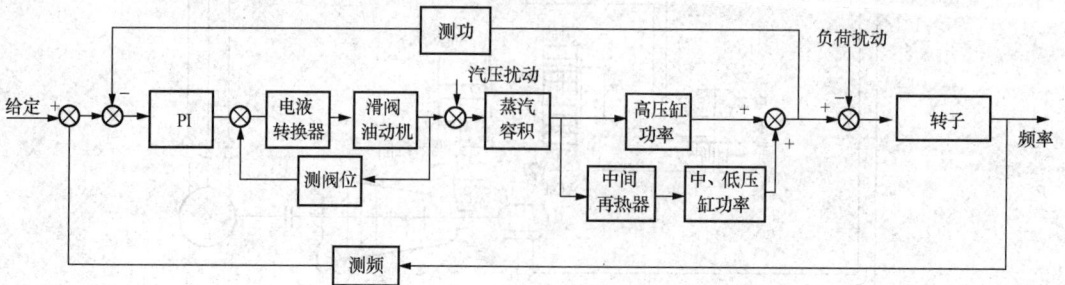

图 8-21　功频电液控制系统的原理方框图

二、功频电液控制系统的静态特性

由前面的分析可知，当控制系统克服扰动达到新的稳定工况后，根据 PI 控制器的特点，控制器输入端信号之和必定等于零，否则控制器将继续工作，直到等于零为止，即在任何稳定工况下，必然有

$$U_0 + U_f + U_P = 0$$

式中：U_0 为给定电压值。

如果给定电压 U_0 不变，则负荷的变化将引起相应的转速变化，必然有

$$U_0 + U_f + \Delta U_f + U_P + \Delta U_P = 0$$

则

$$\Delta U_f + \Delta U_P = 0$$

假设测功单元和测速单元的转换系数分别为 K_P 和 K_n，则

$$\Delta U_P = K_P \Delta P, \qquad \Delta U_f = K_n \Delta n$$

因此

$$\Delta P = -\frac{K_n}{K_P} \Delta n = -k \Delta n$$

上式表示了汽轮机稳态时功率与转速的关系，也就是通常所说的静态特性。式中的负号代表转速增加时功率减小，k 值表示了静态特性曲线的斜率，由于测功单元和测速单元的特性一般能够保证良好的线性，因此 k 值也基本是一个常数，即功频电液控制系统的静态特性曲线是一条向下倾斜的直线。

三、功频电液控制系统特性分析

由于汽轮机的功率信号不易测量，工程上经常用发电机功率信号代替汽轮机的功率信号。以发电机功率调功的功频控制系统方框图见图 8 - 22。因为这两个功率信号在静态时相等，所以从静态角度来说二者是没有区别的，但从动态角度分析，二者却有很大不同。

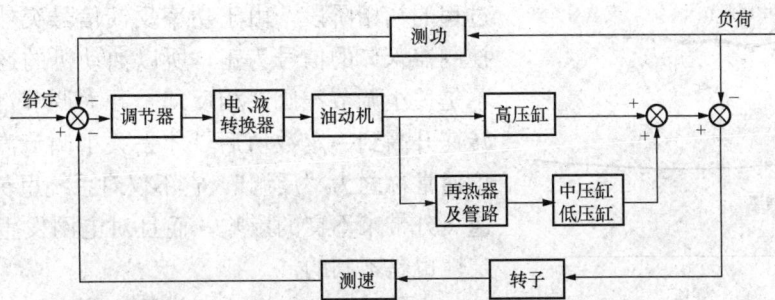

图 8 - 22　以发电机功率调功的功频控制系统方框图

1. 系统的稳定性

采用汽轮机功率信号调功时，因为汽轮机功率是控制回路内的一个变量，将该信号反馈给调节器相当于引入了一个负反馈，所以对系统的稳定性是有利的；但是，如果用发电机的功率信号代替汽轮机功率信号，因为该信号处于系统闭合回路之外，所以它对系统的稳定性会有不利的影响，但若合理选择参数和对发电机功率信号进行修正，则将发电机功率信号引入比例积分调节器后，系统的稳定性还是能够得到保证的。

2. 系统的负荷适应性

功频系统本身具有使调节阀动态过开以改善汽轮机负荷适应性的能力，它不需要在系统中附加动态校正器即可达到上述目的。下面阐述它的工作原理。

假设给定值没有发生变化，汽轮发电机组在并网运行，因某种因素使电网的频率下降了Δf，因为电网频率变低，所以测速元件输出电压也变低，PI控制器即将此信号运算后经功率放大送电液转换器，使得油动机的开度增加，按照汽轮机的负荷分配，功率变化中只有小部分是（1/4~1/3）来自高压缸，而大部分来自中、低压缸；在电网频率变化的初期，中低压缸的负荷升不上来，导致高压调节门开度比静态时超出，高压缸所发出的功率超过稳态时的所需功率，这就弥补了中、低压缸的功率滞后，也就是说实现了高压调节门的动态过开。随着时间的推移，汽轮机总功率逐步增加，功率信号的变化量逐渐地抵消了转速信号的变化量，最终按照控制系统静态特性曲线，汽轮机的功率增加了ΔP；在达到新的平衡状态以后，PI控制器的输入信号之和等于零，其输出电压和油动机开度均保持新的值不变。改变PI控制器放大系数可以调整动态过开的数值。

给定值变化时，控制过程基本上是相同的。但汽轮机功率的变化需要适应新的给定值的要求，当功率变化所引起的测功元件输出电压的变化抵消了给定电压的变化值时，系统就达到了新的平衡状态。

3. 功频系统的甩负荷特性

对于上述的两种功频系统，即测量汽轮机的功率作为功率反馈信号和测量发电机的功率作为功率反馈信号，由于所取的信号不同，系统的甩负荷特性也不一样。产生差别的根本原因是前者为系统的反馈信号，而后者为系统的扰动信号。发电机的功率信号在甩负荷初期时的作用是使调节阀向打开的方向动作，因而恶化了过渡过程。

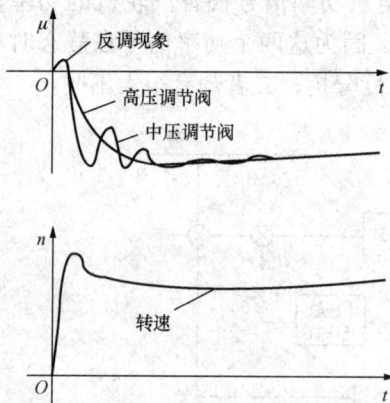

图 8-23　以发电机功率作为功率信号的
功频系统在甩负荷时的过渡过程曲线

图 8-23 是以发电机功率作为功率信号的功频系统在甩负荷时的过渡过程曲线，其转速飞升值要比以汽轮机功率作反馈信号时高得多。这是因为在甩负荷过程的初始阶段，由于功率反馈信号突然失去，导致控制器入口的信号为正，所以油动机的运动方向不仅不是关小调节汽阀，相反却是开大调节汽阀，只有在转速升高到一定数值后，才去关小调节汽阀。这种现象通常称之为"反调"，它不仅对系统甩负荷时克服转速飞升带来不良的影响，而且对电网发生事故时的稳定性也是不利的。

为什么以发电机功率信号代替汽轮机功率信号会出现"反调"呢？从图 8-22 可以看到，转速升高会使油动机关小调节汽阀，而功率（不管是发电机功率还是汽轮机功率）减小的信号与转速升高的信号是相互抵消的，所以功率减小的信号将使得油动机开大调节汽阀。但是，既然功率减小的信号都有开大调节汽阀的作用，为什么"反调"现象单单出现在采用发电机功率信号的时候呢？

假设汽轮发电机突然甩去全负荷，则汽轮转速迅速上升，关小调节汽阀，减少汽轮机功率，最后建立起新的平衡。图 8-24 给出的是甩负荷时发电机负荷信号 U_{PE}、转速信号 U_n 和汽轮机功率信号 U_{PT} 的变化曲线。可以看到，由于转速的变化是发电机负荷变化所引起的，所以转速信号的变化 U_n 落后于发电机负荷信号 U_{PE} 的变化；而汽轮机功率的变化又是由于转速的变化所引起的，所以汽轮机功率信号 U_{PT} 的变化又落后于转速信号 U_n 的变化。

对于以汽轮机功率作为功率信号的系统，由于汽轮机功率信号始终落后于转速信号，甩负荷后二者之差始终为正，所以不可能出现"反调"，而对于以发电机功率作为功率信号的系统，转速信号落后于发电机功率信号，甩负荷后的初始阶段二者之差为负值（$U_n - U_{PE} < 0$），它将使调节汽阀开大而不是关小，因此会出现"反调"现象。

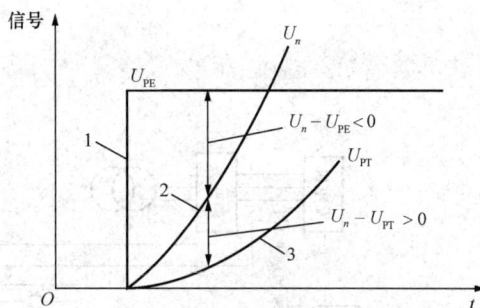

对于系统所出现的"反调"现象，可以采取下述措施来加以克服。

图 8-24 甩负荷时发电机负荷信号、转速信号和汽轮机功率信号的变化曲线
1—发电机负荷信号；2—转速信号；
3—汽轮机功率信号

（1）在系统中引入转速的微分信号，把发电机功率信号校正成为汽轮机功率信号。

（2）使测功元件与一个滞后环节相串联，以迟延功率信号。

（3）在系统中引入负的功率微分信号以迟延功率信号。

（4）在甩负荷时，同时切除功率给定信号。

第四节　汽轮机数字式电液控制系统

随着计算机技术的飞速发展，目前大容量汽轮机的控制系统已普遍采用了数字式电液控制系统（digital electro-hydraulic control system，DEH）。DEH 系统集中了两大最新成果：固体电子学新技术——数字计算机系统，液压新技术——高压抗燃油系统，较以往的模拟控制在通信、控制功能的扩展和故障诊断等方面具有明显的优点，体现了汽轮机控制的新发展。

一、DEH 控制系统的组成

引进型 300MW 机组的 DEH 控制系统，是根据西屋公司 DEH-Ⅲ 型的功能原理开发的，在系统配置方面，尽可能吸收了分散控制系统可靠性高的优点；在硬件设备方面，主要部件都采用了微处理机，从而简化了硬件电路，提高了系统的可靠性。

图 8-25 为该机组的 DEH 系统图，主要由五大部分组成。

（1）电子控制器。主要包括数字计算机、混合数模插件、接口和电源设备等，均集中布置在六个控制柜内。主要用于给定、接受反馈信号、逻辑运算和发出指令进行控制等。

（2）操作系统。主要设置有操作盘、图像站的显示器和打印机等，为运行人员提供运行信息、监督、人机对话和操作等服务。

（3）油系统。本系统的高压控制油与润滑油分开。高压油（EH 系统）采用三芳基磷酸酯抗燃油，为控制系统提供控制与动力用油，系统设有油泵两台，一台工作，一台备用，供油油压为 12.42～14.47MPa，它接受控制器或操作盘来的指令进行控制。润滑油泵由主机拖动，为润滑系统提供 1.44～1.69MPa 的汽轮机油。

（4）执行机构。主要由伺服放大器、电液转换器和具有快关、隔离和逆止装置的单侧油动机组成，负责带动高压主汽阀、高压调节汽阀和中压主汽阀、中压调节汽阀。

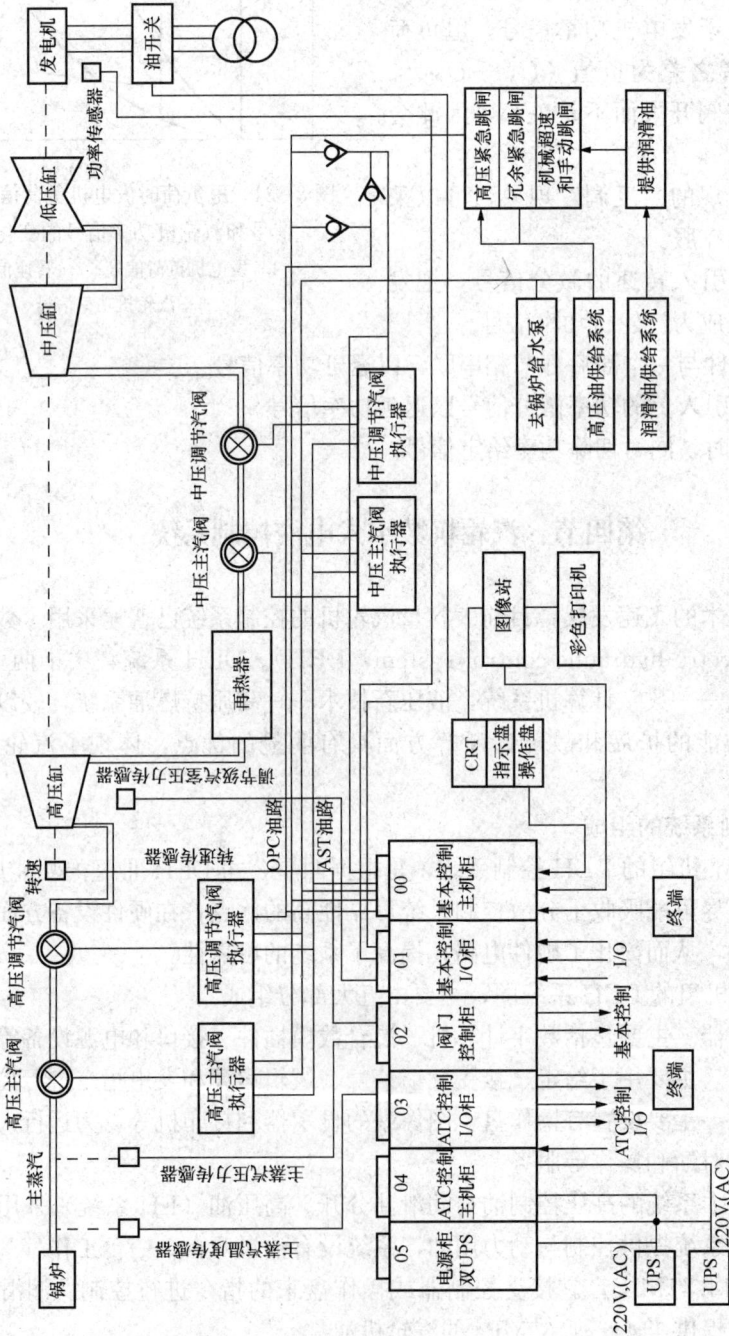

图 8-25 300MW 汽轮机数字电液控制系统

　　（5）保护系统。设有六个电磁阀，其中两个用于超速时关闭高、中压调节汽阀，其余用于严重超速（110％n_0）、轴承油压低、EH 油压低、推力轴承磨损过大、凝汽器真空过低等情况下危急遮断和手动停机之用。

　　此外，控制和监督用的测量元件也是必不可少的，例如，机组转速、控制级汽室压力、发电机功率、主汽压力传感器以及汽轮机自动程序控制（ATC）所需要的测量值等。

二、DEH 控制系统的原理

　　图 8-26 为中间再热式汽轮机 DEH 控制系统的原理方框图，它也是一种功率－频率控制系统，与模拟电调相比较，其给定、综合比较部分和 PID（或 PI）的运算部分，都是在数字计算机内进行的。所以，两者的控制方式完全不同，模拟电调属于连续控制，而数字电调则属于离散控制，也称采样控制。

　　图 8-26 所示系统中，λ_n 和 λ_P 分别为转速和功率给定值，输出是频率 f（转速 n），外扰是负荷变化 R，内扰是蒸汽压力变化 p；控制对象考虑了控制级汽室压力特性、发电机功率特性和电网特性，与此相关，设置了控制级压力 p_T、机组功率 P_E 和转速 n 三种反馈信号。

　　该系统为串级 PI 控制系统。整个系统由内回路和外回路组成，内回路包括控制级压力和功率反馈两个回路，增强了控制过程的快速性；外回路则保证了输出严格等于给定值。机组启停或甩负荷时用转速回路控制，并网运行不参与调频时用功率回路控制，参与调频时用功率—频率回路控制。

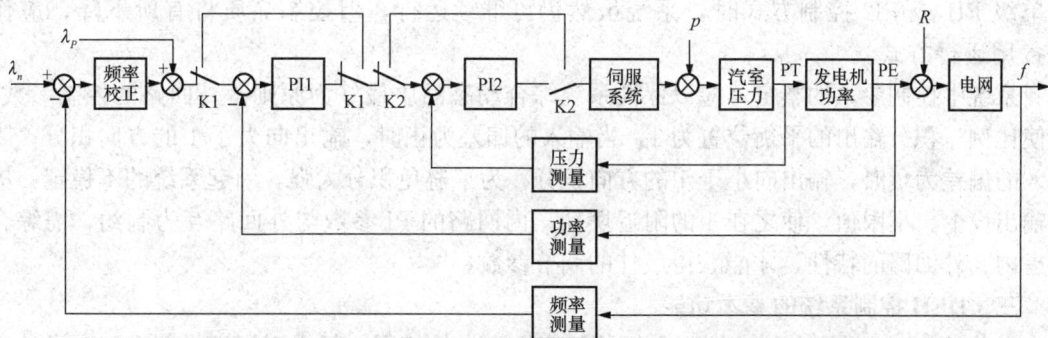

图 8-26　中间再热式汽轮机 DEH 控制系统的原理方框图

　　系统中的虚拟"开关"由软件实现，K1 和 K2 开关的指向可提供不同的控制方式，既可按串级 PI 控制，也可按单级 PI1 或 PI2 控制方式运行。这就使得当系统中某个回路发生故障时，如变送器损坏等情况下，系统仍能正常工作，这对于液压控制系统来说是办不到的。运行方式的变更既可以通过逻辑判断和跟踪系统自动切换，又可以通过键盘操作进行切换。

　　当系统受到扰动时，进入汽轮机的流量变化，首先引起控制级压力的变化，该压力能准确地反映汽轮机功率的变化，并使该回路较快做出响应。而发电机功率的变化既受自身惯性的影响，又受中间再热容积的影响，其系统响应较慢。机组参与调频时，其转速取决于电网的频率，但由于它只是网内的一台机组，在电网容量较大的情况下，转速回路的反馈一般较小，影响较弱。

　　当机组处于调频方式运行时，若电网的负荷增加，则其频率下降，机组的转速也随之下降，经与转速给定值比较，输出为正偏差，经 PI 控制器校正后的信号，输入伺服放大器，再经电液伺服阀、油动机，然后开大调节汽阀，于是发电机的功率增加。此时，系统有两种平衡方式：一种是增加功率给定值，直到与电网要求本机增加的负荷相适应，电网的频率回升，转速偏差为零，实际转速等于给定转速，电网的频率保持不变；另一种是功率给定仍保持不变，电网的频率必然降低，于是转速的偏差就代表了功率的增加部分，此时系统的功率给定值及其所保持的负荷值是不一样的，而被转速偏差修正后的负荷给定值，才是控制系统所保持的负荷值。这种方式是以损害电网频率为代价获得的平衡，在机组甩负荷时动态品质会变坏，甚至存在超速的危险。

当机组处于非调频方式运行时，转速偏差信号就不应进入系统，或者是将该偏差乘以较小的百分数，使机组对外界电网负荷的变化不敏感，只按系统本身的负荷给定值来控制机组。同理，如果在机组的额定负荷附近设置转速的不灵敏区，则机组就处于带基本负荷运行状态。

DEH 系统在串级控制下，外回路 PI1 为主控制器，当系统处于非调频方式运行时，它保证系统输出的功率严格等于负荷的给定值；在调频方式运行时，被转速修正后的负荷给定值，才是控制系统所应保持的负荷值。内回路不仅反映在负荷外扰下系统响应的快速性，而且在蒸汽压力内扰下，也能很快地调整汽阀的开度，迅速消除内扰的影响，因而，串级调节系统对于克服再热环节功率的滞后，提高机组对外界负荷的适应性，有很大的作用。由于其动态特性最好，因此应作为 DEH 系统的基本运行方式。而单级 PI1 或 PI2 控制方式时，系统虽然仍可继续运行，但控制品质将有所下降，应作为备用运行方式。

系统中控制参数的整定，应以保证系统综合动态品质最好为原则。外回路的控制参数，应使比例—积分输出的平衡位置为 1，当输入的偏差为正时，输出向大于 1 的方向积分；当输入的偏差为负时，输出向小于 1 的方向积分；为了避免积分太强，引起系统的不稳定，应对输出设上、下限值，使之在 1 的附近摆动。内回路的 PI 参数与外回路互为制约，需综合考虑内、外回路的特性，才能获得最佳的调节参数。

三、DEH 控制系统的基本功能

目前的 DEH 系统在基本控制和保护功能方面大体相同，但由于机组类型及其要求的不同，各制造厂的传统和所在国科技水平的影响依然存在，因而，各 DEH 系统的功能也不尽相同，各具特色。下面介绍的是由西屋公司发展，并为许多国家所采用的再热机组 DEH 系统的功能。

该系统的总体功能可概括为汽轮机自动启停、汽轮机自动控制、汽轮机自动保护和汽轮机运行监控四个方面。

1. 汽轮机自启停控制（ATC）功能

DEH 控制系统的汽轮机自启停控制，是通过状态监测、计算转子的应力，并在机组应力允许的范围内优化启动程序，用最大的速率与最短的时间实现机组启动过程的全部自动化。

ATC 允许机组有冷态启动和热态启动两种方式。冷态启动过程包括从盘车、升速、并网到带负荷，其间各种启动的操作、阀门的切换等全过程均由计算机自动进行控制。两种启动方式均由相应的转速或负荷回路进行控制。

在非启停过程中，也可以实现 ATC 监督。

2. 汽轮机的负荷自动控制功能

汽轮机的负荷自动控制有两种情况。冷态启动时，机组并网带初负荷（5％额定负荷）后，负荷由高压调节汽阀进行控制；热态启动时，在机组负荷未达到 35％额定负荷以前，由高、中压调节汽阀控制，以后，中压调节汽阀全开，负荷只由高压调节汽阀进行控制。处于负荷控制阶段的 DEH 控制系统具有下述功能。

（1）具有操作员自动、远方控制和电厂计算机控制方式，以及它们分别与 ATC 组成的联合控制方式。

（2）具有自动控制（A 机和 B 机双机容错）、一级手动和二级手动冗余控制方式。

（3）可采用串级或单级 PI 控制方式。当负荷大于 10％以后，可由运行人员选择是否采用控制级汽室压力和发电机功率反馈回路，从而也就决定了采用何种 PI 控制方式。

（4）可采用定压运行或滑压运行方式。当采用定压运行时，系统有阀门管理功能，以保证汽轮机能获得最大的效率。

（5）根据电网的要求，可选择调频运行方式或基本负荷运行方式；设置负荷的上下限及其速率等。

此外，还有主汽压力控制（TPC）和外部负荷返回（RUN BACK）等保护主要设备和辅助设备的控制方式，运行控制十分灵活。

3. 汽轮机的自动保护功能

为了避免机组因超速或其他原因遭受破坏，DEH 的保护系统有如下三种保护功能：

（1）超速保护（OPC）。该保护只涉及调节汽阀，即转速达到 $103％ n_0$ 时快关中压调节汽阀；在 $103％n_0 < n < 110％n_0$ 时，超速控制系统通过 OPC 电磁阀快关高、中压调节汽阀，实现对机组的超速保护。

（2）危急遮断控制（ETS）。该保护是在 ETS 系统检测到机组超速达到 $110％ n_0$ 或其他安全指标达到安全界限后，通过 AST 电磁阀关闭所有的主汽阀和调节汽阀，实行紧急停机。

（3）机械超速保护和手动脱扣。前者属于超速的多重保护，即当转速高于 $110％ n_0$ 时实行紧急停机；后者为保护系统不起作用时进行手动停机，以保障人身和设备的安全。

4. 机组和 DEH 系统的监控功能

该监控系统在启停和运行过程中，对机组和 DEH 装置两部分运行状况进行监督，内容包括操作状态按钮指示、状态指示和 CRT 画面，其中对 DEH 监控的内容包括重要通道、电源和内部程序的运行情况等；CRT 画面包括机组和系统的重要参数、运行曲线、潮流趋势、故障显示和画面拷贝，以及越限报警和事故追忆。

四、汽轮机数字电液控制系统实例分析

DEH 系统就其具体功能而言是比较丰富的，运行方式也是多样的，为便于理解，我们结合图 8-27 所示的 DEH-ⅢA 系统来具体分析其控制系统和所实现的各种运行工况。

从图中可以看出，该系统是一个多参数、多回路的反馈控制系统。其功能环节主要有：给定部分、反馈部分、控制器、执行机构、机组对象等，下面分别作以说明：

（一）给定部分

给定部分的作用是设定机组转速或负荷的目标值和变化率，本系统主要有操作员给定（OP）、自动给定（ATC）和遥控给定三种给定方式。

操作员给定是由运行人员先给出机组运行的目标值和变化率，在按下确认键后 DEH 自

动完成控制过程。自动给定（ATC）是汽轮机完全自动地进行全程控制，在并网前，ATC在监视机组状态的同时，决定机组的转速目标值和适应转子应力的升速率；在并网后，按照运行人员设定的目标值，自动设定升负荷率。遥控给定包括协调控制（CCS）、自动同步（AS）等，是 DEH 系统留给上级系统的信号入口，可接受更高层的命令，此时 DEH 作为分级控制系统的下层控制单元。

（二）自动控制系统

DEH 自动控制系统主要包括单机运行时的转速控制和并网后的负荷控制。控制回路有主汽门（TV）控制回路、高压调节门（GV）控制回路和中压调节门（IV）控制回路，如图 8 - 27 所示，各回路按一定的逻辑协调工作，完成系统控制任务，下面就主要回路原理作以说明。

1. 转速控制

转速控制是指并网前或甩负荷后的处理过程，汽轮机在机组并网前，必须将转速由零提升到额定转速附近，为机组并网创造条件。为了提高升速过程的安全性、经济性，减少设备的寿命损耗，通常采用多阀组合式升速控制方案：汽轮机在冷态高压缸启动时，冲转前将旁路系统切除，通过高压主汽门与高压调节门的顺序开启组合来控制升速过程；处于热态中压缸启动，旁路系统投入时，通过中压调节门、高压主汽门与高压调节门的顺序开启组合来控制。在图 8 - 27 中对应着油断路器 BR 未合闸时的上、下两个支路，其具体控制过程参见后面关于机组启动工况的描述。

2. 负荷控制

负荷控制系统是在汽轮机启动升速过程结束、机组完成并网任务后开始工作的，在图 8 - 27 中对应着油开关 BR 合闸后的中间支路。其实质是一个串级三回路反馈系统，通过对高压调节门的控制来控制机组的功率。这三个回路分别是：内环控制级压力（IMP）回路，控制器为 PI5；中环功率（MW）控制回路，控制器为 PI4；外环转速或一次调频（WS）控制回路，控制器为 K。三个回路能自动或手动切除或投入，可以很方便构成各种运行方式，如阀位控制、定功率运行、功频控制和纯转速控制等。

本书 DEH 是采用串级调节的功频主控系统，比照图 8 - 26 增加了 PI5 副调节器，它的反馈信号是汽轮机调节级压力，这个压力信号近似代表了送入汽轮机的蒸汽流量，增加它的目的是消除蒸汽流量扰动的影响。如果由于主蒸汽压力变化引起了蒸汽流量的改变，通过PI5 能够加以快速调节，提高了系统的调节品质。

（三）阀门控制

大型汽轮机组一般有 4～6 个高压调节门，每个高压调节门有一个独立的伺服控制回路，因此可以实现阀门动作的多种组合。DEH 对调节阀门的控制有单阀和顺序阀两种方式，见图 8 - 28 。

单阀控制方式是将所有阀门的控制信号连到一起，所有阀门同时开大或关小，好像是一个阀门一样。因控制汽阀是沿汽轮机径向对称布置的，因此这种全周进汽方式将使汽轮机高压缸第一级汽室内温度的分布比较均匀，在负荷变化时汽轮机转子和静子之间的温差最小，减小机组的热应力，使机组能承受较大的负荷变化率。但从机组运行经济性上看，由于所有的控制汽阀都处于非全开状态，因而主蒸汽通过阀门时的节流损失较大，降低了机组的热效率。

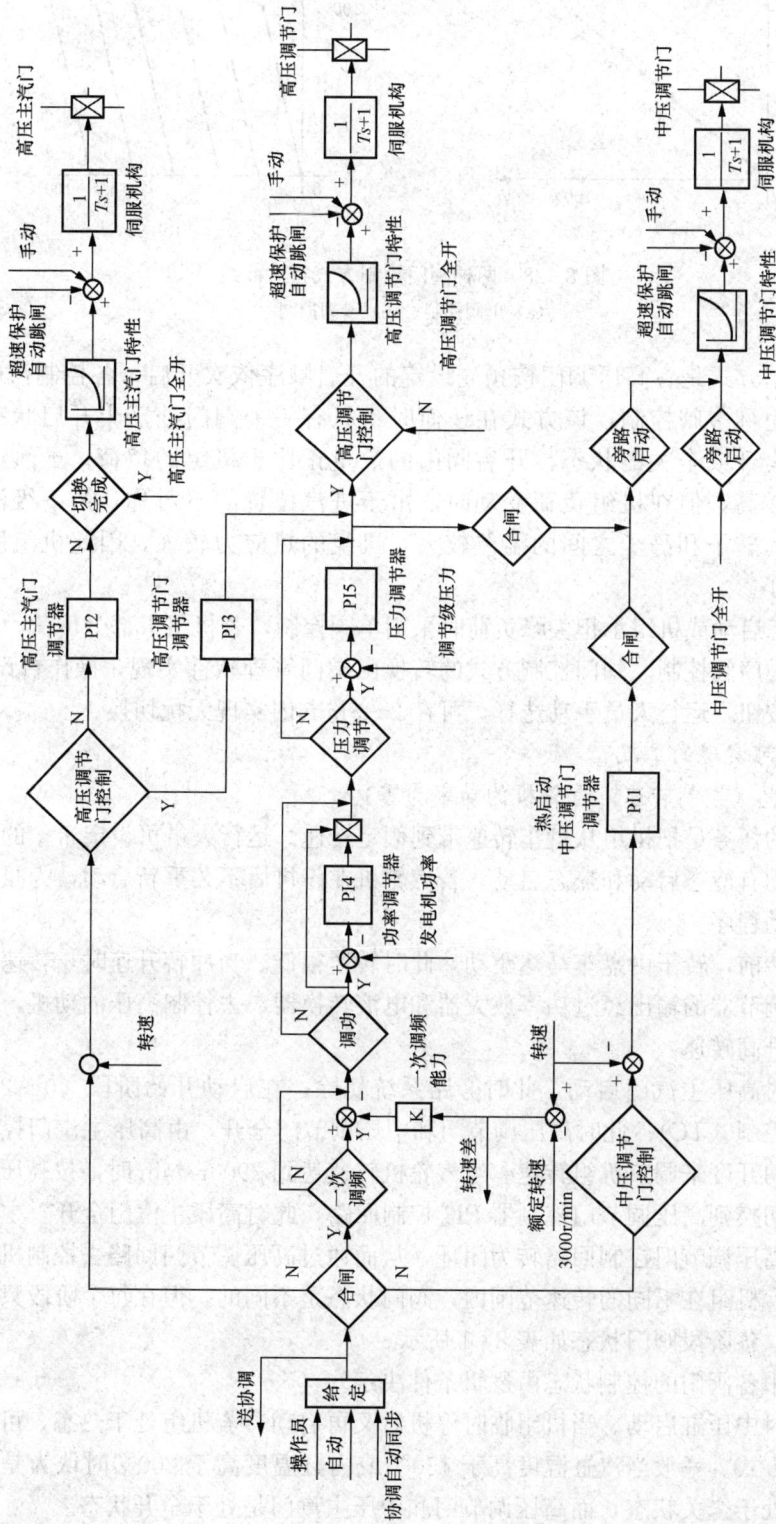

图 8-27 DEH-ⅢA 系统的电气原理框图

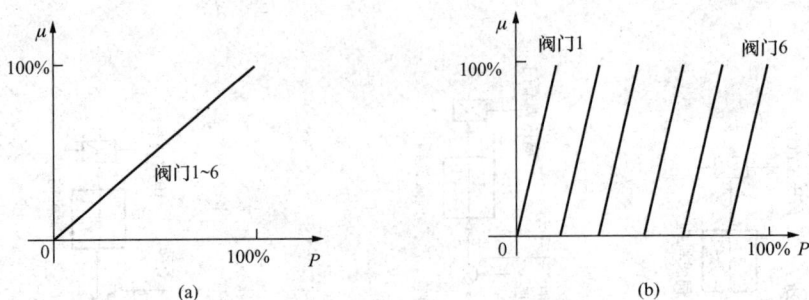

图 8 - 28　两种阀门控制方式特性曲线
(a) 单阀控制；(b) 多阀控制

顺序阀控制方式是各高压调门按预先设定的开启顺序依次开启，各控制汽门累加流量呈线性变化，也称多阀控制，该方式在任何时刻只有一个阀门处于半开启状态，其他的调节门均处于全开或全关的状态，开启阀门的数量正比于机组的负荷。虽然这种方式汽轮机的热效率较高，但在机组负荷变动时，由于进汽位置的不对称，第一级汽室内的温度分布不均匀，转子和静子之间的温差较大，机组的热应力较大，因此机组所能承受的负荷变化率较小。

一般在冷态启动或机组承担尖峰负荷时采用单阀控制，若机组带部分负荷，为了提高经济性，可采用顺序阀控制。阀门控制方式的转换由阀门管理软件实现，操作台设有"单阀"和"顺序阀"按钮，运行人员手动选择，可在 2～3min 内实现无扰切换。

（四）系统可实现的工况

1. 启动工况（控制转速，汽轮机的功率为零）

启动回路的任务是把机组从盘车转速带到额定转速。运行人员可设定希望的目标转速以及升速率。启动有冷态启动和热态启动，若汽轮机在停机后不久重新启动，为减少启动时间可采用热态启动程序。

在机组冲转前，转子由盘车马达驱动，此时转速很低。当冲转升速时，转速由启动调节器控制，启动调节器的输出经过功率放大器和电液转换器，去控制高压油动机，打开阀门增加进汽量，以升高转速。

（1）冷态时高压主汽门启动。此时旁路系统切除，在启动开始阶段（0～2900r/min），按高压主汽门控制（TC）；此时高压调节门和中压调节门全开，由高压主汽门控制器 PI2 控制高压主汽门的开度来调节机组转速。当汽轮机转速达到 2900r/min 时，按高压调节汽门控制按钮，自动切换到高压调节门控制器 PI3 控制回路，此时高压主汽门全开，主汽门控制回路转为开环，高压调节门控制回路转为闭环，从而通过高压调节门回路去控制机组转速。

由上可知，机组在不同的转速范围内，阀门状态是不同的，但在每个阶段只有一个回路处于控制状态。各阶段阀门状态如表 8 - 1 所示。

升速过程中各阀门的控制状态由逻辑条件决定。

（2）热态时中压缸启动。当机组临时停机后又再启动，若机组处于热态，可采用中压缸热态启动运行方式。一般当汽缸温度高于 150℃ 或内缸温度高于 200℃ 时认为是热态。这时高压主汽门是处于全关状态，而高压调节门和中压主汽门是处于全开状态。

表8-1 冷态高压缸启动（旁路切除）各阶段阀门状态

阀门	冲转前	0～2900r/min	阀切换（2900r/min）	2900～3000r/min
TV	全关	控制	控制→全开	全开
GV	全关	全开	全开→控制	控制
IV	全关	全开	全开	全开

热态启动时，通过旁路系统用中压缸启动汽轮机，在0～2600r/min左右由中压调节门控制转速，此时高压主汽门全关，高压调节门全开；到2600r/min时，由中压调节门切换到高压主汽门控制，此时中压调节门保持当前开度不变；到2900r/min时，再切换到高压调节门控制，高压主汽门转为全开，直到并网，此间中压调节门开度基本保持不变。并网后随着负荷的增加，由高压调节门和中压调节门同时控制，直到中压调门全开（此时机组负荷约为30%），旁路系统切除，转为全部由高压调节阀控制。

热态中压缸启动（旁路打开）各阶段阀门状态如表8-2所示。

表8-2 热态中压缸启动（旁路打开）各阶段阀门状态

阀门	冲转前	0～2600r/min	阀切换2600r/min	2600～2900r/min	阀切换 2900r/min	2900～3000r/min
TV	全关	全关	全关→控制	控制	控制→全开	全开
GV	全关	全开	全开	全开	全开→控制	控制
IV	全关	控制	控制→不变	不变	不变	不变

在启动过程中，如果给定的升速率小于汽轮机热应力允许的升速率，则升速率控制器的输出就是给定的升速率；如果在启动过程中机件温差过大，热应力超出允许值，则升速率控制器的输出就按热应力允许的升速率进行修正；当转速接近临界转速时，需要以较高的升速率越过临界区，待转速升高后又重新按设定的升速率将汽轮机升到额定转速。

升速率控制器主要包含一个按指定斜率对时间进行积分的环节，同时包括受控于热应力监视器输出的限制环节及临界转速处的冲速处理环节。

热态中压启动控制调节器是PI1。给定转速信号与汽轮机的实际转速信号进行比较，其差值输入到启动控制器入口进行调节，维持转速等于给定值。因为给定值逐步升高，所以机组就按运行人员要求逐步提升转速，直到将机组转速带到目标转速。当转速达到额定转速3000r/min时，就可进行从启动方式向正常运行方式的切换，由主控制器进行调节，启动回路自动退出。

2. 并网、带负荷运行方式（汽轮机的转速被电网锁定，DEH调节功率）

当机组转速升到额定转速，即可准备并网操作。如果采用自动准同期装置并网，则由电气控制装置发出转速给定值；如果不用自动准同期装置，而由电气值班人员手动并网，则由运行人员发出转速给定值。当转速给定与电网频率有偏差时，此偏差送入主调节器（此时功率给定及实测功率的信号均为零），去调节汽轮机阀门开度，控制汽轮机的转速，使得转速偏差为0。当汽轮机转速等于电网频率相应转速、发电机电压和电网电压相等、相位也相同时，则可合上油断路器，使发电机组并网运行。

并网后，机组由主控回路控制，运行人员即可操作功率给定值来增加负荷或者自动地加上初始负荷。功率给定值代表希望加载的稳态功率值，它经过功率定值限制器后送到调节器的输入端成为实际的给定值。

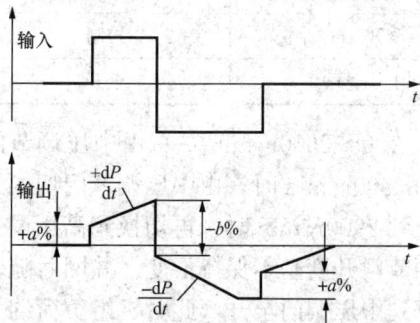

图 8 - 29　功率定值限制器的特性曲线

功率定值限制器的作用，是把汽轮机的功率和功率变化率限制在允许范围内，功率定值限制器的特性曲线见图 8 - 29，其作用主要有以下三点。

（1）最大功率限制：防止汽轮机承担过大负荷。

（2）功率阶跃限制：这是为了在调频运行时，限制一次调频的功率阶跃变化量，以保证汽轮机的运行安全和使用寿命。

（3）最小功率限制：通常在并网后立即使汽轮机带上 2% 左右的初始负荷，这是为了防止汽轮发电机组并网后成为电网上的负载。

若为热启动，当并网后带负荷小于 30% 时，高压调节门和中压调节门同时控制负荷，此时旁路系统通过锅炉最低负荷与汽轮机需要量之间的差值，在汽轮机负荷达到 30% 时，中压调节门就处于全开状态，此时旁路系统关闭。

在正常运行中，通过高压调节门来控制机组的功率；当机组部分甩负荷时，通过快速关闭和开启中压调节门来保护机组不致超速过限；当机组全部甩负荷时，通过快速关闭高、中压缸的调节门，防止超速。

随着功率定值限制器输出的功率给定值的增加，使主调节器 PI4 的输出增加，开大调节汽阀，增加汽轮机功率，由测功器测得的电功率信号反馈到主控制器，与控制器的功率给定值相平衡，即可逐步将机组功率带到额定值。

3. 调频运行方式（汽轮机转速被电网锁定，自动调节功率以保持电网频率）

当机组带到给定负荷后，此时转速与给定转速相等，发电机功率与给定功率相等，如图 8 - 27 所示，此时主调节器 PI4 前的反馈信号为发电机功率和经过 K 环节修正的转速差信号，再加给定值信号综合输入量为零时，阀位不再动作。

当电网频率发生变化时，就说明电网的能量平衡发生了变化。由于转速给定和功率给定均已固定不动，因此机组此时功率的变化取决于机组的静态特性曲线。

电调系统在参加一次调频时，改变 K 值可将静态特性设置为如图 8 - 30 所示三种类型。

图 8 - 30（a）所示特性曲线为一条直线：它在并网时使用，因为需要调整汽轮机转速，使机组转速与电网频率一致，二者不相等时，就需调整，因此，特性曲线不应当有死区或限幅。

图 8 - 30（b）所示是当机组并网运行时的静态特性曲线。电网频率由电网中所有的原动机来维持，频率变化时，参加一次调频的所有机组应共同改变功率，以满足用户的需要，但是中间再热单元机组的负荷适应能力受到机组特性的限制，所以要采取限幅的措施，限制的大小可以调整。

图 8 - 30（c）所示为带有死区的特性曲线。对于电网频率经常性的小波动（如 $\pm 0.1 \sim 0.2\text{Hz}$），如不希望影响大容量机组的出力则可选取这种曲线，只有当电力系统负荷变化较

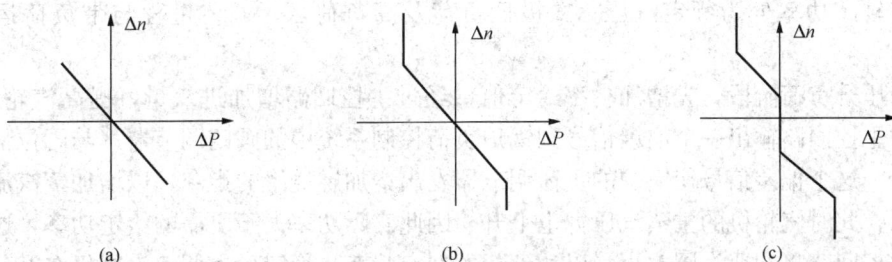

图 8 - 30　DEH 设定的静态曲线
(a) 线性；(b) 饱和＋线性；(c) 死区＋饱和＋线性

大时，大机组才参与调频，来弥补电网功率的不平衡。

若机组参加二次调频，则按调度中心发来的调度信号，调节功率给定值。

在甩负荷后，自动切换到特性曲线［见图 8 - 30 (a)］以便再次同步并网。

4. 调压运行方式（汽轮机跟随方式）

在单元机组运行过程中，有时锅炉本体或其辅机发生故障会造成蒸发量下降，此时已不可能根据汽轮机负荷的要求调节锅炉出力了，而应是按照锅炉能够供应的蒸汽流量去调节汽轮机功率。这是一种非正常的运行方式，当故障排除后，就应恢复到正常的调节。

当锅炉发生故障，蒸汽流量满足不了汽轮机负荷的要求时，蒸汽压力就会较大幅度地下降，当压力下降的数值大于给定偏差值时，系统可切换到调压运行方式。由汽压控制回路将汽轮机调节汽阀关小，减少汽轮机的进汽量来维持汽压，使汽压偏差在给定的范围内。如果锅炉蒸发量继续下降，则汽压控制回路继续将汽轮机蒸汽流量减少，以维持汽压为给定值。这样，汽轮机机前压力保持常数，而其功率则为锅炉蒸发量的函数。

锅炉故障排除后，蒸发量增加，汽压开始升高，使汽压调节器的输出不断增大，从而提高了汽轮机的实发功率。当蒸汽流量恢复到故障前的水平时，实发功率与给定功率值相等，则汽压控制回路就不再控制汽轮机，而又恢复到由主控回路来控制。

汽压控制回路的偏差给定值，可以按需要整定，以控制汽压控制回路投入时的切换点。

5. 协调运行方式（可最快地适应负荷要求）

对中间再热式单元机组，一方面希望充分利用锅炉的蓄热来参加一次调频，另一方面希望机组参数的波动尽量小，把锅炉压力波动限制在允许的范围内以利于稳定运行。

当汽轮机负荷变化时，若给锅炉控制系统一个前馈信号，使锅炉侧也同时调节燃烧，尽快改变出力，则机组的负荷适应性最好，这就是协调运行方式。

综上所述，为适应机组调频的需要，可以把汽轮机的输出功率偏差信号送到锅炉燃烧控制系统，使机、炉更好地协调工作。此时，功率给定值应为中央调度来的或运行人员给出的功率指令，当然要限制功率指令有过大幅值的变化或过快的变化率，避免锅炉压力等参数波动太剧烈。经过处理后的机组负荷信号，还要受到由机组辅机设备投运情况所决定的机组最大允许功率以及锅炉燃烧率的修正。

6. 复合变压运行方式（可在大范围内以高效率运行）

汽轮发电机组如采用复合变压方式运行，即在极低负荷及高负荷区采用定压阀位调节，在中、低负荷区为滑压方式运行。

在滑压运行时，调速汽阀开度保持不变，对应较低功率的阀前蒸汽压力为一个较低的数值，对应较高功率处为额定汽压。在极低负荷及高负荷区，调节过程与带负荷运行方式相同。

在滑压升负荷阶段，先增加功率给定值，经过主控回路增加进汽量，提高汽轮机出力。此时，由主控回路输出一个前馈信号到锅炉负荷控制系统中的阀门调节器，与阀位信号给定值作比较，这个偏差信号使锅炉的负荷调节器发出增加燃烧率的指令，以增加蒸汽流量，使汽压上升，此时汽轮机的主蒸汽压力也上升，因此实际功率大于所需的给定功率，这个偏差又通过主控回路将调速汽阀关小，以达到新的稳定状态。稳定后，调速汽阀仍在升负荷前的位置，而蒸汽压力升高到与新增加的功率相对应。与上述原理相同，减负荷是先减给定值，关小调速汽阀，然后再由锅炉降低蒸汽压力来达到新的稳定工况，稳定后保持汽轮机阀位不变，这里就不再赘述。

7. 甩负荷方式

汽轮发电机组带额定负荷运行时，若突然从电网中解列出来，则是对汽轮机组的最严峻的考验，在此瞬间，汽轮发电机组将以相当于额定功率的能量作用于转子上，使转子加速，很容易引起超速，因此必须采取保护措施，甩负荷控制回路就是完成这一任务的。

甩负荷前电超速保护装置测取的电功率与代表汽轮机功率的中压缸第一级前压力是相等的，一旦甩全负荷，电功率立即为零，而汽压来不及变化，所以二者差值远远大于给定偏差值。此偏差输入到逻辑回路，用电磁阀泄放电液转换器的输出油压，从而立即将高、中压油动机关闭，同时还将功率给定值切除。这样不仅减小了动态飞升，而且将相应的转速偏差也置零，为再次并网做好了准备。

与此同时，甩负荷时转子的加速度达到最大。由转速微分器测量的加速度信号直接输入功率放大器，对抑制动态超速也起到了强有力的作用。为了避免电网频率波动所引起的微量加速度变化，设有低值限幅的不灵敏区加以过滤，使其仅当甩负荷信号时才允许通过。

8. 停机方式

停机方式一般有滑参数停机、额定参数停机及紧急停机。

（1）滑参数停机。机组滑停时，由于锅炉热负荷减少，汽压降低，所以事先需将汽压控制回路切除。当主蒸汽压力降低时，调节汽阀会自动开到全开位置。随着蒸汽流量的进一步减少，汽轮机功率也随之减少（只要每一时刻的功率给定值稍大于实际功率值，调节汽阀均维持在全开位置），直到空载，观察功率表，确信汽轮机为空负荷时，即可拉闸解列，随即手动危急遮断装置停机。

（2）额定参数停机。机组在额定参数下停机，可直接操作给定器减负荷，到空负荷时，即可解列，然后，手动危急遮断装置停机。

（3）紧急停机。当机组在发生故障必须立即紧急停机时，可就地或在集控室操作安全部套，如手动危急遮断装置，磁力断路油门等，其原理与一般液压调节系统常用部件相同。

习　　题

8-1　画出功频电液控制系统的原理图，并说明控制系统的调频、调功的基本原理。

8-2 说明功频电液控制系统冷态启动时，由启动到并网再到带负荷的工作过程。

8-3 说明调节阀门动态过开以提高汽轮机负荷适应能力的原理。

8-4 中压调节阀门的快关适用于什么工况？

8-5 汽轮机数字电液控制系统的模拟控制部分的主要任务是什么？

8-6 汽轮机数字电液控制系统的数字控制部分的主要功能是什么？

8-7 控制系统如何处理机组甩负荷时的工况？

第九章　机炉辅助设备的自动控制

就机、炉控制系统而言，除前面几章所介绍的主要参数控制外，还涉及机炉辅助设备的自动控制，例如除氧器水位和压力、凝汽器水位、均压箱压力、汽轮机旁路系统控制、辅汽联箱压力和温度、油枪的雾化蒸汽压力、轻油压力、发电机定子冷却水温度、汽轮机冷油器油温等，但这些系统都是比较简单的单回路控制系统，大部分由气动基地式控制系统实现。

本章只简要介绍除氧器水位和压力控制系统、凝汽器水位控制系统、汽轮机旁路控制系统、脱硫控制系统和脱硝控制系统。

第一节　除 氧 器 的 控 制

除氧器是火力发电厂中一个重要的辅助设备，主要用于除去给水中的氧气（以及其他气体）。在高参数机组的回热系统中采用高压除氧器，能减少系统中的高压加热器的级数，节约金属和提高系统运行的安全可靠性。此外，作为汽轮机回热加热系统中的一级混合式加热器，同时担负着汇集各种疏水、锅炉补充水的任务，所以除氧器水箱必须保证锅炉所需给水的储备量。大型机组通常配备给水箱的容量应能提供 5min 锅炉连续产生最大蒸汽量时的给水消耗量。鉴于除氧器的上述重要作用，电厂一般都设有除氧器的控制压力和水箱水位控制系统。

一、除氧器压力控制系统

锅炉给水中若含氧量较大，会使管道和锅炉受热面遭到腐蚀。在水中含有其他气体时也会妨碍热交换、降低传热效果。因此要对锅炉给水进行除氧及去除其他气体。

在一定压力下，气体的溶解度随温度的升高而变小，除氧器正是利用加热给水来去除其中气体的，要使除氧效果好，应该将水加热到沸点温度。由于温度测量存在着较大的迟延，而饱和压力和饱和温度之间具有一一对应的关系，因此，一般采用控制除氧器蒸汽空间压力的方法来保证给水被加热到饱和温度。

除氧器压力对象可作为一阶惯性环节来处理，当除氧器进汽阀开度作阶跃变化时，由于连接管路很短，所以除氧器内部压力立即随之变化，但由于除氧器体积较大，压力的变化过程较为缓慢。

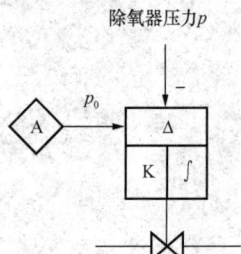

图 9-1　定压运行除氧器压力控制系统

除氧器有定压和滑压两种运行方式，相应地，压力控制系统也有两种形式：

1. 定压运行除氧器的压力控制系统

这种控制系统在除氧器运行中始终维持其压力为一定值。控制系统以除氧器蒸汽空间压力 p 作为被控量，进入除氧器的蒸汽量作为控制参量，组成如图 9-1 所示单回路系统，控制器根据 p 与其设定值 p_0 的差值来控制辅助蒸汽调节阀的开度，当 p 大于 p_0 时关小调节阀；反之，开大调节阀，从而保证除氧器在运行中压力始终为一定值。

2. 滑压运行除氧器的压力控制系统

为减小定压运行时抽汽压力的节流损失，提高机组的运行效率，目前大型机组除氧器均采用滑压运行方式。该方式是将除氧器加热蒸汽阀开足，除氧器压力接近抽汽压力（只差管路压力损失），这样除氧器压力就随汽轮机负荷变化而变化，负荷大时，压力高；负荷小时，压力低。一般情况下，不对压力进行调节，压力只靠汽轮机抽汽来自然保持，但是当汽轮机负荷低于一定值时，要将辅助汽源的蒸汽送入除氧器以维持最低的允许压力。

图 9-2 是某 300MW 单元机组除氧器压力控制系统原理简图。在低负荷阶段，四段抽汽压力低于 150kPa 时，除氧器压力由辅助蒸汽联箱的蒸汽来保证。除氧器压力定值由运行人员设置，除氧器压力信号与其设定值比较后经调节器运算，通过除氧器辅助蒸汽调节阀进行控制。除氧器压力高于设定值时关小调节阀，反之，开大调节阀。当四段抽汽压力大于或等于 150kPa 时，通过顺序控制系统 SCS 打开除氧器四段抽汽至除氧器隔离门，此后即进入由汽轮机四段抽汽控制除氧器压力阶段，即滑压运行阶段。而除氧器辅助蒸汽调节阀则由于除氧器压力升高，压力定值未变而自动关闭。

为了防止汽轮机跳闸时除氧器压力骤降而使给水泵汽化，发生汽轮机跳闸时，在跳闸瞬间除氧器压力定值跟踪另一较高压力定值，由于此时除氧器压力下降，除氧器辅助蒸汽调节阀自动打开，除氧器压力调节重新恢复定压方式。运行人员可手操改变压力定值，使除氧器压力逐步下降。

当除氧器压力或四段抽汽压力信号故障时，将除氧器辅助蒸汽调节阀切为手动方式。

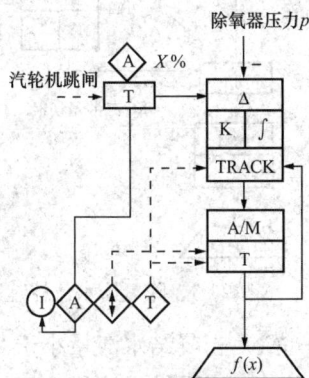

图 9-2　滑压运行除氧器压力控制系统

二、除氧器水位控制系统

除氧器的水箱是为了保证锅炉有一定的给水储备而设置的，其容量一般应不小于锅炉额定负荷下连续运行 15～20min 所需的给水量。除氧器水箱水位过高，影响除氧效果；水位过低，储水量不足将导致给水泵入口发生汽化而危及给水泵的安全运行，甚至会威胁锅炉上水，造成停炉事故。因此，需对除氧器水位进行控制。

除氧器水箱的容积很大，在化学补充水控制阀开度作阶跃变化时，水箱水位不会立即变化，而表现出一定的迟延。对于补充水送凝汽器的热力系统，补充水要经过凝汽器、凝结水泵、轴封加热器和几台低压加热器等才进入除氧器，其水位变化的迟延就更大。此外，由于水箱容积大而补充水进水管细，因此水位上升或下降的速度比较小。在负荷一定时，除氧器水位对象的动态特性可近似为有迟延的一阶积分环节。

对于大型单元机组除氧器水位的自动控制，目前有两种控制方案：一种方案是通过直接控制进入除氧器的凝结水流量来控制除氧器水位；另一种方案是首先通过控制从补给水箱到凝汽器的补水量，待凝汽器水位变化后，再由凝汽器水位调节器控制进入除氧器的凝结水流量来间接控制除氧器水位。

300MW 机组的除氧器水位，一般是通过直接改变进入除氧器的凝结水流量的方法来进行控制的。控制系统原理如图 9-3 所示，这是一个单冲量和串级三冲量可切换的控制系统。由主控制器 PI1 和副控制器 PI2 组成串级三冲量控制系统，副控制器主要保持凝结水流量与

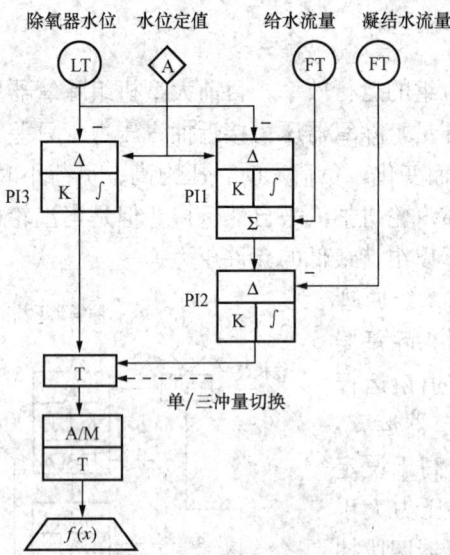

图 9 - 3　除氧器水位控制系统简图

总给水量之间的平衡，主控制器通过保持除氧器水位，对进出流量的平衡提供校正作用。PI3 控制器则构成单冲量控制系统。除氧器水位是主信号，该信号与由运行人员设置的水位定值信号均送至 PI1 和 PI3 的入口。给水流量和凝结水流量是系统的辅助信号。给水流量是本系统的流出量，为省煤器入口给水流量与过热器一、二级喷水流量以及再热器喷水流量之和，凝结水流量是本系统的流入量。三冲量控制方式下，由除氧器水位定值与水位实际值的偏差信号、给水流量和凝结水流量信号共同作用，控制凝结水流量调节阀开度，改变凝结水流量以稳定除氧器水位。在单冲量控制方式下，调节器 PI3 根据水位偏差信号直接控制凝结水流量以调节除氧器水位。

单冲量与三冲量控制的切换条件是：

（1）当凝结水流量小于 200t/h 时，为单冲量调节方式；

（2）当凝结水流量大于或等于 300t/h 时，为串级三冲量调节方式。

当凝结水流量在 200～300t/h 之间时，维持原方式不变。这样考虑是为了避免流量在 200～300t/h 之间变化时，控制系统在单冲量与三冲量之间反复切换。单冲量/三冲量运行方式还可由运行人员根据运行情况进行选择，有的系统让它与锅炉给水控制系统的单冲量与三冲量切换同时进行。

当给水流量、凝结水流量、除氧器水位、调节阀阀位等信号出现故障时，除氧器水位控制由自动方式切换到手动方式。

第二节　凝　汽　器　的　控　制

机组在运行中，凝汽器水位也是需要监控的主要参数之一。凝汽器水位过高，会影响凝汽器真空，严重时会使汽轮机低压缸进水；凝汽器水位过低，将危及凝结水泵的安全运行和整个热力系统的水循环。因此也需进行控制。

目前大型单元机组凝汽器水位控制主要有两种方式：一种为控制进水量，即控制进入凝汽器的补充水量；另一种为控制出水量，即控制凝结水流量。

300MW 机组典型的凝汽器水位一次系统如图 9 - 4（a）所示，在补充水和凝汽器系统之间，有一个缓冲容器，即补水箱，化学补充水先进补水箱。一般的控制方法是：当凝汽器水位低时，先关小凝汽器向补水箱的回水调节门，如果水位尚没恢复，再开大补水箱向凝汽器的补水调节门；当凝汽器水位高时，先关小补水箱向凝汽器的补水调节门，若水位不能恢复正常，再开大凝汽器向补水箱的回水调节门。补水箱水位低时，开化学水至补水箱补水门。由于正常运行时，补水箱压力比凝汽器压力高，所以回水门在凝结水泵后。

图 9 - 4（b）所示为凝汽器水位控制系统原理图。由图可以看出这也是一个简单的单回路控制系统。与一般系统不同的是，该系统有 1AM 和 2AM 两个操作器，在手动状态下，

1AM用于控制补水箱向凝汽器的补水调节门，2AM用于控制凝汽器向补水箱放水的回水调节门。在两个操作器与执行器之间，各有一个函数发生器，其输出与输入间的函数关系如右侧曲线所示。对补水门而言，当控制信号在0～50％期间时，补水调节阀保持在关的状态；当控制信号在50％～100％期间时，补水调节阀开度随着控制指令的增加而增加。而回水调节门不同，当控制信号在0～50％期间时，调节阀开度随着控制指令增加而减少，当控制信号在50％～100％期间时，回水调节阀保持在关的状态。这就保证了控制信号对调节阀控制作用的连续性，即当控制信号从0～100％变化时，通过两个调节阀的协调动作，使净流入凝汽器的流量是连续增加的；反之，是连续减少的。

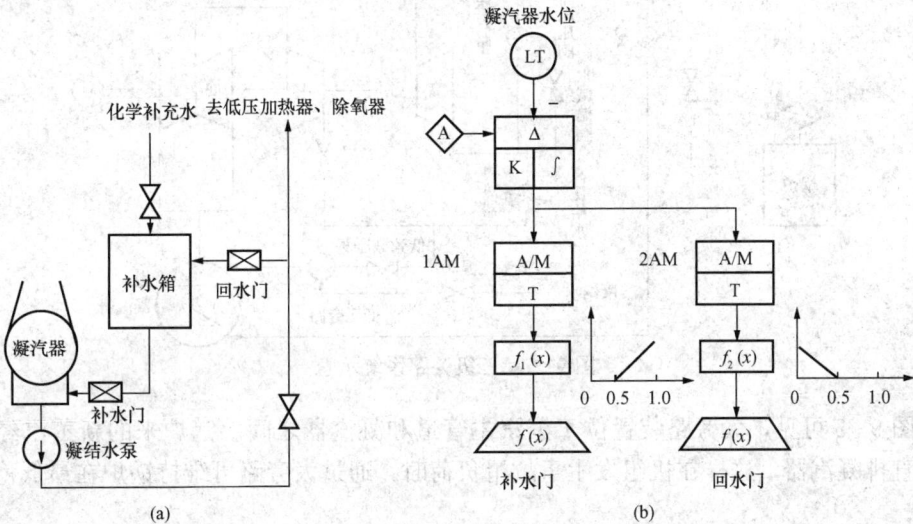

图9-4　凝汽器水位控制系统
(a) 一次系统图；(b) 系统原理图

在自动状态，当凝汽器水位低于其给定值时，比例积分调节器输出的控制指令增加，通过两个调节阀的作用，使流入凝汽器的流量增加，水位上升，直到等于给定值；反之亦然。

第三节　汽轮机旁路控制系统

随着电力工业的发展，中间再热式汽轮发电机组得到了越来越广泛的应用，但也正如上一章所谈到的，其出现也带来了新的问题，例如：机组在低负荷时如何处理锅炉的过剩蒸汽，中间再热器的保护等问题。实践表明，在中间再热式单元机组中设置汽轮机旁路系统可以很好地解决上述问题，同时还给机组的运行带来了灵活性，提高了机组在电网中的适应能力。因此，旁路系统已成为大容量单元机组必须配置的系统之一。

一、旁路系统的结构和容量

汽轮机旁路系统是指汽轮机并联上一个由蒸汽管路及减温减压装置组成的蒸汽旁路系统，从而可使高参数蒸汽不经过汽轮机的通流部分而由并联的蒸汽减温减压装置进入低一级蒸汽参数的管路或凝汽器。系统中的减温减压装置是为了防止再热器超温、超压和凝汽器过负荷，而对没有做功的主蒸汽和再热蒸汽进行处理。

汽轮机旁路系统的结构方式和旁路蒸汽容量，随机组的运行要求不同而不同。目前大型中间再热机组的旁路系统，在结构上有一级大旁路系统、两级串联旁路系统和三级旁路系统三种典型方式，且出于机组启动与运行的可靠性考虑，旁路系统均布置在靠近汽轮机侧，且应从蒸汽管道的水平管段引出。

1. 三级旁路系统

三级旁路系统的组成示意如图9-5所示，它由大旁路装置，高压旁路装置及低压旁路装置组成。

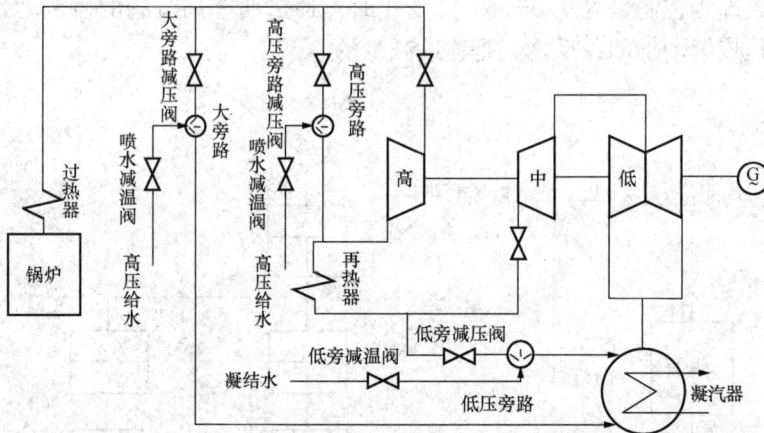

图9-5 三级旁路系统示意

由图9-5可见，大旁路装置位于蒸汽主管道和凝汽器之间。锅炉来的新蒸汽经过减温减压后直排凝汽器，这样在机组发生事故甩负荷时，通过大旁路可维持锅炉在最低稳燃负荷下运行。

位于主蒸汽管道和再热器入口之间的减温减压装置是汽轮机高压缸的旁路，故称为高压旁路系统。由锅炉来的新蒸汽可不经过高压缸而由旁路减温减压后进入再热器；经锅炉再热器加热后的蒸汽可经过位于再热器和凝汽器之间的减温减压装置进入凝汽器，该旁路装置与汽轮机中、低压缸并联而称为低压旁路。低压旁路装置和高压旁路装置以串联方式，将锅炉的新蒸汽不经过汽轮机的高、中、低压缸，而直接由主蒸汽管道引至再热器再排入凝汽器，从而冷却了再热器。

2. 两级串联旁路系统

两级串联旁路系统与图9-5所示的三级旁路系统不同之处，就是没有设置位于主蒸汽管道和凝汽器之间的大旁路装置，而高压旁路装置和低压旁路装置以串联方式组成汽轮机的旁路系统。

高压旁路系统为保护锅炉再热器以及机组启动间的暖管暖机而提供汽源；低压旁路系统将再热蒸汽引入凝汽器，可提供再热汽系统暖管并回收工质。旁路系统的这种结构方式不仅可以保护再热器，而且基本上能满足机组启动时蒸汽参数与汽轮机金属温度匹配的要求，当汽轮机甩负荷时可使汽轮机保持空负荷运行或带厂用电运行。

两级串联旁路系统功能较全，系统组成也不太复杂，且能适应较多的运行工况。因而目前中间再热式机组多数采用这种旁路结构方式。

3. 一级大旁路系统

一级大旁路系统仅由位于锅炉和凝汽器之间的减温减压装置组成，由锅炉来的新蒸汽经旁路系统减温或减压后直接排入凝汽器，以满足机组启动和事故处理的需要，并回收工质。一级大旁路系统设备简单，但不能保护再热器，故只能应用在再热器不需要保护的机组上。早期的中间再热式机组大多采用一级大旁路的结构方式。

汽轮机旁路系统的容量，是指经旁路系统的最大蒸汽量占锅炉额定蒸发量的百分数。一般来说，旁路系统的容量越大，对加快机组的启动越有利，但当旁路容量大于 50％以后，增加旁路容量对加快机组的启动不如小于 50％旁路容量时那样显著。

目前国内电厂旁路容量多数为 30％或 40％BMCR（锅炉最大连续蒸发量），少数引进机组的旁路容量达到 100％BMCR。对于旁路系统容量的选择主要应考虑以下因素：

（1）锅炉稳定燃烧的最低负荷。锅炉稳定燃烧的最低负荷与炉型、煤种等有关，有时需要通过试验来确定，对于停机不停炉工况，其旁路系统的容量应按最低负荷考虑。

（2）保护再热器所需的最小蒸汽量。满足保护再热器所需的最小蒸汽量为机组容量的 30％～40％，根据运行经验，保护再热器所需的蒸汽量为额定蒸发量的 10％～20％。

（3）冲转汽轮机所需的蒸汽量。对于承担基本负荷的机组，其启动工况多为冷态或温态、启动次数较少。滑参数启动时所需冲转压力及其相应的蒸汽量较低。一般 30％的旁路容量就可以满足。

对于调峰机组，热态启动是较多的。为保证主调速汽门及中压调速汽门后的蒸汽温度高于汽轮机最热部分 50℃，其进汽温度需 500℃左右，对这样高的蒸汽温度，必须增加锅炉的蒸发量，旁路系统的容量也随之增大。

总之，机组旁路系统的容量选择应保证锅炉最低稳定负荷运行的蒸汽量能从旁路通过，同时能满足机组启动或甩负荷工况下，为保护再热器所需的冷却蒸汽量通过。对于大容量旁路系统，其结构上无其他变化，只是依据容量要求在原有的旁路系统上再并联旁路管道而已。

二、旁路系统的功能

汽轮机旁路系统的主要作用是协助机组以最短的时间完成热态启动，在机组甩负荷时与锅炉和整个机组配合，实现甩负荷后的一些较复杂的运行方式（如机组快速切负荷 FCB 等），并进行锅炉超压防护。合适的旁路容量和完善的自动控制系统可以配合机组协调控制系统来完成机组的压力全程控制。汽轮机旁路系统应具有以下功能：

（1）改善机组启动性能。机组冷态或热态启动初期，当锅炉产生的蒸汽参数尚未达到汽轮机冲转条件时，这部分蒸汽由旁路系统通流到凝汽器，以回收工质和热能，适应系统暖管和储能的要求。特别是在热态启动时，锅炉可以较大的燃烧率、较高的蒸发量运行，加速提高汽温使之与汽轮机的金属温度匹配，从而缩短启动时间。

（2）适应机组定压和滑压运行的要求。在机组启动时，可通过控制高压旁路阀和高旁喷水阀来控制新蒸汽压力和中、低压缸的进汽压力，以适应机组定压运行或滑压运行的要求。

（3）保护再热器。在锅炉启动或汽轮机甩负荷工况下，锅炉新蒸汽经旁路系统进入再热器，保证其一定的蒸汽流量，得到足够的冷却，以确保再热器不超温。

（4）当主蒸汽压力或再热蒸汽压力超过规定值时，旁路系统迅速开启，进行减压、泄流，从而实现对机组的超压保护并回收工质。

（5）实现机组快速切负荷功能。电网发生事故时，可以使机组保持空负荷或带厂用电运行；汽轮机事故时，若相关系统正常，则允许停机不停炉，锅炉处在热备用状态，以便故障排除后能迅速恢复发电，从而减少停机时间，有利于整个系统的稳定。

综上所述，汽轮机旁路系统具有启动、泄流和安全三项功能，从而较好地解决了机组启动过程中机、炉之间不协调问题，改善了启动性能。对于再热器保护问题、回收工质问题都可解决，特别是对调峰机组，旁路系统的作用更为明显。

三、旁路控制系统

汽轮机旁路系统的功能要想得到充分的应用，必须配备一套完善的控制系统，具备良好的控制特性。目前，国内大型火电机组中配备的汽轮机旁路控制装置几乎都是引进型，应用较多的是德国西门子公司生产的带新型电动执行机构的旁路控制系统和瑞士苏尔寿公司生产的带液压执行机构的旁路控制系统。下面以苏尔寿公司生产的 AV-6 型系统为例，介绍汽轮机旁路系统的工作原理与作用。

1. 旁路系统的组成

图 9-6 是某厂 300MW 机组旁路系统。由图可知，它是一个由高压旁路和低压旁路组成的两级串联旁路系统。其中，高压旁路由一条蒸汽管路及减温减压阀组成，而低压旁路则由两条容量相同的蒸汽管路及阀门组成。

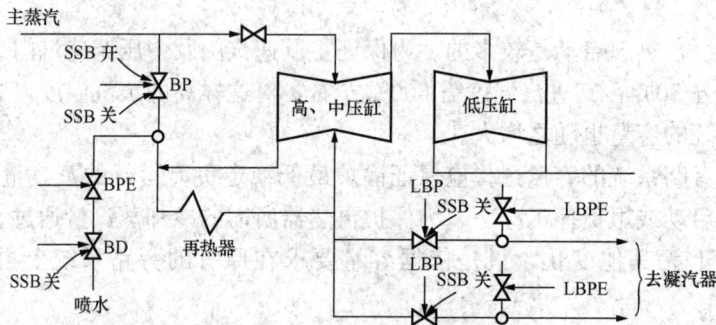

图 9-6　某厂 300MW 机组旁路系统

高压旁路中，旁路阀 BP 可以减温减压，其最大通流量可达 900t/h；BPE 为喷水调节阀；BD 为隔离阀，用于蒸汽减温的减温水来自锅炉的给水，给水压力很大，因此 BD 阀也具有减压作用。在低压旁路中，LBP 为减压阀，其最大通流量可达 600t/h；LBPE 为喷水调节阀；减温水为凝结水。其中，高压旁路阀除了减温减压外，还可代替安全阀，这是苏尔寿公司的独创。

苏尔寿旁路控制系统配备的全部是液压执行结构，电液伺服控制阀控制阀门开闭的全行程时间，一般可在 10～15s 范围内；在高压旁路阀执行机构和低压旁路阀执行机构上装有快行程装置，在保护性快速动作时，全行程时间达 2～3s。

2. 高压旁路控制系统

（1）高压旁路系统的运行方式。高压旁路系统的作用主要是在机组启动过程中，通过调整高压旁路阀的开度来控制主汽压力，以适应机组启动的各阶段对主汽压力的要求。它包括两个控制回路：高压旁路阀（BP）开度控制回路和喷水阀（BPE）开度控制回路。

该高压旁路控制系统设计有阀位方式、定压方式、滑压方式三种运行方式，在锅炉点火、暖管阶段，高压旁路阀按规定的"阀位控制"方式运行。当锅炉主蒸汽压力达到汽轮机冲转压力时，旁路系统进入"定压"运行方式。机组负荷到达 30%BMCR 时，旁路阀关闭，系统自动转入滑压运行方式，对主汽压力进行监视和保护。

图 9-7 是 300MW 机组滑参数启动时，高压旁路的三种运行方式启动曲线。

1）阀位方式（启动方式）。阀位方式是从锅炉点火后到汽轮机冲转前的旁路运行方式。开始阶段采用最小开度控制方式（Y_{min}）。在锅炉点火的初期，主蒸汽压力 p_T 小于系统设定的最小压力定值 $p_{0,min}$，高压旁路阀 BP 不会自动开启，而是通过预置的最小开度 Y_{min} 强制开启高旁阀 BP 到 Y_{min} 值，最小开度的设定可根据机组的情况设定，如 20% 左右开度。随着锅炉升温升压，主蒸汽压力 p_T 上升，而高旁阀 BP 保持在这个开度上。锅炉产出的蒸汽经高压旁路流动，并经再热器和低压旁路系统加热管路系统，当主蒸汽压力 p_T 上升到最小定值 $p_{0,min}$ 时，控制回路维持最小压力定值，使高旁阀 BP 逐渐开大，最后达到所设定的最大开度 Y_{max}，即转为最大开度控制。此时高旁阀 BP 保持在最大开度，压力设定值 p_0 按不超过预先整定的升压率（$\Delta p/\Delta t$）逐渐增大，从而提高主蒸汽压力。同时，主蒸汽压力 p_T 的上升率也就受到设定速率限制。随着主蒸汽压力的不断增加，压力定值也跟踪升高，主蒸汽压力和压力定值始终保持跟踪上升的关系。

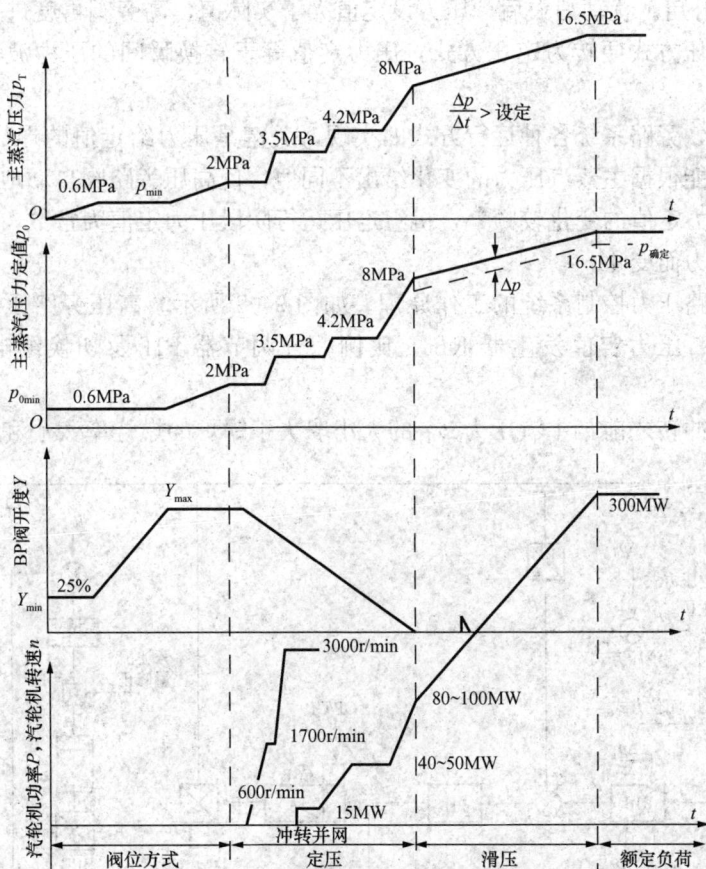

图 9-7　300MW 机组滑参数启动曲线

2）定压方式。当主蒸汽压力 p_T 升高到大于 2MPa 的汽轮机冲转压力时，旁路控制系统自动转入"定压运行"方式。此时，压力设定值保持不变，以保证汽轮机启动时的主蒸汽压力，实现定压启动。

当主蒸汽压力和主蒸汽温度都满足冲转要求时，汽轮机开始冲转升速。随着耗汽量增加，高旁阀 BP 相应关小，以维持 p_T 在 2MPa。在此压力下，汽轮机转速由 600r/min 逐渐上升到 1700r/min，并在此转速下暖机。暖机结束后，操作人员将压力定值 p_T 手动增加到 $3.5\sim4.0$MPa，汽轮机升速到 3000r/min，并带上 5% 的初负荷。此间，高旁阀 BP 起调节主蒸汽压力的作用，当主蒸汽压力 p_T 大于 p_0 时 BP 阀开大，反之 BP 阀关小。

随着锅炉燃烧率的增加，逐渐增大压力定值，待到主蒸汽压力 p_T 达到 4.2MPa，汽轮机负荷达到 $40\sim50$MW 时，锅炉切除启动分离器，压力定值按不大于 0.5MPa/min 的升压率逐渐增加到 8.0MPa。当 p_T 达到 8.0MPa，且 BP 关闭时，系统自动进入"滑压运行"方式。

3）滑压运行。进入滑压运行方式后，主蒸汽压力设定值自动跟踪主蒸汽压力实际值 p_T，并且只要新蒸汽压力的变化率小于所设定的升压率，则压力定值总是稍大于压力实际值，从而保证高旁阀 BP 保持在关闭状态。

在运行中，如果锅炉出口压力受到某种扰动，使其变化率大于设定的压力变化率，则高旁阀 BP 会瞬间开启。扰动消失后，压力设定值大于实际值，高旁阀再度进入关闭状态。BP 阀一旦开启，滑压方式便转为定压方式，压力定值等于转换瞬间的压力波动值加上压力阀限值。

启动过程中，旁路系统各种运行方式的实现，关键是压力给定值的形成、切换和跟踪。压力给定回路应能根据主蒸汽压力的变化给出不同值，使高压旁路阀自动地开大或关小。在机组启动阶段压力定值的变化较频繁，机组定压运行阶段压力定值为常数，滑压阶段压力定值跟踪主蒸汽压力而变化。

（2）高压旁路压力控制系统的工作原理。如图 9-8 所示。高压旁路压力控制系统主要由比例调节器 P、压力定值发生器 RIB、比例积分调节器 PI1 及切换继电器 KE、KF 等组成。

在汽轮机未冲转之前，主汽压力 p_T 的大小取决于锅炉的燃烧率大小和蒸汽管路的通流

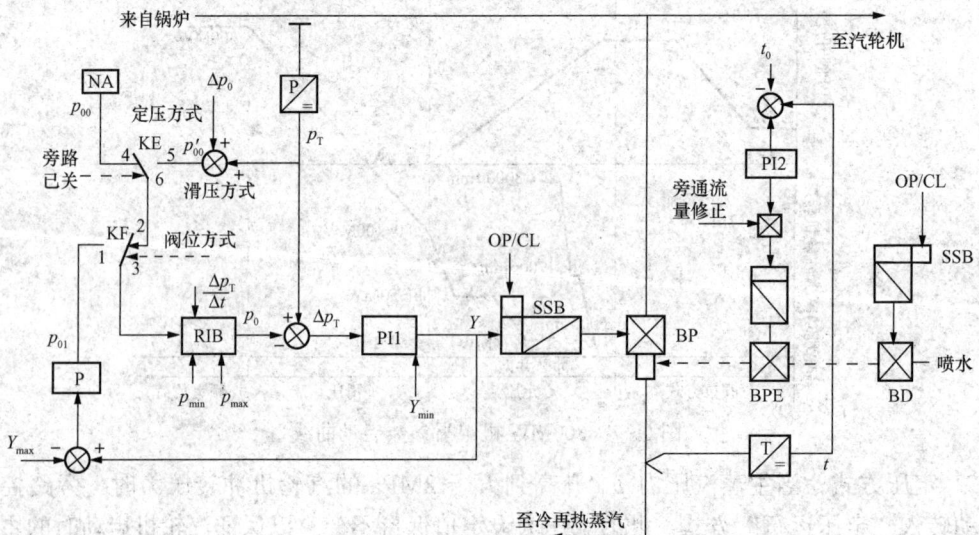

图 9-8 高压旁路控制系统

阻力。因此可以通过调节高压旁路阀 BP 的开度来控制主汽压力为给定值。在图 9-8 中，高压旁路阀的开度跟随目标开度 Y 变化，目标开度 Y 是控制器 PI1 对入口偏差信号 Δp_T 运算后的输出信号。当 $p_T > p_0$ 时，Δp_T 为正，控制器输出的目标开度 Y 增加，BP 阀开大；若 $p_T < p_0$ 时，则 Δp_T 为负，目标开度 Y 减小，BP 阀关小。调整高压旁路阀 BP 的开度可使主汽压力 p_T 趋于设定值 p_0。

下面分析高压旁路系统在不同运行方式下的工作原理。

1）阀位控制阶段。锅炉点火后，运行人员在旁路系统操作站上按下"锅炉启动"按钮，并将高旁压力控制投入"自动"。在图 9-8 中，切换继电器 KF 动作，使触点 1-3 接通，阀位指令 Y 与最大阀位的偏差经比例调节器 P 形成主汽压力设定值 p_{01}，输入到压力定值发生器 RIB，如图 9-9 所示。

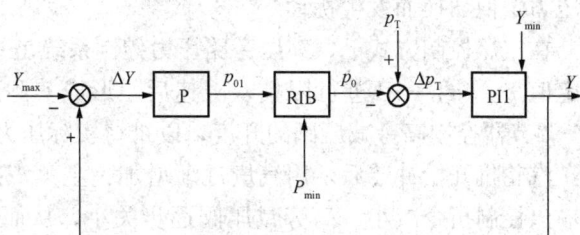

图 9-9　阀位阶段控制回路

由于 RIB 开始设置了最小压力限值 p_{min}（为正），在锅炉点火之后，因主汽压力 p_T 由零开始增加，所以 Δp_T 为负，PI1 控制器输出应为零，即输出的高压旁路阀的控制指令应为零。但为了疏水和加速锅炉的升温升压过程，需要给调节器施加一个最小开度 Y_{min}，这样锅炉点火，控制系统投入后，就开启高压旁路阀使之开度达到 Y_{min} 值。主汽压力 p_T 上升，在 $p_T \leqslant p_{min}$ 之前，$\Delta p_T \leqslant 0$，所以 PI1 调节器输出一直保持在 Y_{min}，即 BP 开度一直保持在最小开度上。

随着锅炉燃烧率提高，一旦 p_T 上升到高于最低压力 p_{min}，则 $\Delta p_T > 0$，调节器输出 Y 就在 Y_{min} 基础上增加，高压旁路阀 BP 在最小开度上开始开大。此后，尽管锅炉燃烧率不断增加，但由于 BP 阀也在迅速开大，通过 PI1 调节器的作用使主汽压力 p_T 维持在 p_{min} 附近。

随着锅炉燃烧率的进一步提高，高压旁路阀开度继续增加，当其开度大于设定的最大开度时，$\Delta Y > 0$，经高放大倍数的比例调节器 P 放大，使输出 p_{01} 大于零，RIB 以设定的压力变化率计算其输出，p_0 在 p_{min} 基础上线性上升。p_0 上升的结果使 Δp_T 减小或小于零，从而抑制了高压旁路阀控制指令的增加。

事实上，当高压旁路阀开度 Y 达到设定的最大开度 Y_{max} 后，可以基本上维持开度不变。从图 9-9 可以看出，因为 P 调节器的放大倍数很高，如果燃烧率的增加使主汽压力上升，Δp_T 增加导致控制指令 Y 上升时，只要 Y 稍有增加，使 ΔY 为正，尽管偏差很小，经 P 调节器也能使 p_{01} 增加较大幅度，从而使 RIB 输出压力定值 p_0 增加，从而造成 $p_0 > p_T$，使 $\Delta p_T < 0$，经 PI1 调节器运算又使 Y 下降。相反，如果主汽压力降低，通过 PI1 调节器使 Y 减小，使 ΔY 为负，使 RIB 输出压力定值 p_0 下降，压力偏差 Δp_T 增加，经 PI1 调节器运算又使 Y 上升。压力控制系统动作的结果，是使压力设定值以不大于 RIB 设定的压力变化率，跟踪主汽压力上升。但是，如果锅炉燃烧率增加过快，主蒸汽压力的上升速度超过了 RIB 设定的压力变化率，就会产生很大的压力偏差 Δp_T，这时，如果限制了 BP 阀的最大开度 Y_{max}，系统就会脱离正常工作状态。所以在这一阶段，如果燃烧率调整得当，主蒸汽压力的上升速度始终小于或等于 RIB 设定的压力变化率时，压力定值 p_0 就会跟踪实际压力变化，而高旁减压阀维持在最大开度附近。这一阶段也称为最大开度控制。

在阀位控制阶段，旁路减压阀开度指令 Y、主蒸汽压力定值 p_0、主蒸汽压力 p_T 随时间变化的规律如图 9-7 所示，这一过程直到主蒸汽压力达到汽轮机冲转压力为止。

2）定压控制阶段。当主蒸汽压力上升到汽轮机冲转压力时，汽轮机随时可以冲转。汽轮机一旦冲转，图 9-8 中开关 KF 复归，触点 2-3 接通；KE 的触点 4-6 接通。这时，主蒸汽压力定值采用运行人员通过压力给定器 NA 设定的 p_{00}。压力定值设定器为具有模拟存储功能的操作器，在阀位阶段其输出始终跟踪 RIB 入口信号变化，故转入定压方式时不会因压力定值切换而发生扰动。

在定压控制方式下，高压旁路压力控制系统是一个单回路控制系统，运行人员设定的压力定值 p_{00}，经 RIB 进行限幅、限速后，形成实际压力定值 p_0，与主汽压力 p_T 比较，经 PI1 调节器控制高旁减压阀的开度，以维持实际压力 p_T 等于压力设定值 p_0。

汽轮机开始冲转后，用汽量逐渐增加，主蒸汽压力下降，PI1 调节器的输入偏差下降，其输出控制指令减小，高旁减压阀逐步关小，从而使主蒸汽压力回升。所以，在汽轮机冲转、升速至并网带负荷之前，是用旁路控制系统维持主蒸汽压力、用逐步关小旁路门的方法，使原先完全由高压旁路系统旁通的蒸汽，逐步进入汽轮机高压缸做功的。

机组并网后，在提高锅炉燃烧率的同时，可逐步提高主蒸汽压力的设定值为 p_{00}，使 p_0 增加，高旁减压阀继续关小，主蒸汽压力 p_T 进一步上升。当主蒸汽压力 p_T 达到 8MPa，机组负荷达到 30% 左右时，高旁减压阀完全关闭，即原先通过高压旁路的蒸汽流量完全转移到汽轮机。

从以上定压运行阶段看，主蒸汽压力并不是不变的，而是由运行人员根据运行情况逐步小幅度提升，以加速机组的启动过程，这一过程可参见图 9-7。

从锅炉点火到机组带约 30% 负荷这一启动过程可以看出，高压旁路系统的作用是，利用旁路系统来平衡机、炉之间的能量需求不平衡矛盾，在汽轮机启动之前，锅炉产生的蒸汽由旁路通流，而不需对外排汽，避免损失大量工质。一旦汽轮机启动，旁路控制系统自动将蒸汽逐步转移到汽轮机去做功，这就是高压旁路的自动调节功能。

3）滑压控制阶段。当高压旁路阀 BP 关闭后，图 9-8 中继电器 KE 的触点 5-6 接通，系统进入滑压控制方式。主蒸汽压力设定值为实际压力加上 Δp_0，从而使得压力定值高于实际压力一个 Δp_0，即

$$p'_{00} = p_T + \Delta p_0$$

而实际压力定值 p_0 是 p'_{00} 经 RIB 进行限幅、限速后形成的。当主蒸汽压力的变化率小于或等于 RIB 设定的变化率 $\Delta p / \Delta t$ 时，$p_0 = p'_{00}$，PI1 调节器前的输入偏差正好等于 Δp_0，调节器输出等于零，高压旁路减压阀处于关闭状态（这阶段最小开度限制已由逻辑回路取消）。如果由于某种外部原因使主蒸汽压力发生突变，如上升时，p_0 跟不上 p_T 的变化速度，而使 PI1 调节器前的输入偏差大于零，高压旁路减压阀开启，进行泄流减压。

4）高压旁路减压阀的保护功能。高压旁路减压阀设有快速开行程开关和快速关行程开关 SSB。

在机组运行过程中，如果汽轮机甩负荷，或主蒸汽压力过高超过规定值时，逻辑回路发出快开指令（OP），作用到执行机构，执行快开动作，快速开启高旁减压阀 BP，实行泄流减压，当压力恢复时自行关闭。

在启动过程中，若高压旁路减压阀已开启、而低压旁路减压阀打不开，或高压旁路后蒸

汽温度过高或减温水压力低时，逻辑回路发出快关指令（CL），强制性关闭高压旁路减压阀 BP，且快关优先于快开。

（3）高压旁路温度控制系统的工作原理。在机组启动过程中，高压旁路流通的蒸汽将直接引入再热器，根据再热器运行要求，其入口温度要保持在一定范围，一般要求入口冷端温度保持在 330℃ 左右。在机组正常运行时，主蒸汽温度达 540℃。因此，不减温的蒸汽是不能进入再热器的。

高压旁路温度控制系统是通过改变喷水阀 BPE 的开度，调节减温水量来控制高压旁路后蒸汽温度的。如图 9-8 所示是一个单回路控制系统，由变送器测得的高旁后汽温 t，与运行人员的设定值 t_0 进行比较，其偏差送比例积分调节器 PI2，运算结果控制减温水阀门 BPE 开度，以实现汽温控制。

为了改善温度控制特性，该系统引入了旁路蒸汽流量来修正喷水控制强度。考虑到在不同负荷下，相同的温度偏差应有不同的喷水强度，系统中使用主蒸汽压力与高压旁路减压阀开度，经处理计算出旁通蒸汽流量，用该蒸汽流量信号作为乘法系数修正喷水量控制信号，从而使喷水阀开度指令随着旁通蒸汽流量增加而增加。

图 9-8 中，高压旁路喷水隔离阀 BD 的控制采用两位控制，由逻辑回路控制其状态。

在高压旁路阀关闭时，减温水隔离阀同时快速连锁关闭，起隔离喷水的作用；当高压旁路阀全开时，BD 阀也同时连锁开启（100% 开度），起着降低减温水调节阀给水压力的固定节流作用（BD 后压力约为 BD 前压力的 0.6 倍），以保证减温水调节阀 BPE 的最佳压力条件，从而改善调节阀的调节特性。

3. 低压旁路控制系统

对于高压旁路和低压旁路以串联方式构成的旁路系统，在机组启动过程中，高、低压旁路必须协调动作，才能实现旁路系统的功能。在汽轮机未冲转前，锅炉产生的新蒸汽经高压旁路进入再热器，再热器送出的蒸汽由低压旁路通流至凝汽器。因此低压旁路系统的运行状态会影响到凝汽器的安全运行，这是旁路系统运行时必须注意的问题。

低压旁路控制系统原理示意如图 9-10 所示。它由再热器出口压力控制回路和喷水减温控制回路两部分组成。考虑苏尔寿公司设计的低压旁路均为双管路热力系统，因而有两个容量相同的低压旁路调节阀和相应的低压旁路喷水阀，两条低压旁路管路处于并联工作状态，共用一套调节回路。

（1）低旁压力控制系统。

1）低压旁路的压力控制特性。如图 9-11 所示，在启动、低负荷阶段或甩负荷时，低压旁路压力控制系统为定压运行方式，压力设定值为最小值 $p_{r,min}$。$p_{r,min}$ 可以由运行人员设定，以维持一定的蒸汽流量通过再热器。在额定负荷的 30% 以上时，再热器出口压力与负荷成正比。在此阶段，低压旁路运行在滑压方式，低压旁路的压力定值为再热器出口压力定值 p_{r0} 加上一个小的限值 Δp，以保持 LBP 在关闭状态。再热器出口压力定值由实测的汽轮机调节级压力 p_1 乘上一个系数后得到。该系数由机组 100% 负荷时，再热器出口压力设计值和调节级压力设计值的比值确定。例如，某机组再热器出口压力和调节级压力设计额定值分别为 3.3MPa 和 12.9MPa，则其比值为 0.256。在滑压阶段，再热器出口压力定值为

$$p_{r0} = 0.256 p_1 + \Delta p$$

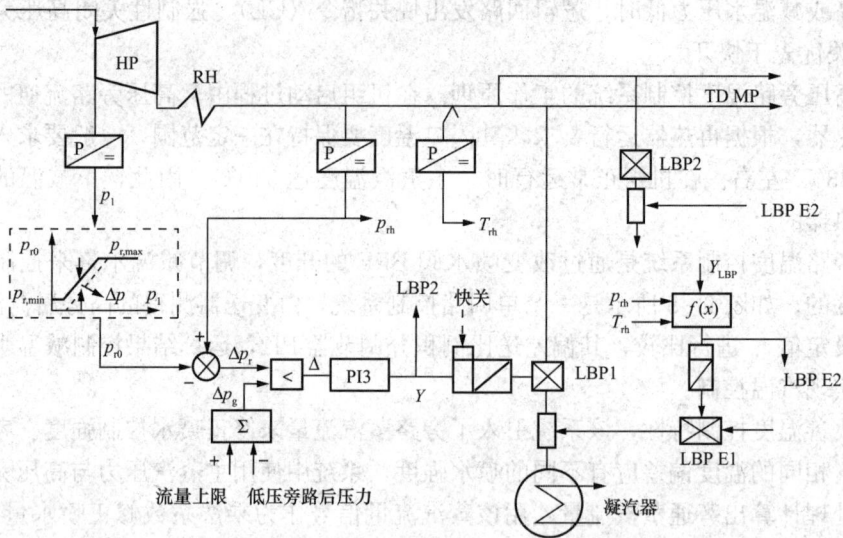

图 9-10　低压旁路控制系统组成原理示意

图 9-11 中，$p_{r,max}$ 为低旁最大压力设定值，它略小于再热器安全门的动作压力。$p_{r,max}$ 和 Δp 值均可预先设定。

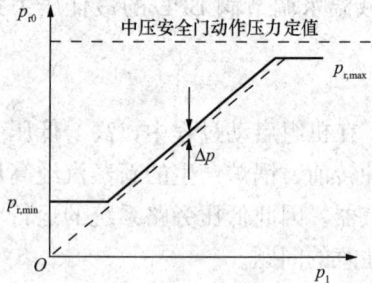

图 9-11　低压旁路的压力控制特性

2）低压旁路压力控制回路工作原理。根据中间再热式机组的运行要求，再热蒸汽压力应与机组负荷相适应，即再热蒸汽压力随机组负荷变化而变化，这是再热式压力控制系统设计所必须遵循的。

在图 9-10 中，再热蒸汽压力是通过调整低压旁路阀 LBP1、LBP2 的开度来实现。低压旁路阀的开度指令由压力控制器 PI3 产生，目标开度 Y 的增加或减小取决于控制输入信号 Δp_r。这是一个定值变化的单回路控制系统，再热蒸汽压力 p_{rh} 的给定值 p_{r0} 是由信号 p_1 进行处理后获得。p_1 为汽轮机第一级压力，它与机组的负荷成正比，代表机组的负荷。

在锅炉点火后，升温、升压，在汽轮机冲转之前，汽轮机第一级压力 $p_1=0$，而设定值 $p_{r0}=p_{r,min}$。这样，在再热蒸汽压力 $p_{rh}<p_{r,min}$ 之前，$\Delta p_r<0$，控制器输出 $Y=0$，低压旁路阀 LBP1、LBP12 保持在关闭状态。由高压旁路工作过程可知，在主汽压力 $p_T<p_{min}$ 之前，高压旁路阀仅保持在一个较小开度上，即流过的蒸汽量很小，因此低压旁路阀不必开启。只有在高压旁路阀迅速开大，大量蒸汽进入再热器，使 p_{rh} 迅速升高，达到 $p_{rh}>p_{r,min}$ 时，$\Delta p_r>0$，控制器输出的目标开度 Y 迅速增大，低旁阀迅速开启。

高压旁路阀、低压旁路阀迅速开启并达到最大开度，升压速度大大加快。

当汽轮机冲转后，升速并逐渐带负荷，汽轮机第一级压力 p_1 开始上升，当 $p_1>p_{r,min}$ 值时，再热蒸汽压力设定值 $p_{r0}=p_1+\Delta p$，这样导致 $p_{r0}>p_{rh}$、$\Delta p_r<0$，控制器输出 Y 开始减小，低压旁路阀朝关闭方向动作，再热蒸汽压力 p_{rh} 不断上升，随着 p_{r0} 的增加，最后完全关闭低压旁路阀。

随着机组负荷的增加，p_1 不断上升，p_{r0} 最后被保持在最大值 $p_{r,max}$，$p_{r,max}$ 整定得略低于再热器安全门动作值；这样，当再热蒸汽压力 p_{rh} 超过 $p_{r0}=p_{r,min}$ 时，低压旁路阀开启，进行泄流减压，而不造成安全门动作，只有在低旁开启后仍不能阻止再热蒸汽压力的上升时，安全门才动作。

为了防止汽轮机旁路运行时凝汽器过载，必须限制低旁的蒸汽流量。再热器出口压力一定时，低压旁路后压力越高，低压旁路流量越大。这里用低压旁路阀后压力来代表低压旁路流量，当低压旁路后压力高于某一代表低压旁路流量上限的压力值时，其差值 Δp_g 小于零，经低选作为偏差信号 Δ 输入到调节器 PI3，使低压旁路减压阀向关闭方向动作。此时操作台上最大蒸汽流量显示灯亮，并报警。

为了保护凝汽器，低压旁路减压阀的执行机构上还装有 SSB 快速行程开关，当出现凝汽器压力高、凝汽器温度高或凝结水压力低信号时，逻辑回路将使 SSB 动作，优先关闭低旁减压阀。

（2）低压旁路温度控制系统。如图 9-10 所示，低压旁路温度控制系统采用的是喷水减温阀 LBPE 开度跟踪低压旁路减压阀开度 Y_{LBP} 的随动系统。其逻辑关系是，LBP 开启，LBPE 就可开启；LBP 关闭后，LBPE 方可关闭。低压旁路减温阀开度由低压旁路蒸汽流量决定，是低压旁路减压阀开度 Y_{LBP}、再热汽压力、再热汽温度的函数，由函数发生器 $f(x)$ 计算得到。

为了在小流量下有足够的喷水量，LBPE 的最小开度一般在 20% 左右。

第四节　脱　硫　控　制　系　统

我国电力生产以火力发电为主，燃煤电厂排放的二氧化硫是大气中二氧化硫的主要污染源。大气中的二氧化硫降水形成酸雨，严重破坏生态环境和危害人体健康，甚至影响人类基因造成遗传疾病。削减二氧化硫的排放量，控制大气二氧化硫污染、保护大气环境质量，是目前及未来相当长时间内我国环境保护的重要课题之一。

火电厂脱硫可以分为燃烧前脱硫、燃烧中脱硫、燃烧后脱硫三种方式。燃烧前脱硫可采用煤炭洗选，目前仅能除去煤炭中的部分无机硫，对于煤炭中的有机硫尚无经济可行的去除技术。燃烧过程中脱硫可采用洁净煤燃烧技术，例如循环流化床锅炉，具有可燃用劣质煤、调峰能力强、可掺烧石灰石脱硫、控制炉温减少氮氧化物排放等特点。燃烧后脱硫即烟气脱硫（flue gas desulphurization，FGD），在锅炉尾部电除尘后至烟囱之间的烟道处加装脱硫设备，目前 95% 以上的燃煤锅炉采用此方式实施脱硫，是控制二氧化硫和酸雨污染最有效、最主要的技术手段。

烟气脱硫技术按脱硫剂分类可以分成：以石灰石、生石灰为基础的钙法，以氧化镁为基础的镁法，以合成氨为基础的氨法，以有机碱为基础的碱法，以亚硫酸钠、氢氧化钠为基础的钠法。烟气脱硫按有无液相介入来进行分类可以分成：湿法、半干法、干法、电子束法、海水法等，湿法烟气脱硫是目前技术上最为成熟、效率最高、应用最多的脱硫工艺。

一、湿法烟气脱硫的工艺系统

湿法烟气脱硫是采用易和二氧化硫进行反应的碱性化合物，溶解于水或形成悬浊液作为吸收剂来洗涤排出的烟气。该方法具有脱硫反应速度快、脱硫效率高达 95%、吸收剂利用率高、技术成熟可靠、烟气脱硫系统的运行可靠性达 99% 以上等优点，但也存在初投资大、运行维护费用高、需要处理二次污染等问题。

石灰石湿法烟气脱硫系统工艺流程见图9-12。本系统是以石灰石（$CaCO_3$）为脱硫剂，石灰石仓中的石灰石，经石灰石给料机，将石灰石颗粒送至湿式球磨机，并加入合适比例的工业水，磨制成石灰石浆液，流入石灰石浆液箱。合格的石灰石浆液根据需要由石灰石浆液泵输送至吸收塔。为了防止石灰石在浆液箱中沉淀，设有浆液循环系统和搅拌器。

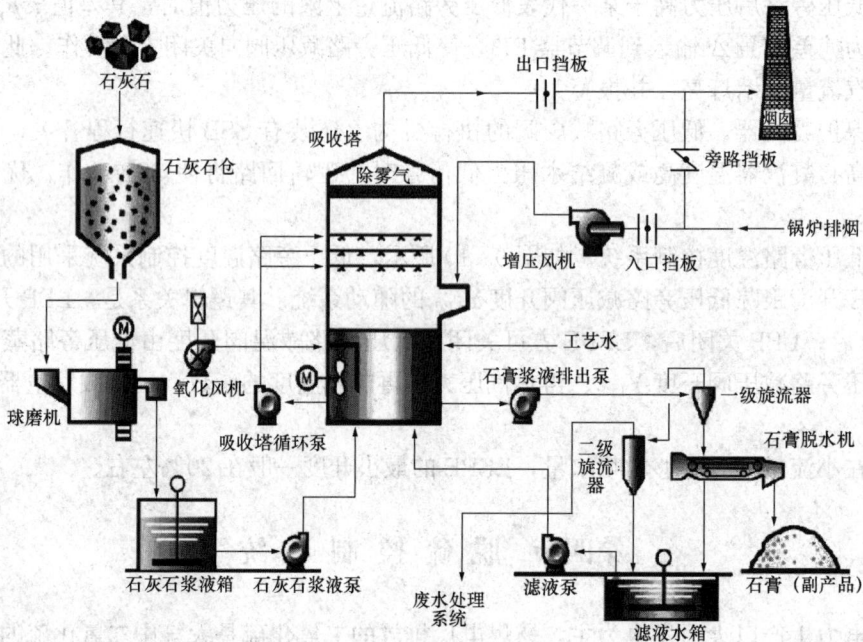

图9-12 石灰石湿法烟气脱硫系统工艺流程

烟气系统设置了旁路挡板和出、入口挡板门，FGD上游热端前置增压风机，有的系统还会设置回转式气-气热交换器（gas-gas heater，GGH）。正常运行时，FGD入、出口挡板门打开，旁路挡板门关闭。原烟气经增压风机增压后，将原烟气送至吸收塔下部，经吸收塔脱除二氧化硫后，将净烟气经烟囱排放。吸收塔事故处理或检修时，入口挡板和出口挡板关闭，旁路挡板全开，烟气通过旁路烟道经烟囱排放。

进入吸收塔的热烟气经逆向喷淋器的循环浆液冷却、洗涤，烟气中的二氧化硫与浆液进行吸收反应，生成亚硫酸氢根（HSO_3^-）。HSO_3^-被鼓入的空气氧化为硫酸根（SO_4^{2-}），SO_4^{2-}与浆液中的钙离子（Ca^{2+}）反应生成硫酸钙（$CaSO_4$），硫酸钙进一步结晶为石膏（$CaSO_4 \cdot 2H_2O$）。同时烟气中的HCl、HF和灰尘等大多数杂质也在吸收塔中被去除。含有石膏、灰尘和杂质的吸收剂浆液的一部分被排入石膏脱水系统。脱除二氧化硫后的烟气经除雾器去除烟气中的液滴，排出吸收塔。由于吸收浆液的循环利用，脱硫吸收剂的利用率很高。吸收塔中装有水冲洗系统，将定期进行冲洗，以防止雾滴中的石膏、灰尘和其他物质堵塞元件。

吸收塔自下而上可分为三个主要的功能区：①氧化结晶区，该区即为吸收塔浆液池区，主要功能是石灰石溶解、亚硫酸钙的氧化和石膏结晶；②吸收区，该区包括吸收塔入口及其以上的1层托盘和3层喷淋层。其主要功能是用于吸收烟气中的酸性污染物及飞灰等物质；

③除雾区，该区包括两级除雾器，用于分离烟气中夹带的雾滴，降低对下游设备的腐蚀、减少结垢和降低吸收剂及水的损耗。

由吸收塔底部抽出的浆液主要由石膏晶体（$CaSO_4 \cdot 2H_2O$）组成，经一级旋流器浓缩为40%～50%的石膏浆液，并自流至真空皮带式石膏脱水机，脱水至小于10%含水率的湿石膏后进石膏仓暂时储存。为了控制石膏中的 Cl^- 等成分的含量，确保石膏的品质，在石膏脱水过程中用工业水对石膏及滤布进行冲洗。石膏过滤水收集在滤液水箱中，然后用滤液泵送至吸收塔。二级旋流器溢流液送至废水处理系统。

二、脱硫控制系统控制方案

脱硫控制系统中的模拟量控制系统主要有：增压风机入口压力控制、吸收塔 pH 值控制、石灰石浆液浓度控制、石膏浆液排出量控制和石膏滤饼厚度控制等。

（一）增压风机入口压力控制

为了补偿烟气在整个吸收塔脱硫装置中的压力损失，通常需要增设一台独立的增压风机（例如静叶可调轴流式风机）。由于锅炉的负荷变化，流过脱硫装置的烟气量及其造成的压力损失也随之变化，因此，需要设置专门的控制回路来控制增压风机的叶片调节机构，以控制脱硫装置进口烟道的压力值。

本系统是前馈－反馈复合控制系统，控制原理见图9－13。采用锅炉总空气流量作为控制系统的前馈信号，采用增压风机入口烟道压力测量值作为反馈信号。将压力测量值与不同锅炉负荷下的设定值进行比较，经过 PID 控制器运算后，与锅炉总空气流量前馈

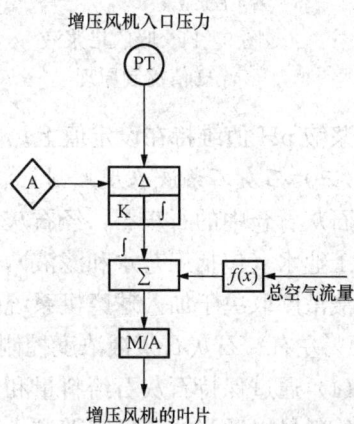

图9－13 增压风机入口压力控制原理

信号相叠加，共同作用产生一个调节信号，来控制增压风机的叶片调节机构，使增压风机入口烟道压力值维持在设定值。

（二）吸收塔浆液 pH 值控制

pH 值是石膏浆液酸碱度的度量，是脱硫系统中最重要的工艺参数之一，它的变化直接影响脱硫效率、石灰石利用率、石膏浆液品质等。pH 值升高提高了系统碱度，从而提高脱硫效率，但降低了石灰石利用率，增大了结垢倾向，石膏品质受到影响。pH 值降低则增加了系统酸度，提高了石灰石利用率，有利于石膏晶体形成，但增大了腐蚀倾向，降低了系统可靠性和脱硫效率。一般将 pH 值控制为5～6。

脱硫装置运行中，可能引起吸收塔浆液 pH 值变化或波动的主要因素为烟气量、烟气中 SO_2 的浓度、石灰石浆液的供给量等。

（1）烟气量。如果送入脱硫吸收塔的石灰石浆液的流量不变，烟气量的增加会使浆液的 pH 值减小，反之会使 pH 值增大。烟气量变化是最主要的外界干扰因素。

（2）烟气中 SO_2 的浓度。即使烟气量维持不变，由于锅炉所燃煤的含 S 量发生变化，烟气中 SO_2 的浓度也将随之波动。但由于煤质变化幅度不会如负荷变化那么大，因此，烟气中 SO_2 浓度的变化通常不会很大。

（3）石灰石浆液的供给量。石灰石浆液供给量的增加会使浆液的 pH 值增大，反之会使 pH 值减小。

综上分析，系统的被控量为吸收塔浆液 pH 值，控制量为石灰石浆液供给量，前馈信号为锅炉烟气量与烟气中 SO_2 的浓度，系统采用串级控制结构，见图 9-14。考虑到锅炉的送风量既反映锅炉负荷的变化，也反映燃烧煤质及过量空气系数的变化，总是与烟气量成线性关系，因此，可以将锅炉总空气流量和原烟气中 SO_2 的浓度作为控制系统的前馈信号。

在串级系统中，主调节器接收吸收塔浆液 pH 测量值和设定值的偏差，副调节器接收送入吸收塔的石灰石浆液供给量测量值，主调节器的输出作为副调节器的设定值，副调节器的输出来控制石灰石浆液供给装置的开度，使吸收

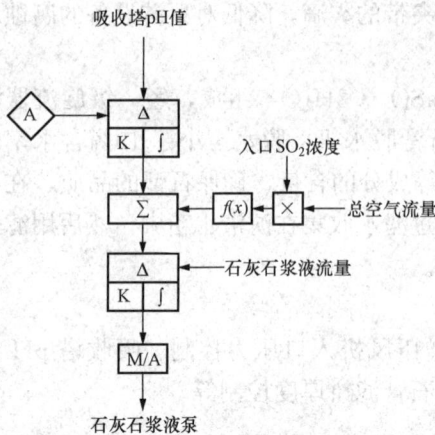

图 9-14　吸收塔浆液
pH 值控制原理

塔内浆液 pH 值维持在设定值上。

（三）石灰石浆液浓度控制

石灰石仓中的石灰石，经石灰石给料机，将石灰石颗粒送至湿式球磨机，并加入合适比例的工业水（包括工艺水和滤液），磨制成石灰石浆液，流入石灰石浆液箱。球磨机排出口的浆液浓度取决于加入球磨机系统的工业水量和石灰石给料量，一般石灰石浆液浓度设定值为 30% 左右。石灰石浆液浓度控制主要有两种方法。

（1）通过保持石灰石给料量和工业水流量的比值来实现。该系统可以采用开环控制，石灰石给料量以适当的比例跟随进入浆液箱工业水量调节，石灰石给料量是通过控制皮带称重给料机构的转速进行调节的。

（2）根据石灰石浆液浓度来实现。石灰石浆液浓度由布置在石灰石浆液泵出口管道上的浓度计来测量，该系统采用单回路闭环控制，被控量为石灰石浆液浓度，控制量为石灰石给料量。如果石灰石浆液浓度升高，则减小石灰石给料机的转速，反之亦然。

（四）石膏浆液排出量控制

脱硫吸收塔运行中，利用石膏浆液排出泵从浆池底部排放浓度较高的石膏浆液，以维持脱硫吸收塔的质量平衡及合适的浆液浓度。过高的浆液浓度将会造成浆液管道堵塞，过低的浓度会降低脱硫效率。吸收塔石膏浆液为断续排放，因此，石膏浆液的脱水系统也是以间歇方式运行的，吸收塔石膏浆液排出泵的开关指令同时送给石膏浆液脱水控制系统。

该控制系统为单回路闭环断续控制系统。被控量为石膏浆液浓度，控制量为石膏浆液排出量。石膏浆液浓度由布置在吸收塔浆液循环泵出口的管道上或者石膏浆液排出泵出口管道上的浆液浓度计来实时检测，根据石膏浆液浓度测量值与设定值的差值来控制石膏浆液排出泵的开启与关闭。还可以进一步采用进入吸收塔的石灰石浆液量作为前馈信号，构成单回路加前馈的控制系统。

（五）石膏滤饼厚度控制

由吸收塔底部抽出的浆液经一级旋流器浓缩为 40%～50% 的石膏浆液，并自流至真空皮带式石膏脱水机，脱水成石膏滤饼进行储存。在进入脱水机的石膏进浆量一定的情况下，通过控制石膏脱水机脱水皮带的行进速度，达到控制该皮带上的石膏饼厚度的目的。该系统

为单回路闭环控制，被控量为石膏滤饼厚度，控制量为采用变频调速器来控制皮带脱水机的运动速度。

第五节 脱硝控制系统

氮氧化物（NO_x）污染是一个全球性的环境问题，它会导致温室效应、破坏臭氧层和形成酸雨，它进入人体支气管和肺部后会生成腐蚀性很强的硝酸或硝酸盐，引起气管炎、肺炎甚至肺气肿，严重的还会造成死亡。氮氧化物包括 NO、NO_2、N_2O、N_2O_3、N_2O_4、N_2O_5 等，通常所说的 NO_x 主要包括 NO 和 NO_2，在典型的燃煤烟气中 NO 占 95%，其余为 NO_2 等。据统计在中国有 67% 的 NO_x 来自煤燃烧，NO_x 的跨国界"长距离输送"，使得我国 NO_x 排放问题引起国际上的关注，增加了我国控制 NO_x 排放的国际压力，因此燃煤电厂脱硝势在必行。

目前 NO_x 的控制技术主要分为两种，一种是在燃烧过程中控制 NO_x 的产生，主要有低氮燃烧技术、循环流化床燃烧技术、整体煤气化联合循环技术、洁净煤发电技术等。另一种是烟气脱硝技术，使 NO_x 在形成后被净化，主要有选择性催化还原（selective catalytic reduction，SCR）、选择性非催化还原（selective non catalytic reduction，SNCR）、SCR/SNCR 联合技术等。

SCR 工艺是目前大规模投入商业应用并能满足环保排放要求的脱硝工艺，NO_x 脱除率能够达到 90% 以上。具有无副产物、不形成二次污染，装置结构简单，运行可靠，便于维护等优点，因而得到了广泛应用。

一、选择性催化还原（SCR）的原理

选择性催化还原（SCR）是利用还原剂在催化剂作用下有选择性地与烟气中的氮氧化物发生化学反应，生成氮气和水。SCR 法以氨作为还原剂，主要形式有带压的无水液氨、常压下的氨水溶液（通常质量浓度为 25%）和尿素水溶液（通常重量浓度为 45%），燃煤电站通常使用液氨，其主要反应方程式为

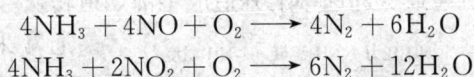

$$4NH_3 + 4NO + O_2 \longrightarrow 4N_2 + 6H_2O$$
$$4NH_3 + 2NO_2 + O_2 \longrightarrow 6N_2 + 12H_2O$$

然而在催化剂的作用下，烟气中的一小部分 SO_2 会被氧化为 SO_3，在有水的条件下，SCR 中未参与反应的氨会与烟气中的 SO_3 反应生成硫酸铵 NH_4HSO_4 与硫酸铵 $(NH_4)_2SO_4$ 等一些不希望产生的副产物。选择性反应意味着不应发生氨与二氧化硫的氧化反应。

NO_x 的脱除效率主要取决于反应温度、NH_3 与 NO_x 的化学计量比、烟气中氧气的浓度、催化剂的性质和数量等。选择适当的催化剂，在 $200 \sim 400℃$ 的温度范围内，能有效地抑制副反应的发生。目前最常用的是高温氧化钛基催化剂（活性 TiO_2，同时添加增强活性的 V_2O_5 金属氧化物。若需进一步增加活性时，还要添加 WO_3），其中，催化剂的 V_2O_5 含量较高时其活性也较高，脱硝效率高，但 V_2O_5 的含量较高时，SO_2 向 SO_3 转化率也较高。因此，控制 V_2O_5 的含量不能超过 2%，并添加适量的 WO_3 来抑制 SO_2 向 SO_3 转化率。一般燃煤电厂常使用的 SCR 催化剂结构形式是平板式和蜂窝式，使用最多的是蜂窝式。

二、选择性催化还原（SCR）的工艺

SCR 系统一般由氨的储存系统、氨与空气混合系统、氨气喷入系统、反应器系统和旁

路系统（省煤器旁路和SCR旁路）等组成。SCR法烟气脱硝的工艺流程示意图见图9-15。

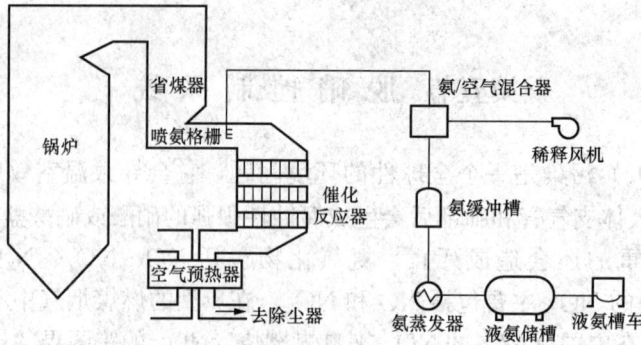

图9-15　SCR法烟气脱硝的工艺流程示意

还原剂（氨）大多用罐装卡车运输，以液态形式储存在压力容器内。液氨由槽车运送到液氨储槽贮藏，无水液氨的储存压力取决于储槽的温度（例如20℃时压力为1MPa）。液氨通过蒸发器被减压蒸发输送至液氨缓冲槽备用，缓冲槽中的氨气与稀释风机送入的空气（与氨量成一定配比）送至氨气/空气混合器中，形成氨气体积含量为5％的混合气体，经稀释的氨气通过喷射系统中的喷嘴被注入到烟道格栅中，与原烟气混合。在喷嘴数量较少的情况下，为了获得氨和烟气的充分均匀分布，要在反应塔前加装1个静态混合器。烟气进入SCR反应塔，在催化剂的作用下，烟气中的NO_x与氨气发生化学反应（烟气在反应塔中与高温催化剂的反应最佳温度为370～440℃）。当SCR反应塔故障时，烟气从反应塔前设置的100％烟气旁路通过，对锅炉正常运行没有影响。

三、主要控制系统的控制方案

（一）喷氨流量控制系统

该控制系统的任务是适当调整氨气的喷入量，从而使NH_3/NO_x摩尔比适当、保证脱硝效率。氨气的喷入量应根据反应器出口浓度及脱硝效率通过调节门进行调节，喷氨量少会使脱硝效率过低，过大容易导致氨逃逸率上升造成尾部烟道积灰。

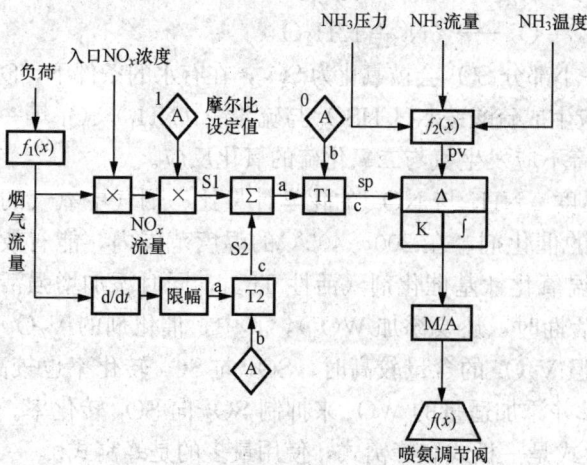

图9-16　固定摩尔比控制原理

通常采用两种控制方式：固定摩尔比控制方式和反应器出口NO_x定值控制方式。

1. 固定摩尔比控制方式

固定摩尔比控制方式是一种典型的控制方式，它采用单回路控制。固定摩尔比控制原理图见图9-16。氨气流量为被调量，氨气流量调节阀开度为调节量。氨气流量的设定值sp送入PID控制器与实测氨气的流量信号比较，由PID控制器经运算后发出调节信号控制SCR入口氨气流量调节阀的开度以调节氨气流量。

氨气流量的测量值 pv 由在氨气喷射母管测得的体积流量通过温度和压力修正后得出。

氨气流量的设定值 sp 由基本氨气流量信号 s1 与负荷变化预喷氨信号 s2 相加得到，即 sp＝s1＋s2。

基本氨气流量信号 s1 是烟气中 NO_x 流量信号乘以所需 NH_3/NO_x 摩尔比得到的，而 NO_x 流量信号是 SCR 反应器进口的 NO_x 浓度乘以烟气流量得到的。烟气流量由锅炉负荷经过函数 $f_1(x)$ 计算得出。NH_3/NO_x 摩尔比是根据系统设计的脱硝效率计算得出的，在固定摩尔比控制方法中为预设常数。

负荷变化预喷氨信号 s2 的设置是考虑脱硝系统存在 NO_x 反应器催化剂反馈滞后和 NO_x 分析仪响应滞后的问题。其原理是将烟气流量信号用作预示负荷变化的超前信号（能快速预测 NO_x 变化的信号），为了加快速度可以增加微分运算。在某些情况下，发电量需求信号、主蒸汽流量信号等也可以作为超前信号（能比烟气流量信号更迅速地预测 NO_x 的变化）。例如，当负荷增加时，烟气流量增加，烟气流量的微分信号经过限幅使得 s2 增加，此时切换器 T2 选通 ac 端，氨气流量的设定值 sp 增加，PID 的输入偏差增加，则增大喷氨调节阀开度。若切换器 T2 选通 bc 端，运行人员可以对氨气流量的设定值进行调整。

当氨逃逸率高或稀释风流量低或反应器进口烟气温度低时，切换器 T1 选通 bc 端，氨气流量的设定值 sp＝0，自动关闭氨气流量调节阀，停止喷氨。

如果由于脱硝催化剂反应缓慢等原因导致控制效果不能很好满足调节要求时，除根据系统特点调整调节系统从而改变调节品质外，还应从以下几方面进行处理：缩短 NO_x 分析仪采样管以保证即时的检测响应；采用能够灵敏地预测 NO_x 变化的信号；催化剂在 NO_x 变化前提前吸收足量的氨气来弥补反应滞后。

2. 反应器出口 NO_x 定值控制

反应器出口 NO_x 定值控制是保持反应器出口 NO_x 恒定。根据环境空气质量标准，控制反应器出口 NO_x 为定值比控制固定摩尔比方式更容易监视，同时氨气消耗量更少。控制系统如图 9‐17 所示。

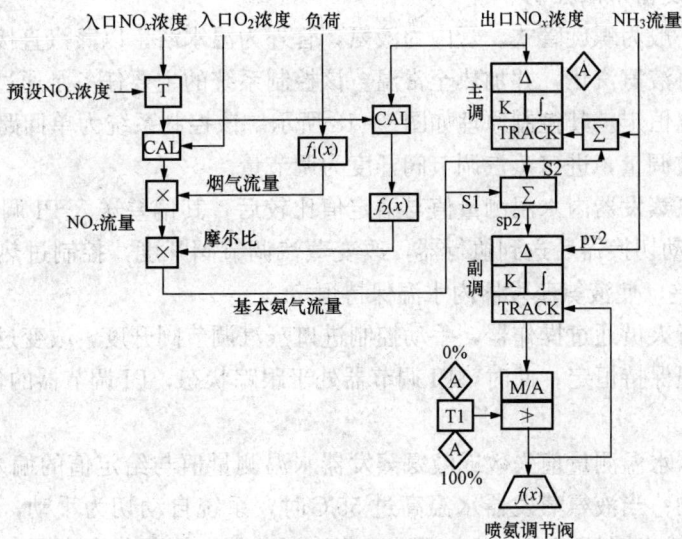

图 9‐17　反应器出口 NO_x 定值控制原理

该控制系统为串级比值控制系统，SCR 反应器出口 NO_x 浓度为主被调量，NH_3 流量为副被调量，氨气流量调节阀开度为调节量。反应器出口 NO_x 浓度调节器为主调，氨气流量调节器为副调。

主调节器的作用是根据反应器出口 NO_x 浓度实测值与设定值的偏差进行运算，给出氨气流量修正值 s2，从而使反应器出口 NO_x 浓度等于给定值，保证脱硝效率，起细调作用。副调节器的作用是根据氨气流量设定值 sp2 与氨气流量实测值的偏差进行运算，改变喷氨调节阀的开度，从而改变氨气流量，起粗调作用。

氨气流量设定值 sp2 由基本氨气流量信号 s1 与氨气流量修正值 s2 相加得到的，即 sp2＝s1＋s2。基本氨气流量信号 s1 的形成：反应器入口 NO_x 浓度和氧气浓度 O_2 经过计算后，与烟气流量相乘产生 NO_x 流量信号，NO_x 流量信号乘上所需 NH_3/NO_x 摩尔比就是基本氨气流量信号。

由于烟气流量随锅炉负荷变化，故系统采用函数发生器 $f_1(x)$ 实现烟气流量与锅炉负荷之间的变化关系。研究结果表明，NH_3/NO_x 摩尔比理论值为 1：1，实际中摩尔比随脱硝率的变化而变化，故系统采用函数发生器 $f_2(x)$ 实现脱硝率与 NH_3/NO_x 摩尔比之间的变化关系，脱硝率可以根据反应器入口、出口 NO_x 浓度实际测量值计算得出。

手动时，运行人员通过操作器直接控制氨气流量调节阀开度，改变喷氨流量，此时自动系统处于跟踪状态，氨气流量调节器（副调）的输出跟踪自动/手动切换器 A/M 的输出，反应器出口 NO_x 浓度调节器（主调）的输出跟踪氨气流量测量值与基本氨气流量信号的差。

当反应器入口 NO_x 浓度测量值失效时，切换器 T 自动切换到预设 NO_x 浓度。当反应器出口 NO_x 浓度测量值失效或反应器进口 NO_x 浓度测量值与给定值偏差超过允许值时，系统自动切为手动。当氨逃逸率高或稀释风流量低或反应器进口烟气温度低时，通过设置自动/手动切换器的输出限幅值为 0%，自动关闭氨气流量调节阀，停止喷氨。

（二）液氨蒸发器水温控制

液氨蒸发器一般为螺旋管式。管内为液氨，管外为温水浴，以蒸汽直接喷入水中加热至 40℃，再以温水将液氨汽化，并加热至常温。该控制系统的主要任务是通过调节蒸汽流量使液氨蒸发器内水温恒定，其控制原理如图 9 - 18 所示。该控制系统为单回路控制系统，液氨蒸发器内水温为被调量，进口蒸汽调节阀开度为调节量。

自动时，液氨蒸发器内水温测量值与给定值比较后，其偏差送入 PI 调节器，PI 调节器的输出经自动/手动切换器后送到执行器，改变蒸汽调节阀开度，控制过热蒸汽流量，消除 PI 调节器入口偏差，使液氨蒸发器内水温保持恒定。

手动时，运行人员通过操作器，手动控制进口蒸汽调节阀开度，改变过热蒸汽流量，使液氨蒸发器内水温保持恒定，此时，PI 调节器处于跟踪状态，PI 调节器的输出跟踪自动/手动切换器的输出。

当液氨蒸发器水温测量值失效或液氨蒸发器水温测量值与给定值的偏差超过允许值时，系统自动切为手动；当液氨蒸发器水温高过 55℃时，系统自动切为手动，同时通过设置自动/手动切换器的输出限幅值，自动关闭进口蒸汽调节阀，切断蒸汽来源，并在控制室 DCS 上报警显示。

（三）氨气缓冲罐氨气压力控制

缓冲罐又叫蓄积槽，液氨经过液氨蒸发器蒸发为氨气后进入缓冲罐，其作用是对氨气进行一个缓冲作用，保证氨气有一个稳定的压力。该控制系统的任务就是使氨气缓冲罐氨气压力保持恒定（0.2MPa），其控制原理如图 9 - 19 所示。

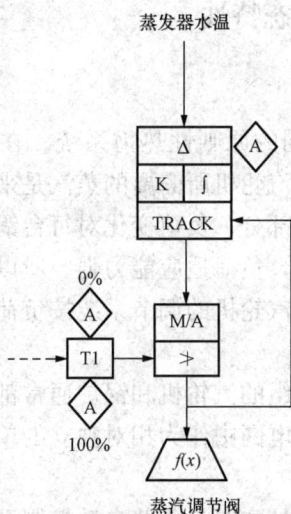

图 9 - 18　液氨蒸发器水温控制原理　　　　图 9 - 19　氨气缓冲罐氨气压力控制原理

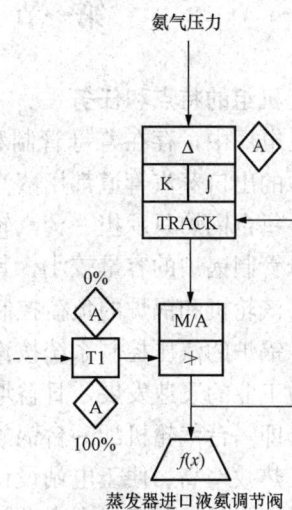

该控制系统是单回路控制系统，氨气缓冲罐氨气压力为被调量，液氨蒸发器进口液氨调节阀开度为调节量。自动时，氨气缓冲罐氨气压力测量值与给定值进行比较，其偏差送入 PI 调节器，PI 调节器的输出经自动/手动切换器后送到执行器，改变液氨蒸发器进口液氨调节阀开度，控制液氨蒸发流量，消除 PI 调节器入口偏差，使氨气缓冲罐氨气压力等于给定值（0.2MPa）。手动时，运行人员通过操作器直接控制液氨蒸发器进口液氨调节阀开度，改变液氨蒸发流量，此时 PI 调节器处于跟踪状态，其输出跟踪自动/手动切换器的输出。当氨气缓冲罐氨气压力测量故障或氨气缓冲罐氨气压力测量值与给定值偏差超过允许值时，系统自动切为手动。

习　　题

9 - 1　除氧器为何设置压力控制系统？

9 - 2　试述图 9 - 3 所示除氧器水位控制系统工作原理。

9 - 3　试述图 9 - 4 所示凝汽器水位控制系统工作原理。

9 - 4　汽轮机旁路系统的主要功能有哪些？

9 - 5　试述图 9 - 8 所示高压旁路压力控制系统的控制原理。

9 - 6　试述图 9 - 10 所示低压旁路控制系统控制原理。

9 - 7　试述脱硫控制系统的主要控制方案原理。

9 - 8　试述脱硝控制系统的主要控制方案原理。

第十章　单元机组协调控制系统

第一节　单元机组的动态特性

一、单元机组的特点和任务

在热力发电厂中，存在着母管制和单元制两种不同的原则性热力系统。在母管制系统中，每台锅炉的出口蒸汽管道都用蒸汽母管互相连通，汽轮机所需要的蒸汽是来自一组锅炉产生的蒸汽，每台锅炉只承担一台汽轮机所需蒸汽的一部分，负荷变化对每台锅炉的影响较小。而且，母管制锅炉的容量较小，其蓄热能力比较大，负荷适应能力强。所以，在母管制热力系统中，汽轮机和锅炉的负荷控制可以分开考虑。汽轮机的调节系统按负荷要求改变调节阀的开度，锅炉的汽压控制系统按汽压改变燃料量。

随着电力工业的飞速发展，日益增多的大型发电机组的汽轮机和锅炉通常都是采用单元制热力系统，即一台汽轮机配一台锅炉。单元制机组在电网中作为相对独立的单元，具有运行调度灵活、热效率高、便于电站设计和扩建等优点。

单元制机组与母管制机组在自动控制方面的不同之处主要是负荷自动控制系统不同，单元机组的负荷控制的特点如下所述。

（1）单元制机组是一个强相互关联的多变量控制对象，锅炉和汽轮发电机是一个不可分割的整体，锅炉和汽轮机共同适应外界的负荷要求，也共同保证运行参数的稳定。

（2）锅炉和汽轮发电机的动态特性存在较大的差异，汽轮发电机负荷响应快，锅炉负荷响应慢。所以单元机组在实施负荷控制时，必须很好地协调机、炉两侧的控制动作，合理地协调好内外两个能量供求平衡关系，以兼顾负荷响应性能和内部运行参数稳定两个方面。具体地讲，就是对外保证单元机组有较快的功率响应和有一定的调频能力；对内保证主蒸汽压力偏差在允许范围内。或者说，在保证主蒸汽压力偏差在允许范围内的前提下，使机组的输出电功率尽快适应电网负荷变化的需要。这就是单元机组负荷控制的任务。

（3）随着单元机组在电网中所占比例的日益增大，电网对单元机组的负荷适应性能提出了更高的要求，即使承担基本负荷的单元机组，也应具有参加电网一次调频的能力，以便使电网在二次调频之前减小电网频率变化的幅度。

二、单元机组的运行方式

单元机组可以按照若干不同的运行方式运行，不同运行方式下，受控过程的动态特性往往差别很大。因此，这里首先介绍单元机组的几种典型运行方式。

1. 定压运行方式

定压运行方式是指无论机组负荷怎样变动，始终维持主蒸汽压力和温度为额定值，通过改变汽轮机调节汽门的开度，改变机组的输出功率。母管制连接的机组只能采用额定蒸汽参数下的定压运行方式。定压运行机组的运行方式有机跟炉、炉跟机和机炉协调方式三种。

2. 滑压运行方式

单元机组在滑压运行方式下，保持主汽门和调节汽门全开。外界负荷需求变化时，通过调节锅炉的燃料、风量、给水以及相应的输入量，改变锅炉的蒸发量，进而改变汽轮机的进汽压力，在维持汽温为额定值的前提下，使进入汽轮机蒸汽的能量改变，使汽轮发电机组的输出功率适应外界负荷的需求。

然而，由于锅炉设备具有很大的蓄热能力，热惯性也很大，使得此种工作方式下，机组难以快速地响应外界负荷的需求；而且调速汽门处于全开位置也使得机组无法参与电网的一次调频。因而实际上采用的措施是不使汽轮机调节阀处于全开的位置，而是留出一定的调节余地，以弥补滑压运行存在的上述缺点。

滑压运行的特点如下：

（1）汽轮机调节汽门保持近似全开将会使进汽节流损失降低。负荷越低，节流损失的降低越明显，经济性越显著。另外，汽轮机的级效率也要比定压运行时高。

（2）在部分负荷下，主蒸汽和再热蒸汽的压力降低，容易保持蒸汽温度不变，可获得较高的循环效率。

（3）减少了给水泵的功耗。因为滑压运行时给水压力与机组负荷成正比，而在相同的机组部分负荷条件下，给水泵出口压力比定压运行时要低得多。

（4）调峰停机后再启动快，降低了启动损耗。这是因为在低负荷下汽轮机的金属温度基本不变。若在机组最低负荷下打闸停机，可以在较高的金属温度下停机热备用。如重新热态启动，将大大缩短再启动时间，使启动损耗相应地降低。

3. 联合运行方式

联合运行方式是指根据机组的不同负荷水平，在低负荷下采用滑压运行方式，在高负荷下采用定压运行方式，以综合利用两种方式的优点。

一种常用的联合运行方式特性曲线如图 10-1 所示。

图 10-1 中给出了汽轮机机前压力 p_T 和调节门开度 μ 随机组负荷 P 变化的曲线。在低负荷段，为了保证运行的稳定，采用定压运行方式；在低负荷到高负荷段，采用滑压运行方式；在接近额定负荷的高负荷段，又转入定压运行方式。

4. 调频运行方式

电网规模的扩大和对供电质量的更高要求，对大机组参加电网调频要求越来越迫切。

单元机组参加电网调频的方式分为一次调频和二次调频。一次调频是指汽轮机电液调速系统根据电网频率的变化，自动地改变一部分负荷，以减小电网频率的波动。一次调频能力的大小用不等率表示。汽轮机一次调频特性如图 10-2 所示。

电网的规模不断扩大，用户情况复杂多变，为保证电网频率稳定，仅靠机组有限的一次

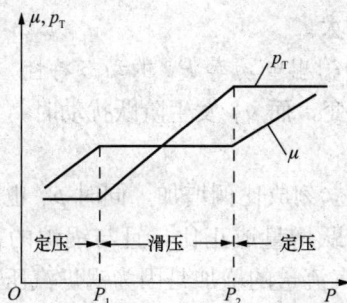

图 10-1　联合运行方式特性曲线　　　图 10-2　汽轮机—次调频特性示意

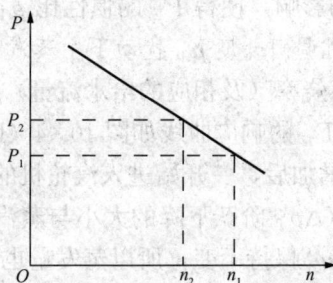

调频能力往往还很不够，还需要电网中有一定数量的机组根据电网频率偏差，调整自身的负荷，维持电网频率在额定范围之内，这些机组称为二次调频机组。

为实现机组的调频运行，需要相应的运行方式和控制系统来保证。

三、单元机组负荷控制对象的动态特性

锅炉-汽轮发电机组本质上是一个存在强相互关联的多变量控制对象。在考虑负荷控制时，经适当假设，可以将其看作具有两个控制输入量和两个被控输出量的对象。其工艺流程可用图 10-3 简单示意。

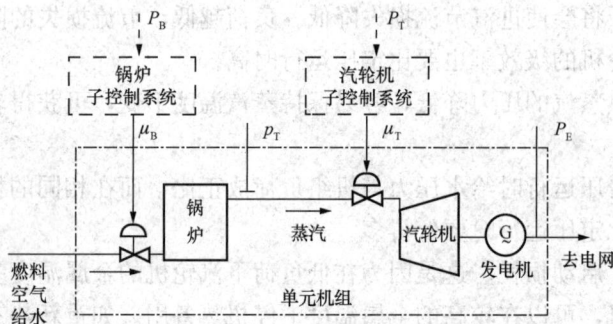

图 10-3　单元机组工艺流程示意

对象的两个控制输入量为：μ_T 为汽轮机调节门开度（通常由同步器位移量表示）；μ_B 为锅炉燃料量调节机构开度，代表锅炉燃烧率（及相应的给水流量）。两个被控输出量为：P_E 为单元机组的输出电功率；p_T 为汽轮机前主蒸汽压力。

锅炉燃烧率（及相应的给水流量）μ_B 的改变既影响主蒸汽压力 p_T，又影响输出电功率 P_E；同样，汽轮机调门开度 μ_T 的改变也同时影响主蒸汽压力 p_T 和输出电功率 P_E。在第六章中已经讨论了 p_T 在 μ_B 和 μ_T 分别扰动下的动态特性，下面对两个控制输入量（μ_B，μ_T）扰动下，被控输出量（P_E，p_T）变化的动态特性作进一步的分析。

1. 锅炉燃烧率（及相应的给水流量）μ_B 扰动下主蒸汽压力 p_T 和输出电功率 P_E 的动态特性

当汽轮机调门开度 μ_T 保持不变，而 μ_B 发生阶跃扰动时，主蒸汽压力 p_T 和输出电功率 P_E 的响应曲线如图 10-4（a）所示。

μ_B 增加，锅炉蒸发受热面的吸热量增加，汽压 p_T 经一定迟延后逐渐升高。由于 μ_T 保持不变，进入汽轮机的蒸汽流量随之增加，从而自发地限制了汽压的升高。最终，当蒸汽流量与 μ_B 达到新的平衡时，p_T 就趋于一个较高的新稳态值，具有自平衡能力。蒸汽流量的增加使汽轮机功率增加，P_E 也跟着增加。最终，当蒸汽流量不变时，输出电功率 P_E 也趋于一个较高的新稳态值，具有自平衡能力。

μ_B 扰动下的 P_E 和 p_T 的动态特性都可用高阶惯性环节的传递函数来描述。只不过由于中间再热器的影响，使得 P_E 的惯性比 p_T 的惯性稍大。

2. 汽轮机调门开度 μ_T 扰动下主蒸汽压力 p_T 和输出电功率 P_E 的动态特性

当锅炉燃烧率（及相应的给水流量）μ_B 保持不变，而 μ_T 发生阶跃扰动时，主蒸汽压力 p_T 和电功率 P_E 的响应曲线如图 10-4（b）所示。

μ_T 阶跃增加后，一开始进入汽轮机的蒸汽流量立刻成比例增加，同时 p_T 也随之立刻阶跃下降 Δp_T（Δp_T 阶跃下降的大小与蒸汽流量的阶跃增量成正比，且与锅炉的蓄热量大小有关）。由于 μ_B 保持不变，所以蒸发量也不变。蒸汽流量的增加是因为锅炉汽压下降而释放出一部分蓄热，所以只能是暂时的。最终，蒸汽流量仍恢复到与燃烧率相应的扰动前的数值，p_T 也逐渐趋于一个较低的新稳态值。因蒸汽流量在过渡过程中有着暂时的增加，故输

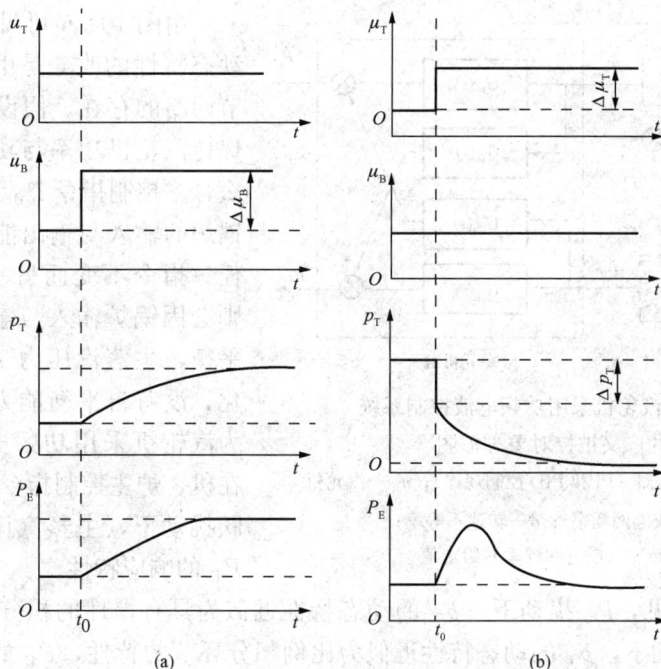

图 10-4　负荷控制对象阶跃响应特性

(a) μ_T 不变，μ_B 阶跃扰动下 p_T 和 P_E 的响应；(b) μ_B 不变，μ_T 阶跃扰动下 p_T 和 P_E 的响应

出电功率 P_E 相应也有暂时的增加。最终，P_E 也随蒸汽流量恢复到扰动前的数值。μ_T 扰动下的 p_T 动态特性可用比例加一阶惯性环节的传递函数来描述，P_E 的动态特性可用具有一定惯性的实际微分环节的传递函数来描述。

　　由上述分析可见，负荷控制对象的动态特性有如下特点：当 μ_T 动作时，P_E 和 p_T 的响应均较快；而当 μ_B 改变时，P_E 和 p_T 的响应都很慢。这正是机、炉对象动态特性方面存在的较大差异。

　　包括机、炉控制系统在内的广义负荷控制对象可用图 10-5 所示的方框图表示。其控制输入量为锅炉主控制指令 P_B 和汽轮机主控制指令 P_T。

　　对于锅炉侧，由于各子控制系统的动态过程相对于锅炉迟延和惯性来说可忽略不计，因此可假设它们配合协调，能及时跟随主控制指令 P_B，接近理想随动系统特性，即 $\mu_B \approx P_B$。

　　对于汽轮机侧，如果汽轮机采用纯液压调速系统，则主控制指令 P_T 就是调节阀开度（或同步器位移）指令 μ_T，即 $\mu_T = P_T$。这样，广义被控对象的动态特性不会改变。如果汽轮机采用功频电液控制系统，则主控制指令 P_T 就是汽轮机功率指令。这样，广义被控对象的动态特性会有很大改变。其方框图如图 10-6 所示。

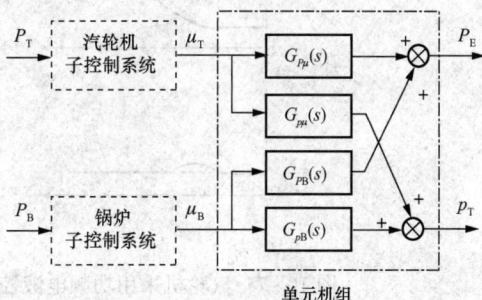

图 10-5　负荷控制对象方框图

$G_{P\mu}(s)$—P_E 对 μ_T 的传递函数；$G_{p\mu}(s)$—p_T 对 μ_T 的传递函数；$G_{PB}(s)$—P_E 对 μ_B 的传递函数；$G_{pB}(s)$—p_T 对 μ_B 的传递函数

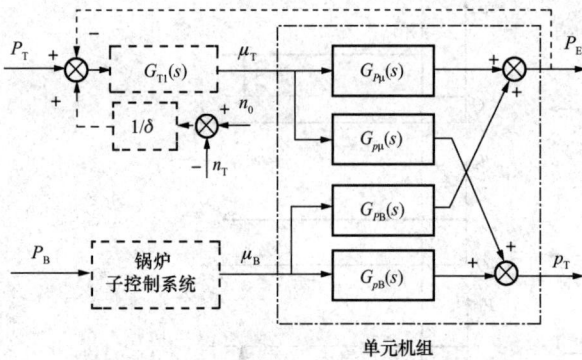

图 10-6 汽轮机采用功频电液控制系统
时的广义被控对象方框图

$G_{T1}(s)$—功频控制器（PI 和 PID 控制规律）；n_T—汽轮机
转速（或电网频率）；δ—转速不等率；
n_0—转速（或电网频率）给定值

由图 10-6 可见，广义被控对象动态特性的改变是由于汽轮机功率调节回路的存在。假设功率调节回路能保持汽轮机功率与功率指令一致，那么，主控制指令 P_B 和 P_T 就分别代表锅炉的输入与输出能量。若保持其中任一指令不变而另一指令阶跃扰动，则会因锅炉输入与输出能量的始终不平衡，主蒸汽压力 p_T 随时间一直变化，没有自平衡能力。图 10-7 所示为汽轮机采用功频电液控制系统时，在机、炉主控制指令 P_B 和 P_T 分别阶跃扰动下，主蒸汽压力 p_T 和电功率 P_E 的响应特性。

由图 10-7 可见，P_B 扰动下，p_T 的动态特性近似为具有惯性的积分环节的特性，P_E 近似不变；P_T 扰动下，p_T 的动态特性近似为比例积分环节的特性，P_E 的动态特性近似为惯性环节或比例加惯性环节的特性。

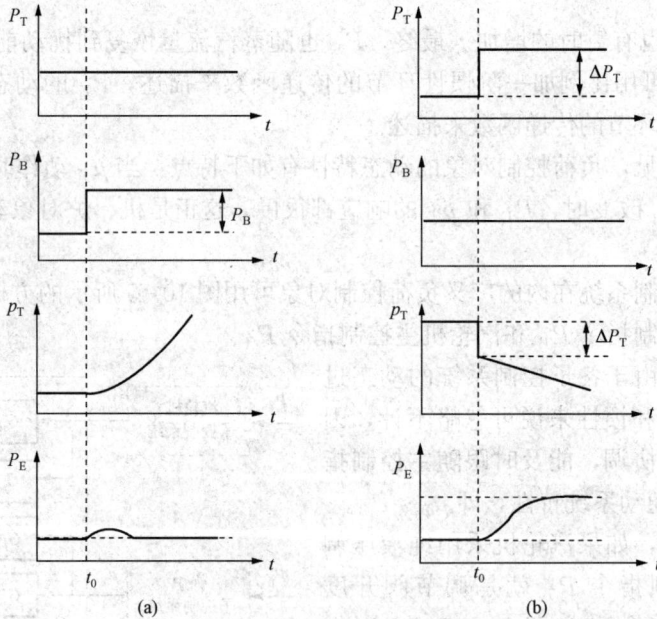

图 10-7 汽轮机采用功频电液控制系统时广义被控对象的阶跃响应特性
(a) P_T 不变、P_B 阶跃扰动下 p_T 和 P_E 的响应；
(b) P_B 不变 P_T 阶跃扰动下 p_T 和 P_E 的响应

第二节　负荷指令的管理

一、单元机组负荷控制系统的组成

在单元机组中，机、炉、电及辅助设备已紧密地联系在一起，为满足单元机组多种运行工况的要求，常常将各局部控制系统组成有机的整体，形成单元机组的二级递阶控制系统，如图 10‐8 所示，处于上位级的负荷（协调）控制级，也称作单元机组主控系统，是整个系统的核心部分，也是本章讨论的主要内容，处于基础控制级的是各常规子控制系统。单元机组负荷控制系统（主控系统）产生指挥机炉控制器动作的锅炉指令和汽轮机指令；基础控制级的控制器执行负荷控制系统发出的指令，完成指定的控制任务。

由图 10‐8 可见，单元机组负荷控制系统通常由两大部分组成：负荷指令管理部分和机炉负荷控制部分。

负荷指令管理部分的主要作用是：对外部负荷要求指令（或称目标负荷指令）进行选择并加以处理，使之转变为单元机组安全运行所能接受的实际负荷指令 P_0，并作为机组功率给定值信号。

机炉负荷控制部分的主要作用是：根据机组的运行条件及要求，选择合适的负荷控制方式，按实际负荷指令 P_0，以及机组的功率偏差 $(P_E - P_0)$ 和主蒸汽压力偏差 $(p_T - p_0)$ 进行控制运算，分别产生对机、炉侧的控制作用。作为机、炉有关子控制系统协调动作的指挥信号，分别称为汽轮机主控指令（或汽轮机负荷指令）P_T 和锅炉主控指令（或锅炉负荷指令）P_B。

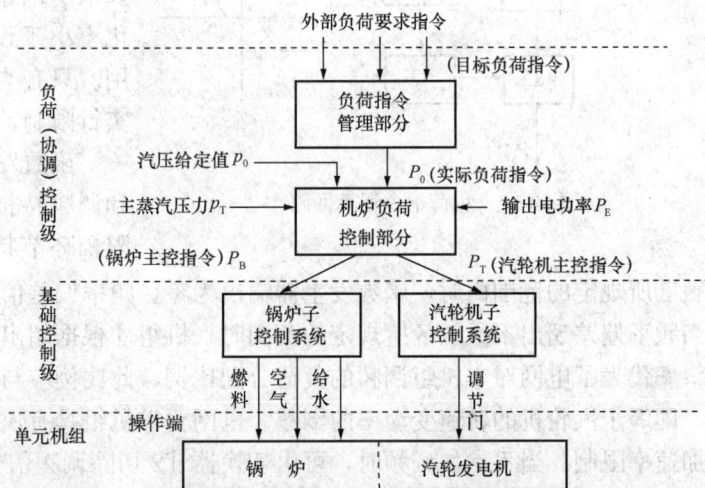

图 10‐8　单元机组负荷控制系统的组成

对于不同机组，上述两部分的具体实现方案也各有不同，下面先讨论负荷管理部分。

二、负荷指令管理部分

负荷指令管理部分通常接受来自三个方面的负荷指令，形成单元机组的目标负荷指令。它们是：①电网中心调度遥控的负荷分配指令（automatic dispatch system，ADS）；②机组就地设定的负荷指令；③电网频率变化所要求的负荷指令。

目标负荷指令可以在不考虑单元机组运行状况的条件下加以改变。但是单元机组必须根据自身当前的运行状况、负荷能力、设备的安全保护及负荷跟踪能力等因素，对目标负荷指令进行必要的处理，以产生单元机组能够接受的实际负荷指令。

为实现上述任务，负荷指令管理部分的实现方案有繁有简，这里仅就负荷指令管理部分一般应具备的基本功能作一介绍。

负荷指令管理部分大致由两部分组成：负荷指令运算回路和负荷指令限制回路。

（一）负荷指令运算回路

该回路的主要任务如下：

（1）根据负荷控制的要求选择目标负荷指令的形成方式；

（2）考虑到汽轮机等主要设备的热应力变化的要求和机组负荷的跟踪能力，对目标负荷指令信号进行适当的变化率限制；

（3）对机组参加电网调频所需负荷指令信号的幅值及调频范围作出规定。

上述功能的一种可能实现方案如图 10-9 所示。

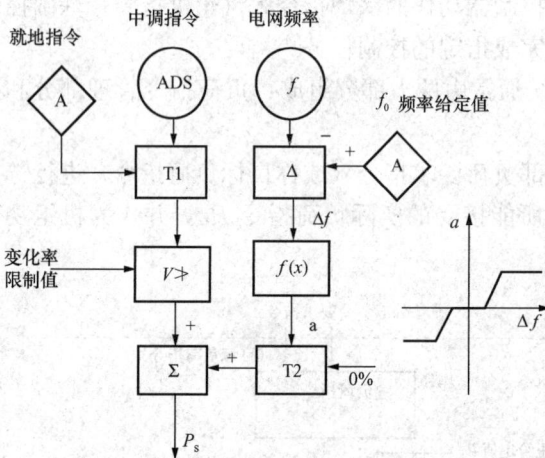

图 10-9 负荷指令运算回路

通过切换器 T1 可以选择 ADS 指令或由信号发生器 Ⓐ 产生的就地设定负荷指令。所选中的目标负荷指令经速率限制器送至加法器。速率限制值可手动设定，或由汽轮机热应力信号自动设定，也可由其他对目标负荷指令的变化率有要求的因素设定。当目标负荷指令的变化率小于设定值时，速率限制器不起作用。只有当变化率大于设定值时才对它实行限制，使之等于设定值。

函数发生器 $f(x)$ 用来规定调频范围和调频特性，其特性相当于不灵敏区和限幅环节特性的结合。当频率偏差在不灵敏区所规定的范围内时，函数发生器输出为零，频率偏差信号切除，机组不参加调频；只有当频率偏差超出不灵敏区所规定的范围时，机组才根据超出的大小进行调频。函数发生器的斜率代表了电网对本机组调频的负荷分配比例，此比例应与汽轮机控制系统的静态特性对应，即等于汽轮机的转速变动率的倒数。电网要求机组具有快速调频能力，故调频信号一般不加速率限制。当不参加调频时，可由切换器 T2 切除调频信号。

加法器的输出就是对机组发出的总的负荷要求指令 P_s。

（二）负荷指令限制回路

负荷指令限制回路的主要作用是对机组的主机、主要辅机和设备的运行状况进行监视，一旦发生故障而影响机组的实际负荷，或危及机组的安全运行时，就要对机组的负荷要求指令进行必要的处理与限制，以保证机组能够继续安全、稳定地运行。

单元机组的主机、主要辅机或设备的故障因素大致上有两类：第一类为跳闸或切除，这类故障的来源是明确的，可根据切投状况直接加以确定；第二类为工作异常，这类故障往往无法直接确定，只能通过测量有关运行参数的偏差间接确定。针对以上两类故障因素，负荷指令限制回路设置了相应的处理功能。

负荷指令限制回路按其功能一般包括五个部分：最大/最小允许负荷限制回路，负荷返回（run back，RB）回路，快速负荷切断（fast cut back，FCB）回路，负荷闭锁增/减（BLOCK I/D）回路和负荷迫升/迫降（RUN UP/DOWN）回路。下面分别进行介绍。

1. 最大/最小允许负荷限制回路

该回路的主要作用是保证机组的实际指令不超越机组的最大和最小允许负荷值。

最大/最小允许负荷值可由手动设定，但是，最大允许负荷设定值必须受机组最大可能出力值的限制，此回路的一种可能的实现方案如图 10-10 所示。

图 10-10 中，双向限幅器的输入 P_s 为要求负荷指令，输出 P_0 为实际负荷指令，两者的关系如下：

当 $P_s > P_{max}$ 时，$P_0 = P_{max}$；

当 $P_s < P_{min}$ 时，$P_0 = P_{min}$；

当 $P_{min} \leqslant P_s \leqslant P_{max}$ 时，$P_0 = P_s$。

低值选择器保证了 P_{max} 小于或等于机组最大可能出力值。

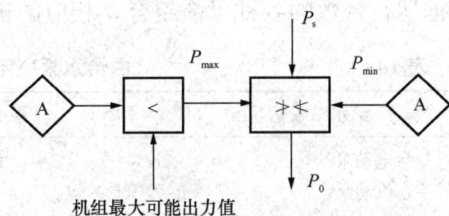

图 10-10 最大/最小允许负荷限制回路

2. 负荷返回回路

该回路的主要作用是根据主要辅机的切投状况，在线地识别与计算出机组的最大可能出力值，若实际负荷指令大于最大可能出力值，则发生负荷返回，将实际负荷指令降至最大可能出力值，同时规定机组的负荷返回速率。

(1) 最大可能出力值的在线识别与计算。机组的最大可能出力值和主要辅机的切投状况直接有关。当主要辅机发生故障而切除或跳闸时，机组的最大可能出力值就会减小。为了保证机组能"量力而行"，应随时识别与计算最大可能出力值。并将它作为机组实际负荷指令的上限。

机组的最大可能出力可由投入运行的主要辅机的台数确定。对于某一种辅机，每台都有一个对应机组容量的负荷百分数。根据共同运行的台数，将它们的负荷百分数相加，即可确定该种辅机所能承担的最大可能出力。例如，一台锅炉配用 n 台容量百分数为 25% 的磨煤机，由磨煤机决定的机组最大可能出力值为 $n \times 25\%$，其中 n 为投入运行的台数。当 $n \geqslant 4$ 时，最大可能出力值为 100%，其他辅机也以此类推。

由此可见，根据各种主要辅机投入运行的台数很容易在线地识别与计算出机组的最大可能出力值。

图 10-11 是某 300MW 单元机组负荷返回回路的设计方案。

该机组配用预热器、送风机、引风机和一次

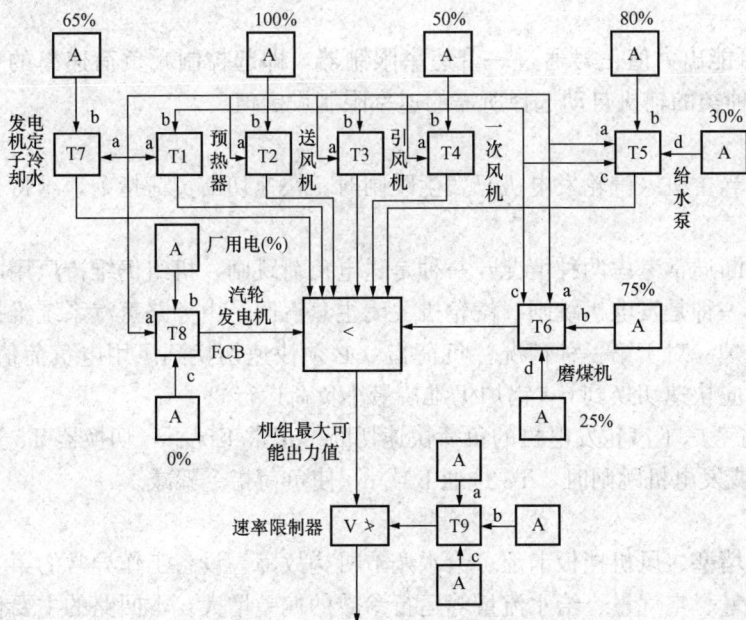

图 10-11 负荷返回回路

风机各两台，容量百分数均为 50％。若以上辅机都在运行，则切换器 T1～T4 选通 a，由它们决定的机组最大可能出力为 100％。若其中某种辅机有一台跳闸，则对应的切换器选通 b，使该种辅机决定的最大可能出力值减至 50％。

该机组配用三台给水泵，其中两台容量百分数为 50％的汽动泵，一台为 30％的电动泵。根据运行台数的各种可能组合，相应的机组最大可能出力值计算用表 10 - 1 说明。

表 10 - 1　　　　　　　　　　　　由给水泵决定的机组最大可能出力计算

给水泵投运状况	最大可能出力（％）	切换器（T5）状态
一台电动泵	30	d
一台汽动泵	50	c
一台电动泵、一台汽动泵	80	b
两台汽动泵	100	a
两台汽动泵、一台电动泵	100	a

本机组配用五台容量百分数为 25％的磨煤机。根据不同投运台数，由切换器 T6 选通对应的最大可能出力值（共有四档：25％、50％、75％、100％）。

此外还考虑了发电机定子失去冷却水时的负荷返回。正常情况下切换器 T7 选通 a，异常时选通 b，机组最大可能出力值减至 65％。

图 10 - 11 中，低值选择器选出各辅机负荷百分数的最小值，作为机组最大可能出力值。

（2）负荷返回速率的规定。当机组的主要辅机跳闸或切除时，须对最大可能出力值的变化速率进行限制，以保证机组在负荷返回过程中能够安全、稳定地继续运行。

一般来说，不同辅机跳闸所要求的负荷返回速率是不同的。例如，正常工况下，跳一台同容量百分数的给水泵所要求的减负荷速率通常比跳一台送风机的要大。因为当一台给水泵跳闸时，初期流入锅炉的给水量比流出的蒸汽流量小许多，因此，必须快速减小蒸汽负荷，以防锅炉干烧而使事故扩大，而一台送风机跳闸可相对缓慢地减负荷，否则会造成过大的扰动。

图 10 - 11 中，让最大可能出力值信号通过一个速率限制器，即起控制减负荷速率的目的，切换器 T9 可根据不同种类的辅机自动选择所需的速率限制设定值。

3. 负荷快速切断回路

该回路的主要作用是，当主机（汽轮发电机）发生跳闸时，快速切断负荷指令，维持机组继续运行。

主机跳闸的负荷快速切断通常考虑两种情况：一种是送电负荷跳闸，机组仍维持厂用电运行，即不停机不停炉；另一种是发电机跳闸，汽轮机关闭主蒸汽门，由旁路蒸汽系统维持锅炉继续运行，即停机不停炉。对于第一种情况，负荷指令必须快速切换到厂用电负荷值；对于第二种情况，负荷指令应快速切换到 0（锅炉仍维持最小负荷运行）。

图 10 - 11 所示方案中也考虑了汽轮发电机的负荷快速切断。正常工况下，切换器 T8 选通 a。当发生送电负荷跳闸或发电机跳闸时，T8 选通 b 或 c，使负荷指令骤减。

4. 负荷闭锁增/减回路

当机组出现燃烧器喷嘴堵塞、风机挡板卡涩、给水调节机构故障等设备工作异常的第二类故障时，会造成诸如燃料量、空气量、给水流量等运行参数的偏差增大。本回路的主要作用是对这些运行参数的偏差大小和方向进行监视。如果其中任何一个超出规定限值，就认为设备工作异常，出现故障。这时，回路根据偏差的方向，对实际负荷指令实施增或减方向的闭锁，以防止故障危害的进一步扩大，直到偏差回到规定限值内才解除闭锁。

图 10 - 12 所示为负荷闭锁增/减功能可能实现的一种方案。由三个加法器分别输出燃料量、空气量和给水流量与其指令（给定值）间的偏差信号（大小和方向）。由高值和低值选择器分别得出最大的正偏差（指令＞实际参数）和最大的负偏差（指令＜实际参数）信号，然后，由高限和低限监控器分别对偏差进行监视，由此组成偏差监视回路。

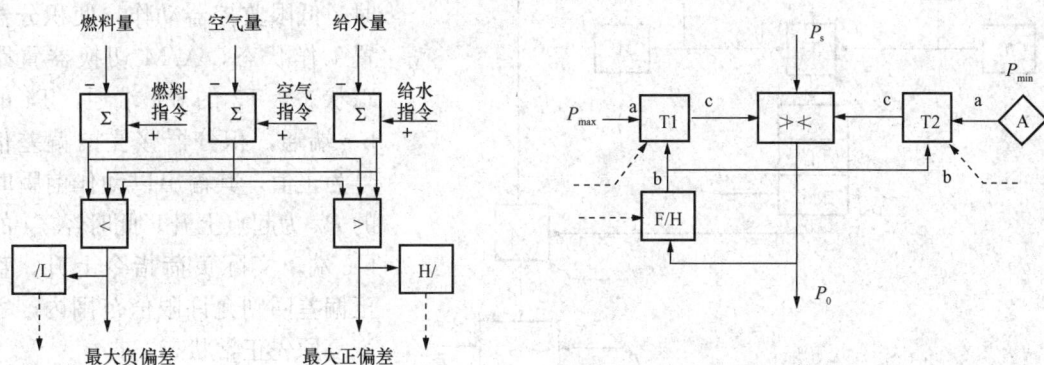

图 10 - 12　负荷闭锁增/减回路

＞、＜—高、低值选择器；H/、/L—高、低限监控器

正常情况下，跟踪/保持器（F/H）置跟踪状态，其输出跟随输入变化。切换器 T1、T2 的 a-c 端通，闭锁增/减回路不起作用。异常情况下，例如，正偏差达到高限监控器定值时，高限监控器动作，使跟踪/保持器（F/H）置保持状态。此时，其输出保持在动作前瞬时的输入值，同时使切换器 T1 的 b-c 端接通，将动作前瞬时的实际负荷指令 P_0 作为限幅器的高限，从而闭锁了负荷指令的增加，而负荷指令的减小仍是允许的，即只减不增。

同样，当负偏差达到低限监控器定值时，低限监控器动作，使跟踪/保持器（F/H）置保持状态，同时使切换器 T2 的 b-c 端接通，从而闭锁了负荷指令的减小，使之只增不减。

5. 负荷迫升/迫降回路

对于第二类故障，除采取闭锁增/减措施外，通常还进一步采取迫升/迫降措施。一般来说，本回路主要作用是对有关运行参数的偏差大小和方向进行监视。如果它们超越限制，且相应的控制器输出已达极限位置，不再有调节余地，则回路根据偏差的方向，对实际负荷指令实施迫升或迫降，以使偏差回到允许限值范围内，从而达到缩小故障危害的目的。

此外，还有一种方案，是只对有关运行参数的偏差大小和方向进行监视，一旦它们超越限值（此限值高于闭锁增/减回路的限值），即实施迫升或迫降。图 10 - 13 是负荷迫升/迫降功能可能实现的方案。

在偏差正常情况下，T3 和 T4 的 a-c 端通。自动/手动（A/M）切换器置工作状态，即输出等于输入。积分器置跟踪状态，其输出跟踪实际负荷指令 P_0，这时负荷迫升/迫降回路不起作用。

在偏差出现异常时，例如正偏差超越高限监控器定值时，高限监控器动作，使积分器置工作状态，A/M 切换器置跟踪状态，其输出跟踪实际负荷指令 P_0。与此同时，切换器 T3 和 T4 的 b-c 端通，积分器接受的偏差信号为负值。于是，积分器输出以动作瞬时的 P_0 值为起点而下降。通过 T4 的 b-c 端，实际负荷指令 P_0 下降，直至偏差回到限值范围内，监

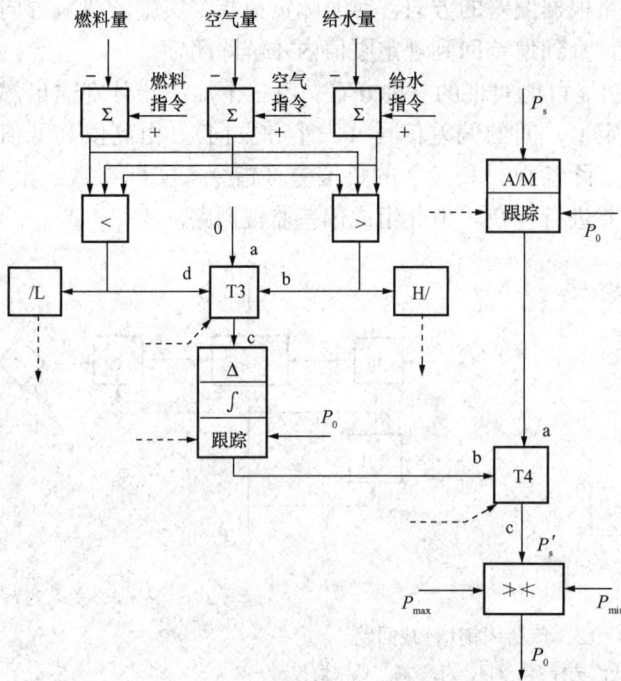

图 10 - 13　负荷迫升/迫降回路

控器重新置积分器为跟踪状态，A/M 切换器为工作状态，T3 和 T4 的 a-c 端通。由于 A/M 切换器输出原先跟踪 P_0，故恢复正常时不会造成切换扰动。

同样，当负偏差超越限值时，低限监控器动作，使积分器置工作状态，A/M 切换器置跟踪状态，T3 的 d-c 端通，T4 的 b-c 端通，积分器接受的偏差信号为正值，其输出以动作前瞬时的 P_0 为起点上升。此时经 T4 的 b-c 端，实际负荷指令上升，直至偏差回到允许限值范围内，才恢复原先正常状态。

负荷指令限制回路的输出 P_0 就是机组的实际负荷指令，它作为机炉协调控制系统的功率给定值。

第三节　单元机组负荷控制方式

一、负荷控制的基本原则

单元机组中，输出电功率 P_E 被视作机组的外部参数，反映了机组对外能量的输出量。对 P_E 的基本要求是能迅速适应负荷变化的需要。汽轮机进口汽压 p_T（也是锅炉出口汽压）被视作机组的内部参数，反映了机、炉之间用汽和产汽的能量平衡与否，以及机组蓄能的大小。它是机炉运行是否协调的一个主要指标。对它的基本要求是，在机组负荷不变时，保持为给定值；在机组负荷变动时，允许在给定值附近规定的范围内变化。

根据前面对被控对象动态特性的分析（见图 10 - 4），从燃烧率（及相应给水流量）改变到引起机组输出电功率变化的过程有较大的惯性和迟延。如果只是依靠锅炉侧的调节，必然不能获得迅速的负荷响应。而汽轮机调门动作可使机组释放部分蓄能，输出电功率暂时有较迅速地增加。因此，为了提高负荷响应性能，可在保证机组安全运行（即汽压在允许范围内变化）前提下，充分利用机组的蓄热能力，也就是在负荷变动时，通过汽轮机调门的适当动作，允许汽压有一定波动而释放或吸收部分蓄能，加快机组初期负荷的响应速度。与此同时，加强对锅炉侧燃烧率（及相应的给水流量）的调节，使锅炉蒸发量保持与机组负荷一致，这就是负荷控制的基本原则，也就是机炉协调控制的原则。

二、负荷控制方式

机炉负荷控制部分通常能够实现多种负荷控制方式，以适应不同运行条件及要求。负荷控制方式的选择或切换可通过手动或自动来实现。不同的负荷控制方式对应于不同的反馈控制结构，可通过改变反馈控制结构来实现不同的负荷控制方式。

从反馈回路不同来划分，负荷控制方式可分为两类：机炉分别控制和协调控制方式。

1. 机炉分别控制方式

所谓分别控制，即由一个调节量来控制一个被调量。主要有锅炉跟随负荷控制方式（简称锅炉跟随方式）和汽轮机跟随负荷控制方式（简称汽轮机跟随方式）两种。在某些特殊运行条件下，还采用由它们的某种变形而得的其他方式。下面分别介绍其工作原理及主要特点。

（1）锅炉跟随方式。图 10 - 14 为单元机组锅炉跟随方式的方框图。这种控制方式是在母管制系统的锅炉负荷控制方案基础上形成的，其工作是由汽轮机控制机组输出电功率、锅炉控制汽压的。当负荷指令 P_0 改变时，汽轮机主控制器首先改变调节阀开度，因而改变汽轮机的进汽量，使机组输出电功率 P_E 迅速与 P_0 趋于一致。调节阀开度的变化随即引起汽压 p_T 变化，这时，锅炉主控制器根据汽压偏差来改变锅炉的燃烧率及相应的给水量和送风量，使汽压 p_T 恢复到给定值 p_0。

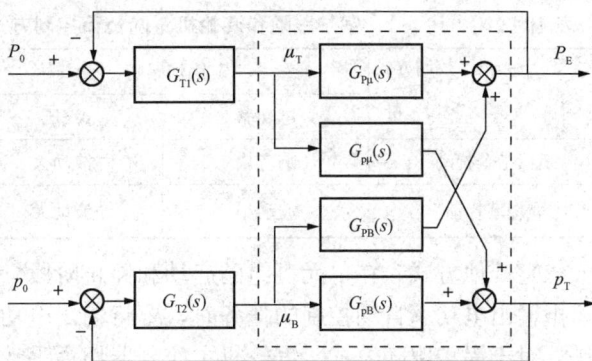

图 10 - 14　单元机组锅炉跟随方式方框图

$G_{T1}(s)$—汽轮机控制器；$G_{T2}(s)$—锅炉控制器

在这种方式中，汽轮机侧动作在先，锅炉侧随之而动，因此称为锅炉跟随负荷控制方式。又因此时以汽轮机为主保证输出电功率，故而也称作汽轮机基本控制方式。

锅炉跟随控制方式的特点是：在负荷变化时，能够充分利用锅炉的蓄热，使机组能较快地适应电网负荷的要求，但汽压波动较大，不利于机组运行的安全性和稳定性。

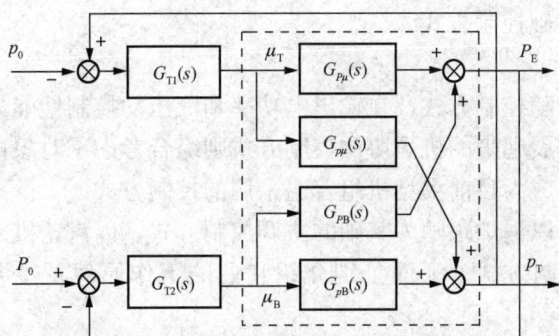

图 10 - 15　单元机组汽轮机跟随方式方框图

锅炉跟随方式一般可用于蓄热能力相对较大的中、小型汽包锅炉机组。母管制运行机组通常采用这种控制方式。大型单元机组的蓄热能力相对较小，在负荷变化较剧烈的场合，不能采用这种控制方式。另外，在单元机组中，当锅炉设备运行正常，而机组的输出电功率受到汽轮机设备的限制时，可采用这种控制方式。

（2）汽轮机跟随方式。图 10 - 15 为单元机组汽轮机跟随方式的方框图。其工作是由锅炉控制机组输出电功率、汽轮机控制汽压的。当负荷指令 P_0 改变时，锅炉主控制器首先改变燃烧率及相应的给水流量、送风量，待锅炉的蒸发量、蓄热量及汽压 p_T 相继变化后，汽轮机主控制器才去改变调节阀开度，从而改变进入汽轮机的蒸汽流量，最终使机组输出电功率 P_E 与负荷指令 P_0 趋于一致，汽压 p_T 也恢复到给定值 p_0。

在这种方式中，负荷改变时锅炉侧动作在先，汽轮机侧随之而动，因此称为汽轮机跟随负荷控制方式，又因此时以锅炉为主保证输出电功率，因此也称为锅炉基本控制方式。

汽轮机跟随控制方式的特点是：汽压变化较小，有利于机组运行的安全与稳定；但未能利用锅炉的蓄热，因而负荷的适应能力较差，不利于带变动负荷和参加电网调频。

汽轮机跟随方式一般适用于单元机组承担基本负荷的场合。当汽轮机设备运行正常，机组的输出电功率受到锅炉设备的限制时，可采用汽轮机跟随方式。

锅炉跟随和汽轮机跟随负荷控制方式的主要优缺点比较如表 10-2 所示。

表 10-2　　　　　　　　锅炉跟随和汽轮机跟随负荷控制方式的主要优缺点比较

被控量 扰动量　控制方式	锅炉跟随		汽轮机跟随	
	电功率	汽压	电功率	汽压
负荷指令扰动	响应快	波动大	响应慢	波动小
燃烧率扰动	波动小	波动大	波动大	波动小

(3) 其他方式。在单元机组的启动和停止阶段，以及在锅炉或汽轮机设备存在问题而不能承担输出电功率自动控制的任务时，要将输出电功率自动控制作用切除，转为操作员手动操作。对于锅炉跟随方式，汽轮机主控制器切为手动状态，由操作员手动改变汽轮机主控制指令，调节机组的输出电功率，而汽压仍由锅炉侧进行自动控制。对于汽轮机跟随方式，锅炉主控制器切为手动状态，由操作员手动改变锅炉主控制指令，调节机组的输出电功率，而汽压仍由汽轮机侧进行自动控制。对于以上两种控制方式，锅炉跟随和汽轮机跟随的基本特点没有改变，只是机组功率由操作员手动控制代替了控制器的自动控制。这两种控制方式通常分别称为不带功率控制的锅炉跟随方式和汽轮机跟随方式。

在单元机组的启动和停止阶段，有时对输出电功率和汽压的控制都需切除自动控制，转为手动操作控制。这时，机、炉的主控制指令都由操作员手动改变，负荷自动控制系统相当于被切除。机、炉的子控制系统各自分别维持本身运行参数的稳定而不再参与机组输出电功率和汽压的自动控制，这种控制方式称为基础控制方式。

2. 机炉协调控制方式

从上面分析可见，锅炉跟随和汽轮机跟随控制方式，在输出电功率和汽压的控制性能方面均存在顾此失彼的不足。而在此基础上发展起来的机炉协调控制方式则综合考虑了对象内在相互关联性和机炉动态特性上的差异。已成为目前大型机组普遍采用的控制方式。

常见的机炉协调控制方式有三种方案：以锅炉跟随为基础的协调控制方式，以汽轮机跟随为基础的协调控制方式和综合型协调控制方式。下面分别介绍它们的工作原理及主要特点。

(1) 以锅炉跟随为基础的协调控制方式。锅炉跟随方式中，汽轮机控制输出功率，锅炉控制汽压。由于机、炉动态特性的差异，锅炉侧对汽压的控制作用，跟不上汽轮机侧调节输出电功率而对汽压产生的扰动作用。因此，单靠锅炉调节汽压通常得不到较好的控制质量。如果让汽轮机侧在控制输出电功率的同时，配合锅炉侧共同控制汽压，就可能改善汽压的控制质量。为此，只需在锅炉跟随方式的基础上，再将汽压偏差引入汽轮机主控制器，就构成以锅炉跟随为基础的协调控制方式，如图 10-16 所示。

当负荷指令 P_0 改变时，汽轮机主控制器先改变调节阀开度，以改变进汽流量，使输出

电功率 P_E 迅速与 P_0 趋向一致。蒸汽量的变化导致汽压 p_T 变化，这时根据汽压偏差，分别由锅炉和汽轮机主控制器同时调节燃烧率（及相应的给水流量）和汽轮机调节门开度。一方面，通过燃烧率的改变及时抵偿蓄能的变化；另一方面，限制汽轮机调节门的进一步变化，以防过度利用蓄能，从而使汽压 p_T 的动态变化减小。最终，由汽轮机

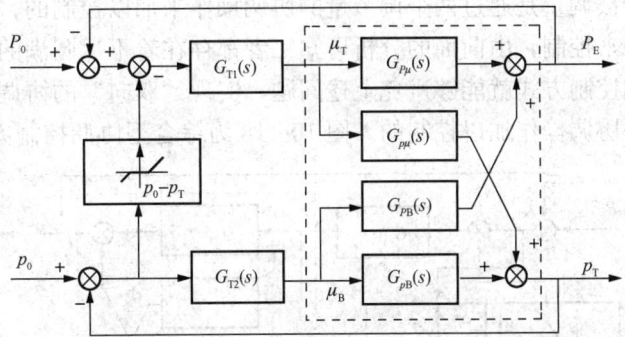

图 10 - 16 以锅炉跟随为基础的协调控制方式方框图

侧保证输出电功率 P_E 与 P_0 一致，由锅炉侧保证汽压 p_T 恢复到给定值 p_0。

从汽压偏差对汽轮机调节门的限制作用可见，尽管这样可减缓汽压的急剧变化，但同时也减慢了输出电功率的响应速度，实质上是以降低输出电功率响应性能为代价来换取汽压控制质量的提高。在此意义上，协调控制的结果是兼顾电功率和汽压两方面的控制质量。

以锅炉跟随为基础的协调控制系统，由于具有负荷响应的快速性和主要运行参数必要的稳定性，以及控制系统的调整相对来说比较方便，所以在国内外的单元机组上已被广泛采用。

（2）以汽轮机跟随为基础的协调控制方式。汽轮机跟随控制方式中，汽轮机控制汽压，锅炉控制输出电功率。汽轮机对象响应快，其控制回路能将汽压保持得很好；而锅炉的迟延特性使机组输出电功率的响应很慢，原因是没有利用蓄热能力。如果让汽轮机侧在控制汽压的同时，配合锅炉侧共同控制输出电功率，就可能利用蓄热能力提高输出电功率的控制质量。为此，只需在汽轮机跟随方式的基础上，再将输出电功率偏差引入汽轮机主控制器，就构成以汽轮机跟随为基础的协调控制方式，如图 10 - 17 所示。

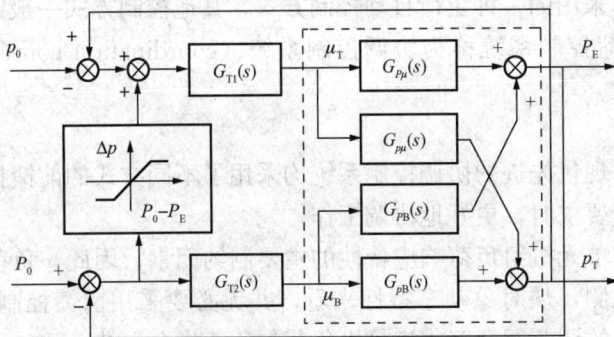

图 10 - 17 以汽轮机跟随为基础的协调控制方式方框图

当负荷指令 P_0 改变时，锅炉和汽轮机主控制器同时动作，分别改变燃烧率（及相应的给水流量）和汽轮机调节阀开度。在锅炉燃烧迟延期间，暂时利用蓄热能力使机组输出电功率迅速响应。蓄热量的变化导致汽压 p_T 的变化，这时由汽轮机主控制器通过调节阀进行控制。最终，由汽轮机侧保持汽压 p_T 为给定值 p_0，由锅炉侧保证输出电功率 P_E 与负荷指令 P_0 一致。

这种控制方式在负荷指令 P_0 改变时，汽轮机调节阀配合锅炉侧同时动作，暂时利用了蓄热能力，所以功率响应加快；但是汽压偏差也因此加大，实质上是以加大汽压动态偏差作为代价来换取功率响应速度的提高。同样，协调控制的结果是兼顾了输出电功率和汽压两方面的控制质量。

（3）综合型协调控制方式。前述两种协调控制方式只实现了"单向"的协调，即仅有一

个被调量是通过两个调节量的协调操作来加以控制的，而另一个被调量则仍单独由一个调节量来控制，由前面的分析可知二者都存在着不尽圆满的方面，而综合了二者优点的综合型协调控制方式就能够避免上述问题，实现"双向"的协调，即任一被调量都是通过两个调节量的协调操作加以控制的。图 10 - 18 为综合型协调控制方式示意图。

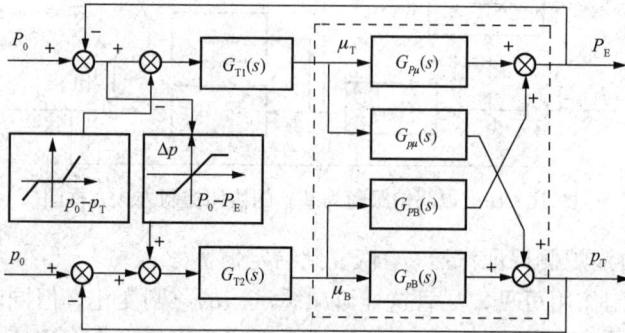

图 10 - 18　综合型协调控制方式方框图

当负荷指令 P_0 改变时，机、炉主控制器同时对汽轮机侧和锅炉侧发出负荷控制指令，改变燃烧率（及相应的给水流量）和汽轮机调节阀开度。一方面利用蓄热能力暂时应付负荷变化的需要，加快负荷响应；另一方面改变输入锅炉的能量，以保持同输出能量的平衡。当汽压产生偏差时，机、炉主控制器对汽轮机侧和锅炉侧同时进行操作。一方面适当限制汽轮机调节阀开度，另一方面加强锅炉燃烧率的控制作用，以抵偿蓄热量的变化。控制过程结束后，机、炉主控制器共同保证输出电功率 P_E 与负荷指令 P_0 一致，汽压 p_T 恢复为给定值 p_0。

综合型协调控制方式通过"双向"的机炉协调操作，能较好地保持机组内、外两个能量供求的平衡关系，具有较好的负荷适应性能和汽压控制性能。理论上而言，是一种较为合理和完善的协调控制方式，但实际上往往很难实现。工程上应用的还多是侧重于某一方面的"单向"协调。

锅炉跟随控制方式、汽轮机跟随控制方式和协调控制方式通常是可供单元机组负荷控制系统选择切换的三种基本负荷自动控制方式。协调控制方式是带变动负荷或具有调频、调峰功能的单元机组在正常运行条件下经常采用的一种负荷自动控制方式，其他控制方式一般起辅助作用或作备用。因此，也常将负荷控制系统称为协调控制系统（coordination control system，CCS）。

三、前馈控制回路

为了进一步提高负荷的响应能力，现代先进的协调控制系统均采用了不同方式的前馈控制回路，以使单元机组在响应电网负荷要求时，更好地协调工作。

由于锅炉的动态迟延和惯性是影响单元机组负荷响应特性的主要制约因素，因此，负荷前馈控制的重点是锅炉侧。对于汽轮机侧，从对象动态特性来看，并无必要采用前馈控制。如采用前馈控制，则主要是要求汽轮机的调节阀开度或汽轮机负荷与负荷指令保持一致。因此，通常只采用静态前馈控制，这样，一旦单元机组与电网突然解列，可迅速切除负荷指令，使调门立即关小，防止过分超速。

锅炉侧的前馈控制信号来源有两种形式：一种是按负荷指令进行的前馈控制，另一种是按蒸汽流量进行的前馈控制。

1. 按负荷指令进行的前馈控制

控制方案如图 10 - 19 所示。当负荷指令 P_0 改变时，通过前馈控制器（K）立即改变汽轮机主控指令 P_T，使汽轮机调门开度（或汽轮机功率）相应改变。与此同时，通过前馈控

制器 $\left(K+\dfrac{\mathrm{d}}{\mathrm{d}t}\right)$ 立即改变锅炉主控指令 P_B，使燃烧率
相应改变。微分控制作用还使燃烧率动态超前动作，加
速锅炉的负荷响应。前馈控制还使 P_B 和 P_T 始终与 P_0
保持一致。通常，在前馈"粗调"的基础上，反馈控制
只需对偏差稍加校正（"细调"），即可使系统趋于稳
定，一定程度上克服了反馈控制需待偏差产生后才发出
控制作用的缺点，使负荷控制质量大为提高。

负荷指令信号反映了电网对机组的负荷要求，从能
量平衡的观点出发，人们常把采用这种控制方案的系统
称之为按负荷指令间接平衡的系统。

2. 按蒸汽流量进行的前馈控制

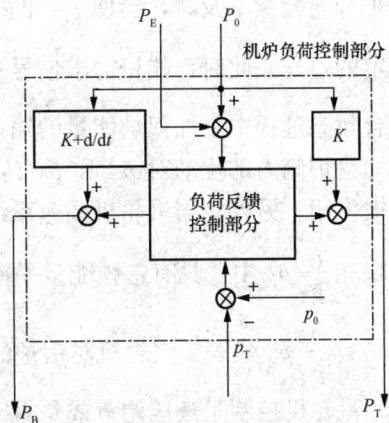

图 10-19　按负荷指令进行的
前馈控制方案

蒸汽流量即汽轮机实际消耗的能量，将它作为对锅
炉输入能量（燃烧率）的要求信号，能够保持汽轮机耗能与锅炉产能随时平衡，从而实现
机、炉间的基本协调。汽轮机对锅炉的能量要求信号也称能量平衡信号，采用这种前馈控制
的系统常被称作直接能量平衡系统（Direct Energy Balance，DEB）。

由于节流元件因磨损而引入较大的误差，目前大型单元机组已取消蒸汽流量表，而采用
美国 Leeds & Northup 公司提出的汽轮机调节级压力 p_1 来作为蒸汽流量的测量参数。试验
证明这种方法准确而又行之有效（理论上可依据汽轮机原理应用弗留格尔公式而获得论证），
但是仅仅采用 p_1 作为前馈信号将对汽压 p_T 造成动态正反馈作用。例如，当因某种原因引
起 p_T 上升时，p_1 随之升高。p_1 作为锅炉前馈信号，将进一步增加燃料量输入造成 p_T 的继
续上升。由此可见，调节级压力 p_1 并不总是代表了汽轮机的能量需求。因此，单纯以调节
级压力 p_1 作为锅炉前馈信号，实际上是不能采用的。

为了克服正反馈作用，应以汽轮机的能量需求信号而不是实际消耗的能量作为对锅炉的
能量要求信号，即应以蒸汽流量的需求（称为目标蒸汽流量）而不是实际蒸汽流量作为锅炉
的前馈控制信号。为此，必须对调节级压力 p_1 信号进行修正，经过不断完善改进，目前，
有两种实际应用的能量平衡信号。

（1）具有 $\dfrac{p_1}{p_T}p_0$ 形式的能量平衡信号。此信号特点如下所述。

1）汽轮机第一级压力 p_1 与机前压力 p_T 的比值 p_1/p_T 可线性地代表汽轮机的有效阀位，准
确测量实际调节阀门开度，且具有响应快，能克服直接测量阀位存在的死区和非线性影响。

2）$\dfrac{p_1}{p_T}p_0$ 正确反映汽轮机对锅炉的能量需求，且只反映外扰（汽轮机调节汽门开度变
化），而不受锅炉侧内扰（燃烧扰动）的影响。

机组在稳态时，机前压力 p_T 等于压力定值 p_0，能量信号可简化成 p_1，因此时机前压
力和汽轮机调节汽门开度均为恒定，故 p_1 就代表了进入汽轮机能量的大小。动态过程中，
汽轮机阀位的改变会使 p_T 偏离给定值。$\dfrac{p_1}{p_T}p_0$ 并不等于实际进入汽轮机的能量，而代表汽轮
机所需的能量。以外界负荷指令阶跃上升为例，汽轮机调节阀门开大，增加进汽量，但由于

锅炉补充能量不及时，会使 p_T 下降，为满足功率需求，功率调节回路将使汽轮机调节门有一定的过开。此时，能量需求信号 $\dfrac{p_1}{p_T}p_0$ 大于功率指令，利用 $\dfrac{p_1}{p_T}p_0$ 作锅炉前馈信号，正好符合暂态过程中增加锅炉能量的输入，可补充锅炉蓄能，比采用功率指令前馈更为合理。

　　锅炉侧内部扰动对 p_T 和 p_1 具有相似的影响，可使 p_1/p_T 近似不变，有效地克服了正反馈作用。另外，当汽轮机调速系统具备一次调频能力，改变一部分汽轮机负荷时，也能够反映在 $\dfrac{p_1}{p_T}p_0$ 中。具有这种能量平衡信号的锅炉负荷前馈控制方案示意于图 10-20（a）。

　　3）$\dfrac{p_1}{p_T}p_0$ 代表了汽轮机对锅炉的能量需求，能适用于所有运行工况：定压运行或滑压运行，汽轮机控制是液压调节或是数字电液控制都能使锅炉输出匹配汽轮机的需求。

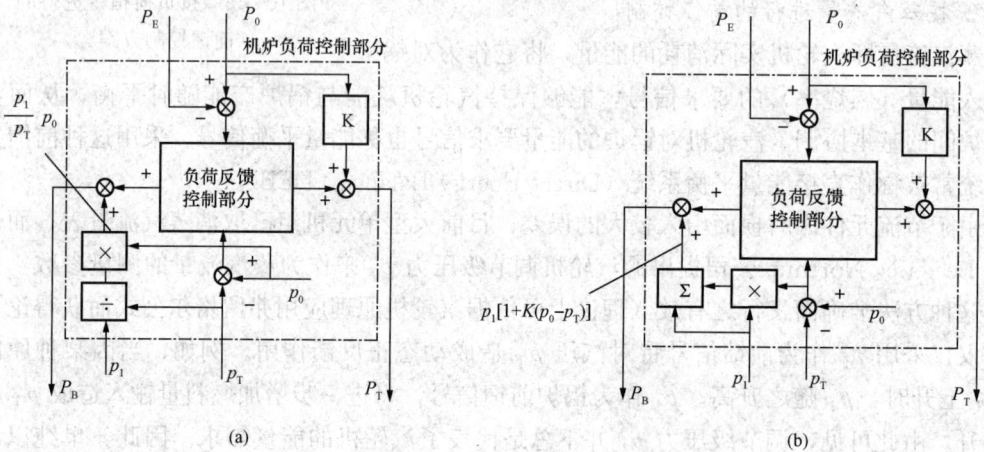

(a)　　　　　　　　　　　　　　　　　　(b)

图 10-20　具有能量平衡信号的锅炉负荷前馈控制方案

(a) 具有 $\dfrac{p_1}{p_T}p_0$ 形式的能量平衡信号方案；(b) 具有 $p_1[1+K(p_0-p_T)]$ 形式的能量平衡信号方案

　　(2) 具有 $p_1[1+K(p_0-p_T)]$ 形式的前馈信号。此信号同样能够准确地代表汽轮机的能量需求，反映机炉间能量平衡关系，抵消正反馈作用的不利影响。为了分析此信号的原理，我们将能量信号写成下面形式：

$$p_1[1+K(p_0-p_T)]=p_1+Kp_1(p_0-p_T)$$
$$=p'_1+p''_1+Kp_1(p_0-p_T) \tag{10-1}$$

式中：p'_1 是假定机前压力恒定，仅与汽轮机负荷或汽轮机调节门开度有关的部分；p''_1 是由于机前压力 p_T 偏离给定值 p_0，对 p_1 产生的附加影响部分，也是须加以消除的，$p'_1+p''_1=p_1$。

　　考虑稳态工况时，$p_T=p_0$，汽轮机阀门阻力系数可表示为

$$\frac{p_1}{p_0}=\frac{1}{K} \tag{10-2}$$

　　在此阻力系数下，当 p_T 变化 Δp_T 时，对汽轮机第一级压力的影响可表示为

$$\Delta p_1=\frac{1}{K}\Delta p_T \tag{10-3}$$

　　因为此时汽轮机阀位阻力系数均未变，Δp_1 是由于机前压力偏差而产生的，等效为

$$p''_1 = \frac{p_1}{p_0}(p_T - p_0) \tag{10-4}$$

则

$$p_1[1 + K(p_0 - p_T)] = p'_1 + \frac{p_1}{p_0}(p_T - p_0) + Kp_1(p_0 - p_T) \tag{10-5}$$

当 $K = \dfrac{1}{p_0}$ 时，式（10-5）保留了与汽轮机负荷成正比且不受锅炉内扰影响的部分 p'_1，构成合理的锅炉能量输入前馈信号。

当 $K \neq \dfrac{1}{p_0}$ 时，式（10-5）后两项将不能完全抵消。工程上可适当取 K 值大一些，此时，表明 $Kp_1(p_0 - p_T)$ 项作用比 p''_1 作用强。由于该项的作用是消除 p''_1 的正反馈作用，对 p_T 的变化是一种负反馈，因而取 K 适当大些，相对而言更为有利。

具有此种形式的能量平衡信号的锅炉负荷前馈控制方案如图 10-20（b）所示。

上面分析了两种能量平衡信号，在 p_T 变化时，两种能量平衡信号变化方向是一样的，故两者并无本质区别，仅仅是形式不同而已。

第四节　单元机组协调控制系统实例

在前面的几节，已经对单元机组负荷控制的基本组成及控制方式作了较详细的阐述，为了加深理解，并逐步掌握处理工程问题的方法，我们介绍一台引进机组协调控制系统。

协调控制系统（CCS）通常指机、炉闭环控制系统的整体，包括各子系统。原电力部热工自动化标委会推荐采用模拟量控制系统（modulating control system，MCS）来代替闭环控制系统、协调控制系统、自动调节系统等名称，但习惯上仍称作协调控制系统。本节主要讨论单元机组协调控制系统的协调主控部分。

该系统应用于一台 300MW 单元机组，锅炉燃料采用中速直吹系统。汽轮机设有旁路系统，在事故下可停机不停炉。系统功能比较齐全，有较完善的连锁和保护逻辑电路。

一、负荷指令管理部分

图 10-21 是实际负荷指令形成系统图。从图中可知，实际负荷指令是由中心调度的负荷指令信号（ADS）或者机组值班员负荷设定信号经过速率限制，机组最大负荷及最小负荷限制形成，或者是由机组发生故障时发来的负荷限制信号形成。

在生产现场，对负荷的操作主要是在 LMCC（负荷管理中心）面板上进行的，它安装在单元机组控制室的控制盘上，是协调控制系统运行人员人机联系的工具。

当设定负荷时，运行人员可以就地操作 LMCC 面板上的增、减负荷按钮。按下时，经过逻辑线路控制发出斜坡升 RAMP UP（或斜坡降 RAMP DOWN）负荷的操作。斜坡升（降）的速率可以在高、中、慢速三挡之间选择，按钮松开时，负荷处于保持状态（HOLD）。负荷设定也可以由 ADS 设定，这时须在面板上按负荷控制的 ADS 按钮，当 ADS 灯亮后，表示处于 ADS 方式，再按一次按钮则可解除 ADS 作用。

图 10-21 中 $\boxed{\text{V} \geqslant}$ 是速率限制模块，它能将阶跃变化的负荷指令信号变成一个斜坡信号，一般斜坡速率整定在 3%～5%。曲线如图 10-22 所示。

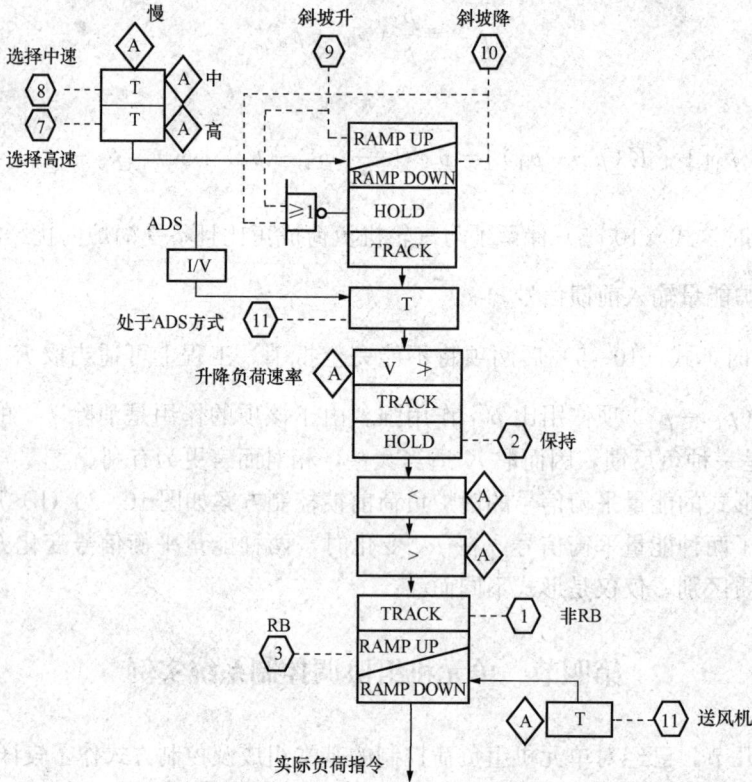

图 10-21 实际负荷指令形成系统图

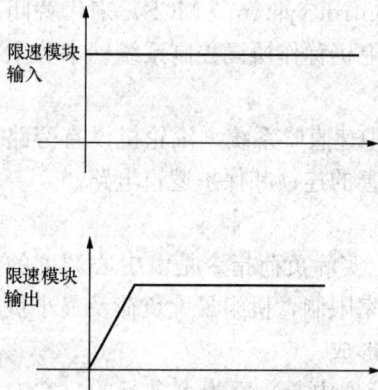

图 10-22 限速模块输入输出曲线

机组还设有负荷返回回路（RB），当送风机、引风机、给水泵、发电机失磁、备用等项目其中之一发生故障（图 10-21 为简洁画面只画出送风机项目），就使机组甩负荷，直到负荷降到没有这些停运设备也能保持机组继续运行的水平。对于不同的辅机故障，甩负荷的目标值和速率是不同的，须分别设置。甩负荷操作由相应的逻辑线路控制。这里逻辑线路从略。

二、机炉负荷控制部分

图 10-23 是机炉负荷协调控制系统主控图，可分为机、炉两部分。

（一）锅炉主控制器

锅炉主控制调节器接收主汽压力偏差信号和前馈信号，发出锅炉主控指令，去控制燃料和送风两个子系统。锅炉主控主要由以下几部分组成。

1. 前馈信号的形成

此系统前馈信号采用 $p_1[1+K(p_0-p_T)]$，这是美国 Foxboro 公司广泛采用的信号方案，其中 K 为补偿系数。图 10-23 中 $f(t)$ 是动态补偿模块，其传递函数是一个实际微分与一阶惯性环节的叠加。微分作用保证前馈信号在机组负荷变化初始阶段有一定过调，对克服锅炉对象惯性有利。惯性环节可使 $f(t)$ 的输出曲线峰值进行前后移动。合理整定 $f(t)$ 的

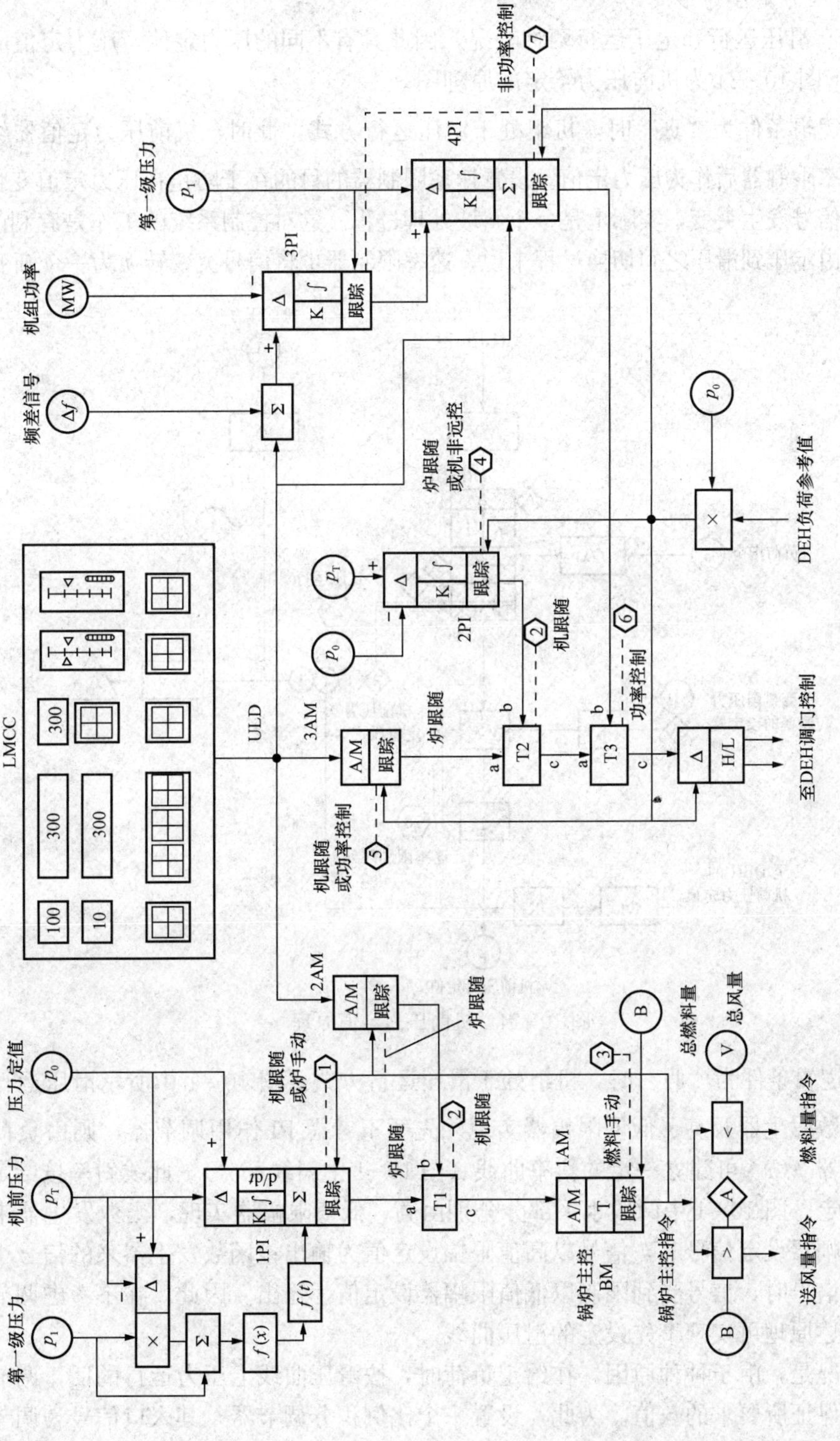

图 10 - 23　机炉负荷协调控制系统主控图

参数，可使实际锅炉前馈信号具有更为理想的动态性能。$f(x)$ 是函数模块，其作用是将前馈信号转化为数值上与锅炉燃料量、风量相匹配的信号。

2. 机前压力定值的形成

机前设有滑压运行和定压运行两种工况，因此具有不同的压力定值，压力定值曲线如图 10-1 所示。图 10-24 为机前压力给定的原理图。

当 ⟨24⟩ 逻辑条件为"真"时，机组处于定压运行方式，此时，机前压力定值器给出的设定值通过速率限制器后作为压力定值。设置速率限制器的目的在于防止在压力定值变化时，输出压力定值信号发生突变，实际上是一个斜坡处理过程。这对控制系统的工作是有利的。同样道理，对于由定压到滑压之间切换过程来说，速率限制器也将信号突变转换为一个渐变过程。

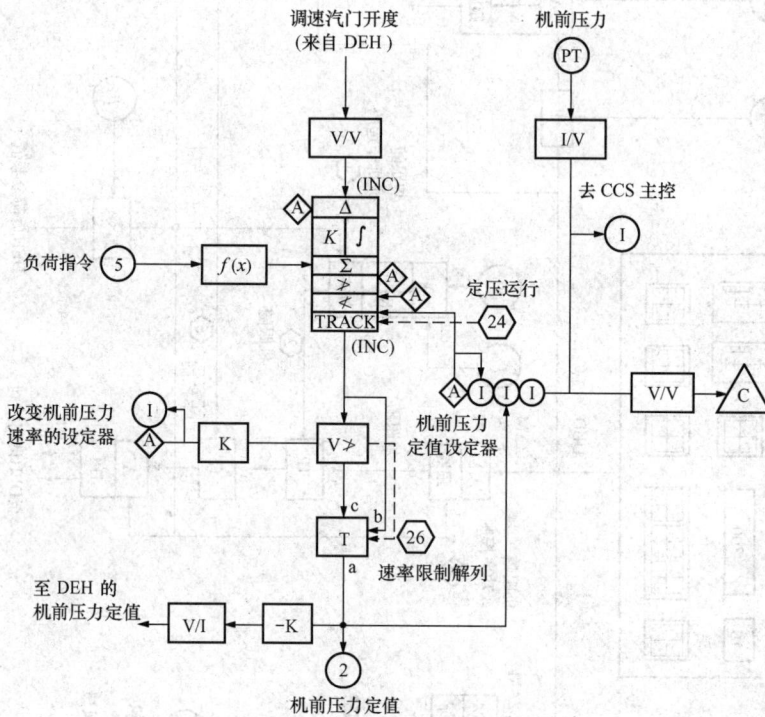

图 10-24　机前压力定值原理

当 ⟨24⟩ 逻辑条件为"假"时，机组处于滑压运行方式。图 10-1 中所示滑压运行曲线由调节器，函数发生器及高、低值限幅器实现。先暂不考虑 PI 作用调节器，则由负荷指令通过函数发生器 $f(x)$ 可建立一定的斜率曲线（图 10-1 中斜线部分），此线斜率按给定的负荷压力关系确定。图 10-1 中两段水平部分分别由高、低值限幅器实现，函数发生器来的信号大于高值限幅器设定信号时，信号以高值限幅设定值为输出；函数发生器来的信号小于低值限幅器设定信号时，信号受到限制以低值限幅器设定值为输出。因此，在不考虑调节器条件下，利用上述原理可实现事先设定的滑压曲线。

实际情况是，由于种种原因，在给定负荷时，按滑压曲线上压力运行的话，调节阀开度并不一定能保证所要求的数值。为此，设置一个比例积分调节器，其入口信号为调节阀门开度和滑压运行时的调节阀给定。当调节阀门开度偏离其给定值时，通过调节器输出信号与函数发生器来的信号相加，改变滑压曲线斜率，以保证调节阀开度为定值。

3. 燃料风量指令处理

锅炉主控制调节器输出的锅炉主控指令与总风量信号经小值选择器输出，作为燃料系统的指令信号；锅炉主控指令与总燃料量信号经大值选择器输出，作为送风系统的指令信号；其目的是实现锅炉低过剩空气燃烧，提高燃烧的经济性。在增负荷时先增风量后增燃料量，在降负荷时，先减燃料量后减风量。可以保证燃料的充分燃烧，避免锅炉冒黑烟。

（二）汽轮机主控制器

汽轮机主控制器原理如图 10-23 右侧部分所示，它由三个调节器组成。

（1）汽轮机机前压力调节器。它接受汽轮机调节阀前节流压力偏差，在机跟炉工况时，T2 的 bc 接通，控制汽轮机调节阀，自动保持主蒸汽压力为定值。

（2）电功率调节器和蒸汽流量调节器。在功率可变协调控制工况时，这两个调节器构成串级控制，目的是提高系统的品质和可靠性。主信号是实发功率，副信号是蒸汽流量（系统中用 p_1 代替）。功率定值中加入频差信号 Δf，这是为与汽轮机液压系统中飞锤调频信号平衡而设置的。为了提高调节速度，加入了负荷的前馈信号，在非电功率控制的其他四种工况下，这两个调节器处于跟踪状态，电功率调节器输出跟踪 p_1 值，蒸汽流量调节器输出跟踪实发功率。

三、控制方式

从图 10-23 中可以看出，根据各继电器接点接通状态的不同，控制系统可以有多种控制方式，如表 10-3 所示。

表 10-3　　　　　某电厂 CCS 主控系统各种运行方式的组件工作状态

运行方式		控制系统		开关状态		
名称		锅炉侧	汽轮机侧	T1	T2	T3
以锅炉跟随为基础的协调控制 CCS1（MW Control）		闭环调节压力 + $p_1[1+K(p_0-p_T)]$ 前馈	闭环调节功率 + LMCC 输出的机组指令前馈	a-c	a-c	b-c
锅炉跟随（BF）		闭环调节压力 + $p_1[1+K(p_0-p_T)]$ 前馈	汽轮机在"遥控"方式，汽轮机指令由 LMCC 输出给定（Turbine Base AUTO）	a-c	a-c	a-c
			汽轮机在"本机"方式，运行人员手操（Turbine Base Manual）			
汽轮机跟随（TF）		锅炉主控 BM 在自动状态锅炉指令由 LMCC 输出给定（Boiler Base AUTO）	闭环调节压力	b-c	b-c	a-c
		锅炉主控 BM 在手动状态锅炉指令在 BM 上手操给定（Boiler Base Manual）				
手动（Manual）		锅炉主控 BM 在手动状态，锅炉指令在 BM 上手操给定	汽轮机在"本机"方式，运行人员手操	1. b-c（选择 TF）		a-c
		锅炉燃料手动（BM 强迫切手动）		2. a-c（选择 BF）		

1. 汽轮机跟随方式

此时，继电器 T1、T2、T3 分别为 b-c、b-c、a-c 接通。这种方式的基本模式是汽轮机自动调压（闭环），锅炉手动调功（开环）。CCS 的锅炉主控操作器 BM（Boiler Master）手动。按锅炉侧的工作状态，若锅炉主控 BM 处于自动状态（煤、风、水等子回路均投入自动）接受运行人员在 LMCC 上给定的锅炉指令定位，即是不带功率控制的汽轮机跟随自动方式。

2. 锅炉跟随方式

此时，继电器 T1、T2、T3 分别为 a-c、a-c、a-c 接通，实际是一种以能量信号平衡的协调控制系统。

这种方式的基本模式是锅炉自动调压（闭环），汽轮机手动调功（开环）。汽轮机调门开度可以在 DEH 的操作板上或 CCS 的汽轮机主控操作器（turbine master，TM）上手动操作。按汽轮机侧的工作状态，若汽轮机 DEH 控制处于遥控方式或汽轮机 TM 为自动状态，接受运行人员在负荷管理中心 LMCC 给定的汽轮机调门开度指令定位，即为不带功率控制的锅炉跟随自动方式。

此时的系统已不是一般的机炉分别控制的炉跟随控制方式（虽有负荷指令，但无实发功率反馈信号，故不能准确保证电功率）。

3. 协调控制

此时，继电器 T1、T2、T3 分别为 a-c、a-c、b-c 接通，锅炉侧闭环调节压力，汽轮机侧闭环调节负荷，但能准确保证电功率并参加一次调频。机组可通过逻辑线路来选择定、滑压运行方式。

4. 手动

此时，锅炉主控 BM 手动或燃料、送风子回路均为手动去控制燃烧保持压力，汽轮机就地由运行人员手动操作去改变汽轮机调节阀来满足外界负荷要求。

从前面的分析可知，从前馈角度看，此系统为能量直接平衡协调控制系统。从反馈角度看，是炉跟随为基础的协调控制系统。

四、逻辑功能

为了保证协调控制系统的安全可靠运行，系统配置了一整套严密的逻辑控制系统，主要有机组局部故障处理逻辑、机组负荷给定值形成逻辑、控制方式切换逻辑三大类。这里以锅炉基本控制、汽轮机基本控制及电功率控制三种控制方式选择逻辑为例进行介绍，以帮助读者了解、掌握逻辑功能图的分析方法。

图 10-25 为上述三种控制方式选择逻辑图。

1. 锅炉基本控制方式选择逻辑

当运行人员按下选择锅炉基本按钮、或出现自动转向锅炉基本信号、或门 1 形成锅炉基本自动指令，此指令送入记忆复位元件 MR1，在汽轮机基本自动指令作用于其复位端之前，此指令信号永远保持，直到汽轮机基本自动指令将 MR1 元件复位端置零。

当 MR1 输出为"1"时，从图 10-25 中可以看出它有以下几方面作用。

（1）信号送去图 10-23 中继电器 T1、T2，使其带电后切换为锅炉基本方式。

（2）通过或门 3 使锅炉基本自动指示灯亮，该灯位于 LMCC 面板上。

（3）信号送到与门 2，与另一路输入（锅炉主控手动信号经非门 1 而形成的锅炉主控自

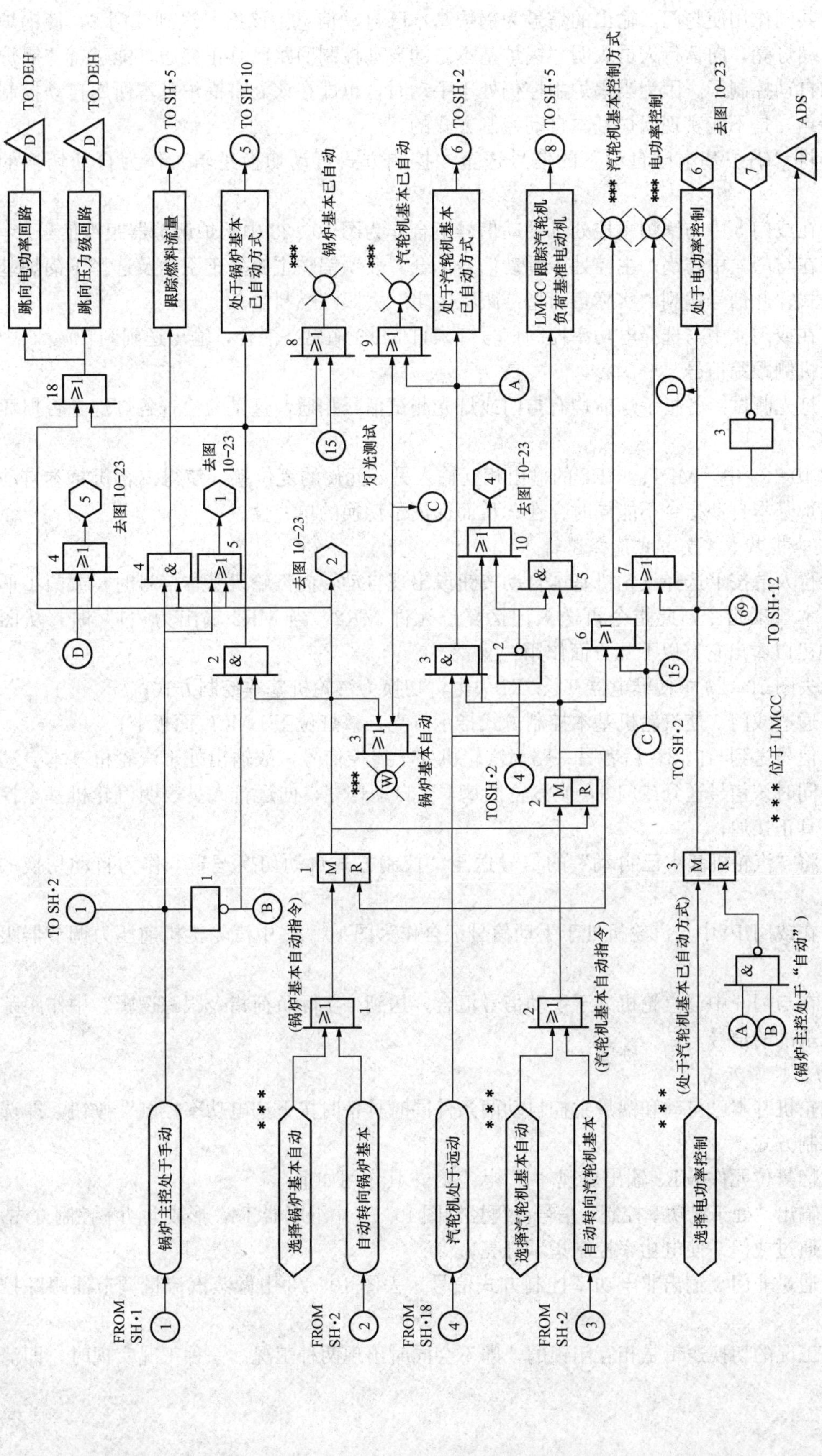

图 10 - 25　LMCC 的控制方式选择逻辑图

SH · 2—控制方式自动转换逻辑；SH · 5—机组实际负荷指令跟踪干燃料或负荷基准逻辑；
SH · 10—锅炉主控逻辑；SH · 12—定压 / 滑压控制逻辑；SH · 18—汽轮机控制逻辑

动信号）共同作用使与门 2 输出的信号为锅炉基本已自动信息。该信号送到或门 8，使锅炉基本已自动灯亮，向运行人员表明"锅炉基本"的自动控制回路已真正接通，能进行"锅炉基本"的自动控制了。因为当锅炉主控仍处于手动时，也即在该处有锅炉基本所属自动控制信号的断点，是不能实现锅炉基本自动控制方式的。

（4）将"锅炉基本已自动"的信号送至"控制方式自动切换逻辑"作为自动切换的条件。

（5）在或门 5 中与锅炉主控处于手动信号汇合作为图 10 - 23 中锅炉调节器跟踪信号。

（6）在与门 4 中与锅炉主控处于手动信号汇合，表明锅炉主控处于手动及选择了锅炉基本自动方式，此信号送到"实际负荷指令跟踪逻辑"去跟踪燃料量。

（7）在或门 4 中与选择电功率控制信号（来自 MR3 输出）汇合，输出送到图 10 - 23 中作为汽轮机侧跟踪信号。

（8）灯光测试。各指示灯前均有与门或灯光测试信号相通，这是为检查各灯泡是否损坏而设置的。

在图 10 - 25 中，MR1、MR2 的输出相互输入另一元件的复位端，使得汽轮机基本自动指令和锅炉基本自动指令不能同时存在，从而保证了切换的单一性。

2. 汽轮机基本控制方式选择逻辑

当运行人员按下选择汽轮机基本自动按钮或出现自动转向汽轮机基本信号时，或门 1 形成锅炉基本自动指令，此指令再送入记忆复位元件 MR2，当 MR2 输出为"1"时，从图 10 - 25 中可以看出它有以下几方面作用：

（1）去图 10 - 23 中使继电器 T1、T2 失电，切换为汽轮机基本控制方式；

（2）通过或门 6 使汽轮机基本控制方式指示灯亮，该灯位于 LMCC 面板上；

（3）信号送到与门 3，后者另一路为汽轮机处于遥控信号，故输出处于汽轮机基本自动的信号，同时该信号送到或门 9，使汽轮机基本已自动灯亮，向运行人员表明汽轮机基本控制回路已真正接通；

（4）将"汽轮机基本已自动"的信号送至"控制方式自动切换逻辑"作为自动切换的条件；

（5）在或门 10 中与汽轮机处于手动信号汇合作为图 10 - 23 中汽轮机机前压力调节器跟踪信号；

（6）在与门 5 中与汽轮机处于手动信号汇合，送到"实际负荷指令跟踪逻辑"中作跟踪于汽轮机基准的信号。

3. 功率控制方式

在汽轮机基本已自动和锅炉主控自动两条件同时具备时按下"电功率控制"按钮，即选择功率控制方式。

当记忆复位元件 MR3 输出出现"1"状态时，其作用如下：

（1）输出"处于电功率控制"信号。再控制图 10 - 23 中继电器 T3，形成电功率控制方式；

（2）通过或门 7 使电功率控制指示灯亮；

（3）通过非门 3 输出非电功率控制方式信号，去图 10 - 23 中做蒸汽流量调节器跟踪控制信号。

以上工况的切换逻辑是相互闭锁的，即不会同时出现两种工况。一种工况实现时，即消除其他工况。

五、控制系统的跟踪

出于在控制方式切换及手动/自动切换过程中无扰动切换需要，系统设计了复杂的跟踪项目。

1. 实际负荷指令跟踪

在锅炉基本控制方式且锅炉主控手动时，实际负荷指令跟踪于燃料量。

在汽轮机基本控制方式且汽轮机处于就地（手动）控制时，实际负荷指令跟踪于 DEH 的负荷基准。

2. 锅炉的主控指令

在手动方式时跟踪总燃料量。

3. 锅炉节流压力调节器输出

在锅炉基本控制方式时跟踪锅炉主控指令。

4. 汽轮机节流压力调节器输出

在汽轮机基本控制方式时跟踪于 DEH 负荷基准。

5. 汽轮机功率调节器输出

在非功率控制方式时跟踪于 DEH 负荷基准。

6. 汽轮机调节阀位调节器输出（即滑压运行方式下滑压定值）

在定压运行方式时等于定压节流压力定值。

7. 实际负荷指令通向锅炉侧的 A/M 输出

在汽轮机基本控制方式时跟踪于锅炉的主控指令。

8. 实际负荷指令通向汽轮机侧的 A/M 输出

在锅炉基本控制方式时跟踪于 DEH 负荷基准。

习　　题

10-1　单元机组负荷控制系统被控对象的主要特点是什么？

10-2　分析图 10-7 所示方框图，并说明为何汽轮机子控制系统采用功频电液控制系统时，被控量汽压对机、炉主控制指令 P_T 和 P_B 的阶跃响应特性为无自平衡的？

10-3　单元机组负荷控制的基本原则是什么？负荷控制系统与机、炉常规控制系统之间是什么关系？

10-4　负荷控制方式有哪几种？它们各有什么特点？

10-5　负荷控制系统中的前馈控制和非线性控制元件的主要作用是什么？

10-6　在负荷控制系统中，作为对锅炉的前馈控制信号，为什么通常不采用蒸汽流量信号，而采用能量平衡信号（或目标蒸汽流量信号）？

10-7　单元机组采用滑压运行方式有何优点？与定压运行方式比较，其负荷控制有何不同？

10-8　试说明图 10-23 所示系统各种工作方式的选择及信号间的跟踪。

10-9　什么叫目标负荷指令？什么叫实际负荷指令？为什么要对负荷指令进行适当处理？

10-10　负荷指令管理通常包括哪些方面？试简要说明各部分的主要作用？

第十一章 火电厂自动化技术的新进展

第一节 自动发电控制及其应用

自动发电控制（Automatic Generation Control，AGC）是现代电网控制中心的一项基本和重要的功能，是电网现代化管理的需要，也是电网商业化运营的需要。它在电网运行时不仅能实现自动调频和调峰，而且能使电网更加安全、经济、高效运行。随着电网商业化管理，经济考核力度的加大，对电能质量要求的提高，仅仅靠调度员指令和人工操作来进行电网出力的调整，已不能满足现代化大电网运行管理的需要，而必须实现 AGC。

电网频率和功率的调整一般是按负荷变动周期的长短和幅度的大小分别进行调整。对于幅度较小、变动周期短的微小分量，主要是通过频率偏差来进行调整的，称为一次调频；对于变化幅度较大、周期较长的变动负荷，需直接改变汽轮发电机组的出力来达到调频的目的，称为二次调频。当二次调频由电厂运行人员就地设定时称就地手动控制；由电网调度中心的能量管理系统（EMS）来实现遥控自动控制时，则称为自动发电控制。

火电厂的 AGC 控制系统主要由三部分组成：电网调度中心的能量管理系统（EMS）、电厂端的远方终端单元（RTU）和由分散控制系统（DCS）构成的协调控制系统（CCS）。EMS 与 RTU 之间的信息传递是通过微波通道来进行的，RTU 与 DCS / CCS 之间的信息传递是由硬接线连接的。电网调度中心利用控制软件对整个电网的用电负荷情况，机组运行情况进行监视，然后对掌握的数据进行分析，并对电厂的机组进行负荷分配，产生 AGC 指令，然后通过信息传输通道将此指令传送到电厂的 RTU 装置。同时，电厂将机组的运行状况及相关信息通过 RTU 装置和信息传输通道送至电网调度中心的实时控制系统中去。

一、电网频率控制

1. 电网频率控制要求

电网频率是表征电能质量的重要技术指标之一，是电网运行控制的重要参数，与广大用户的电力设备以及发供电设备的安全有着密切的关系。随着科学技术的进步，新的电子设备及精加工工艺对电网频率提出了更高的要求。因此，许多发达国家都非常重视电网频率的控制，要求把电网频率偏差控制在 0.05～0.1Hz 或－0.1～－0.05Hz 以内。我国电力工业有关技术法规也已规定了电网频率偏差的控制要求，并在 1996 年的全国电网工作会议上提出了跨省电网的频率偏差要控制在± 0.1Hz 以内的目标。

2. 电网频率偏差的危害性和经济损失

（1）电网频率偏差将危及用电设备和发、供电设备的安全运行。例如，600MW 发电机组一般只能在 48.5～50.5Hz 范围以内运行，当电网频率波动超越允许范围时，会引起机组跳闸。如果电网频率恰好在低方向波动时，大机组跳闸将造成电网发电功率的缺额更大，进一步可能引起电网频率失控而崩溃。

（2）电网频率偏差将对严格按电网频率工作的电子设备和精加工造成危害，甚至出现不合格品。

（3）电网频率偏差将会造成经济损失。据有关资料分析估算，假如一个电网容量为

22 000MW，那么，它的系统频率特性系数约为 1000～3000MW/Hz，假设以 1500MW/Hz 计算，如果电网频率平均在 50.2Hz 上运行，则 0.02Hz 合有功功率约 30MW，以一年累计，将损失电量 2.628 亿 kW·h，折合人民币 2000 多万元。

3. 引起电网频率波动的原因和控制策略

当电力系统的总出力与总负载（包括线损）不平衡时，电力系统的频率就会出现偏差，引起频率波动，影响电能质量。根据频率波动的周期长短和幅值大小，可分为三类。

第一类，频率波动是由周期性负载变化引起的。这种频率波动的周期较短，一般在 10ms 以内，并且波动幅值仅为额定频率的 0.05% 以下。

第二类，频率波动是由大容量的电负载设备（如电炉、压延机械等）的投/切产生的冲击性负荷变化引起的。这种频率波动一般在 10s 到 2、3min 之间，频率波动的幅值与电网容量和冲击负荷容量有关。

第三类，频率波动是由生产活动、生活用电以及气候因素等引起的大幅度负荷变化引起的。这也就是电网运行中的用电峰、谷负荷变化。它引起的频率波动周期在 2～3min 到 10～20min 之间。如果电力系统不作任何控制，这种频率波动的幅值将是很大的。

为了保证电力系统的安全和经济运行，保证电能质量，电力调度系统的电能管理系统（EMS）将采取相应的控制策略。对于第一类情况，由于频率波动周期短、幅值小，一般系统不予理会；对于第二类情况，随着电网装机容量的不断增加，冲击性负荷变化引起的电网频率波动相对于电网允许的瞬时最大频率偏差而言，已日渐显得微不足道了；对于第三类大范围负荷变化引起的频率波动，将采取合理调度计划和应急控制两个举措来保证电网频率运行在允许的范围以内。

现代电网的运行控制都是经过负荷预测来制订离线经济调度计划的，并在实际运行中根据当前负荷需求实施在线经济调度和 AGC 控制等一系列措施来保证电网频率稳定，使电网运行在安全、经济的工况上。

二、自动发电控制的任务和目标

1. 负荷预测

负荷预测是 AGC 控制的重要前提。它是利用已经掌握的历史数据，预测各类电力用户在未来一段时间内对电力的需求量，是电力系统规划、建设、生产和运行的主要技术依据。对保证电力系统安全、经济运行有着十分重要的作用。

按照预测周期的长短，负荷预测可分为超短期、短期和中长期三类。

中长期负荷预测，主要是根据国民经济增长的规律，预计未来几年、十几年，甚至 20 年中对于电力的需求量，作为电力能源建设和规划的依据。

短期负荷预测是根据当前一段时间内负荷的周期性变化规律和有关因素，推算出下一天或下一周的负荷需求量，作为电网调度安排发电计划的依据。

超短期负荷预测是根据电网运行中的负荷随机变化，预测下一个时间段内的负荷变化情况，以便在调度自动化系统或调度台上及时调整电力系统内的发电出力，满足各个用户的负荷要求，并保证电网频率稳定运行，保证电能质量要求。

从自动发电控制的角度来看，主要是做好日负荷预测和超短期负荷预测。AGC 的控制指令通常由基本负荷分量和调节分量两部分组成。基本负荷分量，实际上是在短期预测基础上制定的日负荷发电计划中包含的基本发电量，可以理解为具有事前调节的特征。调节分量，是指超短期负荷系统，对当前几分钟负荷变化情况运算预测出的下一时间段要求改变的系统负荷调节量。如果日负荷预测和发电计划安排准确度比较高，不但可以减少调节分量的不适当启动，避免参与 AGC 调节机组的频繁动作，而且从根本上保证了电网的控制目标和调节品质，确保 AGC 调节机组的稳定运行和设备的安全。

电力系统负荷预测有复杂的理论和运算规则，也有多种实现方法，因不属于热控系统研究范围，要了解其详细内容，请参阅有关专著。

2. 在线经济调度

在对电网进行短期负荷预测的基础上，通过离线方式，进行负荷的经济调度分配，形成电网运行次日的发电计划调度表。次日，电力系统内各发电厂按此负荷曲线执行发电计划，调度员按此计划表根据实际情况进行调整。然而，由于预测的次日负荷曲线同实际负荷值往往会有一定的偏差，而且还有许多无法准确预计的随机因素，所以，经常会出现偏离预定计划的情况。为了提高电网的经济效益，保证电能质量，则必须进行实时的、按系统实际负荷变化随时进行调整的快速经济调度分配，这就是在线经济调度。

在线经济调度系统是通过计算机每隔 5～15min 对电网负荷和在线机组特性，计算出各台机组应分配的负荷曲线。该负荷曲线交由自动发电控制系统，形成 AGC 控制指令，控制发电机组按需发电。显然，AGC 的任务是执行在线经济调度计划对负荷的修正要求，控制电网中在线发电机组的可调节功率分量，快速地将电网需求功率偏差和电力系统联络线之间的功率偏差调整到零，维持电网频率偏差在（50±0.1）Hz 或更高的要求上，保持本区域或外区域联络线的净交换功率与计划值相等，对本地区域内的发电机组按等微增率原则分配发电出力，使发电成本和网络损失达到最小，保证供电质量，实现电力系统的安全和经济发、供电。

三、AGC 控制系统

1. AGC 控制系统的基本组成

AGC 是连接电网和发电厂的自动发电控制系统，主要组成系统结构有如下几个部分：

(1) 电网调度中心实时控制计算机系统；

(2) 信息传输通道；

(3) 厂、站远动控制装置（RTU）；

(4) 火电厂 AGC 负荷分配和监控计算机系统，即火电厂单元机组机炉协调控制系统；

(5) 水电站 AGC 负荷分配和监控计算机系统，即水电站水轮机自动调控装置。

电网调度中心采用一套实时控制系统监控全网的机组运行和负荷分配，其控制指令（AGC 指令）通过输入/输出通道与电厂的 RTU 装置连通。RTU 装置把控制指令转换成电厂计算机控制系统能够接受的电信号。同时，RTU 装置把电厂计算机控制系统的运行方式信号传输给电网调度中心的 AGC 控制系统，作为实时控制握手信号。

2. AGC 信号

AGC 信号是电网调度中心的计算机产生的被控机组的目标功率按 RTU 的通信规定组装成 AGC 遥调报文，输送给电厂 RTU。RTU 装置将接收到的 AGC 控制信号转换成 4～20mA 的信号送至发电机组的功率调节系统。同时功率变送器将发电机组的有功功率转换成 4～20mA 信号，经过 RTU 远动装置转换成线性比例的二进制遥测数据，该数据由 RTU 转换成高频载波信号送到电网调度实时控制系统中。电网调度实时控制系统和发电机组控制系统除上述两个重要参数外，还能反映机组控制系统的状态。AGC 响应的品质参数及机组的负荷限制参数通过 RTU 送到电网调度实时控制系统，最常用的如：机组的负荷高、低限，机组负荷设定值的变化速率，发电机组 AGC 方式已投入等信号。

一般条件下，AGC 控制主要有以下几种控制信号：

(1) 机组实发功率。被控发电机组的有功功率，经有功变送器转换成 0～±5V（或 4～20mA、0～10mA）直流模拟信号，经 RTU 远动装置转换成线性比例的二进制码遥测数据。该数据再由 RTU 转换成高频载波信号，送到调度中心的计算机系统中，作为 AGC 程序运算的实时测量数据。一般 AGC 要求发电机功率测量误差小于或等于 0.2%。

(2) 机组控制系统运行状态信号。被控发电机组的协调控制系统运行状态信号，从电厂计算机的 I/O 输出通道送给 RTU 远动装置的遥信输入接口，将触点状态信号变换为二进制代码。RTU 以 5ms 的周期连续不断地扫查输入信号的状态，一旦检测到状态发生变化，立即按 RTU 通信规约组装成遥信报文发送到调度中心的计算机，为 AGC 程序提供发电机组的被控条件。

(3) AGC 目标功率。电网调度中心的计算机系统中的 AGC 运行程序每 8s 运算一次当前被控机组的设定功率，并由前置计算机按 RTU 通信规约组装成 AGC 遥调报文输送给电厂的 RTU。电厂的 RTU 将接收到的 AGC 控制信号转换为 4～20mA 的电流信号送至发电机组的 CCS 系统，作为其当前控制机组运行的目标功率指令。

3. AGC 指令的生成

在电网调度实时控制系统中，按照负荷预测的调度计划，并在实际运行中根据当前负荷需求和电网频率稳定的要求，每 8s 运算一次当前被控机组的设定功率，生成 AGC 指令。

四、火电厂的控制系统和 AGC 接口

自动发电控制的任务，最终是通过电厂中的计算机控制系统来实现的。下面对电厂中的计算机控制系统、AGC 接口方式、控制信号分别予以介绍。

1. 火电机组的机炉协调控制系统

在前面的章节中已经介绍，我国电力工业中的 300MW 及以上大型单元发电机组都配置了以微机为基础的分散控制系统（DCS），其中 CCS 控制系统的任务是根据电网要求的负荷分配曲线，手动设定或自动设定发电机组的输出功率目标值，在稳定机组主蒸汽压力的前提下，调整和控制其他各参数和设备，以满足外界负荷需要，同时稳定机组安全和经济运行。CCS 系统的运行方式有以汽轮机跟随为基础的机炉协调控制方式（CCTF）、以锅炉跟随为基础的机炉协调控制方式（CCBF）和采用能量直接平衡为特点的机炉协调控制方式（DEB）。

从电网调度和自动发电控制的要求来看，不管采用何种协调方式，其目标都是协调地调整机组的燃烧和调门的开度，在稳定机组的主蒸汽压力的基础上兼顾机组的安全性和经济性，尽可能快速地响应负荷指令，包括 AGC 指令和操作员的人工设定指令，但从机炉运行的特点来看，由于热能的释放和转换有一个时间过程，主蒸汽压力又不可波动太大，所以，必须在 AGC 控制策略上和机组协调控制的优化上寻求一个比较合理的切合点。

2. AGC 接口方式

电网调度中心计算机发出的 AGC 控制指令，经电厂 RTU 转换后输送到机组控制系统上有两种连接方式。

第一种方式。RTU 输出的指令信号直接送入单元机组的协调控制系统中，直接控制机组的发电功率按负荷曲线修正要求变化。这是目前大多数参与 AGC 运行的发电机组采用的接口方式，其特点是连接简单，AGC 系统直接控制发电机组的功率输出。

第二种方式：RTU 输出的指令先进入电厂的负荷分配上位控制计算机。这时 AGC 指令是电网调度系统发给电厂的总出力负荷值。每一台机组的负荷分配值由上位计算机根据本厂各台发电机组的设备条件和经济性能进行合理分配，以获得最佳的发电经济效益。这种方式目前还没有普及，但在水电站的自动发电控制上用得比较多些。

五、AGC 控制运行方式

AGC 系统的运行方式是根据电网的负荷需要确定的。一般来说，电网负荷分为基本负荷、计划负荷、应急负荷三种情况。因此，参与 AGC 控制的自动系统将根据机组的变负荷许可能力设计如下控制方案。

(1) 调频方式。当电网系统频率超出 (50 ± 0.05) Hz 时，参与调频的机组负荷指令经控制系统的负荷指令计算机自动计算后作相应变化。

(2) 计划调频方式。根据电网运行的计划负荷曲线，机组的负荷指令由电网调度中心的调度员按需设置。

(3) 固定负荷方式。根据机组的安全性、经济性，机组负荷保持不变带固定负荷运行。

自动调频方式要求机组有较大的负荷应变幅度，对控制系统的自动化要求也较高，目前大多数火电厂的机组还不能达到这样的要求。现在参与 AGC 的火电机组主要是根据电网的计划负荷曲线，由电网调度中心的调度员按需设置，负荷变化有一个预定范围。

第二节　大型火力发电机组的先进自动化技术

一、分散控制系统（DCS）的进展

1. 通用化、标准化软件包在 DCS 中的应用

在当今的竞争环境中，要保住较大的市场份额，无非是要提供性能更高、价格更低的产品，并为用户提供更优质的服务。在软件这个领域内，完全依靠一个厂家自己的开发研制能力来达到以上目标已是越来越困难了。这里面不仅有在激烈竞争环境中用户的需求越来越高的因素，特别是通用计算机被广泛采用之后，开放性的要求越来越高，这就迫使 DCS 厂家更多地考虑自己软件的开放性、标准化的问题。

早期的计算机系统，软件都是从属于硬件制造商的，例如计算机界的巨头 IBM、DEC 等公司，他们有自己的计算机硬件产品系列，包括主机、外部设备、网络，也有自己的软件体系，包括操作系统、编程语言、网络软件等。这种状况在 20 世纪 80 年代以后开始发生变化，从硬件上看，出现了与 IBM、DEC 等大公司兼容的外部设备、网络设备等产品，在软件方面，开始出现建立在这些大公司计算机平台上的"第三方软件"。

过去各 DCS 组态语言均按照自己的标准设计。近年来，许多 DCS 厂家引用了国际电工委员会为可编程控制器（PLC）制定的 IEC1131-3 编程标准。在该标准中，详细规定了四种组态语言，即用于连续控制和逻辑控制的顺序功能图（SFI）、用于运算和回路控制的功能块图（FBI）、用于逻辑控制的梯形图（LI）和用于用户开发控制算法的结构化文本语言（ST）。有的 DCS 厂家还提供了四种编程语言和混合运用，使编程组态功能更强，易于移植

和被用户掌握。

DCS厂商将更多地采用商品化的软件产品，例如图形处理软件、电子报表软件、数据库软件、通信软件和多媒体软件等。这些商品化的软件产品具有极好的功能和操作界面，所缺的只是与实时数据库之间的接口，只要解决了这个问题，对于DCS厂家来讲，就可以用最快的速度、最好的功能充实自己的系统。目前所有商品化的软件都具有标准的接口，包括动态数据交换DDE、动态连接库DLL、目标链接与插入OLE、开放数据库访问ODBC、结构化查询语言SQL及应用编程界面API等，利用这些界面可以很快地解决实时数据库与这些商品化软件的接口问题。DCS厂商的软件也必须配备上述各种标准界面，以便与其他厂家提供的软件相连接，除了与商品化软件连接之外，DCS还必须与其他系统相连接，没有标准的界面是无法实现这些功能的。

商品化软件的引入可以极大地提高DCS的竞争能力，这一点已为很多DCS厂家看到，有些厂家更进一步，直接将商品化的成套软件包用在自己的系统中。例如Honeywell公司在其DCS型S9000系统中直接选用了Intellution公司的FIX DMACS软件包，该软件包提供了数据采集、实时数据库、历史数据库、人机界面、报表、报警及安全保护等全套功能，在这个软件上所要做的工作仅仅是编写一个与Honeywell公司的硬件相连接的I/O驱动程序而已。当然，由于Intellution公司是一个软件公司，而不是专业的控制公司，在其FIX DMACS软件中只能提供像PID、阶梯控制等经典控制算法，而较复杂的控制组态还需要由专业的控制公司提供，因此它还不能用在大型、高档的DCS中，然而其所提供的软件功能是相当出色的，因此，Honeywell公司才会选用。

2. DCS网络进一步开放

所谓开放，就是要求各个厂家的产品具有互操作性、互换性、可替代性、可扩充性和多平台支持（可移植性）。在计算机界，开放的要求已成为一个最基本的要求。不具备开放性的产品将是没有出路的，这已是各个厂家的共识。在讨论"开放"这个概念时，不应笼统地讲"开放"，更不是说哪个厂家自称开放，就可以认为这个厂家的产品具备所有开放的标准了。我们只能说一个厂家的具体产品达到了哪种开放程度。

以网络通信为例，所有DCS厂家都具备网络通信能力，如果有两个厂家宣称自己的系统是开放的，那么是否可以认为A厂家的I/O控制站可以和B厂家的操作员站通信呢？这个结论恐怕不能这样简单地做出。我们必须考察这两家的产品开放到什么程度。如果两家的产品都使用以太网实现通信，那么它们的开放程度只到物理通信介质和数据链路层，而如果这两家的产品都使用TCP/IP协议，那么它们的开放程度就达到了传输层。只有在两家的产品在网络上传输的信息结构定义、对信息内容的解释及信息流程定义遵循同一规约，这两种产品才能达到具有互操作性、互换性和可替代性的程度。目前各DCS厂家的产品虽然还没有达到这种程度，但已具备很多开放的特性。这些特性主要是一些符合国际标准或产业标准的网络通信接口，以实现DCS与生产调度系统、管理信息系统之间的双向数据传输。在这里，DCS、生产调度系统、管理信息系统并不是同一个厂家的产品，用户可以根据需要自行选择，只要选择的产品都具备相同标准网络通信协议就可以了。

系统网络技术是DCS的关键。早期的DCS厂家多采用自己的数据通信网络，不同DCS系统互不兼容且开放性差。进入20世纪80年代以后，计算机网络技术的发展和标准化，逐步形成了IEEE802系列标准。之后，各DCS厂家几乎普遍地采用了国际标准化的网络。主要有 IEEE802.4 令牌总线网（Token Bus）、IEEE802.5 令牌环网（Token Ring）和 IEEE802.3 以太网（Ethernet）。在通信速率方面过去一般采用 2Mb/s 或 5Mb/s，现在的 DCS 通信速率多采用 10Mb/s，有的还在上层加一级 100Mb/s 的 FDDI 网络。

3. DCS 引入现场总线及智能仪表技术

目前在仪器仪表行业发展最快的两个部分是智能化仪表和现场总线，二者的关系是密不可分、相辅相成的。前者建立在微电子技术的发展之上，超大规模集成电路、嵌入式系统（Embedded System）、CPU、存储器、A/D 转换器和输入、输出回路等功能集成在一块芯片上的单片机等，使得将模拟信号数字化这一工作从计算机端移到了现场端，现场仪表与计算机之间传送的不是模拟信号，而是数字信号，或更确切地说是信息。在安装于现场的检测或控制执行仪表中，完全有条件装上一小块集成电路芯片及少量外围电路，将传感器的模拟信号直接数字化后再送往计算机，这种方法极大地提高了信号转换精度和可靠性，并且数字信息的传输完全避免了模拟信号传输存在的信号衰减、准确度降低、干扰信号的引入等长期难以解决的问题。随着仪表智能化的发展，现场总线技术也迅速地发展起来了。过去每个模拟信号一对传输线的传统方式将被一对能传输多台智能仪表数字信息的现场总线所代替，现场总线简化了仪表信号线的布线工作，可以节省大量的金属导线，同时，数字信息传输方面完善的纠错技术使得信息传输的误差大大降低了。另外，还可以利用多种传输介质完成信息的传输，如双绞线、光纤、无线电波（RF）、红外线等，大大提高了在不同现场条件下信息传输的适应性。

现场总线是 20 世纪 90 年代发展起来的网络通信技术。按照 IEC1158 标准，现场总线是一种互连现场自动化设备及其控制系统的双向数字通信协议。现场总线控制系统（Field bus Control System，FCS）是指用现场总线将数字式变送器、执行器以及智能化 PLC 与计算机网络连接在一起，构成更加分散化的控制系统。FCS 具有下列显著的特点：一是以数字化、智能化仪表为基础；二是使控制、报警、计算及其他功能加以分散，就地处理，减少信息的传输量；三是可节省大量的信号电缆；四是可大大简化控制系统设备（如 I/O 模件和端子柜）；五是可以使大量按统一标准设计的自动化仪表连入系统。正因为如此，FCS 近年来受到了控制界广泛的重视，甚至许多人提出了 FCS 将取代 DCS 的观点。事实上，DCS 与 FCS 的共同基础是网络技术与微处理器芯片；其根本差异是系统结构与网络协议。由此可见，DCS 与 FCS 不存在更新换代的问题。随着 FCS 技术的成熟，完全可能作为 DCS 的回路级。同时 DCS 的分散度将更高，系统结构将更加合理、完备。因而，二者不是相互对立的模式，而应当是一种融合与发展的关系。

传统仪表（传感器、变送器）的输出信号长期以来一直采用 4～20mA 的模拟信号标准，它构成了一个电流环，以电流的大小表示物理信号的变化。这种传统的检测、传送模拟信号的方式有以下缺点：

（1）每路信号必须使用一对信号线；

（2）各路模拟信号之间必须有良好的隔离措施，以防止互相干扰；

（3）仪表的输出信号一般不能共享，必须在进入计算机并成为数字信号之后才能共享；

（4）计算机的输入端子现场有大量的信号连接，而仪表的种类、型号各不相同，电流环的形成方式也各不相同，因此信号回路的保护隔离必须非常严格；

（5）各个现场检测仪表的标识与定位是通过接线确定的，这是一种隐式的定义，很容易发生错误，而且查找困难；

（6）现场仪表本身没有自检功能，也无法向计算机报告仪表的状态，由于接线不良引起的误差无法自动检测；

（7）信号线的长度受到限制。

当然这种模拟信号传送方式的最大好处是反应速度快，只要计算机有足够的采样速度，现场物理量的变化几乎可以在瞬间反映到计算机中。

现场仪表智能化以后带来了极大的好处，现场接线变得简单了，从控制现场到控制中心的接线只需标准的网络线连接，而且多台仪表可以共用一对线，大大节约了信号电缆。现场信号已不全是模拟量，而是经过转换已成为工程单位的物理量，从网上得到这些量以后可以直接使用。而且所有现场的量均可带有自身的标识，它们是由智能仪表自身确定的，不依赖于接线，因此可以保证正确地进行测点对位工作。虽然通过现场总线网与各个智能仪表通信得到实测数值的方法比直接模拟信号的方法要慢，这是结构本身决定的，但是由于目前现场总线网的传输速率都很高，可以达到 500kb/s～1Mb/s。每台智能化仪表每次传送的信息包长度也很短，因此完全可以满足控制系统对实时性的要求。

4. 分散控制模块技术的发展

现场总线网、智能化设备仪表的发展，不可避免地影响着 DCS 的体系结构，现在可以看到一个明显的趋势是 DCS 的进一步分散化。传统的 DCS，在 I/O 控制站这一层仍然是一个集中式的结构，有些系统出于成本或其他方面的考虑，将 I/O 控制站的规模做得很大。这种考虑包括：高性能 CPU 的价格已降得很低，为了充分发挥 CPU 的能力，可以将一个 I/O 控制站的点数、回路数扩充，以降低成本，但是这种设计提高了危险性的集中度，如果为了提高可靠性增加冗余措施，系统成本仍然会上升，因此并不是一个理想的解决方案。从当前的发展趋势看，利用现场总线网和智能化设备、智能化仪表，加上通用的工业微机完全可以组成一个小型的 DCS，这就对传统的 DCS 提出了挑战，因为基于现场总线网的 DCS 具有很多优越性，无论从系统的成本、可靠性、安装使用、维护的方便性及可扩充性上都有很大的优势。那么，传统的 DCS 将如何发展才能接受这个挑战呢？答案是明确的，只有在 I/O 控制站这一层进一步分散化，采用现场总线网技术，形成以现场总线网基础的、以智能 I/O 模块构成的分布式 I/O 控制站。也就是说，将过去 DCS 中集中式的 I/O 控制站变成分布式的 I/O 控制站，在传统 DCS 网络的下一层再引入一层现场网络，形成控制网络（以现场总线网为基础）、系统网络（传统的 DCS 网络）和管理网络（适应管理控制一体化要求的 CIMS/CIPS 上层网）这样三层网络结构，以此来满足不断提高的应用需求。

在现场总线网这一级，除了智能 I/O 模块以外，还可以接入各种智能化电子设备（IDES）和各种智能化仪表，最大限度地利用最新的、最先进的开发成果，而且由于分散度的提高，每个智能单元所涉及的面很少，即使出现故障，也只影响到某一个回路或检测点，这与在传统结构中变送器出现故障的情况是一样的。但由于智能单元可以实现全面有效的自诊断功能，出现故障可以及时报警、报告故障类型及故障点，因此给维护带来了极大的方便。

引入现场总线网的技术以后，I/O 控制站中的各个智能 I/O 模块和智能设备、智能仪表均具备独立运行的能力，这就意味着它们有条件组成所谓"鸡脑"型的控制系统，这种系统的特点就是各个智能处理单元并不完全依赖于上位机的运行，即使在上位机故障或失效的情况下，各个智能单元仍可独立地运行并执行预定的功能，甚至可以通过现场总线网互相传递信息，以完成某些协调功能。

DCS 在形成了三层网络结构以后，基本控制单元深入到了设备控制这一级，向上是 DCS 的功能延伸到管理控制级，逐步形成了一个较完整的控制、管理一体化的体系结构。对于生产企业来说，它必将起到越来越重要的作用。

二、PLC、IPC 及 SCADA 系统的应用

1. PLC 系统

可编程逻辑控制器（programmable logic controller，PLC）最初是用计算机的逻辑运算功能代替传统的接线逻辑（或称继电器逻辑）而设计的一种小型的计算机控制系统。从 20 世纪 60 年代初发展至今，PLC 已不仅仅局限于逻辑控制功能，而普遍增加了回路调节、运算等功能，用于构成顺序控制及模拟控制系统。但是严格来讲，PLC 并不能称作是系统，因为它在运行时并不需要人工的干预，因此也没有计算机系统通常都包括的人机界面设备，最多只有一些状态指示灯，以表示设备运行状态，供现场维修、诊断用。PLC 所完成的是逻辑控制，它根据各种输入状态，经过逻辑判断和逻辑运算，得出控制输出，并通过输出实施控制。另外，通过预先编制控制程序实现顺序控制，用 PLC 代替继电器逻辑，大大提高了控制实现的灵活性和可能性，并使控制的功能增强了，因为它用电子元件的运行代替了机械的动作，免除了机械的磨损和机械动作部分的材料疲劳。

PLC 的编程一般使用"梯形图语言"（即 LADDER 语言），这是一种符号语言，在编程器上可以使用表示继电器常开触点、常闭触点及各种表示继电器逻辑的符号、连线，用这些组成控制流程，然后由编程器将其翻译成 PLC 可执行的指令下装，使 PLC 能按这些流程执行控制。

一般来说，PLC 是一种局部的控制器，例如一个工位、一道工序的控制，但随着 PLC 应用的数量不断扩大，特别是由于 PLC 在控制的可靠性、控制的实时性和重新组态的方便性等方面比传统继电器方法有无法比拟的优越性，因此其应用越来越广泛，其控制范围也随之扩大，并出现了用数据高速公路（Data Highway，DH）将众多 PLC 互连起来而形成的较大控制系统。

为了满足上述要求，各 PLC 厂家做了大量工作，分别推出了自己的以 PLC 为主的控制系统，这种系统与单个的 PLC 相比有几点重大的改变。

（1）在数据高速公路上挂接了在线的通用计算机，其作用一是可以实现在线组态，编程和下装，二是可以在线地监视被控过程的状态，这样一个具有现场控制层和协调控制层的 DCS 雏形就出现了。

（2）在 PLC 中增加了数值量的 I/O 接口和数值处理计算功能，这样，PLC 就不仅可以完成逻辑控制功能，也可以完成数值控制功能和混合控制功能。因此有些技术资料中将 PLC 的名字改成了 PC，即 Programmable Controller，但由于这个名字很容易和通用的个人计算机混淆，因此尽管 PLC 内容发生了实质性的变化，但其名称还沿用了原来的 PLC。

（3）越来越多的 PLC 厂家把专用的数据高速公路改成为通用的网络，并逐步将 PLC 之间的通信规约向通用的网络通信规约靠拢，这样就使 PLC 有条件和其他各种计算机系统和设备实现集成，以组成大型的控制系统。

上述几点改变使得 PLC 组成的系统具备了 DCS 的形态，特别是由于 PLC 已经以产品

的形态在市场上销售了多年，其 I/O 接口、编程方法、网络通信都趋于标准化和适应开放系统的要求。加上 PLC 在价格上的优势，使得 PLC 在控制系统中的重要性越来越明显，在很多应用领域已经达到可与传统的 DCS 相竞争的水平。近年来，PLC 采用了高性能的处理器芯片，采用实时多任务操作系统，并提供了高速数据通信网络接口功能（如以太网），有的 PLC 还可以支持现场总线通信（如 Profibus、Device、Net、SDS 等）。同时，PLC 的体积越来越趋于微型化，成本不断降低，功能不断完善，可靠性进一步提高，竞争力不断增强，具有十分广阔的应用前景。

2. IPC 系统

IPC（Industry PC）是指工业 PC。其特点是计算处理功能强，适合于在工业环境下使用，具有功能丰富的操作系统支持（Windows 9x/2000/NT/XP、UNIX 等）和应用软件资源，并具有很强的网络支持能力和极低的价格。

3. SCADA 系统

SCADA（supervisor control and data acquisition）是指监督控制与数据采集的功能软件。随着计算机操作系统平台（如 Windows NT/2000/XP）的普遍应用，专业化的软件开发厂商应运而生。目前，市场上已有多种多样的基于 Windows 平台的 SCADA 软件。许多 SCADA 软件支持 IPC 与 PLC 的连接，通过组态构成 DAS 以及灵活的控制系统。随着现场总线的发展，IPC＋PLC（或其他智能化仪表）＋SCADA 将成为一种广泛的应用模式，并将广泛占领工业控制领域的市场。

三、SIS、MIS 和 ERP 系统

火电厂必将加速进入信息网络时代，电厂乃至电力系统和电力企业集团将形成生产过程自动化和管理现代化的信息网络如图 11-1 所示。

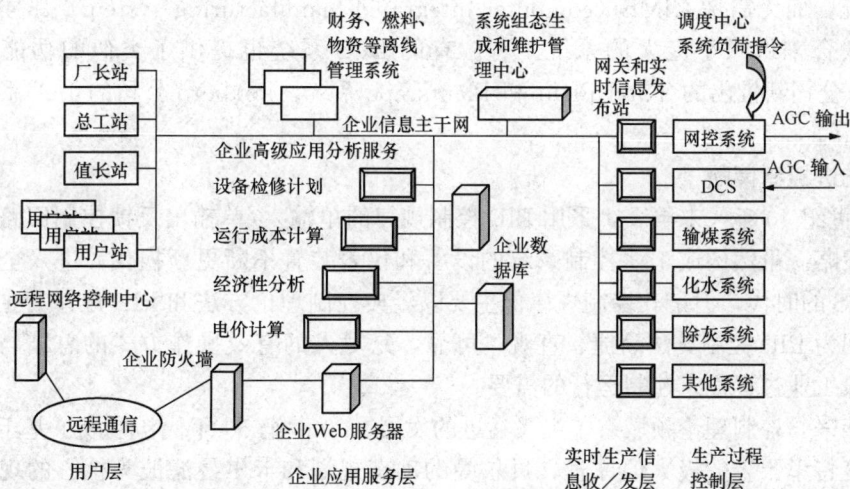

图 11-1　控制及信息管理系统网络结构示意

这一网络将由生产控制系统（DCS、PLC）、厂级监控信息系统（supervisory information system in plant level，SIS）、厂级管理信息系统（management information system in plant level，MIS）或企业资源计划（enterprise resource planning，ERP）系统组成。

SIS 主要处理全厂实时数据，完成厂级生产过程的监控和管理，厂级故障诊断和分析，

厂级性能计算、分析和经济负荷调度等；MIS 主要为全厂运营、生产和行政的管理工作服务，主要完成设备和维修管理、生产经营管理（包括电力市场报价子系统）、财务管理等。SIS 和 MIS 可以是设置在一个网络中的两个功能，共用计算单元和数据服务器，也可以 SIS 网与 MIS 网用网关（G）或其他接口分隔成两个网，分别设置相应的计算单元和数据服务器，以提高 SIS 网的安全性。

自动化系统的发展，一方面向现场深入，另一方面向高层发展，特别是近年来开放系统体系结构的发展，各种网络通信规约的标准化，逐步克服了过去各种计算机系统不能互相通信的"孤岛"现象，使得面向控制过程的设备和面向生产管理与调度的管理信息系统可以互相传递信息，出现了将 DCS 与管理系统集成在一起的计算机集成制造系统 CIMS 和计算机集成过程控制系统 CIPS，这种系统使得企业总的自动化水平大大提高，计算机不仅可以进行单个设备、生产工序的控制，也可以将这些个别的生产单元联系在一起进行协调控制，实现整个生产过程的总体优化，而且可以更进一步对全厂的生产调度、物料平衡、成本控制、库存控制、质量控制、统计分析等功能实现全面的综合自动化，形成了现代化企业的计算机管理控制一体化系统。可以很好地在生产与经营管理，用户与厂商（如远程故障诊断或咨询中心）、企业与企业（如电力生产企业与电网调度中心）之间建立起专线连接，从而构成一个理论上无穷大的信息系统。

目前，应用广泛的 MIS 和稍后发展起来的厂级监控信息系统 SIS 以及 20 世纪 90 年代发展起来的企业资源计划 ERP 均属于企业现代化管理的支持系统。这些系统的功能包括制订生产计划、质量监控、性能分析、优化调度、资源管理、员工管理、设备维护与检修管理、市场预测等功能。其作用是提高产品质量、提高劳动生产率和追求更高的经济效益。当前，已有越来越多的软件商开发并为用户提供最适合于用户使用的软件包。使用户自己就可以生成系统，而无需像 CIMS（computer integrated manufacturing system）那样，需由厂商与用户联合来做一个庞大的系统工程。有的 DCS 系统也提供了类似的功能软件，如 Honeywell 公司新推出的 Total Plant 和 Plantscape 系统，Foxboro 公司的 I/A 系列提供的 MES 功能等。

四、先进控制策略

从 20 世纪 40 年代末至今，采用 PID 控制规律的单输入/单输出反馈控制回路是工业控制的基本策略。虽然构成工业控制系统的设备和仪表装置不断更新换代，进入全数字化的 DCS 和 FCS 的时代，但是其控制规律仍主要以经典控制理论方法和 PID 规律为主。究其原因，这是因为 PID 控制算法简捷、直观、可靠，是对人的有效操作方式的总结与模仿，可以满足一般工业过程稳定控制运行的需要。

几十年来，控制理论领域有了突飞猛进的发展。20 世纪 50 年代初形成了基于状态空间方法，以庞特里雅金的极大值原理、贝尔曼的动态规划和卡尔曼滤波为核心的现代控制理论。虽然现代控制理论在航天、航空和军事等领域得到了很好的应用，取得了惊人的成就，但至今在工业控制领域却没有按照人们所期望的那样得到普遍应用。可以预料，典型的 PID 控制规律仍有着十分顽强的生命力，仍将在今后相当长的时期内占据工业过程控制的主导地位。据统计，在工业过程中，仍有 10%～20% 的控制问题采用简单的 PID 控制无法奏效。所涉及的被控对象往往具有强耦合、非线性、大滞后、复杂的外界扰动或信息难以测量等特征。另一方面，随着过程工业的大型化、复杂化，对过程控制品质提出了更高的要求。提高自动化水平已成为企业追求更高经济效益，参与市场竞争的重要途径。因而，迫切需求采用更为先进的控制策略与系统。

严格地讲，先进控制应包括构成先进控制系统所采用的理论、方法与技术。比如说，控制系统计算机辅助设计、计算机仿真，控制系统分析与综合的模型化方法，先进的检测技术（如激光检测、红外辐射检测、光纤检测、超声波检测、核辐射检测、微波检测等），均属于先进控制技术的内容，下面着重就适用于发电过程控制的先进控制策略进行介绍。

1. LQG 与极点配置最优控制

现代控制理论最为成熟的部分是线性二次性能指标下的最优控制，即 LQG 问题。所设计的控制系统如图 11-2 所示。按最优化方法设计的控制器由两部分组成，一部分是状态最优估计器，其设计准则是根据测量值 $y(k)$，$y(k-1)$，…，最优地估计出状态变量 $x(k)$，使状态估计误差 $\hat{x}(k)-x(k)$ 的协方差阵最小；另一部分是最优控制规律，它直接反馈估计的全部状态，即 $u(k)=-L \cdot \hat{x}(k)$，使二次性能指标最小。按照二次性能指标设计最优控制器最终归结为选取性能指标中 $\hat{x}(k)$ 和 $u(k)$ 的加权矩阵以及求解关于反馈增益矩阵 L 的黎卡提方程。

除 LQG 外，另一种更为实用的最优控制器设计方法是极点配置方法。在已知被控对象状态空间模型的前提下，可将闭环系统的性能指标通过指定闭环极点而确定。假定系统的全部状态可直接测量并用于反馈，则可按所要求的闭环极点（闭环系统特征值）设计出反馈控制律 L，使系统具有满意的稳定性和调节性能。如果状态不可直接测量，则必须同时设计状态观测器，根据输出 y 与控制量 u 重构出系统的全部状态。

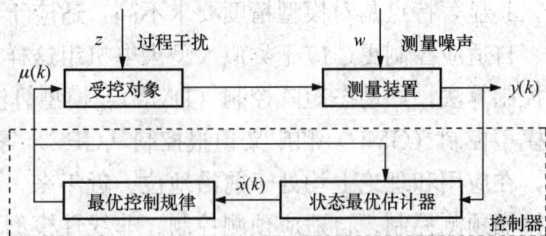

图 11-2　最优控制器结构

按照 LQG 或极点配置设计的最优控制器在国内外电力工业中有许多应用报道，如最优励磁控制器、最优汽温控制器等。需要指出，最优控制律的求解是建立在精确已知过程状态空间模型基础上的。模型的误差（结构误差、参数误差），特别是实际存在的时变性、非线性，均可能导致最优控制性能下降甚至失效。因而，必须对可能出现的问题予以重视和解决。然而，最优控制的原理是现代控制策略的基本设计原则。

2. 自适应与自整定控制

自适应控制是一种适用于过程时变特性的控制策略。当过程特性参数变化或干扰特性变化时，自适应控制系统试图感受这一变化，并实时地调整控制器参数和控制策略，维持控制品质一定意义的最佳。自适应控制主要包括两类算法，即自校正控制和模型参考自适应控制。自校正控制器结构框图如图 11-3 所示。

自校正控制器需要对模型参数进行实时辨识。常用的辨识方法有递推最小二乘法。广义最小二乘法、极大似然法等。辨识出的模型参数被用于构成最小方差控制器。

模型参考自适应控制器结构框图如图 11-4 所示。图中，参考模型是一个具有期待响应特性的模型。利用实际系统输出响应 $y(k)$ 与参考模型输出响应间的误差，按一定的自适应律对控制器的参数进行修正，以便使实际系统的响应收敛于参考模型的响应。

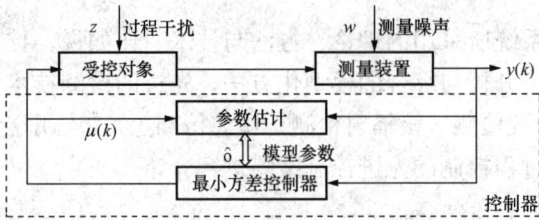

图 11-3　自校正控制器结构

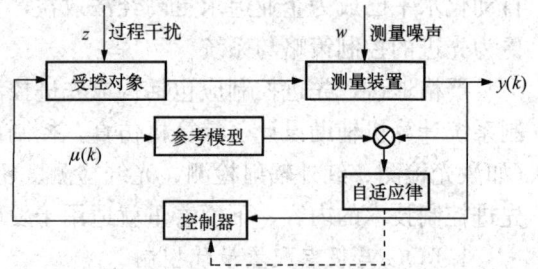

图 11-4　模型参考自适应控制器结构框图

自整定控制是指对控制器参数的自动整定。目前，应用广泛的有 PID 控制器的自整定。自整定方法有模式识别自整定法、模糊自整定法、继电反馈法（极限环法）等。一些 DCS 的算法模块中也提供了相应的自适应算法模块和自整定功能。

3. 预测控制

预测控制是 20 世纪 70 年代以来发展起来的一类新型计算机控制算法，也是工业控制领域应用较广泛的一类先进控制算法。预测控制的基本策略是模型预测、滚动优化和反馈校正。其显著特点是对模型精度要求不高，适应于大时滞或非最小相位系统，比传统的最优控制、自适应控制更适应于类似大型火电机组这样的复杂工业过程。预测控制形成了许多不同的控制算法，如动态矩阵控制（DMC）、模型算法控制（MAC）、内部模型控制（IMC）、广义模型控制（GMC）和广义预报控制（GPC）等。其中，GPC 被看成是预测控制方法的集成，在应用和理论上均处于前沿地位。近年来，预测控制与其他控制方法相结合，形成了诸如模糊预测控制、自适应预测控制、非线性模型预测控制等研究和应用领域，并显示了良好的应用前景。因而，有人认为，基于模型的预测控制是适应过程控制的现代控制理论。

4. 模糊控制

模糊集理论（fuzzy theory）是由美国控制理论专家 Zaden L. A. 于 1965 年提出来的。1974 年英国学者首先把 Fuzzy 理论用于锅炉和汽轮机控制。之后模糊集理论和模糊控制成为控制领域发展最为迅速，应用最为广泛的一门崭新学科。模糊控制的理论方法已大量应用于大型火电机组的控制以及电力系统控制中。

模糊控制主要包括模糊化、模糊推理与模糊判决三个部分。其中模糊化就是将精确的测量值转换为由模糊集表示的量（如正大、正中、正小、负小、负中、负大等）。模糊推理是处理模糊量的一种算法，根据输入导出符合控制规律的模糊量输出。模糊量判决是把模糊输出量变为精确值输出，实施控制作用。模糊推理是模糊控制的核心，由数据库和规则库构成知识库，其中规则库综合了实际运行操作经验，可以更加灵活、方便地表达仿人控制的各项规则。因而，模糊控制是人工智能控制的一个重要组成部分，其发展和应用具有十分广阔的前景。

5. 神经网络控制

神经网络学最早于 1943 年出现，其理论基础是建立在假定人的神经元是传递二进制信号的。比如，人脑产生是或非的概念是神经元组织产生或不产生冲动的结果。而记忆则是存在于一个由神经元组成的循环圈中的信号。这在理论上似乎可以将人的大脑由计算机网络构造出来。多年来的研究取得了一系列重大的研究成果和突破，如提出了误差反向传播（BP）

模型、Hopfield 离散和连续模型、Kohonen 自组织特征映射模型、递归神经网络（RNN）模型等多种神经网络模型及其计算结果，其中研究最为成熟，运用最为广泛的要数 BP 模型。

神经网络是由大量简单的神经元以一定的方式连接而成的。单个神经元的作用是实现输入到输出的一个非线性函数关系，它们之间广泛的连接组合就使得整个神经网络具有复杂的非线性特性，从而为复杂非线性系统的建模提供了有效的方法。进而，可用于过程软测量和控制系统的设计上，即神经网络控制。

神经网络之所以受到人们的普遍关注是由于它具有本质的非线性特性，并行处理能力，强鲁棒性以及自组织、自学习的能力。因而，对于大机组和电力系统这样有着大量非线性的复杂系统而言，神经网络控制有着巨大的应用潜力。目前的应用研究领域包括单元机组模糊神经元协调控制、机组最优组合、报警处理与故障诊断、负荷预报、发电规划、经济运行及电力系统控制等。

6. 专家系统

在过程控制领域，专家系统、神经网络、模糊控制被认为是构成智能控制的三个组成部分。一般认为，专家系统是一个具有大量专门知识的智能程序。它应用人工智能技术，根据人类专家提供的知识，形成知识库，并根据需要解决的问题进行知识推理，做出解答，以使那些需要专家才能解决的复杂问题通过机器做出解答。

专家系统的组成主要包括知识获取、知识库、推理机、解释部分等内容。其中，知识库用来存储规则化了的专家经验和知识。知识库的建立以及是否完善要通过知识获取途径来完成，比如自学习能力，这对专家系统的建立至关重要，往往是专家系统的瓶颈。这主要是因为知识的理解和表达方式往往十分困难。推理机实质上是知识的运用，同时也包括对整个专家系统的控制与协调。它根据输入的信息，利用知识库中的知识进行推理，以得到一个合理的输出，并最终通过解释部分来解释推理结果。另外，专家系统工作的速度，即实时性，也是一个重要的问题，专家系统的应用可分为在线和离线、实时和非实时专家系统。

在大机组控制中，专家系统应用的一类重要内容有故障诊断专家系统、操作指导专家系统、事故分析专家系统以及分析、评估、规划等专家系统。另一类应用是专家控制，即根据过程输入（连续过程或离散事件），经专家系统处理，给出输出结果，实施控制作用。例如，一个完备可靠的操作指导专家系统（实时），其输出不经过操作人员，而是直接进行控制操作，此时，就构成了闭环专家控制系统。

虽然专家系统已显示出十分广泛的应用前景，但仍有其局限性，如专家的创造性、有效的学习机制、知识库的验证以及开发工作的复杂性（缺少有效的支持软件平台）使得专家系统尚处于研究试验阶段，但可以预料，不久的将来，功能强大、有效实用的专家系统将在工程中得以推广和应用。

7. 鲁棒控制

控制系统的鲁棒性是体现其性能的一个重要指标。鲁棒性（Robust）是指在系统模型与实际过程有区别的情况下，控制品质的变化情况。在经典控制理论中，稳定裕度可反映系统鲁棒性。当稳定裕度大时，控制系统品质对参数的变化不敏感，即有较好的鲁棒性。现代控制理论为鲁棒性的分析提供了更多的方法，尤其是鲁棒控制器单独提出之后，一直是控制理论界的研究热点，并逐渐成为一个独立分支。事实上，鲁棒控制的目的就是要设计出在所有希望的操作条件下都具有良好性能的控制器，这一点尤其符合过程控制的要求。因而与其说鲁棒控制是一种控制策略，不如说它是一种控制系统设计思想和理论，它可以用于各类控制器的设计与整定（如 PID 控制或复杂多变量控制）。主要的理论与方法包括 H∞设计方法和 μ 综合方法。由于鲁棒控制设计理论相对复杂，尤其是对于多变量问题。这一缺陷使鲁棒控制的工程应用受到了影响。然而，研究和设计具有良好鲁棒性的控制器和系统，已成为控制领域一个重要的发展方向。

8. 变结构控制

变结构控制是利用高速开关变更控制规律，以适应受控过程的非线性特性，故是一种可用来处理非线性问题的理论方法。在进行不确定系统的变结构控制时，通常有三种方法：一是以滑动模态为目的的变结构控制；二是以李雅普诺夫方法为基础的变结构控制；三是以超稳定理论为基础的变结构控制。另外，变结构控制理论提供了一套完整的大系统降阶处理方法，它将大的系统分为若干个小系统，而实现分散和分层控制。

大型单元机组是一个复杂的大系统，也是一个本质非线性系统。比如机组从启动、升负荷到额定负荷，无论从运行的方式还是受控过程的动态特性均是一个典型的非线性系统。实现机组从启动到不同负荷与工况下的自动控制，称为全程自动控制。变结构控制理论的工程应用是解决问题的有效方法和途径。

9. 统计质量控制

控制系统一般以控制表征过程运行状态的一系列参数，如压力、流量、温度、液位、功率等，作为基本的设计原则。通过对过程参数的控制达到保证生产与设备的安全，维持生产正常运行和相应的技术经济指标。然而，参数控制，特别是定值控制，对于整个过程而言，往往不是最佳控制。例如，一台机组的主蒸汽压力、主蒸汽温度始终控制在设定值（压红线运行）是理想的定值控制，但并不能保证机组的经济指标达到最优。

统计质量控制是一种新的控制系统设计思想。其基本内容包括两个方面：首先，保证生产的安全与正常运行；其次，对生产的全过程进行综合统计分析，如煤耗、效率、设备寿命损耗、输出电能质量、峰谷电量、经济效益等。在此基础上，确定最佳运行方式和各子回路的最优设定值。按照这样的设计原则构成控制系统，其控制的目标是产品质量最佳、企业效益最佳。

10. 综合智能控制

结合流程工业，特别是大型火电机组自动控制，以上对近年来研究和应用比较活跃的几种控制策略进行了简要介绍。在此基础上，明确以下几点是十分必要的。

（1）PID 算法及其变形算法（积分分离、带死区、微分先行、自整定）以及按照先进控制理论对其综合（鲁棒 PID 算法、智能 PID 算法等），仍然是行之有效的控制策略。

（2）传统控制策略，如前馈、补偿、解耦算法往往十分有效，甚至能取得事半功倍的效果。

（3）系统结构设计与算法设计是构成控制系统的两大要素。合理的系统结构往往比某种先进算法更为重要。

（4）目前的先进算法仍不十分完善，有着各自的长处和不足。其中，基于规则的智能控制以及预估控制是目前应用较多，成效较为显著的有效控制策略。

（5）从控制目标出发，综合运用有效控制手段是构成先进控制系统的有效途径。

综合智能控制是有机地把智能控制和现代控制方法结合起来，形成一种综合的智能控制系统，以发挥各先进控制方法优势，避免各自的不足，这已成为人们所关注的问题。

智能化是计算机进入控制的基本特征。最初级的智能可以是一组"IF…THEN…"的规则及其运用。而这些规则在控制中运用往往获得惊人的成效。现代控制理论建立在对问题的数学求解基础之上，当问题十分复杂时，严谨的理论方法很难得以应用，必须做出一系列的简化，以致所得的解失去意义。智能化方法可以按照人们对问题的分析以及经验处理问题，但是，得出的结果可能不是问题的最优解。因而，两者的有机结合，如智能优化控制、模糊变结构控制、PID智能自整定控制、自适应神经网络控制、模糊解耦控制等新的控制策略应运而生，显示了强劲的发展势头。

对于大型火电机组这样的复杂大系统而言，按照分级控制的系统结构建立在智能协调、局部优化的基础之上，有针对性地采用经典的和先进的控制策略，构成综合智能控制系统，已成为主要的发展趋势。

第三节　大型火电机组自动化技术的发展趋势

一、实现综合自动化

系统的发展逐步走向综合自动化，将来的任何系统都不是孤立的，无法与其他系统互相通信并实现集成的DCS已不再有生命力。现代火电机组控制系统将是一个数字化的信息系统。从功能来看，控制、管理、决策的一体化，形成分级的综合信息系统；从物理构成来看，以DCS和FCS（现场总线控制系统）为基础，与厂级ERP、MIS、SIS构成统一的数字通信网络，并成为构成电网信息化系统的节点。火电机组控制管理功能纳入统一的系统，包括机炉控制、电气控制、辅助系统控制以及故障诊断、生产管理、技术监督等。开发各类功能软件将成为重要的研究领域。这些软件适合在通用的软件平台上运行，具有良好的兼容性与开放性，方便用户通过组态、生成自己的应用系统。人机界面广泛采用多媒体技术，使监控设备进一步简化。多媒体形式的大屏幕显示将广泛采用，控制仪表盘台进一步减小，进而，控制室面积进一步小型化，在线值班人员也将进一步减少。相应地，对运行操作人员的技术和素质要求进一步提高。

二、实现系统开放

DCS中所使用的设备将趋于通用的产品，专用的产品将越来越少，特别是计算机和网络。高性能的工业微机、工作站将被大量采用，通用网络产品也将逐步淘汰专用网络。网络通信规约逐步向得到普遍承认的标准靠拢，以系统集成的方式构成应用系统方法已得到越来越多的应用。构成系统的软硬件采用统一的国际标准，具有与其他系统和仪表的接口能力。各类智能化仪表、PLC和执行机构可以方便地连入系统，允许用户自行开发功能软件或与标准化设计的功能软件兼容。

三、实现硬件成本逐步降低

控制系统在整个机组投资中所占的比重将呈下降的趋势。其主要因素在于：

（1）微处理机芯片价格的下降；

（2）FCS的应用和DCS的分散化，智能仪表、智能电子设备及现场总线技术将被大量采用，DCS的体系结构进一步走向分散化，直接数字控制将深入到每一个控制回路、现场设备和工位，简化系统结构，大量地节省信号电缆；

（3）硬件可靠性的提高，可逐步降低冗余设计要求；

（4）一体化的信息和数据共享，使测量点减少；

（5）控制室成本的降低。

四、实现更高性能

（1）先进控制策略的应用和主辅机可控性的提高将大大改善和提高控制系统的性能和品质。

（2）主辅机的故障诊断系统（本地或远方）将及时地对机组的安全状况做出判断。预报和处理功能使机组的安全性将进一步提高。主辅机设备的寿命管理、预置性维修也将逐步得到应用。

（3）现代化管理决策支持系统将逐步发挥其效能，以进一步适应电力市场发展的要求，降低生产成本，提高劳动生产率，节约能源，降低乃至消除对环境的危害，取得更高的社会、经济效益。

五、实现系统构成多样化

现在几乎已看不到传统意义上的 DCS 了，目前所说的 DCS 是一种广义的概念，它不仅包括传统 DCS 厂家推出的新一代系统，也包括由 PLC、高速总线网和专业厂家的组态软件所构成的系统。在不同的应用领域，DCS 的构成也各有不同。

附　录

附录 1　控制系统 SAMA 图

SAMA 图例是美国科学仪器制造协会（Scientific Apparatus Makers Association）图例的简称，这套图例易于理解，其输入/输出关系及流程方向与控制组态方式比较接近，各种控制算法有比较明确的标志。在国内外许多大型过程控制工程设计中得到广泛应用。

SAMA 功能图例外形分为四类，每一种形状都有明确的含义。

○测量或信号读出功能。

□自动信号处理，一般表示机架上安装组件的功能。

◇手动信号处理，一般表示在仪表盘上安装仪表的功能。

⌒执行机构。

常用的 SAMA 功能图例如附表 1 - 1 所示。

附表 1 - 1　　　　　　　　　常用 SAMA 功能图例

符号	名称	符号	名称	符号	名称	符号	名称
FT	流量变送器	<	低值选择器	A/D	模/数转换器	H/	高限监视器
PT	压力变送器	>	高值选择器	TRACK	跟踪器	L/	低限监视器
LT	液位变送器	<>	中值选择器	A/M	自动/手动转换	H/L	高低限监视器
TT	温度变送器	⋧	高值限幅器	¤	指示灯	f(t)	时间函数器
ST	转速变送器	⋦	低值限幅器	I	指示表	f(x)	函数发生器
ZT	位置变送器	⋦ ⋧	高低限幅器	R	记录表	非线性发生器	非线性发生器
AT	分析变送器	T	切换开关	MO	电动执行机构	A	模拟信号发生器
DP	差压变送器	V ⋧	速度限制器	HO	滚动执行机构	手动操作信号发生器	手动操作信号发生器
TE	测量元件	V/I	电压/电流转换器	f(x)	未注明执行机构	URG	斜坡信号发生器
K	比例器	I/V	电流/电压转换器	直行程阀	直行程阀	气动执行机构	气动执行机构
∫	积分器	mV/I	电势—电流转换器	三通阀	三通阀	电磁阀执行机构	电磁阀执行机构

续表

符号	名称	符号	名称	符号	名称	符号	名称
d/dt	微分器	V/V	电压转换器	⋈	旋转球阀	±	偏置器
√	开方器	R/I	电阻/电流转换	(黑蝶)	截止阀（常开）	Δ	偏差
÷	除法器	R/V	电阻/电压转换	(白蝶)	截止阀（常闭）	D	开关量信号输出
×	乘法器	R/I	气压/电流转换	(止回阀)	止回阀（左至右流向）	C	模拟量信号输出
Σ	加法器	P/V	气压/电流转换	(蝶阀)	蝶阀	(实心蝶)	调节阀（常关）
Σ/n	求平均值	I/P	电流/气压转换	⋈	球阀	(交叉框)	调节阀（常开）
Σ/t	积算	V/P	电压/气压转换	(信号转换)	信号转换	M	电动执行机构
M	电动截止阀（常开）	(气关)	气关式气动截止阀（常开）	(气开)	气开式气动截止阀（常开）	(电磁)	电磁截止阀（常开）
M	电动截止阀（常闭）	(气关)	气关式气动截止阀（常闭）	(气开)	气开式气动截止阀（常闭）	(电磁)	电磁截止阀（常闭）
(气动角阀)	气动角阀（常开）	(气动角阀)	气动角阀（常闭）	M	电动角阀（常开）	M	电动角阀（常闭）
≥1	或	&	与	(非)	非	M/R	记忆/复位
A	本图内连接号	1	本册图内连接号	I	与逻辑图连接号	TD	正向延迟
RD	反向延迟	(长圆)	逻辑控制条件	(菱形)	操作员指令		

　　用 SAMA 图例表达回路方框图时，常将一些符号画在一起，这表示一个具体的仪表（或组件）具有哪些功能，这样在回路主框图中又清楚地表达使用多少具体组件。

　　例如，常用的调节器可用附图 1-1 所示，它具有以下功能：①求测量和给定信号的偏差；②对偏差值进行比例＋积分运算；③手动/自动切换功能；④输出限幅。

　　再如，显示操作器可用附图 1-2 表示，代表此操作器具有以下功能：①指示测量值和给定值；②调整给定值；③手动/自动切换；④手动输出驱动信号；⑤输出值显示。

　　为便于理解，下面给出一个 SAMA 图例表示的典型的单回路控制系统，见附图 1-3。

附图1-1　调节器

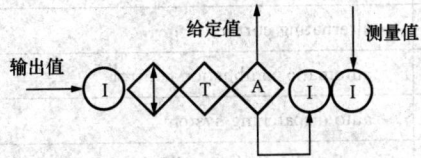

附图1-2　显示操作器

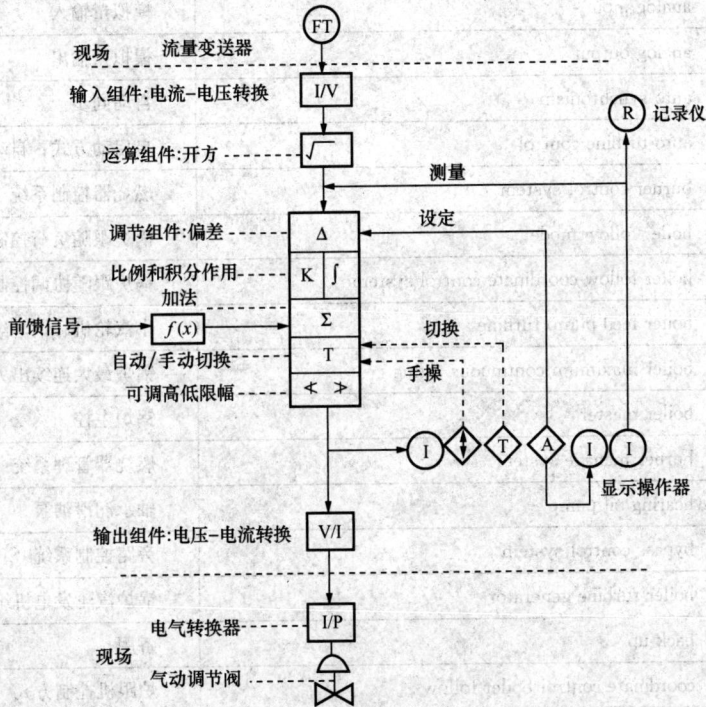

附图1-3　典型控制系统 SAMA 图

现场　　流量变送器　FT
输入组件:电流-电压转换　I/V
运算组件:开方　√
调节组件:偏差　Δ
比例和积分作用　K ∫
加法
前馈信号　f(x)　Σ
自动/手动切换　T
可调高低限幅　< >
测量
设定
R 记录仪
切换
手操
显示操作器
输出组件:电压-电流转换　V/I
电气转换器　I/P
现场
气动调节阀

附录 2　热工控制常用缩略词中英文对照

简　写	英　文	中　文
AC	alternating current	交流电
ACC	automatic combustion control	自动燃烧控制
ADS	auto dispatching system	自动调度系统
AEH	analog electric hydraulic control	模拟式电气液压式控制（系统）
AGC	automatic generation control	自动发电控制
AI	analog input	模拟量输入
AO	analog output	模拟量输出
AS	auto synchronism	自动同步
ATC	auto turbine control	自启动方式；自动透平控制
BCS	burner control system	燃烧器控制系统
BF	boiler follow mode	锅炉跟随负荷控制方式
BF COORD	boiler follow coordinate control system	锅炉跟随协调控制方式
BFPT	boiler feed pump turbine	小汽轮机；锅炉给水泵汽轮机
BMCR	boiler maximum continuous rating	锅炉最大连续出力
BM	boiler master	锅炉主控
BMS	burner manage system	燃烧器管理系统
BOP	bearing oil pump	轴承润滑油泵
BPCS	bypass control system	旁路控制系统
BTG	boiler turbine generator	锅炉汽轮发电机组
BU	back up	备用
CCBF	coordinate control boiler follow	炉跟机控制方式
CCS	coordinate control system	协调控制系统
CIMS	computer integrated manufacturing system	计算机集成制造系统
CIPS	computer integrated process system	计算机集成过程控制系统
CPM	control panel main	主控盘
CPL	control panel local	就地控制盘
CRT	cathode-ray tube	阴极射线管
CNTL	control	控制
CS	control switch	控制开关
CV	control valve	控制阀
CV	check valve	止回阀
DAS	data acquisition system	数据采集系统

简　写	英　文	中　文
DC	circt current	直流电
DCS	distributed control system	分散控制系统
DCCS	distributed computer control system	分布式计算机控制系统
DDC	direct digital control	直接数字控制
DEB	direct energy balance	直接能量平衡
DEH	digital electro-hydraulic control system	（汽轮机）数字电液调节系统
DI	digital input	数字量输入
DO	digital output	数字量输出
DPU	distributed processing unit	分布式处理单元
EHC	electric hydraulic control	电气液压式控制（系统）
EMS	energy management system	能量管理系统
EOP	emergence oil pump	紧急事故油泵
ER	error	误差
ERP	enterprise resource planning	企业资源规划
EWS	engineering work station	工程师工作站
FA	failure alarm	故障报警
FCB	fast cut back	快速负荷切断
FCS	fieldbus control system	现场总线控制系统
FDBK	feedback	反馈
FO	fail open	故障时自动打开
FSS	fuel safeguard system	燃料安全系统
FSSS	furnace safeguard supervisory system	炉膛安全监视系统
FT	flow totalizer	流量累加器
FT	flow transmitter	流量变送器
FV	flow control valve	流量控制阀
GC	governor control	高压调节门控制
GV	governor valve	高压调节门
HCS	hierachical control system	分级控制系统
HCU	harmony control unit	现场控制单元
HP	high pressure	高压
HP-BP	high pressure bypass	高压旁路
HS	hand switch	手动开关

续表

简　写	英　文	中　文
I&C	instrument and control	仪表与控制
IC	intermediate control	中压调节门控制
IC	indicating controller	指示控制器
IPC	industrial PC	工业计算机
IEB	indirect energy balance	间接能量平衡
IV	intermediate valve	中压调节门
IV	intercept valve	再热调节阀
LAH	level alarm high	高位报警
LAL	level alarm low	低位报警
LCU	load control unit	负荷控制装置
LD	load	负荷
LMCC	load management control center	负荷管理控制中心
LP	low pressure	低压
MAP	manufacturing automation protocol	制造自动化协议
MCIS	management and control integrated system	管控一体化系统
MCR	maximum continuous rating	最大连续出力
MCS	modulating control system	模拟量控制系统
MCV	main control valve	主控制阀
MD	modulation damper	调节挡板
MEH	machine electric hydraulic system	给水泵汽轮机电液控制系统
MFT	main fuel trip	主燃料跳闸
MFP	multi-function processor	多功能处理器
MHC	mechanical hydraulic control	机械液压式调节系统；液调
MIMO	multiple in multiple out	多输入多输出
MIS	management information system	管理信息系统
MSR	main steam rate	主蒸汽流量
MSV	main steam stop valve	主汽门
OA	operator auto	操作自动
OM	operation maintenance	操作维护（系统）
OPC	over-speed protect control	超速控制
OIS	operator interface station	操作员接口站
OS	operator station	操作员站
PA	process automation	过程自动化
PC	programmable controller	可编程控制器

简　写	英　文	中　文
PCS	process control system	过程控制系统
PCV	process control view	过程控制观察站
PLC	programmable logic controller	可编程控制器
PID	proportional-integral-differential	比例积分微分
PV	present value	当前值
RB	run back	快速降负荷
RISC	reduced instruction set computer	精简指令集计算机
RPU	remote processing unit	远程处理单元
RSV	reheat steam valve	中压主汽门
RTD	resistance temperature detector	热电阻
RTU	remote terminal unit	远方终端单元
RTP	real time processor	实时处理器
SCC	supervisory computer control	监督控制系统
SCS	sequence control system	顺序控制
SIS	supervisory information system	厂级监控信息系统
SISO	single in single out	单输入单输出
SIU	station interface unit	站接口单元
SP	set point	设定值
SV	solenoid valve	电磁阀
TAC	turbine automatic control	汽轮机自动控制
TC	throttle control	高压主汽阀控制
TCU	total control unit	完全控制单元
TDCS	total distributed control system	集散控制系统
TMS	turbine master system	汽轮机主控系统
TF	turbine follow mode	汽轮机跟随负荷控制方式
TF COORD	turbine follower coordinate control system	汽轮机跟随协调控制方式
TTS	turbine trip system	汽轮机跳闸
TSI	turbine supervise instrument	汽轮机监视仪表
TPC	turbine pressure control	汽轮机压力控制
UPCI	universal programmable controller interface	通用可编程控制器接口
UPS	uninterruptible power supply	不间断电源
WS	work station	工作站

参 考 文 献

[1] 罗万金 . 电厂热工过程自动调节 . 北京：水利电力出版社，1991.

[2] 张玉铎 . 电厂热工过程自动调节 . 长春：吉林工业大学出版社，1992.

[3] 边立秀 . 热工控制系统 . 北京：中国电力出版社，2012.

[4] 李遵基 . 热工自动控制系统 . 北京：中国电力出版社，1997.

[5] 王爽心，葛小霞 . 汽轮机数字电液控制系统 . 北京：中国电力出版社，2004.

[6] 顾晓栋，徐耀文 . 电厂热工过程自动调节 . 北京：电力工业出版社，1981.

[7] 陈夕松，汪木兰 . 过程控制系统 . 北京：科学出版社，2005.

[8] 华东六省一市电机工程（电力）学会 . 热工自动化 . 北京：中国电力出版社，2000.

[9] 中国动力工程学会 . 火力发电设备技术手册：第三卷 . 北京：机械工业出版社，2000.

[10] 刘吉臻 . 协调控制与给水全程控制 . 北京：水利电力出版社，1993.

[11] 孙洪程，李大宇，翁维勤 . 过程控制工程 . 北京：高等教育出版社，2005.

[12] 丁轲轲 . 热工过程自动调节 . 北京：中国电力出版社，2006.

[13] 林文孚，胡燕 . 单元机组自动控制技术 . 北京：中国电力出版社，2003.

[14] 孙奎明，时海刚 . 热工自动化 . 北京：中国电力出版社，2005.

[15] 张栾英，孙万云 . 火电厂过程控制 . 北京：中国电力出版社，2000.

[16] 张丽香，王琦 . 模拟量控制系统 . 北京：中国电力出版社，2005.

[17] 李遵基 . SPEC200 MICRO SPEC200 原理及应用 . 北京：北京科学技术出版社，1991.

[18] 郎泉江 . 热工过程自动控制 . 北京：中国电力出版社，1999.

[19] 胡家耀 . 参数自调整 Fuzzy-PI 调节器 . 信息与控制，1987，6：26-33.

[20] Dimitar P. Filev, Ronald R. Yager. Three Models of Fuzzy Logic Controllers. Cybernetics and Systems，1993，24（2）：91-114.

[21] 文劲宇 . 基于遗传算法的发电机模糊式综合励磁控制器的研究 . 中国电机工程学报，1998，18（2）：91-95.

[22] 戴先中 . 自动化科学与技术的内容、地位与体系 . 北京：高等教育出版社，2003.

[23] 刘吉臻 . 大型火力发电机组自动控制技术 . 北京：中国电力出版社，2001.

[24] 赵津，冯亚民 . 600MW 火电机组运行技术丛书：仪控分册 . 北京：中国电力出版社，2004.

[25] 白焰，吴鸿，杨国田 . 分散控制系统与现场总线控制系统 - 基础 . 评选、设计和应用 . 北京：中国电力出版社，2004.

[26] 李彦 . 600MW 等级火电机组仪表与控制系统技术 . 石家庄：河北科学技术出版社，1997.

[27] 张晶涛，王伟，曹方 . 一种智能控制方法在 300MW 机组主汽温控制系统中的应用研究 . 中国电机工程学报，1999，19（3）：6-10.

[28] 刘志远，吕剑虹，陈来九 . 智能 PID 控制器在电厂热工过程控制中的应用前景 . 中国电机工程学报，2002，22（8）：128-134.

[29] 冯晓露 . 模糊控制在电厂大迟延控制系统中的应用 . 热力发电，2003，(7)：65-68.

[30] 刘金琨 . 先进 PID 控制及其 MATLAB 仿真 . 北京：电子工业出版社，2003.

[31] C. W. Tao, Jin-Shiuh Taur. Flexible Complexity Reduced PID -Like Fuzzy Controllers. IEEE Transaction On System, Man and Cybernetics-Part B：Cybernetics，2000，30（4）：510-516.

[32] 范永胜，徐治皋，陈来九 . 基于动态特性机理分析的锅炉过热汽温自适应模糊控制系统研究 . 中国电

机工程学报，1997，17（1）：23-28.

[33] 唐一平．先进制造技术（英文版）．北京：科学出版社，2002.

[34] 望亭发电厂．300MW 火力发电机组运行与检修技术培训教材：仪控．北京：中国电力出版社，2002.

[35] 韩璞，王建国．自动化专业概论．2 版．北京：中国电力出版社，2012.

[36] 张倩，董译，韩璞，等．Optimization of controllers in the thermal system using initial pheromone distribution in ant colony optimization，IEEE IRI 2008 proceedings，2008：22-27.

[37] 邵惠鹤．工业过程高级控制．2 版．上海：上海交通大学出版社，2003.

[38] 方康玲．过程控制系统．武汉：武汉理工大学出版社，2002.

[39] 望亭发电厂．660MW 超超临界火力发电机组培训教材：脱硫脱硝分册．北京：中国电力出版社，2011.

[40] 章名耀．洁净煤发电技术及工程应用．北京：化学工业出版社，2010.